■■■■■ 第6版の刊行に際して ■■■■■

本書は，機械製図の基本について学ぶ入門書です．3部構成で，まず，第1部「機械製図法」でJISの機械製図とそれに関連する規格を解説し，つづく第2部「図面」で具体的な多数の図面例を示します．このような構成のため，初学者でも本書に従ってみずから手を動かしながら学んでいけば，自然に機械製図の作図法が身に付きます．第3部「部品・材料資料」には，実際の設計に役立つ部品や材料の資料を掲載していますので，機械製図にある程度習熟した後も役立つでしょう．

今回の改訂は，主として「機械製図」（JIS B 0001：2019）の改正に対応するものですが，それ以外にも，第1部第12章「溶接記号」など，第1部，第3部に関連する多くの規格で改訂が行われており，それについても対応しました．

第5版から採用した二色刷は好評のため第6版でも継続し，また，本書のご使用に関する読者の皆様からのご意見を反映し，第2部では，溶接記号の製図例として新たにオイルタンクの図面を加え，各課題の図面枚数の調整なども行っています．

今後も引き続きJIS改正への対応とともに，本書がより学びやすくなるよう改善に努めていきますので，読者のみなさんからのご指摘・ご意見をお願いする次第です．

2023年9月　　　　　　　　　　　　　　　　　　　著者一同

（注）本書の内容は複数のJISによっているため，ある内容のJISが改正され，その内容を参照する他のJISがまだ改正されていない場合に，語句や図示などに不一致が生じていることがあります．

（注）2019年7月1日の法改正により「日本工業規格」は「日本産業規格」へ名称が変わりました．

■■■■■ まえがき ■■■■■

ことばは，人間を他の動物から区別する最も重要なものである．ことばによって人間は自分の意志を他に伝え，また物ごとを考える．図面は機械技術者にとってのことばであって，図面によって機械技術者は自分の考えを人に伝え，またこれを描くことによって自分の考えをまとめてゆく．すなわち，図面は機械技術者にとって最も重要なものであり，これを描くのが機械製図である．

本書は機械製図を学ぶための教科書で，第1章ではJIS B 0001–1973「機械製図」を中心とする最新の製図規格の要点を紹介し，第2章ではこれらに則った多数の機械製図の実例を示し，第3章ではこれに関連する参考資料を豊富に収録している．

本書は昭和34年『JIS機械製図』として発刊以来，幸いにして広く世に迎えられ，その都度必要な改訂を加えつつ版を重ねてきたが，とくに昭和48年の上記JIS B 0001の大改訂に合わせて同49年には全面的な改編を行い，以後，書名も『新編JIS機械製図』と改めた．これはJIS B 0001がISO（国際標準化機構）の勧告を大幅に取り入れ，国際的な新規格となったのに合わせたもので，JISへの採用が決定しているSIすなわち国際単位系を考慮し，SIによる数値を従来の単位系による数値に併記することにした．これによって読者が次第にSIになれてゆくことが期待される．

以上のように，著者らとしては本書の改善のため常に注意と努力を払っているつもりであるが，今後とも一層の改良を心がけたい．読者諸氏のご叱正ご指摘を切にお願いする次第である．

1979年1月　　　　　　　　　　　　　　　　　　　著者一同

単位と換算表

● SI単位と工学単位

量	SI単位	工学単位	
		SIと併用可	SIと併用不可（例）
長　さ	m（メートル）	m	
質　量	kg（キログラム）	kg	
時　間	s（秒）	s，min（分），h（時），d（日）	
角　度	rad（ラジアン）	rad，°（度），′（分），″（秒）	
面　積	m^2（平方メートル）	m^2	
体　積	m^3（立方メートル）	m^3，L（リットル）	
速　さ	m/s（メートル毎秒）	m/s	
加速度	m/s^2（メートル毎秒毎秒）	m/s^2	
周波数	Hz（ヘルツ）＝1/s	1/min，r/min	
力	N（ニュートン）＝$kg \cdot m/s^2$		kgf
圧力*，応力	Pa（パスカル）＝N/m^2		kgf/cm^2
仕事*，エネルギー，熱量	J（ジュール）＝N·m	W·h	kgf·m，kcal
仕事率，工率，動力	W（ワット）＝J/s	W	kgf·m/s，PS，kcal/h

注1）＊の付いているものは，圧力の単位としてbar（＝10^5Pa）もSIとの併用が暫定的に認められている．

● SI単位に用いる接頭語

倍　数	記　号	倍　数	記　号	倍　数	記　号
10^{24}	Y（ヨタ）	10^3	k（キロ）	10^{-9}	n（ナノ）
10^{21}	Z（ゼタ）	10^2	h（ヘクト）	10^{-12}	p（ピコ）
10^{18}	E（エクサ）	10	da（デカ）	10^{-15}	f（フェムト）
10^{15}	P（ペタ）	10^{-1}	d（デシ）	10^{-18}	a（アト）
10^{12}	T（テラ）	10^{-2}	c（センチ）	10^{-21}	z（ゼプト）
10^9	G（ギガ）	10^{-3}	m（ミリ）	10^{-24}	y（ヨクト）
10^6	M（メガ）	10^{-6}	μ（マイクロ）		

注1）SI単位記号およびこれと併用できる単位記号の前に倍数を表けて，一体として扱うことができる．

● 力，圧力，応力，仕事，仕事率に関する換算表

力	N	kgf
	1	1.01972×10^{-1}
	9.80665	1

圧力	Pa	bar	kgf/cm^2
	1	1×10^{-5}	1.01972×10^{-5}
	1×10^5	1	1.01972
	9.80665×10^4	9.80665×10^{-1}	1

応力	Pa	MPaまたはN/mm^2	kgf/mm^2
	1	1×10^{-6}	1.01972×10^{-7}
	1×10^6	1	1.01972×10^{-1}
	9.80665×10^6	9.80665	1

仕事・エネルギー・熱量	J	kW·h	kgf·m	kcal
	1	2.77778×10^{-7}	1.01972×10^{-1}	2.38889×10^{-4}
	3.600×10^6	1	3.67098×10^5	8.6000×10^2
	9.80665	2.72407×10^{-6}	1	2.34270×10^{-3}
	4.18605×10^3	1.16279×10^{-3}	4.26858×10^2	1

仕事率・工率・動力・熱流	kW	kgf·m/s	PS	kcal/h
	1	1.01972×10^2	1.35962	8.6000×10^2
	9.80665×10^{-3}	1	1.33333×10^{-2}	8.43371
	7.355×10^{-1}	7.5×10	1	6.32529×10^2
	1.16279×10^{-3}	1.18572×10^{-1}	1.58095×10^{-3}	1

目　次

1. 機械製図（JIS B 0001：2019）

機械製図についての主要な規格である JIS B 0001 は，JIS Z 8310 に基づき，機械工業の分野で使用する，主として部品図および組立図の製図について規定する．この規格の一部は下記の規格の引用により構成されている．

引用規格

JIS B 0021　製品の幾何特性仕様（GPS）−幾何公差表示方式−形状，姿勢，位置及び振れの公差表示方式	JIS Z 3021　溶接記号
	JIS Z 8114　製図−製図用語
JIS B 0026　製図−寸法及び公差の表示方式−非剛性部品	JIS Z 8310　製図総則
	JIS Z 8311　製図−製図用紙のサイズ及び図面の様式
JIS B 0028　製品の幾何特性仕様（GPS）−寸法及び公差の表示方式−円すい	JIS Z 8312　製図−表示の一般原則−線の基本原則
JIS B 0031　製品の幾何特性仕様（GPS）−表面性状の図示方法	JIS Z 8314　製図−尺度
JIS B 0405　普通公差−第1部：個々に公差の指示がない長さ寸法及び角度寸法に対する公差	JIS Z 8315−3　製図−投影法−第3部：軸測投影
	JIS Z 8315−4　製図−投影法−第4部：透視投影
JIS B 0419　普通公差−第2部：個々に公差の指示がない形体に対する幾何公差	JIS Z 8317−1　製図−寸法及び公差の記入方法−第1部：一般原則
JIS B 0420−1　製品の幾何特性仕様（GPS）−寸法の公差表示方式−第1部：長さにかかわるサイズ	JIS Z 8318　製品の技術文書情報（TPD）−長さ寸法及び角度寸法の許容限界の指示方法
	JIS Z 8321　製図−表示の一般原則−CAD に用いる線
JIS B 0601　製品の幾何特性仕様（GPS）−表面性状：輪郭曲線方式−用語，定義及び表面性状パラメータ	ISO 14405−2, Geometrical product specifications（GPS）−Dimensional tolerancing−Part 2: Dimensions other than linear or angular sizes
JIS B 0672−1　製品の幾何特性仕様（GPS）−形体−第1部：一般用語及び定義	ISO 14405−3, Geometrical product specifications（GPS）−Dimensional tolerancing−Part 3: Angular sizes
JIS B 0681−2　製品の幾何特性仕様（GPS）−表面性状：三次元−第2部：用語，定義及び表面性状パラメータ	

●1.1 機械製図に関する一般事項

　長さにかかわる（長さの単位（mm）をもつ）"寸法"には，"サイズ"および"距離"の2種類がある．この規格で使う前者の"サイズ"とは，サイズ形体の大きさ，すなわち円・円筒の直径，相対する平行二平面の幅などのことであり，サイズ公差による規制が可能である．後者の"距離"には，穴の中心間距離，段差の距離などがあり，幾何公差による規制が可能である．

① 図形と対象物の大きさが，正しく比例関係を保つように描く．ただし，読み誤るおそれがない場合は，図の一部または全部について，この比例関係を保たなくてもよい．

② 線の太さ方向の中心は，線を描くべき理論上の位置の上におく（**図 1.1 (a)**）．

③ 互いに接近する線間の最小すきまは，平行線の場合は，最も太い線の太さの2倍以上かつ 0.7 mm 以上とするのがよい（**図 1.1 (b)**，**1.2 (a)**）．また，交差する線が密集する場合は，その線間の最小すきまを最も太い線の太さの3倍以上とする．

④ 多数の線が一点に集中する場合は，まぎらわしくない限り，線間の最小すきまが最も太い線の太さの約2倍になる位置で線を止め，点の周囲をあけるのがよい（**図 1.2 (b)**）．

⑤ 透明な材料でつくられる対象物は，投影図では不透明なものとして描く．

⑥ 大きさ（長さにかかわるサイズ）は，特に指示がない限り，二点測定によるものとして指示する（JIS B 0420−1 参照）．この場合，サイズ公差†（JIS B 0401−1 参照）は，特に指示がない限り，その形状を規制しない．なお，大きさ（長さにかかわるサイズ）が最小二乗サイズである場合は，JIS B 0672−1 を適用することを表題欄またはその付近に示す（円形形体の場合，最小二乗サイズは **図 1.3** に示す最小二乗円の直径である）．

＋最小二乗サイズ：サイズ形体表面を測定して得た多くの測定点を最小二乗法で演算処理して得るサイズ．

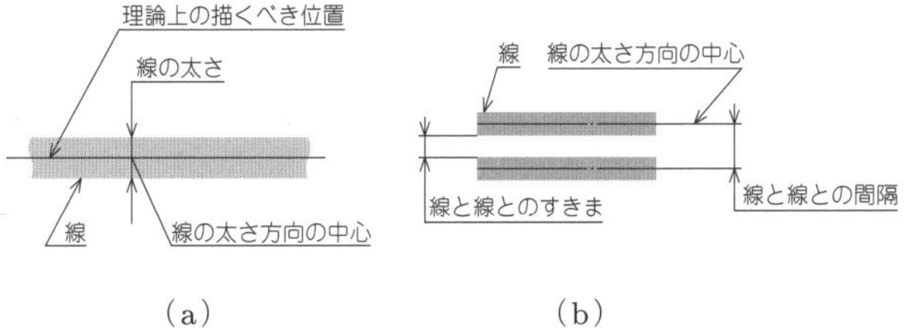

⑦ 寸法には，特別なもの（参考寸法，理論的に正確な寸法など）を除いて，直接または一括して許容限界を指示する．寸法の許容限界の指示は，JIS B 0405，JIS B 0420−1，JIS Z 8317−1，JIS Z 8318，ISO 14405−2，ISO 14405−3 による．

⑧ 幾何公差に関する指示（機能上の要求，互換性，製作技術水準など）を必要とする

図 1.1　線の太さ方向の中心位置

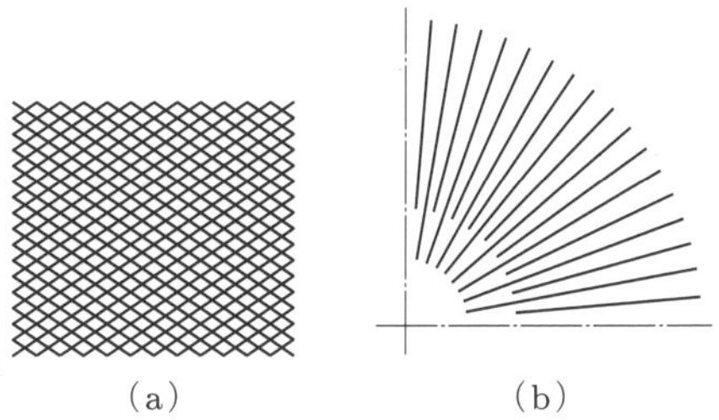

図 1.2　線間の最小すきま

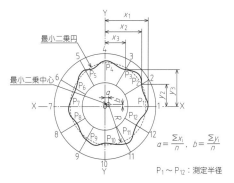

$$a = \frac{\sum x_i}{n}, \ b = \frac{\sum y_i}{n}$$

$P_1 \sim P_{12}$：測定半径

図 1.3　最小二乗円

「JIS B 0672−1」製品の幾何特性仕様（GPS）−形体−第1部：一般用語及び定義

† JIS B 0401−1，−2：2016 改正により「サイズ公差」．

場合は，JIS B 0021，JIS B 0419 による．

⑨ 表面性状（p.46 参照）に関する指示が必要な場合は，JIS B 0601 の定義に基づき JIS B 0031 による．

⑩ 溶接に関する要求事項を溶接記号（p.55 参照）を用いて指示する場合は，JIS Z 3021 による．

⑪ ねじ（p.28 参照），ばね（p.34 参照）など特殊な部分の図示方法は，別に定める JIS による．

⑫ 製図用に JIS に規定された記号をその規定に従って用いる場合は，一般に特別の注記を必要としない．特に製図用としてではなく JIS または公知の規格に規定された記号を用いる場合は，その規格番号を図面の適切な箇所に注記する．これら以外の記号を用いる場合は，その意味を図面の適切な箇所に注記する．

●1.2 図面の大きさ・様式

① 用紙のサイズは，表 1.1 ～ 1.3 の中から，この順に選ぶ．

② 原図には，対象物の必要とする明瞭さおよび適切な大きさを保てる最小の用紙を用いる．

③ 図面の様式は，長辺を横方向に用いるが，A4 は短辺を横方向に用いてもよい．

④ 図面には，表 1.4 によって線の太さが最小 0.5 mm の輪郭線を設ける．

⑤ 図面の右下隅には表題欄を設け，図面番号，図名，企業（団体）名，責任者の署名，

表 1.1 A列サイズ（第1優先）

単位 mm

呼び方	寸法 $a \times b$
A0	841 × 1189
A1	594 × 841
A2	420 × 594
A3	297 × 420
A4	210 × 297

表 1.2 特別延長サイズ（第2優先）

単位 mm

呼び方	寸法 $a \times b$
A3 × 3	420 × 891
A3 × 4	420 × 1189
A4 × 3	297 × 630
A4 × 4	297 × 841
A4 × 5	297 × 1051

表 1.3 特別延長サイズ（第3優先）

単位 mm

呼び方	寸法 $a \times b$	呼び方	寸法 $a \times b$
A0 × 2[a]	1189 × 1682	A3 × 5	420 × 1486
A0 × 3	1189 × 2523[b]	A3 × 6	420 × 1783
A1 × 3	841 × 1783	A3 × 7	420 × 2080
A1 × 4	841 × 2378[b]	A4 × 6	297 × 1261
A2 × 3	594 × 1261	A4 × 7	297 × 1471
A2 × 4	594 × 1682	A4 × 8	297 × 1682
A2 × 5	594 × 2102	A4 × 9	297 × 1892

注 a) このサイズは，A列 2A0 に等しい．
  b) このサイズは，取扱上の理由で使用を推奨できない．

図面作成年月日，尺度，投影法などを記入する（本書 2 参照）．

⑥ 図面には必要に応じて部品欄，変更履歴欄を設ける．図面の訂正・変更の例は 1.11 節を参照．

⑦ 図面に設ける中心マーク，比較目盛，格子参照方式，裁断マークは，JIS Z 8311 による．

⑧ 複写した図面を折りたたむ場合は，その大きさを 210 mm × 297 mm（A4 サイズ）とするのがよく，原図を巻いて保管する場合はその内径は 40 mm 以上にするのがよい．図面の折りたたみ方は JIS Z 8311 の附属書（参考）によるのがよい．

表 1.4 輪郭線の位置

単位 mm

用紙サイズ	c（最小）	$d^{a)}$（最小）	
		とじない場合	とじる場合
A0	20	20	20
A1			
A2			
A3	10	10	
A4			

注a) d の部分は，図面をとじるため折りたたんだとき，表題欄の左側になるように設ける．なお，A4 サイズの図面用紙を横置きに使用する場合は，d の部分は上部になる．

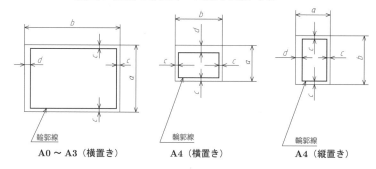

輪郭線

A0 ～ A3（横置き）　A4（横置き）　A4（縦置き）

●1.3 線

1.3.1 線の太さ

線の太さの基準は，0.13 mm，0.18 mm，0.25 mm，0.35 mm，0.5 mm，0.7 mm，1 mm，1.4 mm，2 mm とする．

1.3.2 線の種類・用途

線の種類と用途は表 1.5 による．図例を図 1.4 に示す．細線，太線，極太線の線の太さの比率は，1：2：4 とする．その他の線の種類は JIS Z 8312 または JIS Z 8321 によるのがよい．表 1.5 によらない線を用いた場合は，その線の用途を図面中に注記する．

表 1.5 線の種類および用途

用途による名称	線の種類[c]		線の用途	図1.4の照合番号	
外形線	太い実線	———————	対象物の見える部分の形状を表す.	図例1	1.1
寸法線	細い実線		寸法記入.	図例1	2.1
寸法補助線			寸法を記入するために図形から引き出す.	図例1	2.2
引出線（参照線を含む）			記述・記号などを示すために引き出す.	図例1	2.3
回転断面線			図形内にその部分の切り口を90°回転して表す.	図例1	2.4
中心線			図形に中心線（4.1）を簡略化して表す.	図例1	2.5
水準面線[a]			水面，液面などの位置を表す.	図例2	2.6
かくれ線	細い破線または太い破線	- - - - - - -	対象物の見えない部分の形状を表す.	図例1	3.1
ミシン目線	跳び破線	— — — — —	布，皮，シート材の縫い目を表す.	図例3	3.2
連結線	点線	··············	制御機器の内部リンク，開閉機器の連動動作などを表す.	図例4	3.3
中心線	細い一点鎖線	— · — · — ·	a) 図形の中心を表す.	図例1,9	4.1
			b) 中心が移動する中心軌跡を表す.	図例1	4.2
基準線			特に位置決定のよりどころであることを明示する.	図例5	4.3
ピッチ線			繰返し図形のピッチをとる基準を表す.	図例6	4.4
特殊指定線	太い一点鎖線	— · — · — ·	特殊な加工を施す部分など特別な要求事項を適用すべき範囲を表す.	図例1	5.1
想像線[b]	細い二点鎖線	— ·· — ·· —	a) 隣接部分を参考に表す.	図例1,7	6.1
			b) 工具，ジグなどの位置を参考に示す.	図例8	6.2
			c) 可動部分を，移動中の特定の位置または移動の限界の位置で表す.	図例1	6.3
			d) 加工前または加工後の形状を表す.	図例9	6.4
			e) 繰返しを示す.	図例10	6.5
			f) 図示された断面の手前にある部分を表す.	図例11	6.6
重心線			断面の重心を連ねた線を表す.	図例6	6.7
光軸線			レンズを通過する光軸を示す線を表す.	図例12	6.8
パイプライン，配線，囲い込み線	一点短鎖線	- · - · - ·	水，油，蒸気，上・下水道などの配管経路を表す.	図例13	6.9
	二点短鎖線	- ·· - ·· -			
	三点短鎖線	- ··· - ···			
	一点長鎖線	— · — · —	水，油，蒸気，電源部，増幅部などを区別するのに，線で囲い込んで，ある機能を示す.	図例13,14	6.10
	二点長鎖線	— ·· — ··			
	三点長鎖線	— ··· — ··			
	一点二短鎖線	- · · - · ·			
	二点二短鎖線	- ·· ·· - ··	水，油，蒸気などの配管経路を表す.	図例13	6.11
	三点二短鎖線	- ··· ··· -			
破断線	不規則な波形の細い実線またはジグザグ線	〜〜〜〜 / ——／\——	対象物の一部を破った境界，または一部を取り去った境界を表す.	図例1,6	7.1

	線の種類		線の用途	図1.4の照合番号	
切断線	細い一点鎖線で，端部および方向の変わる部分を太くした線[d]		断面図を描く場合，その断面位置を対応する図に表す.	図例1	8.1
ハッチング	細い実線で，規則的に並べたもの	/////	図形の限定された特定の部分を他の部分と区別する. たとえば，断面図の切り口を示す.	図例1	9.1
特殊な用途の線	細い実線		a) 外形線およびかくれ線の延長を表す.	図例15	10.1
			b) 平面であることをX字状の2本の線で示す.	図例16	10.2
			c) 位置を明示または説明するのに用いる.	図例16	10.3
	極太の実線	———	圧延鋼板，ガラスなどの薄肉部の単線図示をする.	図例5	11.1

注 a) JIS Z 8316 には，規定されていない.

　b) 想像線は，投影法上では図形に現れないが，便宜上必要な形状を示すのに用いる. また，機能上・加工上の理解を助けるために，図形を補助的に示すためにも用いる（たとえば，継電器による断続関係付け）.

　c) その他の線の種類は，JIS Z 8312 または JIS Z 8321 によるのがよい.

　d) 他の用途と混用のおそれがない場合には，端部および方向の変わる部分を太い線にする必要はない.

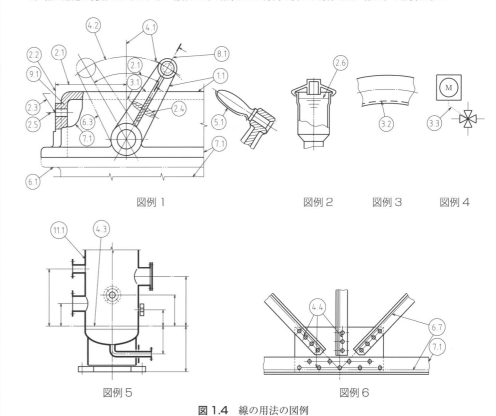

図例1　　図例2　図例3　図例4

図例5　　　　　　　　図例6

図 1.4 線の用法の図例

「**JIS Z 8312**」製図−表示の一般原則−線の基本原則 ／ 「**JIS Z 8316**」製図−図形の表し方の原則 ／ 「**JIS Z 8321**」製図−表示の一般原則−CAD に用いる線 ／ 「**JIS Z 8114**」製図−製図用語

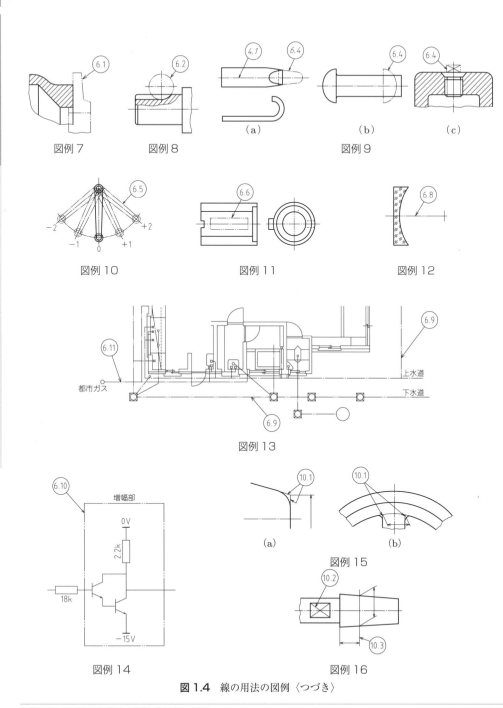

図例 7 　　　 図例 8 　　　　　　 図例 9

図例 10 　　　　　 図例 11 　　　　　 図例 12

図例 13

増幅部

図例 14 　　　　　　　　　　　図例 16

図例 15

図 1.4 　線の用法の図例〈つづき〉

1.3.3　線の優先順位

　図面で 2 種類以上の線が同じ場所に重なる場合は，次の優先順位に従って，優先する種類の線を描く（**図 1.5**）．

①外形線　　②かくれ線　　③切断線　　④中心線

⑤重心線（**図 1.4** の図例 6 の 6.7 参照）

⑥寸法補助線（**図 1.92**）

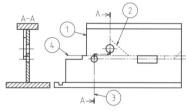

図 1.5 　線の優先順位

● 1.4　文字・文章

1.4.1　文字の種類

① 　漢字は，常用漢字表（平成 22 年 11 月 30 日内閣告示第 2 号）によるのがよい．ただし，16 画以上の漢字はできる限り仮名書きとする．

② 　仮名は，平仮名，片仮名のいずれかを用い，一連の図面においては混用しない．ただし，外来語（例：ボタン，ポンプ），動・植物の学術名，注意を促す表記（例：塗装のダレ，コトコト音）に片仮名を用いることは混用とみなさない．

③ 　ラテン文字，数字および記号の書体は，A 形書体，B 形書体，CA 形書体，CB 形書体などの直立体または斜体を用い，混用はしない（JIS Z 8313-0，JIS Z 8313-1，JIS Z 8313-5 参照）．ただし，量記号は斜体，単位記号は直立体とする．

1.4.2　文字高さ

① 　文字高さは，一般に文字の外側輪郭が収まる基準枠の高さ（h）の呼びによって表す．漢字，平仮名，片仮名の文字高さは，JIS Z 8313-10 に規定する基準枠の高さ（h）で表す．ラテン文字，数字，記号の文字高さは，JIS Z 8313-1 に規定する大文字の高さ（h）で表す．

② 　漢字の文字高さは，呼び 3.5 mm，5 mm，7 mm，10 mm の 4 種類（**図 1.7**），仮名の文字高さは，呼び 2.5 mm，3.5 mm，5 mm，7 mm，10 mm の 5 種類とする（**図 1.8**）．ただし，特に必要がある場合はこの限りではない．なお，すでに文字高さが決まっている活字を用いる場合は，これに近い文字高さで選ぶことが望ましい．

③ 　他の漢字や仮名に小さく添える "ゃ"，"ゅ"，"ょ"（拗音），つまる音を表す "っ"（促音）など小書きにする仮名の文字高さは，比率 0.7 とする．

④ 　ラテン文字，数字，記号の大きさは，呼び 2.5 mm，3.5 mm，5 mm，7 mm，10 mm の 5 種類とする．ただし，特に必要がある場合はこの限りではない．

⑤ 　文字間のすきま（a）は，文字の線の太さ（d）の 2 倍以上とする．ベースラインの最小ピッチ（b）は，用いる文字の最大の呼びの 14/10 とする（**図 1.6**）．

1.4.3 文章表現

① 文章は，口語体で左横書きとし，必要に応じて分かち書きとする．

② 図面注記は，簡潔明瞭に書く．

【例】図面注記 “1 測定の標準温度は，JIS B 0680 による．”
“2 A 面は，すり合わせとする．”

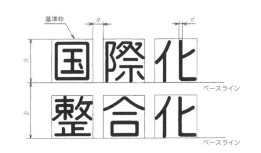

注 この図は，書体および字形を表す例ではない．

図 1.6 文字間のすきまおよびベースラインの最小ピッチ

文字高さ 10 mm　断面詳細矢視側図計

文字高さ 7 mm　断面詳細矢視側図計画組

文字高さ 5 mm　断面詳細矢視側図計画組

文字高さ 3.5 mm　断面詳細矢視側図計画組

注 この図は，書体および字形を表す例ではない．

図 1.7 漢字の例

文字高さ 10 mm　アイウエオカキクケ

文字高さ 7 mm　コサシスセソタチツ

文字高さ 5 mm　テトナニヌネノハヒ

文字高さ 3.5 mm　フヘホマミムメモヤ

文字高さ 2.5 mm　ユヨラリルレロワヲン

文字高さ 10 mm　あいうえおかきくけ

文字高さ 7 mm　こさしすせそたちつ

文字高さ 5 mm　てとなにぬねのはひ

文字高さ 3.5 mm　ふへほまみむめもや

文字高さ 2.5 mm　ゆよらりるれろわをん

注 この図は，書体および字形を表す例ではない．

図 1.8 仮名の例

文字高さ 10 mm　1234567789 0

文字高さ 7 mm　12345677890

文字高さ 5 mm　12345677890

文字高さ 3.5 mm　12345677890

文字高さ 2.5 mm　12345677890

注 この図は，書体および字形を表す例ではない．

文字高さ 10 mm　ABCDEFGHIJKLMN

文字高さ 7 mm　ABCDEFGHIJKLMNOPQRST
aabcdefghijklmnopqrstu

文字高さ 5 mm　ABCDEFGHIJKLMNOPQRSTUVWXYZ
aabcdefghijklmnopqrstuvwxyz

文字高さ 3.5 mm　ABCDEFGHIJKLMNOPQRSTUVWXYZ
aabcdefghijklmnopqrstuvwxyz

文字高さ 2.5 mm　ABCDEFGHIJKLMNOPQRSTUVWXYZ
aabcdefghijklmnopqrstuvwxyz

図 1.9 数字およびラテン文字の例

1.5 投影法

1.5.1 投影法の一般事項

投影法は第三角法による．ただし，紙面の都合などで，投影図を第三角法により正しく配置できない場合や，図の一部を第三角法による位置に描くとかえって図形が理解しにくくなる場合は，第一角法や，矢示法（やしほう）（1.5.4 項参照）を用いてもよい．

1.5.2 投影図の名称（図 1.10）

a 方向の投影＝正面図　　b 方向の投影＝平面図
c 方向の投影＝左側面図　　d 方向の投影＝右側面図
e 方向の投影＝下面図　　f 方向の投影＝背面図

図 1.10 投影図の名称

「JIS Z 8315-3，-4」製図-投影法-第 3 部：軸測投影，第 4 部：透視投影

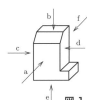

1.5.3 第三角法と第一角法

第三角法と第一角法は，正面図（a）を基準とし，他の投影図をそれぞれ表1.6のように配置する．

第三角法の場合は図1.12に示す投影法の記号を，第一角法の場合は図1.14に示す投影法の記号を，表題欄またはその付近に示す．

表1.6 投影図の配置

	第三角法（図1.11）	第一角法（図1.13）
平面図（b）	上側に置く．	下側に置く．
下面図（e）	下側に置く．	上側に置く．
左側面図（c）	左側に置く．	右側に置く．
右側面図（d）	右側に置く．	左側に置く．
背面図（f）	都合により左側面図（c）の左側または右側面図（d）の右側に置いてもよい．	都合により右側面図（d）の左側または左側面図（c）の右側に置いてもよい．

1.5.4 矢示法

第三角法や第一角法の厳密な形式に従わない投影図によって示す場合は，矢印を用いてさまざまな方向から見た投影図を任意の位置に配置してもよい．

主投影図以外の各投影図は，その投影方向を示す矢印および識別のために大文字のラテン文字で指示する．その文字は，投影の向きに関係なく，すべて上向きに明瞭に書く．

指示された投影図は，主投影図に対応しない位置に配置してもよい．投影図を識別するラテン文字の大文字は，関連する投影図の真下か真上のどちらかに置く．1枚の図面の中では，参照は同じ方法で配置する（図1.15, 1.16）．

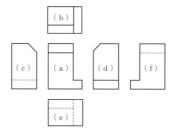

図1.11 第三角法投影図

図1.12 第三角法の記号

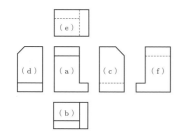

図1.13 第一角法投影図

図1.14 第一角法の記号

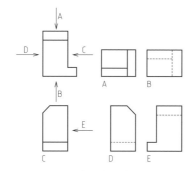

図1.15 矢示法投影図の例1

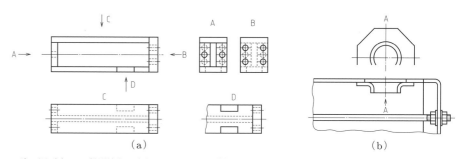

注　図（a）は，投影法を示すための図であり，製図では部分的に省略されることもある（1.7.3項参照）

図1.16 矢示法投影図の例2

1.5.5 その他の投影法

対象物の形状を理解しやすくする目的などから，立体図を描く場合は，軸測投影（JIS Z 8315-3），透視投影（JIS Z 8315-4）などを用いて描く．

●1.6 尺度

① 尺度はJIS Z 8314に基づき，対象物の実際の長さBと，それを描いた図形での対応する長さAとの比A：Bで表す．現尺の場合は，A：Bをともに1（1：1），倍尺の場合はBを1（たとえば，5：1），縮尺の場合はAを1（たとえば，1：2）として示す．

② 尺度の値は，表1.7による．

③ 1枚の図面にいくつかの尺度を用いる場合は，主となる尺度だけを表題欄に示す．その他のすべての尺度は，関係する部品の照合番号（たとえば，①）や，詳細を示した図（または断面図）の照合文字（たとえば，"A-部"）の付近に示す．図形が寸法に比例しない場合は，その旨を適切な箇所に，たとえば"非比例尺"，"NOT TO SCALE"または"SCALE：NONE"と明記する．なお，これらの尺度の表示は，見誤るおそれがない場合は記入しなくてもよい．また，二次元図面に立体図を参考図示する場合は，その立体図には尺度を表示しない．

④ 小さい対象物を大きい尺度で描いた場合は，参考として，現尺の図（簡略化して輪郭だけを示したものでよい）を書き加えるのがよい．

表1.7 推奨する尺度

種別	推奨する尺度		
現尺	1：1		
倍尺	50：1	20：1	10：1
	5：1	2：1	
縮尺	1：2	1：5	1：10
	1：20	1：50	1：100
	1：200	1：500	1：1000
	1：2000	1：5000	1：10000

●1.7 図形の表し方

1.7.1 投影図の表し方

① 対象物の情報を最も明瞭に表す投影図を，主投影図または正面図とする．

② 他の投影図（断面図を含む）が必要な場合は，あいまいさがないように，完全に対象物を規定するのに必要，かつ，十分な投影図および断面図の数とする．

③ できる限り，かくれ線（隠れた外形線およびエッジ）を表す必要のない投影図を選ぶ．

④ 不必要な細部の繰返しを避ける．

(1) 主投影図

① 主投影図には，対象物の形状・機能を最も明瞭に表す面を描く．対象物を図示する状態は，図面の目的に応じて，次のいずれかによる．

　ⅰ）組立図など，主として機能を表す図面では，対象物を使用する状態．

　ⅱ）部品図など，加工のための図面では，加工にあたって図面を最も多く利用する工程で対象物を置く状態（**図1.17, 1.18**）．

　ⅲ）特別な理由がない場合は，対象物を横長に置いた状態．

② 主投影図を補足する他の投影図は，できるだけ少なくし，主投影図だけで表せるものについては，他の投影図は描かない（**図1.19**）．

③ 互いに関連する図の配置は，できるだけかくれ線を用いなくてもよいように示す（**図1.20**）．ただし，比較対照が不便になる場合は，この限りではない（**図1.21**）．

(2) 部分投影図

図の一部を示せば足りる場合は，その必要な部分だけを部分投影図として表す．省いた部分との境界は破断線で示す（**図1.22**）．ただし明確な場合は破断線を省略してもよい．

(3) 局部投影図

対象物の穴，溝など，一局部だけの形を図示すれば理解できる場合は，その必要部分を局部投影図として表す．投影関係は，主となる図に中心線，基準線，寸法補助線などで結び付けて示す（**図1.23, 1.24**）．

図1.17　旋削加工の場合の例　　　図1.18　フライス加工の場合の例　　　図1.19　主投影図だけの例

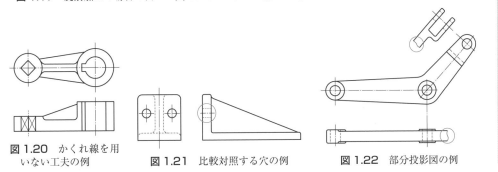

図1.20　かくれ線を用いない工夫の例　　図1.21　比較対照する穴の例　　図1.22　部分投影図の例

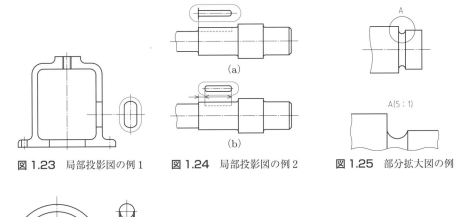

図1.23　局部投影図の例1　　図1.24　局部投影図の例2　　図1.25　部分拡大図の例

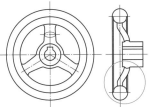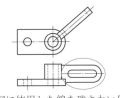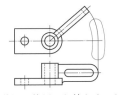

（a）アームの回転図示の例　　（b）作図に使用した線を残さない例　　（c）作図に使用した線を残した例

図1.26　回転投影図の例

(4) 部分拡大図

特定部分の図形が小さいために，その部分の詳細な図示や寸法などの記入ができないときは，該当部分を別の箇所に拡大して描き，表示の部分を細い実線で囲み，かつ，ラテン文字の大文字で表示するとともに，その文字および尺度を付記する（**図1.25**）．拡大した図の尺度を示す必要がない場合は，尺度の代わりに"拡大図"または"DETAIL"と付記してもよい．

(5) 回転投影図

投影面に対してある角度をもっているため，その実形が現れないときは，その部分を回転して，その実形を図示してもよい（**図1.26 (a)，(b)**）．見誤るおそれがある場合は，作図に用いた線を残す（**図1.26 (c)**）．

(6) 補助投影図

斜面部がある対象物で，その斜面の実形を表す場合は，次のように補助投影図で表す．

① 対象物の斜面の実形を図示する場合は，その斜面に対向する位置に補助投影図として表す（**図1.27**）．必要な部分だけを部分投影図（1.7.1 項 (2) 参照）または局部投影図（1.7.1 項 (3) 参照）で描いてもよい．

② 紙面の関係などで補助投影図を斜面に対向する位置（**図1.27**）に配置できない場合は，矢示法を用いて示し，その旨を矢印およびラテン文字の大文字で示す（**図1.28 (a)**）．ただし，**図1.28 (b)** に示すように，折り曲げた中心線で結び，投影関係を示

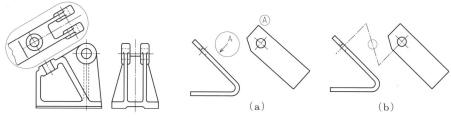

図 1.27　補助投影図の例

(a)　　　　　　(b)

図 1.28　補助投影図を用いた例

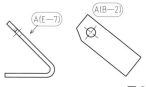

図 1.29　区分記号を付記する例

注　格子参照方式（JIS Z 8311 参照）によって，参照文字を組み合わせた区分記号（例 E-7）は，補助投影の描かれている図面の区域を示し，区分記号（例 B-2）は，矢印の描かれている図面の区域を示す．

してもよい．

補助投影図（必要部分の投影図も含む）の配置関係がわかりにくい場合は，表示の文字のそれぞれに相手位置の図面の区域の区分記号を付記する（**図 1.29**）．

1.7.2　断面図

① 隠れた部分をわかりやすく示すために，断面図として図示してもよい．断面図の図形は，切断面を用いて対象物を仮に切断し，切断面の手前の部分を取り除き，1.7.1 項に従って描く．

② 切断したために理解を妨げるもの（例 1），切断しても意味がないもの（例 2）は，長手方向に切断しない（**図 1.30**）．

【例 1】リブ，（たとえば，歯車の）アーム，歯車の歯

【例 2】軸，ピン，ボルト，ナット，座金，小ねじ，リベット，キー，玉（鋼球，セラミック球など），ころ（円筒ころ，円すいころなど）

③ 切断面の位置を指示する場合は，両端および切断方向の変わる部分を太くした細い一点鎖線で指示する．投影方向を示す場合は，細い一点鎖線の両端に投影方向を示す矢印を描く．切断面を識別する場合は，矢印によって投影方向を示し，ラテン文字の大文字などの記号によって指示し，参照する断面の識別記号は矢印の端に記入する（**図 1.31**）．断面の識別記号（たとえば，A-A）は，断面図の直上または直下に示す（**図 1.31**）．

④ 断面の切り口を示すためにハッチングを施す場合は，切り口は次による．

【注記】ISO 128-50 では，断面図，切り口にはハッチングを施すと規定している．

ⅰ）ハッチングは，細い実線で，主たる中心線に対して 45° に施すのがよい．

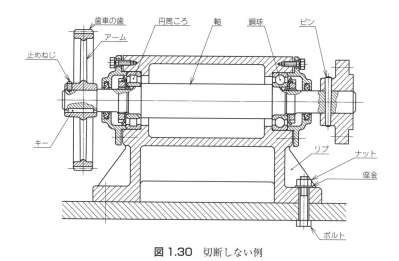

図 1.30　切断しない例

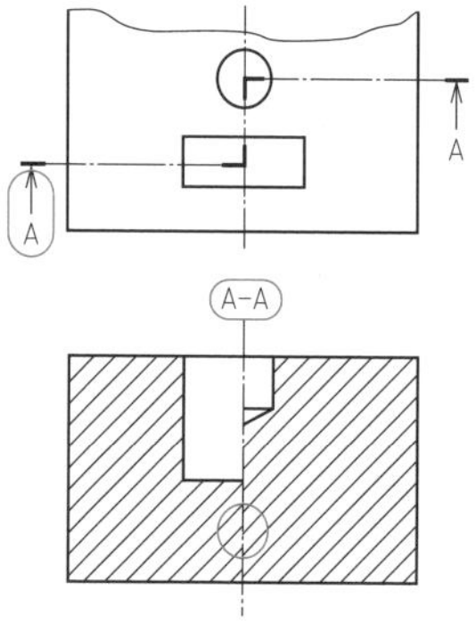

図 1.31　断面の指示およびハッチングをずらした例 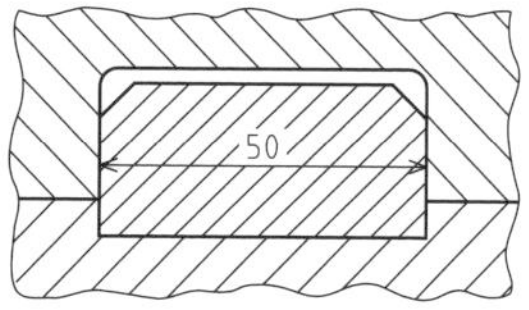　　図 1.32　線の向きおよび中断したハッチングの例 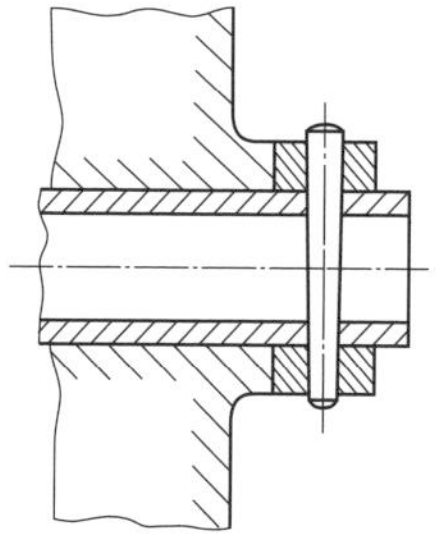　　図 1.33　外形線に沿った線の向きおよび間隔を変えたハッチングの例

ⅱ）断面図に材料などを表示するため，特殊なハッチングを施してもよい．その場合は，その意味を図面中にはっきりと指示するか，該当規格を引用して示す．

ⅲ）同じ切断面上に現れる同一部品の切り口には，同一のハッチングを施す（**図 1.33**，**1.35**）．ただし，階段状の切断面の各段に現れる部分を区別する場合は，ハッチングをずらしてもよい（**図 1.31**）．

ⅳ）隣接する切り口のハッチングは，線の向きや角度，間隔を変えて区別する（**図 1.32**，**1.33**）．

ⅴ）ハッチングを施すべき部分に文字，記号などを記入する場合は，ハッチングを中断する（**図 1.32**）．

ⅵ）切り口の面積が広い場合は，その外形線に沿って適切な範囲にハッチングを施

す（**図 1.33**）．

(1) 全断面図

① 通常，対象物の基本的な形状を最もよく表すように切断面を決めて描く（**図 1.34, 1.35**）．この場合は切断線は記入しない．

② 必要がある場合は，特定の部分の形をよく表すように切断面を決めて描く．この場合，切断線によって切断位置を示す（**図 1.36**）．

(2) 片側断面図

対称形の対象物は，外形図の半分と全断面図の半分とを組み合わせて表してもよい（**図 1.37**）．

(3) 部分断面図

外形図において，必要とする要所の一部だけを部分断面図として表してもよい．この場合，破断線によってその境界を示す（**図 1.38**）．

(4) 回転図示断面図

ハンドル，車輪などのアームおよびリム，リブ，フック，軸，構造物の部材などの切り口は，次のように 90° 回転して表してもよい．

① 断面箇所の前後を破断して，その間に描く（**図 1.39**）．

② 切断線の延長線上に描く（**図 1.40, 1.50, 1.52**）．

③ 図形内の切断箇所に重ねて，細い実線を用いて描く（**図 1.41, 1.42**）．

(5) 組合せによる断面図

二つ以上の切断面による断面図を組み合わせて行う断面図示は，次による．その場合，必要に応じて断面を見る方向を示す矢印およびラテン文字の大文字の文字記号を付ける（**図 1.43, 1.44**）．

① 対称形またはこれに近い形の対象物は，対称の中心線を境にして，その片側を投影面に平行に切断し，他の側を投影面とある角度をもって切断してもよい．この場合，後者の切断面は，その角度だけ投影面のほうに回転移動して図示する（**図 1.43, 1.44**）．

② 断面図は，平行な二つ以上の平面で切断した断面図の必要部分だけを合成して示してもよい．この場合，切断線によって切断して位置を示し，組合せによる断面図であることを示すために，二つの切断線を任意の位置でつなぐ（**図 1.45**）．

③ 曲管などの断面は，その曲管の中心線に沿って切断し，そのまま投影してもよい（**図 1.46**）．

④ 断面図は，必要に応じて①〜③の方法を組み合わせて表してもよい（**図 1.47, 1.48**）．

(6) 多数の断面図による図示

① 複雑な形状の対象物を表す場合は，必要に応じて多数の断面図を描いてもよい（**図 1.49, 1.50**）．

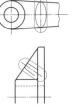

図 1.41 切断箇所に断面を描く例 1　**図 1.42** 切断箇所に断面を描く例 2

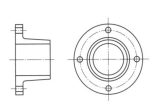

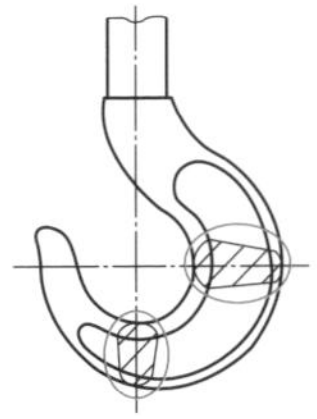

図 1.34 全断面図の例 1

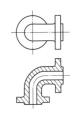

図 1.35 全断面図の例 2

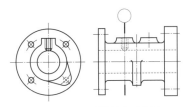

図 1.36 切断位置を示す例

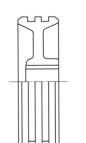

図 1.37 片側断面図の例

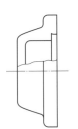

図 1.38 部分断面図の例

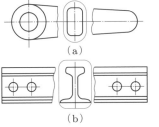

図 1.39 破断して断面を回転図示する例

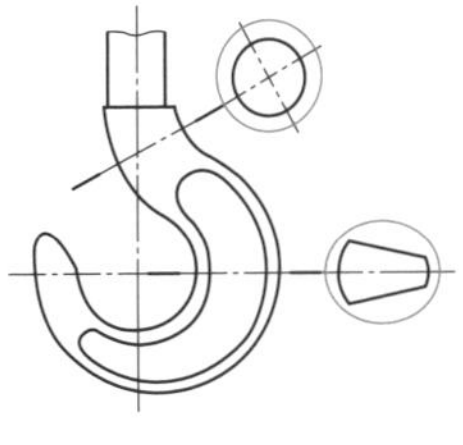

図 1.40 切断線の延長線上に描く断面の例

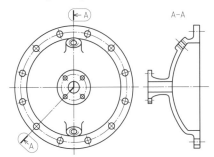

図 1.43 組合せによる断面図の例

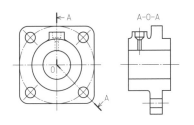

図 1.44 回転移動した断面図示例

図 1.45 必要部分を合成した断面図示例

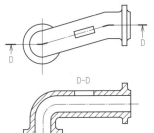

図 1.46 曲管の組合せによる断面図示例

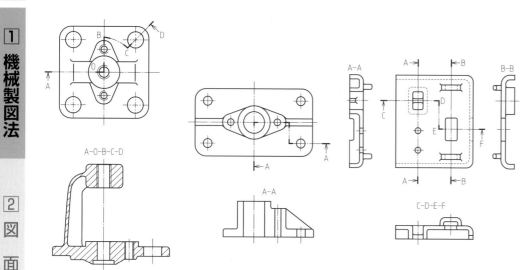

図 1.47 複数の方法を組み合わせた断面図示例 1

図 1.48 複数の方法を組み合わせた断面図示例 2

図 1.49 多数の断面による例

② 一連の断面図は，寸法の記入や断面の理解に便利なように，投影の向きを合わせて描くのがよい．この場合，切断線の延長線上（図 1.50）か主中心線上（図 1.51）に配置するのがよい．

③ 対象物の形状が徐々に変化する場合，多数の断面によって表してもよい（図 1.52）．

(7) 薄肉部の断面図　ガスケット，薄板，形鋼などで，切り口が薄い場合は，次のように表してもよい．

① 断面の切り口を黒く塗りつぶす（図 1.53 (a), (b)）．

② 実際の寸法にかかわらず 1 本の極太の実線で表す（図 1.53 (c), (d)）．いずれの場合も，これらの切り口が隣接しているとき，それを表す図形の間（他の部分を表す図形との間も含む）に，わずかなすきま（0.7 mm 以上）をあける．

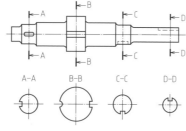

図 1.50 切断線の延長線上に断面図を置く例

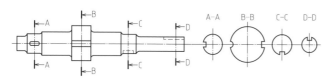

図 1.51 主中心線上に断面図を置く例

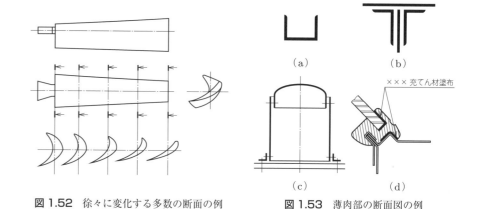

図 1.52 徐々に変化する多数の断面の例

図 1.53 薄肉部の断面図の例

1.7.3 図形の省略

対象物をわかりやすく表すために，一般に次のようにするのがよい．

① かくれ線は，理解を妨げない場合は，省略する（図 1.54 の A，B）．

② 補足の投影図に見える部分をすべて描くと，かえってわかりにくくなる場合（図 1.55 (a)）は，部分投影図（図 1.55 (b), 1.56）または補助投影図（図 1.57）として表す．

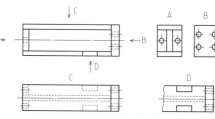

図 1.54 かくれ線の省略例

③ 切断面の先方に見える線（図 1.58 (a)）は，理解を妨げない場合は，省略するのがよい（図 1.58 (b)）．

④ 一部に特定の形をもつものは，できるだけその部分が図の上側に現れるように描くのがよい．キー溝をもつボス穴，壁に穴または溝をもつ管またはシリンダ，切割りをもつリングなどの例を図 1.59 に示す．

⑤ ピッチ円上に配置する穴などは，側面の投影図（断面図も含む）において，ピッチ円がつくる円筒を表す細い一点鎖線と，その片側だけに 1 個の穴を図示（投影関係に

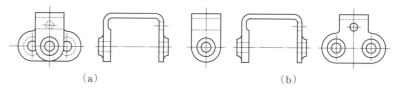

図 1.55 部分投影図の例 1

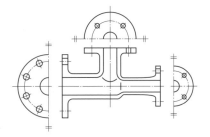

図 1.56 部分投影図の例 2

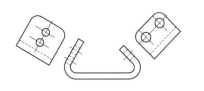

図 1.57 補助投影図の例

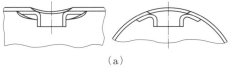

（a）

（b）

図 1.58 切断面の先方に見える線の省略例

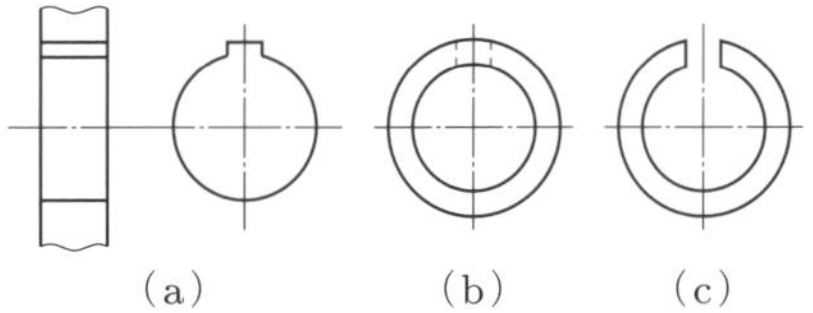

かかわりなく）し，他の穴の図示を省略してもよい（**図 1.56, 1.60**）．この場合，穴の配置はこれを表す図に示すなどの方法で明らかにする．

【注記】 フランジ関係の日本産業規格では，ピッチ円を"ボルト穴中心円"と表現している．

図 1.59 特定の形を上側に現れるように描く例

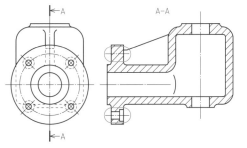

図 1.60 側面図に現れる穴の簡略化の例

（1）対称図形の省略　図形が対称形式の場合は，次のいずれかの方法によって対称中心線の片側を省略してもよい．

① 対称中心線の片側の図形だけを描き，その対称中心線の両端部に短い 2 本の平行細線（対称図示記号という）を付ける（**図 1.61 ～ 1.63**）．

② 対称中心軸の片側の図形を，対称中心線を少し越えた部分まで描く．この場合は，対称図示記号を省略する（**図 1.64, 1.65**）．

（2）繰返し図形の省略　同種同形のものが多数並ぶ場合は，次の方法で図形を省略してもよい．

① 実形の代わりに図記号をピッチ線と中心線との交点に記入する（**図 1.66**）．ただし，図記号を用いて省略する場合は，その意味をわかりやすい位置に記述するか（**図 1.66**），引出線を用いて記述する（**図 1.67 (b)**）．

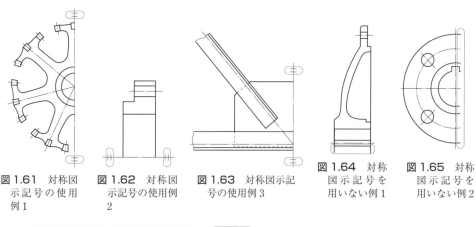

図 1.61 対称図示記号の使用例 1　**図 1.62** 対称図示記号の使用例 2　**図 1.63** 対称図示記号の使用例 3　**図 1.64** 対称図示記号を用いない例 1　**図 1.65** 対称図示記号を用いない例 2

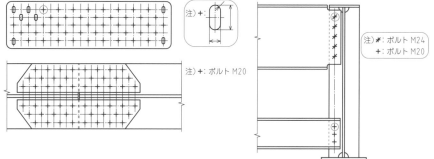

図 1.66 図記号を用いた図形の省略例

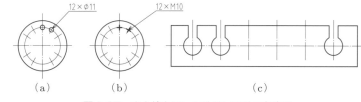

図 1.67 中心線を用いた繰返し図形の省略例

② 読み誤るおそれがない場合は，両端部（一端は 1 ピッチ分）または要点だけを実形または図記号によって示し，他はピッチ線と中心線との交点で示す（**図 1.67**）．ただし，寸法記入によって交点の位置が明らかなときは，ピッチ線に交わる中心線を省略してもよい（**図 1.68**）．この場合は，繰返し部分の数を寸法とともに，または注記によって指示する．

（3）中間部分の省略　同一断面形の部分（例 1），同じ形が規則正しく並んでいる部分（例

1 機械製図法

2 図面

3 部品・材料資料

1
機械製図

2），長いテーパなどの部分（例3）は，紙面を有効に使用するために中間部分を切り取って，その肝要な部分だけを近づけて図示してもよい．

【例1】軸，棒，管，形鋼

【例2】ラック，工作機械の送りねじ，橋の欄干，はしご

【例3】テーパ軸

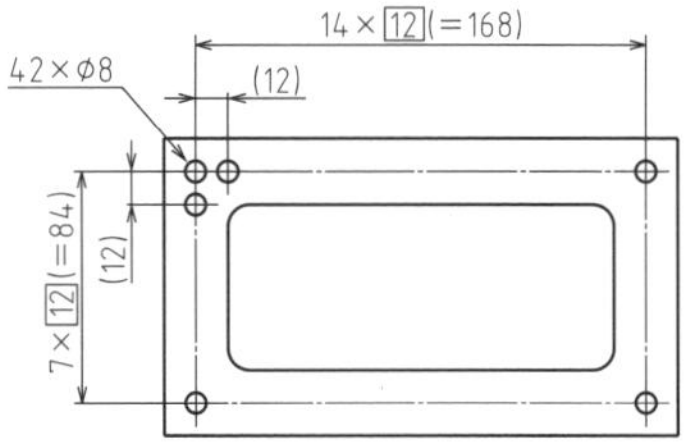

この場合，切り取った端部は破断線で示す（図1.69～1.71）．なお，要点だけを図示する場合，まぎらわしくなければ破断線を省略してもよい．また，長いテーパ部分やこう配部分を切り取った図示では，傾斜が緩いものは実際の角度で示さなくてもよい（図1.71 (b)）．

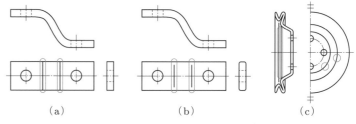

図1.68 寸法記入によって交点の位置が明らかな繰返し図形の省略例

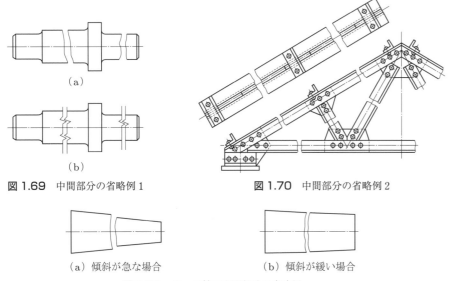

（a）

（b）

図1.69 中間部分の省略例1

図1.70 中間部分の省略例2

（a）傾斜が急な場合 　（b）傾斜が緩い場合

図1.71 テーパ軸の中間部分の省略例

1.7.4 特殊な図示方法

(1) 二つの面の交わり部　二つの面が交わる部分（相貫部分）を表す線は次による．

① 交わり部に丸みがあり，この部分を表す必要があるときは，二つの面の交わる位置を太い実線で表す（図1.72）．

【注記】丸みを施す以前の二つの面の交わりは，図1.96 (a) を参照．

② 曲面相互または曲面と平面が交わる部分の線（相貫線）は，直線で表す（図1.73 (a)～(f)）か，正しい投影に近似させた円弧で表す（図1.73 (g)～(i)）．

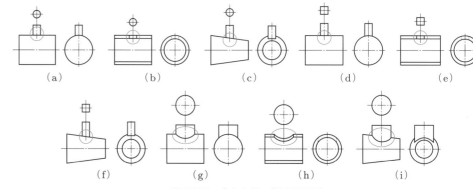

（a）　　　　　（b）　　　　　（c）

図1.72 交わり部の図示例

（a）　　（b）　　（c）　　（d）　　（e）

（f）　　（g）　　（h）　　（i）

図1.73 交わり部の簡略図示例

③ 曲面相互または曲面と平面が正接する部分の線（正接エッジ）は，細い実線で表してもよいが，相貫線と併用してはならない（図1.74）．

④ リブなどを表す線の端末は，直線のまま止める（図1.75 (a)）．なお，関連する丸みの半径が著しく異なる場合は，線の端末を内側または外側に曲げて止めてもよい（図1.75 (b), (c)）．

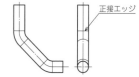

正接エッジ

図1.74 正接エッジの図示例

(2) 平面部分　図形内の特定の部分が平面であることを示す場合は，細い実線で対角線を記入する（図1.76）．

(3) 展開図　板を曲げてつくる対象物または面で構成される対象物を展開した形状で示す場合は，展開図で示す．この場合，展開図の上側または下側のいずれかに統一して，"展開図"と記入するのがよい（図1.77）．

(4) 加工・処理範囲の限定　対象物の面の一部分に特殊な加工を施す場合は，その範囲を，区間指示記号"↔"または外形線に平行にわずかに離して引いた太い一点鎖線によって示してもよい（図1.78 (a), (b)）．また，図形中の特定の範囲または領域を指示する場合は，その範囲を太い一点鎖線で囲む（図1.78 (b)）．これらの場合，特殊な加工に関

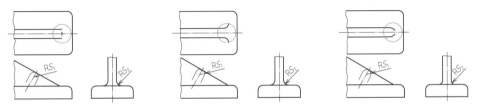
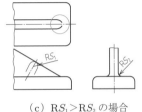

(a) 一般の場合　　　（b）RS_1＜RS_2 の場合　　　（c）RS_1＞RS_2 の場合

図 1.75　リブの交わり部の簡略図示例

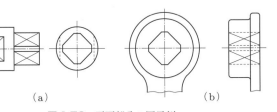

（a）　　　　　　　　　　　　（b）

図 1.76　平面部分の図示例

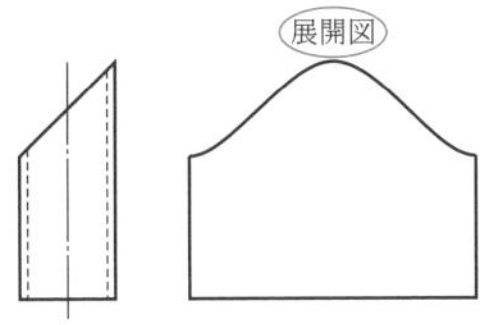

注　"展開図"を"DEVELOPMENT"と指示してもよい.

図 1.77　展開図の図示例

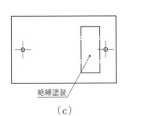

（a）　　　　　　　（b）

高周波焼入れ

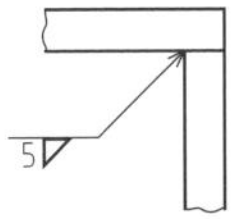

図 1.79　溶接部材の図示例

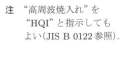

絶縁塗装

（c）

図 1.78　限定範囲の指示例

注　"高周波焼入れ"を"HQI"と指示してもよい(JIS B 0122 参照).

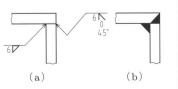

（a）　　　　　　（b）

図 1.80　溶接の図示例

する必要事項を指示する.

(5) 加工部の表示

① 溶接部品の溶接部分を参考に表す場合は，次の例による.

ⅰ）溶接部材の重なりの関係を示す場合は，**図 1.79** の例による.

ⅱ）溶接の種類と大きさならびに溶接構成部材の重なりの関係を表す場合は，**図 1.80 (a)** の例のように溶接記号で指示する．組立図のように溶接寸法を必要としない場合は，**図 1.80 (b)** の例のように溶接部位を塗りつぶして指示してもよい.

② 薄板の強度を増加させる溶接構造を指示する例を**図 1.81** に示す.

③ ローレット加工した部分，金網，しま鋼鈑などの特徴を外形の一部にその模様を描いて表示してもよい（**図 1.82～1.84**）.

非金属材料を指示する場合は，**図 1.85** の表示方法によるか，該当規格の表示方法による．この場合でも，部品図には材質を別に文字で記入する．外観および切り口を示す場合にも，これによるのがよい.

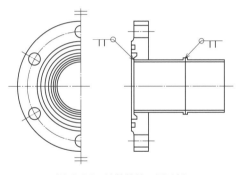

図 1.81　溶接構造の図示例

④ 図に表す対象物の加工前または加工後の形を図示する場合は，次による.

ⅰ）加工前の形または粗材寸法を表す場合は，細い二点鎖線で図示する（**図 1.4** の図例 9 (a)）.

＋粗材寸法：鋳放し寸法，熱間圧延鋼板の板厚，磨き丸棒の直径など，対象物の最初の幾何形状を示す寸法.

ⅱ）加工後の形，たとえば組立後の形を表す場合は，細い二点鎖線で図示する（**図 1.4** の図例 9 (b)）.

⑤ 加工に用いる工具・ジグなどの形，工具サイズなどを参考として図示する場合は，細い二点鎖線で図示する（**図 1.4** の図例 8）.

＋工具サイズ：ドリル径，リーマ径，フライスカッタ径，カッタ幅など，部品を加工するときの工具のサイズを示す寸法（**図 1.104**）.

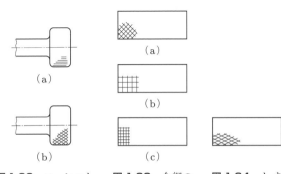

（a）

（b）

（a）

（b）

（c）

（b）

図 1.82　ローレット加工の図示例

図 1.83　金網の図示例

図 1.84　しま鋼板の図示例

材　料	表　示	
ガラス		
保温吸音材		
木材		
コンクリート		
液体		

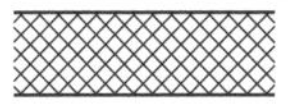

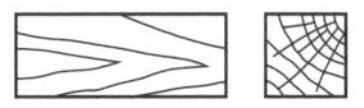

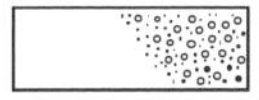

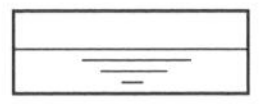

図 1.85　非金属材料の図示例

(6) その他の特殊な図示方法

① 切断面の手前側にある部分を図示する場合は，細い二点鎖線で図示する（**図1.4**の図例11）．

② 図示対象物に隣接する部分を参考として図示する場合は，細い二点鎖線で図示する．対象物の図形は，隣接部分に隠されていてもかくれ線としてはならない（**図1.4**の図例7）．断面図における隣接部分にはハッチングを施さない．

● 1.8　寸法記入方法

① 対象物の機能，製作，組立などを考えて，必要不可欠な寸法を明瞭に指示する．

② 対象物の大きさ，姿勢，位置を最も明確に表すのに必要十分な寸法を記入する．

③ 寸法は，寸法線，寸法補助線，寸法補助記号などを用いて，寸法数値によって示す．

④ 寸法は，できるだけ主投影図に集中して指示する．

⑤ 図面には，特に明示しない限り，その図面に図示した対象物の仕上がり寸法を示す．【注記】鋳造部品図では，最終機械加工図，鋳放し図，前加工図などがあり，それぞれ最終仕上がり寸法，鋳放し寸法および前加工寸法が指示される場合がある．

⑥ 寸法は，できるだけ計算して求める必要がないように記入する．

⑦ 加工または組立の際に，基準とする形体がある場合は，その形体を基にして寸法を記入する（**図1.86**）．

⑧ 寸法は，できるだけ工程ごとに配列を分けて記入する（**図1.87**）．

⑨ 関連する寸法は，できるだけ1箇所にまとめて記入する（**図1.88**）．

⑩ 寸法は重複記入を避ける．ただし，一品多葉図で，重複寸法を記入したほうが図の理解を容易にする場合は，重複記入をしてもよい（たとえば，重複するいくつかの寸法数値の前に黒丸を付け（**図1.89**），重複寸法を意味する記号について図面に注記する）．

⑪ 円弧の部分の寸法は，円弧が180°までは半径で表し（**図1.90(a)**），それを超える

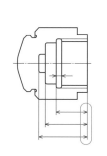
図1.86 基準からの寸法の図示例

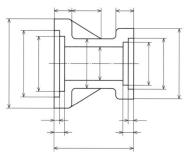
図1.87 工程ごとに寸法を配列した図示例

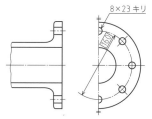
図1.88 関連する寸法の図示例

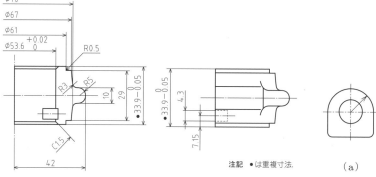
注記　●は重複寸法．

図1.89　一品多葉図における重複寸法の図示例

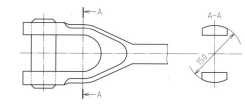
(a)　　　　(b)

図1.90　半径または直径の図示例

場合は直径で表す（**図1.90(b)**）．ただし，円弧が180°以内であっても，機能上または加工上，特に直径の寸法を必要とするものは，直径の寸法を記入する（**図1.91**）．

⑫ 機能上（互換性を含む）必要な寸法には，JIS Z 8318によって寸法の許容限界または許容限界サイズ（JIS B 0401-1）を指示する．ただし，理論的に正しい寸法および参考寸法を除く．なお，寸法の許容限界または許容限界サイズの指示がない場合は，個々に規定する普通公差を適用する．その場合，適用する規格番号および等級記号または数値を表題欄の中またはその付近に一括指示する．

⑬ 寸法のうち，理論的に正確な寸法については寸法数値を長方形の枠で囲み，参考寸法については寸法数値に括弧を付ける．なお，参考寸法は検証の対象としない．

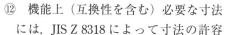

図1.91　直径の図示例

1.8.1　寸法補助線

① 寸法は，通常，寸法補助線を用いて寸法線を記入し（**図1.92**），この上側に寸法数値を指示する．ただし，寸法補助線を引き出すと図がまぎらわしくなるときは，これによらなくてもよい（**図1.93**）．

② 寸法補助線は，指示する寸法の端にあたる図形上の点または線の中心を通り，寸法線に対して直角に引き，寸法線をわずかに越えるまで延長する（**図1.92**）．寸法補助線と図形との間をわずかに離してもよいが，一葉図または多葉図で統一する（**図1.94**）．

③ 寸法を指示する点または線の位置を明確にするため，特に必要な場合は，寸法線に対して適切な角度をもつ互いに平行な寸法補助線を引いてもよい．この角度は，でき

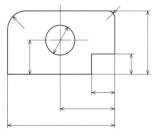

図1.92 寸法補助線および寸法線の図示例

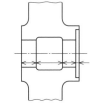

図1.93 寸法補助線を使用しない図示例

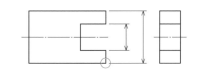

図1.94 すきまを設けた寸法補助線の図示例

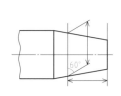

図1.95 寸法の位置を明確にする線の図示例

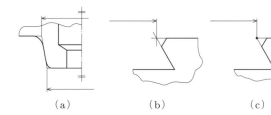

図1.96 丸みまたは面取り部からの寸法補助線の図示例

るだけ60°がよい（**図1.95**）.

④ 互いに傾斜する二つの面の間に丸みまたは面取りが施されているとき，二つの面の交わる位置を示すには，丸みまたは面取りを施す以前の形状を細い実線で表し，その交点から寸法補助線を引き出す（**図1.96(a)**）. 交点を明確に示す必要があるときには，それぞれの線を互いに交差させるか，または交点に黒丸を付ける（**図1.96(b), (c)**）.

1.8.2　寸法線

① 寸法線は，指示する長さまたは角度を測定する方向に平行に引き（**図1.97**），線の両端に端末記号を付ける（**図1.98**）. なお，一枚の図面の中では，1.8.2項⑦の iii) の規定による場合を除き，**図1.98**の (a)～(d) を混用してはならない.

② 角度寸法を記入する寸法線は，角度を構成する二辺またはその延長線（寸法補助線）の交点を中心として，両辺またはその延長線の間に描いた円弧で表す（**図1.99**）.

③ 角度サイズを記入する寸法線は，形体の二平面のなす角または相対向する円すい表面の母線のなす角の間に描いた円弧で表す（**図1.100**）.

＋角度サイズ：形体の実体から得られた二つの平面または直線のなす角度.

④ 寸法線が隣接して連続する場合（**図1.101(a)**）や，関連する部分の寸法（**図1.101(b)**）は，一直線上に記入するのがよい.

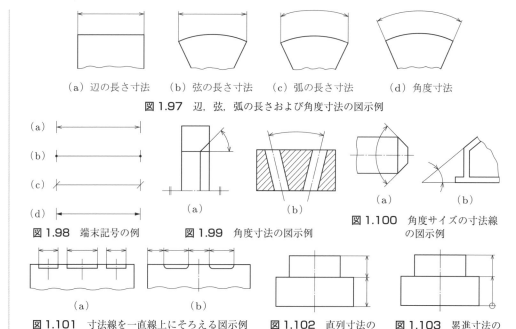

図1.97 辺，弦，弧の長さおよび角度寸法の図示例
（a）辺の長さ寸法　（b）弦の長さ寸法　（c）弧の長さ寸法　（d）角度寸法

図1.98 端末記号の例　　**図1.99** 角度寸法の図示例　　**図1.100** 角度サイズの寸法線の図示例

図1.101 寸法線を一直線上にそろえる図示例　**図1.102** 直列寸法の図示例　**図1.103** 累進寸法の図示例

⑤ 段差がある形体間の寸法記入は，次のいずれかによる.

i) 形体間に対して直列寸法を指示する（**図1.102**）.

ii) 累進寸法記入法（1.8.4項(3)参照）によって，一方の形体側に起点記号○を，他方の形体側に矢印を指示する（**図1.103**）.

⑥ 穴加工のドリル径，リーマ径，平面加工のフライスカッタ径（**図1.104**），溝加工のブローチサイズなどの指示により設計要求を満たす場合は，その工具径を指示する.

⑦ 狭いところでの寸法の記入は，部分拡大図を描いて記入するか，次のいずれかによる.

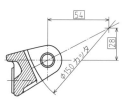

図1.104 使用する工具サイズの指示例

i) 寸法線から斜め方向に引き出した引出線に結び付けた参照線に，寸法数値を記入する. この場合，引出線の引き出す側の端には何も付けない（**図1.105**）.

ii) 寸法線を延長して，その上側に記入してもよい（**図1.105, 1.106**）.

iii) 寸法補助線の間隔が狭く，矢印を記入する余地がない場合は，矢印の代わりに黒丸（**図1.106**）または斜線（**図1.105**）を用いてもよい.

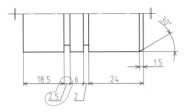

図1.105 引出線と参照線を用いた図示例

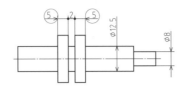

図1.106 寸法線を延長した図示例

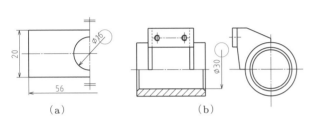

（a）　　　　　　（b）

図1.107 対称図形の片矢の寸法線の図示例

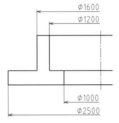

図1.108 中心線を越えない寸法線の図示例

⑧　対称な図形で対称中心線の片側だけを表した図では，寸法線はその中心線を越えて適切な長さに延長する．この場合，延長した寸法線の端には端末記号を付けない（**図1.107**）．ただし，誤解のおそれがないときは，寸法線は中心線を越えなくてもよい（**図1.108**）．

⑨　対称な図形で多数の径の寸法を記入する場合は，寸法線の長さをさらに短くして，**図1.109**の例のように数段に分けて記入してもよい．

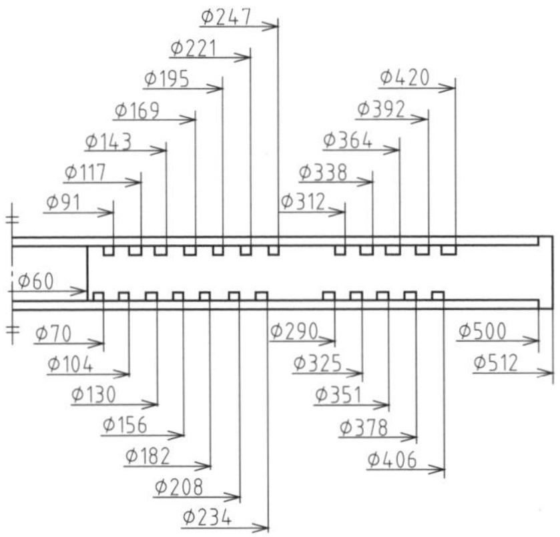

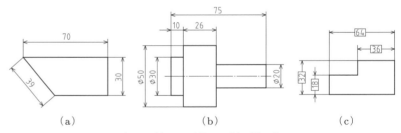

図1.109 短い寸法線の図示例

1.8.3 寸法数値

①　長さの寸法数値は，通常はミリメートルの単位で記入し，単位記号は付けない．

②　角度寸法の数値は，一般に度の単位で記入し，必要がある場合は，分および秒を併用してもよい．度，分，秒を表すには，数字の右肩にそれぞれ単位記号 °，′，″ を記入する．

【例】90°，22.5°，6° 21′ 5″（または 6° 21′ 05″），8° 0′ 12″（または 8° 00′ 12″），3′ 21″

角度寸法の数値をラジアンの単位で記入する場合は，その単位記号 rad を記入する．

【例】0.52 rad，π/3 rad

③　寸法数値の小数点は，下の点とし，数字の間を適切にあけて，その中間に大きめに書く．また，寸法数値のけた数が多い場合でもコンマは付けない．

【例】123.25　　12.00　　22320

【注記】ISO 規格では小数点に "，"（コンマ）を使用している．

④　寸法記入は，累進寸法記入法（1.8.4 項（3）参照）の場合を除き，次による．

ⅰ）寸法数値は，水平方向の寸法線に対しては図面の下辺から，垂直方向の寸法線に対しては図面の右辺から読めるように指示する（**図1.110**）．斜め方向の寸法線上の数値は，**図1.111** の向きに記入する．角度寸法の数値は，**図1.112** の向きに記入する．

ⅱ）寸法線を中断しないで寸法数値を記入する場合は，寸法線に沿ってその上側にわずかに離して寸法線のほぼ中央に記入する．寸法数値を記載するスペースが確保できない場合に限り，寸法線を中断し，中断した部分に寸法数値を記入する．このとき中断する部分は，一般に寸法線のほぼ中央とする（**図1.110（c）**）．寸法線を中断する記入例と中断しない記入例とは，できる限り一つの図面内では混用しないほうがよい．

ⅲ）寸法数値は，垂直線に対し左上から右下に向かい約30° 以下の角度をなす範囲を避けて記入する．

（（a）（b）（c）図示）

注　図（c）は理論的に正確な寸法の指示．

図1.110 水平方向および垂直方向の寸法数値の図示例

図1.111 長さ寸法の場合の記入例

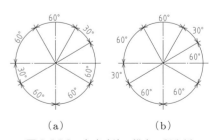

（a）　　　　　　（b）

図1.112 角度寸法の場合の記入例

には，寸法の記入を避ける（**図 1.113 (a)** のハッチング部）．ただし，図形の関係で記入しなければならない場合は，その場所に応じて，まぎらわしくないように記入する（**図 1.113 (b)**，**(c)**）．

⑤ 寸法数値を表す一連の数字は，図面に描いた線で分割されない位置に指示するのがよい（**図 1.114 (a)**）．

⑥ 寸法数値は，図面に描いた線に重ねて記入してはならない．やむを得ない場合は，引出線と参照線とを用いて記入する（**図 1.114 (b)**）．

⑦ 寸法数値は，寸法線の交わらない箇所に記入する（**図 1.115**）．

⑧ 寸法補助線を引いて記入する直径の寸法が対称中心線の方向にいくつも並ぶ場合は，各寸法線はできるだけ同じ間隔に引き，小さい寸法を内側に，大きい寸法を外側にして寸法数値をそろえて記入する（**図 1.116 (a)**）．紙面の都合で寸法線の間隔が狭い場合は，寸法数値を対称中心線の両側に交互に記入してもよい（**図 1.116 (b)**）．

⑨ 寸法線が長いために，その中央に寸法数値を記入するとわかりにくくなる場合は，いずれか一方の端末記号の近くに片寄せて記入してもよい（**図 1.117**）．

⑩ 寸法数値の代わりに，文字記号を用いてもよい．この場合，その数値を別に表示する（**図 1.118, 1.119**）．

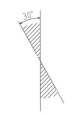

（a）記入を避ける範囲

（b）まぎらわしくないように記入する例 1

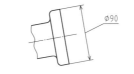

（c）まぎらわしくないように記入する例 2

図 1.113 寸法数値の記入を避ける範囲およびまぎらわしくないように記入する図示例

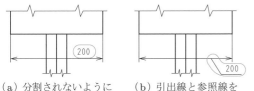

（a）分割されないように配置した例

（b）引出線と参照線を用いた例

図 1.114 図面に描いた線を避けた寸法数値の図示例

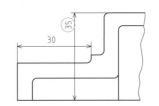

図 1.115 寸法数値の寸法線の交わらない箇所への図示例

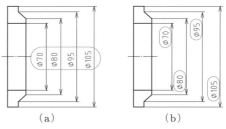

（a）　　　　　（b）

図 1.116 直径の指示が多い場合の図示例

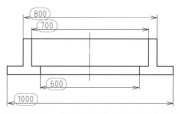

図 1.117 寸法線が長い場合の図示例

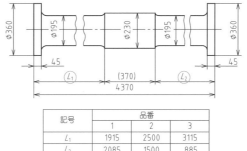

記号	品番		
	1	2	3
L_1	1915	2500	3115
L_2	2085	1500	885

図 1.118 文字記号および表形式を用いる寸法図示例

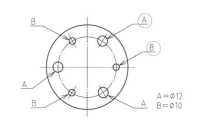

A＝φ12
B＝φ10

図 1.119 文字記号を用いる図示例

1.8.4 寸法の配置

(1) 直列寸法記入法　直列に連なる個々の寸法に与えられる寸法公差が，逐次累積してもよい場合に適用する（**図 1.120**）．

(2) 並列寸法記入法　並列に寸法を記入するので，個々の寸法に与えられる公差が他の寸法の公差に影響を与えることはない（**図 1.121, 1.122**）．共通側の寸法補助線の位置は，機能・加工などの条件を考慮して適切に選ぶ．

(3) 累進寸法記入法　並列寸法記入法とまったく同等の意味をもちながら，一つの形体から次の形体へ寸法線をつないで，1 本の連続した寸法線を用いて簡便に表示できる．この場合，寸法の起点の位置は，起点記号 ○ で示し，寸法線の他端は矢印で示す（**図 1.123 ～ 1.128**）．寸法数値は，寸法補助線に並べて記入するか（**図 1.123**），矢印の近くの寸法線の上側に沿って指示する（**図 1.124**）．隣りあう寸法補助線の間隔が狭く，寸法数値を指示する場所が確保できない場合は，寸法補助線を折り曲げて指示してもよい（**図 1.128**）．二つの形体間だけの寸法線にも準用してよい（**図 1.126**）．

(4) 座標寸法記入法

① **正座標寸法記入法**　穴の位置，大きさなどの寸法は，正座標寸法記入法を用いて表にしてもよい（**図 1.129**）．この場合，表に示す X および Y の数値は，起点からの

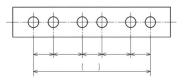

図 1.120　直列寸法記入法の例

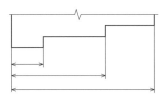

図 1.121　並列寸法記入法の例 1

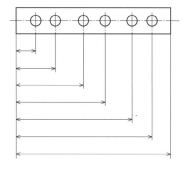

図 1.122　並列寸法記入法の例 2

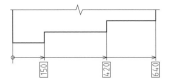

図 1.123　累進寸法記入法の例 1

図 1.124　累進寸法記入法の例 2

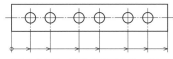

図 1.125　累進寸法記入法の例 3

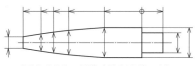

図 1.126　累進寸法記入法の例 4

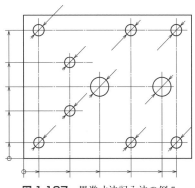

図 1.127　累進寸法記入法の例 5

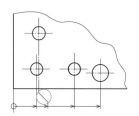

図 1.128　寸法補助線の
間隔が狭い場合の記入例

寸法である. 起点は, たとえば, 基準穴, 対象物の一隅など, 機能または加工の条件を考慮して適切に選ぶ.

② **極座標寸法記入法**　カムプロファイルなどの寸法は, 極座標寸法記入法を用いて指示してもよい（図 1.130）.

1.8.5　寸法補助記号

寸法補助記号の種類およびその呼び方は**表 1.8**による.

(1) 半径の表し方

① 半径の寸法は, 半径の記号 R を寸法数値の前に寸法数値と同じ文字高さで記入する（**図 1.131 (a)**）. ただし, 半径を示す寸法線を円弧の中心まで引く場合は, この記号を省略してもよい（**図 1.131 (b)**）.

② 円弧の半径を示す寸法線には, 円弧の側にだけ矢印を付け, 中心の側には付けない（**図 1.132**）. 矢印および寸法数値を記入する余地がないときは, 図 1.132 (c), (d) の例による.

③ 半径の寸法を指示するために円弧の中心の位置を示す必要がある場合は, 十字または黒丸でその位置を示す（**図 1.133 (a)**, 1.157 (a)）.

④ 円弧の半径が大きく, その中心の位置を示す場合に, 紙面などの制約があるときは, その半径の寸法線を折り曲げてもよい. この場合, 寸法線の矢印が付いた部分は, 正しい中心の位置に向いていなければならない（**図 1.133 (a)**）. 引出線につないだ参照線の上側に半径の寸法数値を, 下側には円弧の中心位置を X, Y および Z の座標値で表してもよい（**図 1.131 (b)**）. この場合も引出線は円弧の中心を向いていなければ

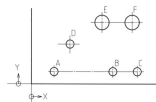

記号	X	Y	直径
A			
B			
C			
D			
E			
F			

図 1.129　正座標寸法記入法の例

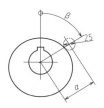

β	0°	20°	40°	60°	80°	100°	120～210°	230°	260°	280°	300°	320°	340°
α	50	52.5	57	63.5	70	74.5	76	75	70	65	59.5	55	52

図 1.130　極座標寸法記入法の例

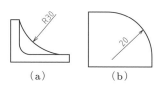

(a)　　　　(b)

図 1.131　半径の図示例

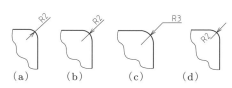

(a)　(b)　(c)　(d)

図 1.132　種々の半径の図示例

表 1.8　寸法補助記号の種類およびその呼び方

記号	意味	呼び方
φ	180°を超える円弧の直径または円の直径	"まる"または"ふぁい"
Sφ	180°を超える球の円弧の直径または球の直径	"えすまる"または"えすふぁい"
□	正方形の辺	"かく"
R	半径	"あーる"
CR	コントロール半径	"しーあーる"
SR	球半径	"えすあーる"
⌒	円弧の長さ	"えんこ"
C	45°の面取り	"しー"
⌒	円すい（台）状の面取り	"えんすい"
t	厚さ	"てぃー"
⊔	ざぐり，深ざぐり	"ざぐり"，"ふかざぐり"　注記　ざぐりは，黒皮を少し削り取るものも含む
∨	皿ざぐり	"さらざぐり"
▽	穴深さ	"あなふかさ"

ばならない．

⑤　同一中心をもつ半径は，長さ寸法と同様に累進寸法記入法を用いて記入してもよい（**図 1.134**）．

⑥　実形を示していない投影図形に実際の半径を指示する場合は，寸法数値の前に"実R"（**図 1.135**）の文字記号を，展開した状態の半径を指示する場合は，"展開R"（**図 1.136**）の文字記号を数値の前へ記入する．

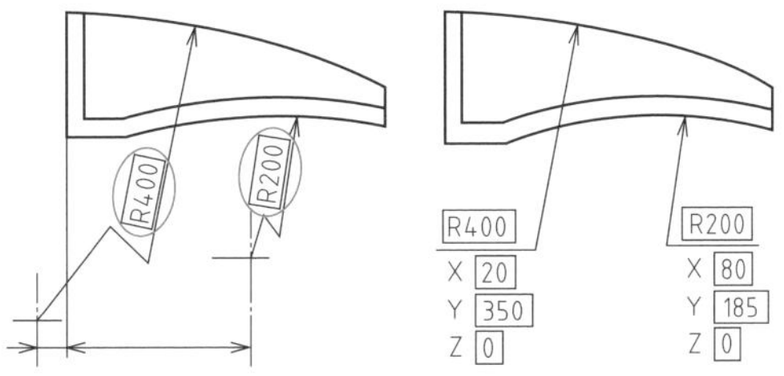

⑦　半径の寸法が他の寸法から導かれる場合は，半径を示す寸法線および数値なしの記号，または半径を示す寸法線および数値ありの半径記号を，参考寸法として記入するのがよい（**図 1.137**）．

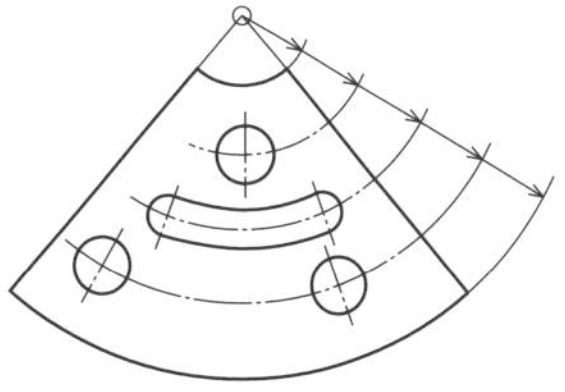

⑧　かどの丸み，隅の丸みなどにコントロール半径を要求する場合は，半径数値の前に記号CRを記入する（**図 1.138**）．

✚コントロール半径，CR（control radius）：直線と半径曲線部との接続部が滑らかにつながり，最大許容半径と最小許容半径との間（二つの曲線に囲まれる領域）に輪郭が存在するように規制する半径（**図 1.138**，**1.139**）．

図 1.133　半径が大きい場合の指示例

図 1.134　累進寸法記入法を用いた半径の図示例

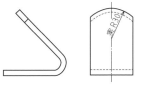

注　"実R30"は"TRUE R30"と指示してもよい．

図 1.135　実 R の図示例

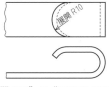

注　"展開R10"は"DEVELOPED R10"と指示してもよい．

図 1.136　展開 R の図示例

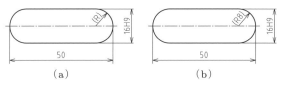

図 1.137　半径であることの図示例

図 1.138　コントロール半径の図示例

(2) 直径の表し方

①　180°を超える円弧または円形の図形に直径の寸法を記入する場合で，寸法線の両端に端末記号が付くときは，寸法数値の前に直径の記号 φ は記入しなくてもよい（**図 140**）．ただし，引出線を用いて寸法を記入する場合は，直径の記号 φ を記入する（**図 141 (a)，(b)**）．

【注記】ISO 129-1では，3D CADで図形を回転させて表示した場合，円形図形がだ円に見えてしまうことを考慮して，180°を超える円弧または円形の図形において，直径の寸法値の前に，"φ"を付けて記入するように規定している．

②　円形の一部を欠いた図形で寸法線の端末記号が片側の場合は，半径の寸法と誤解しないように，直径の寸法数値の前にφを記入する（**図 1.140**）．

③　対象とする部分の断面が円形であるとき，その形を図に表さずに円形であることを示す場合は，直径記号φを寸法数値の前に，寸法数値と同じ文字高さで記入する（**図 1.141 (a)，1.142**）．

④　円形の図または側面図で円形が現れない図のいずれにおいても，直径の寸法数値の後に明らかに円形または円筒形になる加工方法が併記されている場合は，寸法数値の前に直径の記号φは記入しなくてもよい（**図 1.141 (c)，(d)，1.159～1.160**）．

⑤　直径の異なる円筒が連続していて，その寸法数値を記入する余地がないときは，**図 1.143**および**図 1.144**のように，片側に書くべき寸法線の延長線および矢印を描き，直径の記号φおよび寸法数値を記入する．

図 1.139　コントロール半径

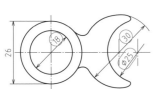

図1.140 180°を超える円弧
および全円の直径の図示例

図1.141 種々の直径の図示例

図1.142 円形であることを
示す場合の直径の図示例

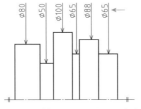

図1.143 外側からの片側に矢印を
指示する寸法図示例

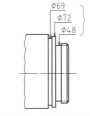

図1.144 寸法線を直角に
折り曲げる図示例

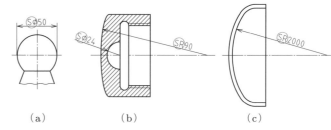

図1.145 球の直径または半径の図示例

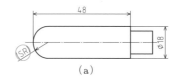

図1.146 数値なしの記号（SR）の指示例

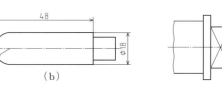

図1.147 正方形の角柱の
一辺に対する図示例

（3）球の直径または半径の表し方

① 球の直径または半径の寸法は，その寸法数値の前に寸法数値と同じ文字高さで，球の記号 Sφ または SR を記入して表す（**図1.145**）．

② 球の半径の寸法が他の寸法から導かれる場合は，半径を示す寸法線および数値なしの球半径記号または半径を示す寸法線および数値ありの球半径記号を，参考寸法として記入するのがよい（**図1.146**）．

（4）正方形の辺の表し方

① 対象とする部分の断面が正方形であるとき，その形を図に表さずに正方形であることを表す場合は，その辺の長さを表す寸法数値の前に，寸法数値と同じ大きさで，正方形の一辺であることを示す記号 □ を記入する（**図1.147**）．

② 正方形を正面から見た場合のように正方形が図に現れる場合は，両辺の寸法を記入するか（**図1.148 (a)**），正方形であることを表す記号 □ を一辺に記入する（**図1.148 (b)**）．

（5）板厚の表し方

板の主投影図にその厚さの寸法を表す場合は，その図の付近または図の中の見やすい位置に，厚さを表す寸法数値の前に寸法数値と同じ文字高さで，厚さを表す記号 t を記入する（**図1.149**）．

【注記】冷間圧延鋼板，プラスチック板など，製品公差が規定されている板材の厚さ指示には特に有用である．

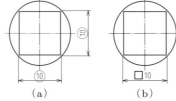

図1.148 正方形の角柱の辺に対する
図示例

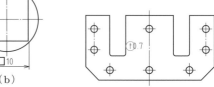

図1.149 板厚の寸法の図示例

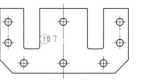

図1.150 弦の
長さの図示例

（6）弦および円弧の長さの表し方

① 弦の長さは，弦に直角に寸法補助線を引き，弦に平行な寸法線を用いて表す（**図1.150**）．

② 円弧の長さの表し方は次による．

　 ⅰ）弦の場合と同様な寸法補助線を引き，その円弧と同心の円弧を寸法線として引き，寸法数値の前または上に円弧の長さの記号 ⌒ を付ける（**図1.151**）．

　 ⅱ）円弧を構成する角度が大きいとき（**図1.152 (a)**），連続して円弧の寸法を記入するとき（**図1.152 (b)**）は，円弧の中心から放射状に引いた寸法補助線に寸法線をあててもよい．その場合，二つ以上の同心の円弧のうち，一つの円弧の長さを明示する必要があるときは，次のいずれかの方法による．

　　 ⅱ-1）円弧の寸法数値に対し，引出線を引き，引き出された円弧の側に矢印を付ける（**図1.152 (a), (b)**）．

ii-2) 円弧の長さを表す寸法数値の後に，円弧の半径を括弧に入れて示す（**図1.152 (c)**）．この場合は，円弧の長さに記号を付けてはならない．

（7）面取りの表し方
一般の面取りは，通常の寸法記入方法によって表す（**図1.153**）．45°の面取りの場合は，面取りの寸法数値×45°（**図1.154**）または面取り記号Cを寸法数値の前に寸法数値と同じ文字高さで記入して表す（**図1.155**）．

円筒部品の端部を面取りして円すい台状の形状をつくる場合は，寸法数値の前に記号∨を，寸法数値の後に×に続けて円すいの頂角を記載する（**図1.156**）．

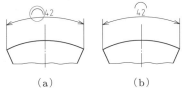

図1.151 円弧の長さの図示例

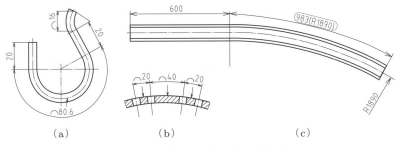

図1.152 種々の円弧の長さの図示例

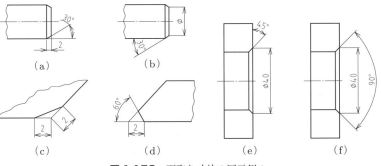

図1.153 面取り寸法の図示例1

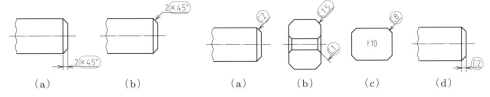

図1.154 面取り寸法の図示例2   **図1.155** 面取り記号Cの図示例

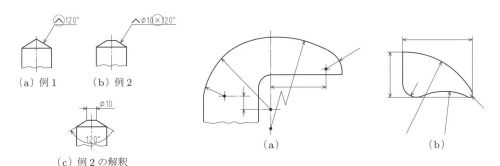

図1.156 "∨"（えんすい）の図示例   **図1.157** 曲線の表し方の例

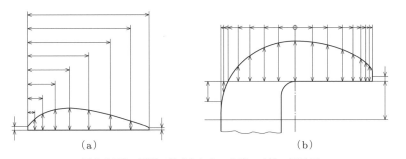

図1.158 円弧で構成されない曲線の寸法の図示例

（8）曲線の表し方
① 円弧で構成する曲線の寸法は，一般にはこれらの円弧の半径とその中心または円弧の接線の位置とで表す（**図1.157**）．

② 円弧で構成されない曲線の寸法は，曲線上の任意の点の座標寸法で表す（**図1.158 (a)**）．この寸法は，円弧で構成する曲線にも，必要があれば用いてよい（**図1.158 (b)**）．

1.8.6　穴の寸法の表し方
① きり穴，打抜き穴，鋳抜き穴など，穴の加工方法による区別を示す場合は，工具の呼び寸法または基準寸法を示し，それに続けて加工方法の区別を，加工方法の用語または加工方法記号（JIS B 0122）によって指示する（**図1.159，1.160**）．ただし，**表1.9**に示すものについては，この表の簡略表示を用いてもよい．

【注記】この場合，指示した加工方法に対する寸法の普通公差を適用する．

② 一つのピッチ線，ピッチ円上に配置される一群の同一寸法のボルト穴，小ねじ穴，ピン穴，リベット穴などの寸法は，穴から引出線を引き出して，参照線の上側にその

(a)　(b)　(c)

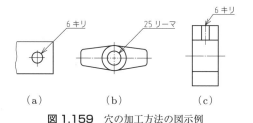

図 1.159　穴の加工方法の図示例

表 1.9　穴の加工方法の簡略表示

加工方法	簡略表示	簡略表示（加工方法記号）*
鋳放し	イヌキ	−
プレス抜き	打ヌキ	PPB
きりもみ	キリ	D
リーマ仕上げ	リーマ	DR

注　加工方法記号は JIS B 0122 による．

(a)　(b)　(c)

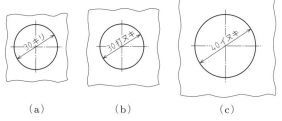

図 1.160　穴の加工方法を簡略指示する例

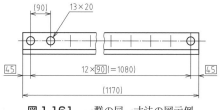

図 1.161　一群の同一寸法の図示例

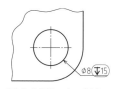

図 1.162　穴の深さの図示例

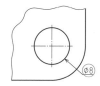

図 1.163　貫通穴の図示例

総数を示す数字の次に×を挟んで穴の寸法を指示する（**図 1.161**）．この場合，穴の総数は，同一箇所の一群の穴の総数（たとえば，両側のフランジをもつ管継手ならば，片側のフランジについての総数）を記入する．

③　穴の深さを指示するときは，穴の直径を示す寸法の次に，穴の深さを示す記号 ↧ に続けて深さの数値を記入するのがよい（**図 1.162**）．ただし，貫通穴のときは，穴の深さを記入しない（**図 1.163**）．なお，穴の深さとは，ドリルの先端で創成される円すい部分，リーマの先端の面取り部で創成される部分などを含まない円筒部の深さ（**図 1.164** の H）をいう．また，傾斜した穴の深さは，穴の中心軸線上の長さ寸法で表す（**図 1.165**）．

④　ざぐりまたは深ざぐりの表し方は，ざぐりを付ける穴の直径を示す寸法の前に，ざぐりを示す記号 ⌴ に続けてざぐりの数値を記入する（**図 1.166, 1.167**）．なお，一般に平面を確保するために鋳造品，鍛造品などの表面を削り取る程度の場合でも，そ

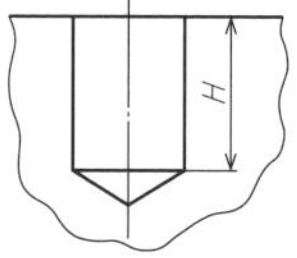

図 1.164　穴の深さの解釈

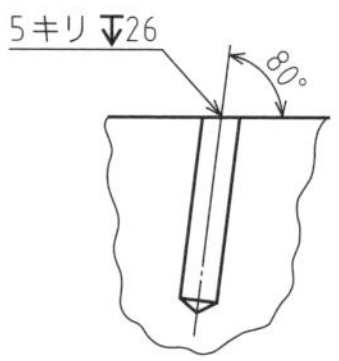

図 1.165　傾斜した穴の深さの図示例

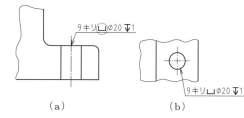

(a)　(b)

図 1.166　ざぐりの図示例

(a)　(b)　(c)

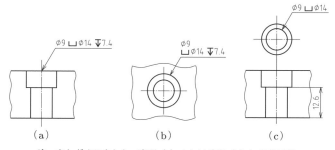

注　穴とざぐり穴とを，直列（a）または並列（b）に記載可能．

図 1.167　深ざぐりの図示例

の深さを指示する．ざぐり深さが浅いときには，そのざぐり形状は省略してもよい（**図 1.166**）．また，深ざぐりの底の位置を反対側の面からの寸法で規制する必要があるときは，その寸法線を指示する（**図 1.167 (c)**）

⑤　皿ざぐり穴の表し方は，皿穴の直径を示す寸法の次に，皿ざぐり穴を示す記号 ⌵ に続けて，皿ざぐり穴の入り口の直径の数値を記入する（**図 1.168**）．皿ざぐり穴の深さの数値を規制する要求がある場合は，皿ざぐり穴の開き角および皿ざぐり穴の深さの数値を記入する（**図 1.169**）．皿ざぐり穴が円形形状で描かれている図形に皿ざぐり穴を指示する場合は，内側または外側の円形形状から引出線を引き出し，参照線の上側に，皿ざぐり穴を示す記号 ⌵ に続けて皿穴の入り口の直径の数値を記入する（**図 1.170 (a)**，**(b)**）か，⌵ の上に円筒穴の直径の数値を，⌵ に続けて皿穴の入り口の直径の数値を記入する（**図 1.170 (c)**）．なお，**図 1.170 (c)** に対して，皿ざぐり記号を使用しない例を**図 1.170 (d)** に示す．

皿ざぐりの簡略図示は，皿ざぐり穴が現れている図形に対して，皿ざぐり穴の入り口の直径および皿ざぐり穴の開き角を寸法線の上側またはその延長線上に×を挟んで記入する（**図 1.171**）．

⑥　長円の穴は，穴の機能または加工方法に応じて次のいずれかによって寸法を指示する．

「**JIS B 0028**」製品の幾何特性仕様（GPS）−寸法及び公差の表示方式−円すい

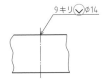

図 1.168 皿ざぐりの図示例

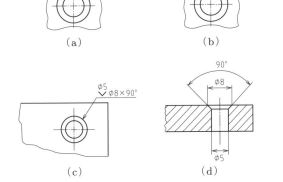

（a）　　　　　　　　　（b）

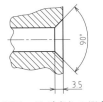

図 1.169 皿ざぐりの開き角
および皿穴の深さの図示例

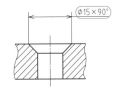

図 1.171 皿ざぐりの
簡略指示方法の例

（c）　　　　　　　　　（d）

図 1.170 円形形状に指示する皿穴の図示例

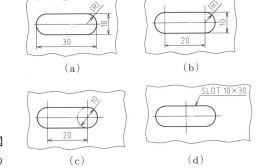

（a）　　　　　　　　　（b）

（c）　　　　　　　　　（d）

注　図（d）の解釈は図（a）と同じ．
注　"SLOT" は "長円の穴" と指示してもよい．
図 1.172 長円の穴の図示例

ⅰ）長円の穴の長さおよび幅（**図
1.172（a）**）．この場合，両側の
形体は，円弧であることを示す
ために（R）と指示する．
ⅱ）平行二平面の形体の長さおよび
幅（**図 1.172（b）**）．この場合，両側の形体は円弧であることを示すために（R）
と指示する．
ⅲ）工具の回転軸線の移動距離および工具径（**図 1.172（c）**）．この場合，工具径の
指示は1箇所とする．

1.8.7　キー溝の表し方

(1) 円筒軸のキー溝の表し方

① 軸のキー溝は，キー溝の幅，深さ，長さ，位置および端部を表す寸法を指示する（**図
1.173（a），（b）**）．

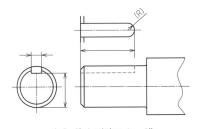

（a）片丸形沈みキー溝

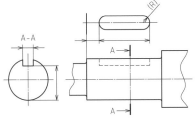

（b）両丸形沈みキー溝

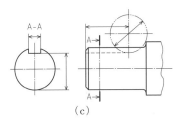

図 1.173　キー溝の寸法の図示例

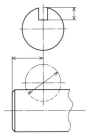

図 1.174　切込み深さの図示例

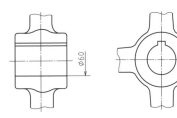

図 1.175　内径に凹または凸がある場合の例

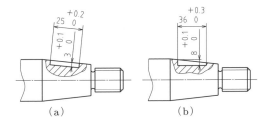

（a）　　　　　　　　　（b）

図 1.176　テーパ軸のキー溝の図示例

② キー溝の端部をフライスによって切り上げる場合は，基準の位置から工具の中心ま
での距離と工具の直径とを指示する（**図 1.173（c）**）．
③ キー溝の深さは，キー溝と反対側の軸径面から，キー溝の底までの寸法で表す（**図
1.173**）．特に必要な場合は，キー溝の中心面における軸径面から，キー溝の底までの
寸法（切込み深さ）で表してもよい（**図 1.174**）．この場合，寸法の検証方法は図面
の受渡当事者間で取り決めておくことが望ましい．
④ キー溝が断面に現れている場合のボスの内径寸法は，片矢の端末記号で指示する（**図
1.175**）．

(2) テーパ軸のキー溝の表し方　　テーパ軸のキー溝は，個々の形体の寸法を指示する（**図
1.176**）．この場合，寸法の検証方法は図面の受渡当事者間で取り決めておくことが望ま
しい．

(3) 穴のキー溝の表し方

① 穴のキー溝は，キー溝の幅および深さを表す寸法を指示する（**図1.177**）．

② キー溝の深さは，キー溝と反対側の穴径面からキー溝の底までの寸法で表す（**図 1.177**）．特に必要な場合は，キー溝の中心面における穴径面からキー溝の底までの寸法（切込み深さ）で表してもよい．

③ こう配キー用のボスのキー溝の深さは，キー溝の深い側で表す（**図1.178**）．

(4) 円すい穴のキー溝の表し方　円すい穴のキー溝は，キー溝に直角な断面における寸法を指示する（**図1.179**）．

(5) 円筒軸の複数のキー溝の表し方　円筒軸の複数の同一寸法のキー溝は，一つのキー溝の寸法を指示し，別のキー溝にその個数を指示する（**図1.180**）†．

(6) 円筒軸の止め輪溝の表し方　円筒軸に設ける止め輪溝は，溝幅および溝底の直径を指示する（**図1.181**）．

(7) 円筒穴の止め輪溝の表し方　円筒穴に設ける止め輪溝は，溝幅および溝底の直径を指示する（**図1.182**）．

(8) こう配の表し方　こう配は，こう配をもつ形体の近くに，JIS B 0028に基づいて，参照線を用いて指示する．参照線は水平に引き，引出線を用いて形体の外形と結び，こう配の向きを示す図記号を，こう配の方向と一致させて描く．この図記号は，下辺を参照線に重ねて（**図1.183 (a)**）または参照線の上側にわずかに離して（**図1.183 (b)**）配置する．

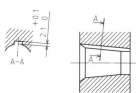

図 1.177　穴のキー溝の幅および深さの寸法図示例

図 1.178　こう配キー寸法の図示例

図 1.179　円すい穴のキー溝の寸法図示例

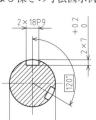
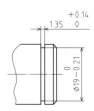
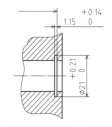

図 1.180　複数の同一寸法のキー溝の寸法図示例

図 1.181　止め輪溝の寸法の図示例

図 1.182　穴に対する止め輪溝の寸法の図示例

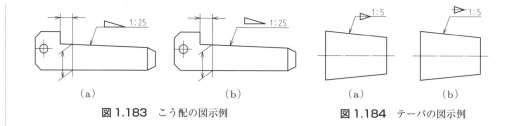

図 1.183　こう配の図示例　　　　**図 1.184**　テーパの図示例

(9) テーパの表し方　テーパは，テーパをもつ形体の近くに，JIS B 0028に基づいて，参照線を用いて指示する．参照線はテーパをもつ形体の中心線に平行に引き，引出線を用いて形体の外形と結ぶ．ただし，テーパ比と向きを特に明らかに示す場合は，テーパの向きを示す図記号を，テーパの方向と一致させて描く．この図記号は，参照線上（**図1.184 (a)**）または参照線の上側にわずかに離して（**図1.184 (b)**）配置する．

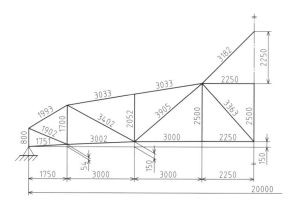

図 1.185　鋼構線図の寸法の図示例

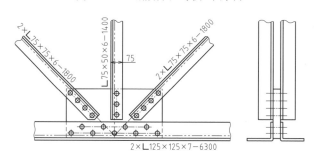

図 1.186　形鋼への寸法の図示例

1.8.8 鋼構造物などの寸法表示

① 鋼構造物などの鋼構線図で格点間の寸法を表す場合は，その寸法は部材を示す線に沿って直接記入する（**図 1.185**）．

② 鋼構線図には，部材を示す線は重心線であることを明記するのがよい．

表 1.10 形鋼の表示方法

種　類	断面形状	表示方法	種　類	断面形状	表示方法
等辺山形鋼	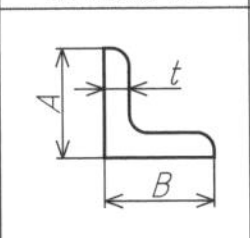	$\llcorner A \times B \times t - L$	軽 Z 形鋼	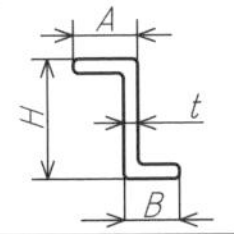	$H \times A \times B \times t - L$
不等辺山形鋼	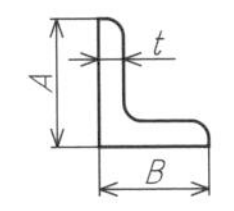	$\llcorner A \times B \times t - L$	リップ溝形鋼	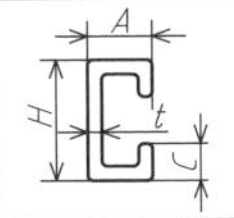	$\sqsubset H \times A \times C \times t - L$
不等辺不等厚山形鋼	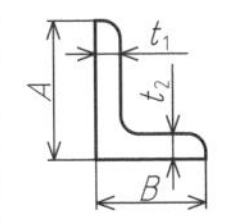	$\llcorner A \times B \times t_1 \times t_2 - L$	リップ Z 形鋼	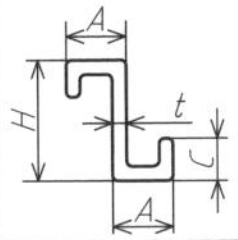	$H \times A \times C \times t - L$
I 形鋼	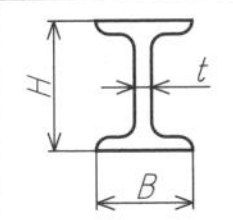	$\text{I} H \times B \times t - L$	ハット形鋼	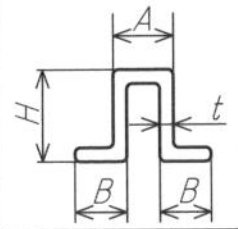	$H \times A \times B \times t - L$
溝形鋼	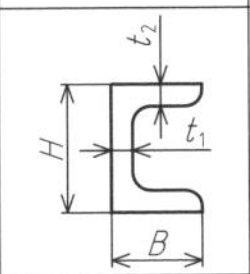	$\sqsubset H \times B \times t_1 \times t_2 - L$	丸鋼（普通）	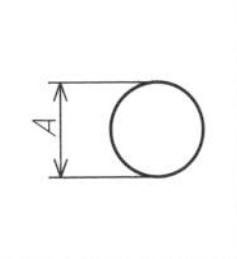	$\phi A - L$
球平形鋼	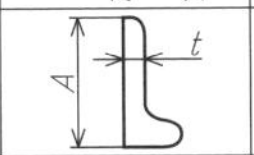	$\text{J} A \times t - L$	鋼管	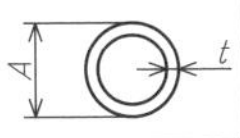	$\phi A \times t - L$
T 形鋼	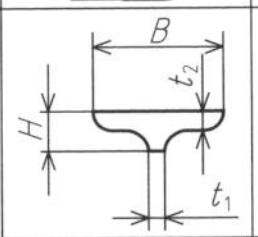	$\top B \times H \times t_1 \times t_2 - L$	角鋼管	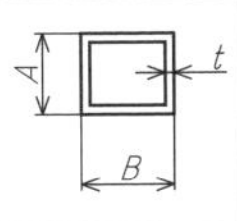	$\Box A \times B \times t - L$
H 形鋼	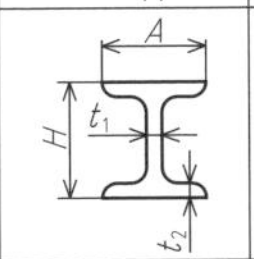	$\text{H} H \times A \times t_1 \times t_2 - L$	角鋼	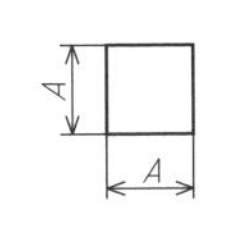	$\Box A - L$
軽溝形鋼	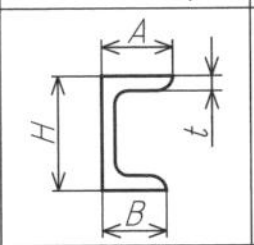	$\sqsubset H \times A \times B \times t - L$	平鋼	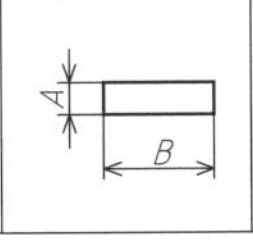	$\Box B \times A - L$

注　L は，長さを表す．

③ 形鋼，鋼管，角鋼などの寸法は，**表 1.10** の表示方法によって，それぞれの図形に沿って記入してもよい（**図 1.186**）．なお，不等辺山形鋼などを指示する場合は，その辺がどう置かれているかをはっきりさせるために，図に現れている辺の寸法を記入する．

1.8.9 薄肉部の表し方

① 薄肉部の断面を極太線で示した図形に寸法を記入する場合は，断面を表した極太線に沿って，板の内側寸法または板の外側寸法になるように短い細い実線を描き，これに寸法線の端末記号をあてる（**図 1.187**）．

② 内側を示す寸法には，寸法数値の前に int を付記してもよい（**図 1.188**）．

③ 製缶品の形体を徐々に増加または減少させて（"徐変する寸法"という），ある寸法になるように指示する要求がある場合は，対象とする形体から引出線を引き出し，参照線の上側に"徐変する寸法"と指示する（**図 1.189**）．

図 1.187 薄肉部への寸法の図示例

図 1.188 int の図示例

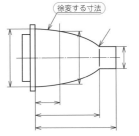

注　"徐変する寸法"は，"GRADUALLY-CHANGED DIMENSION"と指示してもよい．

図 1.189 徐変する寸法の例

1.8.10 加工・処理範囲の指示

加工，表面処理などの範囲を限定する場合は，1.7.4 項（4）によるとともに太い一点鎖線を用いて位置および範囲の寸法を記入し，加工，表面処理などの要求事項を指定する（**図 1.190**）．

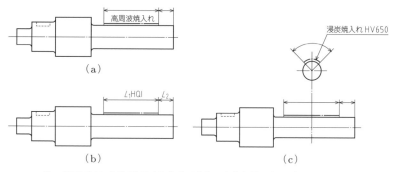

注 "HQI" は "高周波焼入れ" を示す加工方法記号である（JIS B 0122）.

図 1.190 加工・処理範囲の指示例

1.8.11　非剛性部品の寸法

非剛性部品の寸法は，JIS B 0026 によって指示する.

【注記】非剛性部品とは，自由状態で図面に指示した寸法の公差・幾何公差を超えて変形する部品である.

1.8.12　非比例寸法

一部の図形がその寸法数値に比例しない場合は，その寸法数値に太い実線の下線を引く（**図 1.191**）. 一部を切断省略したときなど，特に寸法と図形とが比例しないことを表示する必要がない場合は，この線を省略する.

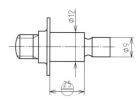

図 1.191　非比例寸法の例

1.8.13　同一形状の寸法

T 形管継手，コックなどのフランジのように，1 個の品物にまったく同一寸法の部分が二つ以上ある場合は，寸法はそのうち一つだけに記入するのがよい. この場合，寸法を記入しない部分が，同一寸法であることの注記をする（**図 1.192, 1.193**）.

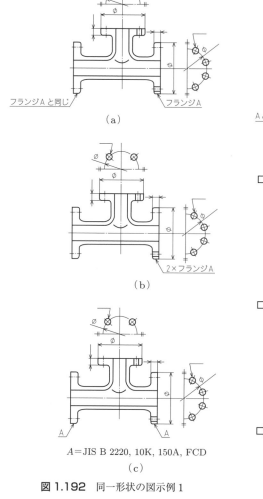

A＝JIS B 2220, 10K, 150A, FCD

図 1.192　同一形状の図示例 1

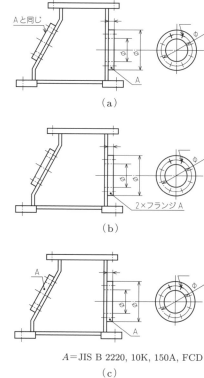

A＝JIS B 2220, 10K, 150A, FCD

図 1.193　同一形状の図示例 2

●1.9　外形図の寸法の表し方

外形図は，横方向，奥行き方向および高さ方向の寸法ならびに据付け・取付けに必要な寸法を指示する（**図 1.194**）.

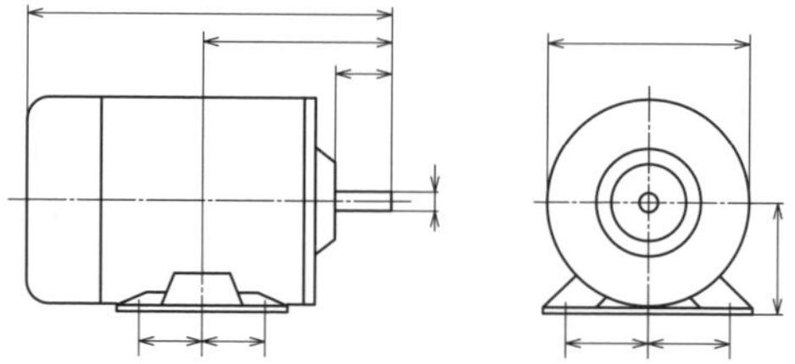

図 1.194　外形図の寸法の図示例

●1.10　照合番号

① 照合番号は，通常，数字を用いる．組立図の中の部品に対して，別に製作図がある場合は，照合番号の代わりにその図面番号を記入してもよい．

② 照合番号は，次のいずれかによるのがよい．
　ⅰ）組立の順序に従う．
　ⅱ）構成部品の重要度に従う（例：部分組立品，主要部品，小物部品，その他の順）．
　ⅲ）その他，根拠のある順序に従う．

③ 照合番号を図面に記入する方法は，次による．
　ⅰ）照合番号は，明確に区別できる文字を用いるか，文字を円で囲んで示す．
　ⅱ）照合番号は，対象とする図形に引出線で結んで記入するのがよい（**図1.195**）．
　ⅲ）画面を見やすくするために，照合番号を縦または横に並べて記入することが望ましい．

図1.195　照合番号の図示と部品欄とを組み合わせた指示例

●1.11　図面の訂正・変更

　正式出図後に図面の内容を訂正または変更する場合は，訂正または変更箇所に適切な記号を付記し，訂正または変更前の図形（**図1.196**），寸法（**図1.197**）などは判読できるように適切に保存する．ただし，寸法の変更に伴って対象となる図形が自動的に修正されてしまう場合は，この限りではない．いずれの場合も，訂正または変更事由，氏名，年月日などを明記して図面管理部署へ届け出る．

【注記】変更には追加も含む．

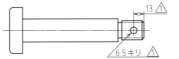

図1.196　形状の追加変更と変更履歴欄とを組み合わせた指示例

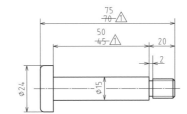

図1.197　図形を修正しない寸法の変更と変更履歴欄とを組み合わせた指示例

2. ねじ製図およびねじの表し方

(JIS B 0002-1, -2：1998（2018 確認），-3：2023，0123：1999（2019 確認））

ねじの実形図示（**図2.1, 2.2**）は，製品技術文書などにおいて，必要な場合にだけ使用する．つる巻き線は，可能な限り直線で表すのがよい（**図2.2**）．

ねじの通常図示は，**図2.3～2.6** のように**外観および断面図で見える状態**のねじでは，ねじの山の頂（おねじ外径，めねじ内径）を太い実線で，ねじの谷底（おねじ谷の径，めねじ谷の径）を細い実線で示す（**図2.3～2.12**）．この両線の間隔は，ねじ山の高さとできるだけ等しくするのがよいが，いかなる場合にも"太い線の太さの2倍の値と，0.7 mm"とでいずれか大きいほうの値以上とする．

端面から見た図で，ねじの谷底は，細い実線で描いた円周の 3/4 にほぼ等しい円の一部で表し（**図2.3, 2.4**），4 分円をできれば右上方にあけるが，他の位置にあけてもよい（**図2.5**）．なお，面取り円を表す線は一般に省略する（**図2.3, 2.4**）．

隠れたねじを示すには，山の頂および谷底は，細い破線で表す（**図2.6**）．**断面図のハッチング**は，ねじの山の頂を示す線まで描く（**図2.4～2.7**）．**ねじ部の長さの境界**は，見える場合は太い実線で（**図2.3, 2.7～2.10, 2.12**），隠れている場合で示す必要があるときは，細い破線で示す（**図2.6**）．

不完全ねじ部は，植込みボルトの植込み側を除き，ねじ部の終端を越えたところであり，機能上（**図2.7**）または寸法指示（**図2.12**）のために必要な場合には，傾斜した細い実線で表す．**組み立てられたねじ部品**では，おねじ部品は，つねにめねじ部品を隠した状態で示す（**図2.7, 2.9**）．よって，**めねじ部品の端面を表す線**は，おねじの山の頂の線で止める（**図2.9**）．

めねじの完全ねじ部の限界を表す太い線は，めねじの谷底まで描く（**図2.7, 2.8, 2.9**）．**寸法記入**は，呼び径 d はつねにおねじの山の頂（**図2.10, 2.12**），またはめねじの谷底（**図2.11**）に対して，長さは一般にねじ部長さ（**図2.10**）に対して記入する．**止まり穴深さ**は通常省略してもよく，この場合，ねじ長さの 1.25 倍程度に描く（**図2.14**）．また，簡単な表示を使用してもよい（**図2.15**）．

ねじインサートは，JIS B 0002-1 に基づく通常図示で描き（**図2.16 (a)**），実形図示は製図では避けるのがよい．簡略図示ではインサートの必要最小限の特徴だけを示す（**図2.16 (b)**）．端面から見た図で，外側および内側の山の頂は，太い実線による円で示す（**図2.17**）．

ねじ部品の簡略図示（**インサートを除く**）は，正確な形状および細部を示す必要がない場合に適用し，ナットおよび頭部の面取り部の角，不完全

図2.1 ねじの実形

図2.2 直線のつる巻き線

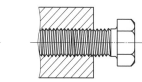

図2.3 外観図

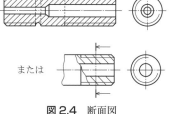

または

図2.4 断面図

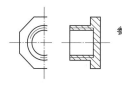

参考 ねじを加工する際に必要な，不完全ねじ部または逃げ溝を図示するのがよい．

図2.5 4 分円を別の位置にあける例

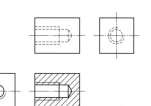

図2.6 隠れためねじと断面にしためねじ

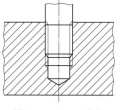

図2.7 ねじの結合

参考 めねじを加工する際に必要な，不完全ねじ部または逃げ溝を図示するのがよい．

図2.8 植込みボルトの結合

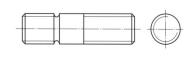

図2.9 ねじの結合

図2.10 寸法記入

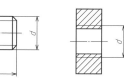

図2.11 寸法記入

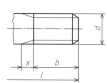

図2.12 寸法記入

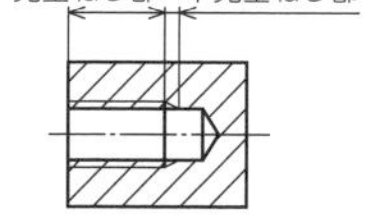

完全ねじ部　不完全ねじ部

図2.13 めねじ完全，不完全ねじ部

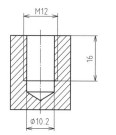

M12

16

φ10.2

図2.14 止まり穴

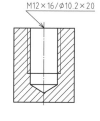

M12×16/φ10.2×20

図2.15 寸法の簡単表示

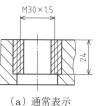

M30×1.5

24

（a）通常表示

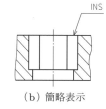

INS

（b）簡略表示

図2.16 インサート装着状態

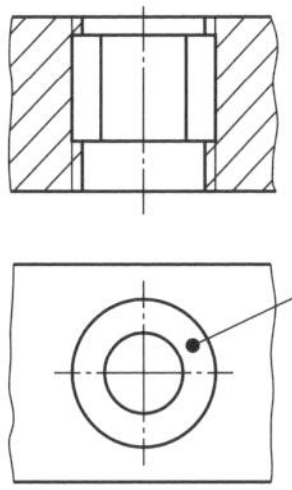

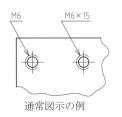

通常図示の例

簡略図示の例

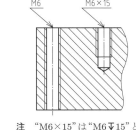

注 "M6×15"は"M6▽15"と
指示することが可能である.

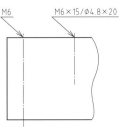

注 "M6×15/φ4.8×20"は
"M6▽15/φ4.8▽20"と指
示することが可能である.

図2.18 ねじ部の指示例

図2.17 インサート端面の図示

ねじ部,ねじ先の形状,逃げ溝は描かない(**表2.1**).ねじの呼びに対応する(図面上の)直径が6 mm 以下のねじおよび規則的に並ぶ同じ形および寸法の穴またはねじの図示および寸法指示は,簡略にしてもよい(**図2.18**).

　ねじの表し方の項目およびその構成は,JIS B 0123 に規定されており,次に示す.

| ねじの呼び | ー | ねじの等級 | ー | ねじ山の巻き方向 |

　ねじの呼びはその種類(**表2.2**)により,次に示す3通りの中のいずれかによって表す.

(1) ピッチをミリメートルで表すねじの場合

| ねじの種類を表す記号 | ねじの呼び径を表す数字 | × | ピッチ |

　同一呼び径に対し,ピッチがただ一つ規定しているねじでは,一般にピッチを省略する.また,メートルねじ,メートル台形ねじにおける多条ねじは,次のいずれかで表す.

・多条メートルねじの場合

| ねじの種類を表す記号 | ねじの呼び径を表す数字 | × | L | リード | P | ピッチ |

・多条メートル台形ねじの場合

| ねじの種類を表す記号 | ねじの呼び径を表す数字 | × | リード | (P ピッチ) |

(2) ピッチを山数で表すねじ(ユニファイねじを除く)の場合

| ねじの種類を表す記号 | ねじの直径を表す数字 | ー | 山数 |

　管用ねじのように,同一直径に対し,山数をただ一つだけ規定しているねじでは,一般に山数を省略する.

(3) ユニファイねじの場合

| ねじの直径を表す数字または番号 | ー | 山数 | ねじの種類を表す記号 |

　ねじの等級は,等級の数字と文字との組合せによって表す(**表2.3, 2.4**).必要がない場合には省略してもよい.

　ねじ山の巻き方向は,左ねじは略号 LH を付す.右ねじは略号は不要だが,必要な場合には RH で表す.

表2.1 ねじ部品の簡略図示例

六角ボルト 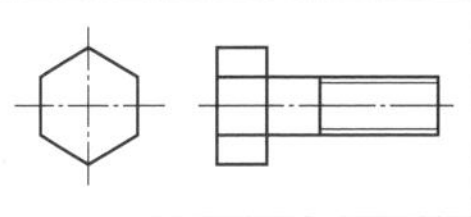	十字穴付き平小ねじ 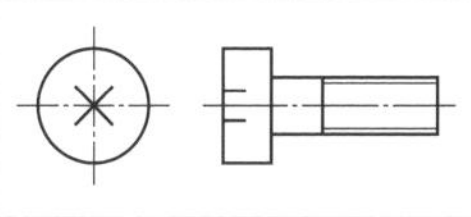	十字穴付き皿小ねじ 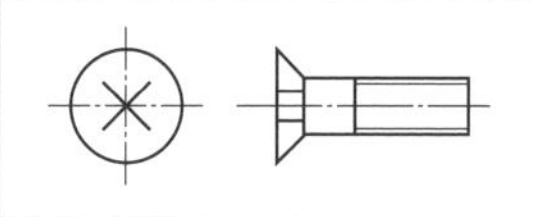	六角ナット 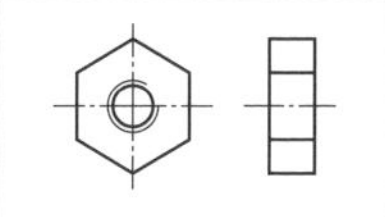
四角ボルト 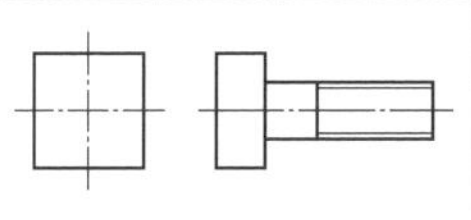	すりわり付き丸皿小ねじ 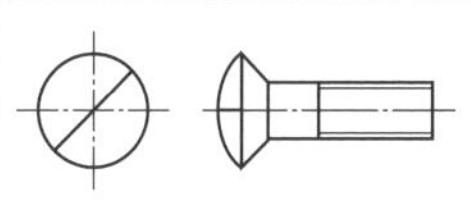	すりわり付き止め小ねじ 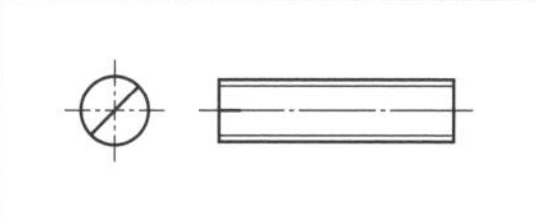	溝付き六角ナット 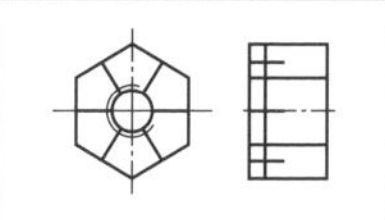
六角穴付きボルト 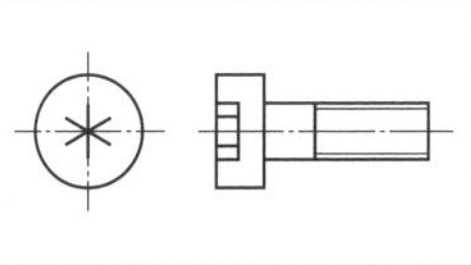	十字穴付き丸皿小ねじ 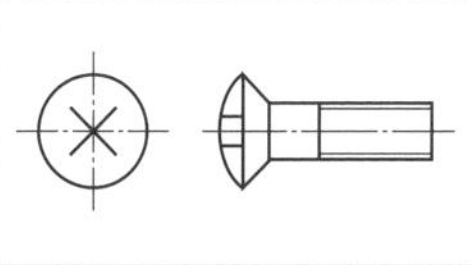	すりわり付き木ねじ／タッピンねじ 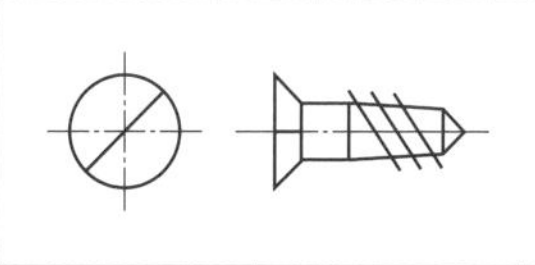	四角ナット 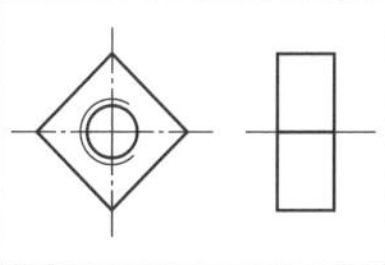
すりわり付き平小ねじ（なべ頭形状） 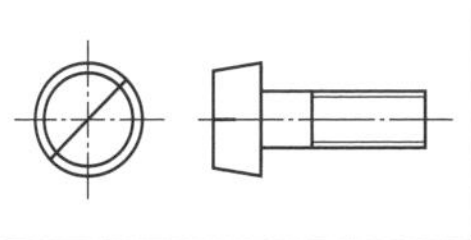	すりわり付き皿小ねじ 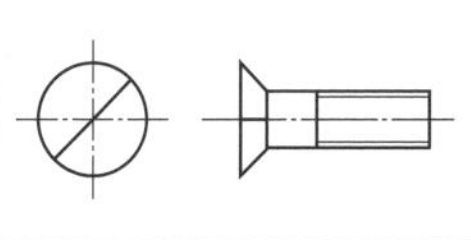	ちょうボルト 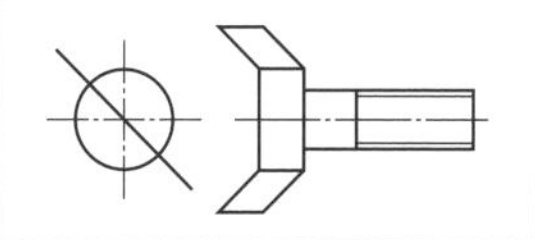	ちょうナット 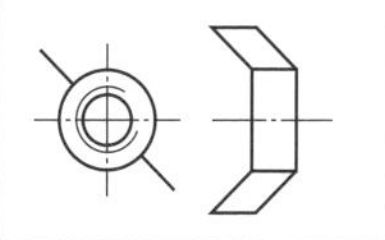

表 2.2　ねじの種類を表す記号およびねじの呼びの表し方の例

区　分	ねじの種類		ねじの種類を表す記号	ねじの呼びの表し方の例
ピッチを mm で表すねじ	メートル並目ねじ		M	M8
	メートル細目ねじ			M8 × 1
	ミニチュアねじ		S	S0.5
	メートル台形ねじ		Tr	Tr10 × 2
ピッチを山数で表すねじ	管用テーパねじ	テーパおねじ	R	$\mathrm{R}^{3}/_{4}$
		テーパめねじ	Rc	$\mathrm{Rc}^{3}/_{4}$
		平行めねじ	Rp	$\mathrm{Rp}^{3}/_{4}$
	管用平行ねじ		G	$\mathrm{G}1^{1}/_{2}$
	ユニファイ並目ねじ		UNC	$^{3}/_{8}$-16UNC
	ユニファイ細目ねじ		UNF	No.8-36UNF

表 2.3　ねじの等級（公差域クラス）の表し方の例

区　分	ねじの種類	めねじ	おねじ	めねじとおねじの組合せ	引用規格 JIS B
ピッチを mm で表すねじ	メートルねじ	6H a)	6g b) 5g 6g c)	6H/5g 5H/5g 6g	0215
	ミニチュアねじ	3G6	5h3	3G6/5h3	0201
	メートル台形ねじ	7H	7e	7H/7e	0217
ピッチを山数で表すねじ	管用平行ねじ		A		0202
	ユニファイねじ	2B	2A		0210 0212

注 a）有効径と内径の公差域クラスが同じ場合.
b）有効径と外径の公差域クラスが同じ場合.
c）有効径と外径の公差域クラスが異なる場合で，5g は有効径，6g は外径に対応.

表 2.4　推奨するねじの等級（公差域クラス）の種類（抜粋）

ねじの種類		ねじの等級（精⟷粗）
メートルねじ a)	めねじ	5H，6H，7H，6G
	おねじ	4h，6g，6f，6e
ミニチュアねじ	めねじ	3G5，3G6，4H5，4H6
	おねじ	5h3
メートル台形ねじ	めねじ	7H，8H，9H
	おねじ	7e，8e，8c，9c
管用平行ねじ	おねじ	A，B
ユニファイねじ	めねじ	3B，2B，1B
	おねじ	3A，2A，1A

注 a）メートルねじでは，公差域クラスをいう.

3. 歯車製図（JIS B 0003：2012（2021 確認））

JIS B 0003 は平歯車，はすば歯車，やまば歯車，ねじ歯車，すぐばかさ歯車，まがりばかさ歯車，ハイポイドギヤ，ウォームおよびウォームホイールといった歯車特有の事項について規定したもので，図面中の一般的事項については JIS B 0001，JIS B 0021，JIS B 0031 による.

●3.1　部品図の要目表および図の記入事項

歯車の部品図は，要目表および図を併用する．要目表には歯車諸元を記入し，必要に応じて加工，組立て，検査などに関する事項を記入する．JIS B 1701-1 および JIS B 1701-2，また精度については JIS B 1702-1，JIS B 1702-2，JIS B 1702-3 および JIS B 1704 を参照する．図には要目表の記載事項から決定できない寸法を記載する．必要に応じて基準面を記入する．材料，熱処理，硬さなどに関する事項は，必要に応じて要目表の注記欄または図中に適宜記入する.

各種歯車の部品図の例を**図 3.1 ～ 3.10** に示す．形状，数値，注記内容などは，すべて例示であり，歯車特有の寸法以外は記入を省略したものもある.

【注記】 バックラッシについては，JIS B 1705 および日本歯車工業会規格「JGMA 1103-01 歯車精度-平歯車及びはすば歯車のバックラッシ並びに歯厚」に，歯当たりについては，「JGMA 1002-01 歯車の歯当たり」に例が記載されている.

なお，要目表の＊印を付けた事項は，必要に応じて記入する．上の図例の寸法には，寸法許容差を省略したものがあるが，実際の図面には必要な寸法許容差をすべて記入する.

●3.2　図示方法

歯先円は太い実線，基準円は細い一点鎖線，歯底円は細い実線で表す．ただし，軸に直角な方向から見た図（以下，主投影図という）を断面で図示するときは，歯底の線は太い実線で表す（**図 3.1 ～ 3.8, 3.10, 3.15**）．歯底円は記入を省略してもよく，特に，かさ歯車，ウォームホイールの軸方向から見た図では原則として省略する（**図 3.6 ～ 3.8, 3.10**）.

歯すじ方向は，通常 3 本の細い実線で表す（**図 3.4, 3.5, 3.7 ～ 3.9, 3.16, 3.18 (a), 3.19 (d), (e), 3.20 (a)**）．主投影図を断面で図示するときは，外はすば歯車の歯すじ方向は紙面から手前の歯の歯すじ方向を 3 本の細い二点鎖線で表し（**図 3.2**），内はすば歯車については，3 本の細い実線で表す（**図 3.3**）.

歯面形状の詳細の図示については，**図 3.2** に示す．歯厚の詳細および寸法測定方法を明示する必要があるときは，図面中に図示する（**図 3.11**）.

歯の面取りの図示は，その一例を**図 3.12** に示す．歯の位置を明示する必要があるときは，

「**JIS B 0001**」機械製図 /「**JIS B 0021**」製品の幾何特性仕様（GPS）-幾何公差表示方式-形状，姿勢，位置及び振れの公差表示方式 /「**JIS B 0031**」製品の幾何特性仕様（GPS）-表面性状の図示方法 /「**JIS B 1701-1，-2**」円筒歯車-インボリュート歯車歯形-第 1 部：標準基準ラック歯形，第 2 部：モジュール /「**JIS B 1702-1，-2，-3**」円筒歯車-精度等級-第 1 部：歯車の歯面に関する誤差の定義及び許容値，第 2 部：両歯面かみ合い誤差及び歯溝の振れの定義並びに精度許容値，第 3 部：射出成形プラスチック歯車の歯面に関する誤差及び両歯面かみ合い誤差の定義並びに精度許容値 /「**JIS B 1704**」かさ歯車の精度 /「**JIS B 1705**」かさ歯車のバックラッシ

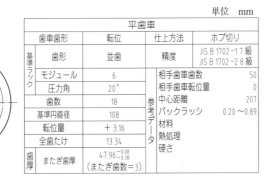

単位 mm

平歯車			
歯車歯形	転位	仕上方法	ホブ切り
		精度	JIS B 1702-17 級 / JIS B 1702-28 級
基準ラック 歯形	並歯	相手歯車歯数	50
モジュール	6	相手歯車転位量	0
圧力角	20°	中心距離	207
歯数	18	バックラッシ	0.20～0.89
基準円直径	108	材料	
転位量	+3.16	熱処理	
全歯たけ	13.34	硬さ	
歯厚 またぎ歯厚	47.96 -0.08/-0.38 （またぎ歯数=3）		

図 3.1　平歯車

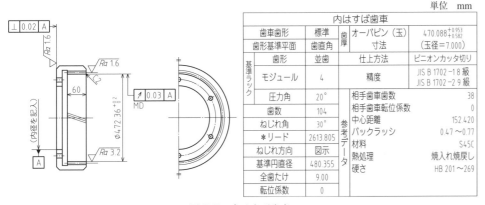

単位 mm

はすば歯車			
歯車歯形	転位	歯厚 またぎ歯厚	62.45 -0.08/-0.18 （またぎ歯数=5）
歯形基準平面	歯直角		
基準ラック 歯形	並歯	仕上方法	研削仕上
モジュール	4.5	精度	JIS B 1702-15 級 / JIS B 1702-25 級
圧力角	20°	相手歯車歯数	105
歯数	32	相手歯車転位係数	0
ねじれ角	18.0°	中心距離	324.61
ねじれ方向	左	基礎円直径	141.409
基準円直径	151.411	材料	SNCM415
全歯たけ	10.13	熱処理	浸炭焼入れ
転位係数	+0.11	硬さ（表面）	HRC 55～61
		有効硬化層深さ	0.8～1.2
		バックラッシ	0.2～0.42
		歯形修整およびクラウニングを両歯面に施す。	

図 3.2　はすば歯車

単位 mm

内はすば歯車			
歯車歯形	標準	歯厚 オーバピン（玉）寸法	470.088 +0.953/+0.582 （玉径=7.000）
歯形基準平面	歯直角		
基準ラック 歯形	並歯	仕上方法	ピニオンカッタ切り
モジュール	4	精度	JIS B 1702-18 級 / JIS B 1702-29 級
圧力角	20°	相手歯車歯数	38
歯数	104	相手歯車転位係数	0
ねじれ角	30°	中心距離	152.420
*リード	2613.805	バックラッシ	0.47～0.77
ねじれ方向	図示	材料	S45C
基準円直径	480.355	熱処理	焼入れ焼戻し
全歯たけ	9.00	硬さ	HB 201～269
転位係数	0		

図 3.3　内はすば歯車

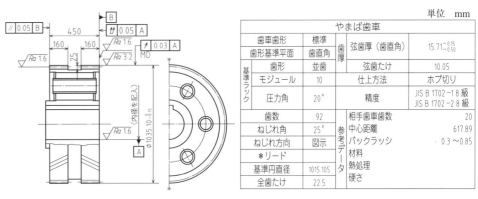

単位 mm

やまば歯車			
歯車歯形	標準	弦歯厚（歯直角）	15.71 -0.15/-0.50
歯形基準平面	歯直角	弦歯たけ	10.05
基準ラック 歯形	並歯	モジュール	10	仕上方法	ホブ切り
圧力角	20°	精度	JIS B 1702-18 級 / JIS B 1702-28 級
歯数	92	相手歯車歯数	20
ねじれ角	25°	中心距離	617.89
ねじれ方向	図示	バックラッシ	0.3～0.85
*リード		材料	
基準円直径	1015.105	熱処理	
全歯たけ	22.5	硬さ	

図 3.4　やまば歯車

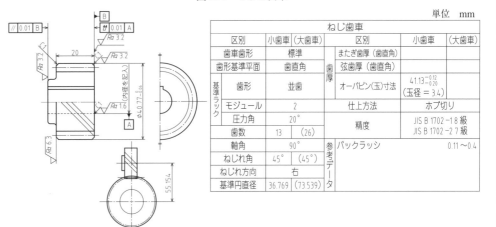

単位 mm

ねじ歯車					
区別	小歯車	（大歯車）	区別	小歯車	（大歯車）
歯車歯形	標準		またぎ歯厚（歯直角）		
歯形基準平面	歯直角		弦歯厚（歯直角）		
基準ラック 歯形	並歯		オーバピン（玉）寸法	41.13 -0.12/-0.20 （玉径=3.4）	
モジュール	2		仕上方法	ホブ切り	
圧力角	20°		精度	JIS B 1702-18 級 / JIS B 1702-27 級	
歯数	13	（26）			
軸角	90°		バックラッシ	0.11～0.4	
ねじれ角	45°	（45°）			
ねじれ方向	右				
基準円直径	36.769	（73.539）			

図 3.5　ねじ歯車

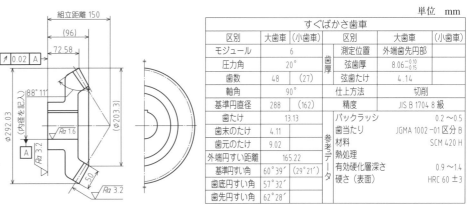

単位 mm

すぐばかさ歯車					
区別	大歯車	（小歯車）	区別	大歯車	（小歯車）
モジュール	6		測定位置	外端歯先円部	
圧力角	20°		弦歯厚	8.06 -0.10/-0.15	
歯数	48	（27）	弦歯たけ	4.14	
軸角	90°		仕上方法	切削	
基準円直径	288	（162）	精度	JIS B 1704 8級	
歯たけ	13.13		バックラッシ	0.2～0.5	
歯末のたけ	4.11		歯当たり	JGMA 1002-01 区分B	
歯元のたけ	9.02		材料	SCM 420 H	
外端円すい距離	165.22		熱処理		
基準円すい角	60°39′	（29°21′）	有効硬化層深さ	0.9～1.4	
歯底円すい角	57°32′		硬さ（表面）	HRC 60 ±3	
歯先円すい角	62°28′				

図 3.6　すぐばかさ歯車

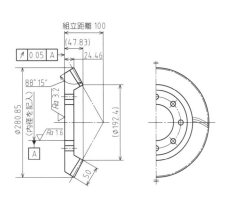

単位　mm

まがりばかさ歯車					
区別	大歯車	(小歯車)	区別	大歯車	(小歯車)
歯切方法	スプレードブレード法		外端円すい距離	159.41	
カッタ直径	304.8		基準円すい角	60°24′	(29°36′)
モジュール	6.3		歯底円すい角	57°27′	
圧力角	20°		歯先円すい角	62°09′	
歯数	44	(25)	測定位置	外端歯先円部	
軸角	90°		円弧歯厚	8.06	
ねじれ角	35°		仕上方法	研削	
ねじれ方向	右		精度	JIS B 1704 6級	
基準円直径	277.2		バックラッシ	0.18～0.23	
歯たけ	11.89		材料	SCM 420 H	
歯末のたけ	3.69		熱処理	浸炭焼入れ焼戻し	
歯元のたけ	8.20		有効硬化層深さ	1.0～1.5	
			硬さ（表面）	HRC 60 ±3	

（歯厚の列は測定位置・円弧歯厚の行に対応，参考データの列はバックラッシ以下の行に対応）

図3.7　まがりばかさ歯車

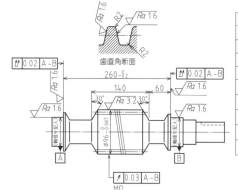

単位　mm

ウォーム				
歯形	K形		弦歯厚（歯直角）	12.32 $_{-0.15}^{0}$
軸方向モジュール	8	歯厚	弦歯たけ	8.018
条数	2		オーバピン寸法	
ねじれ方向	右		ピン径	
基準円直径	80		バックラッシ	0.21～0.35
直径係数	10.00	参考データ	中心距離	200
進み角	11°18′36″		歯当たり	JGMA 1002-01区分B
仕上方法	研削		材料	S 48 C
＊精度			熱処理	歯面高周波焼入れ
			硬さ（表面）	HRC 50～55

図3.9　ウォーム

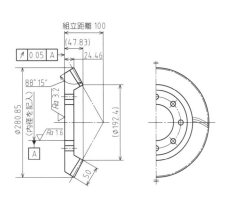

組立距離 70

図3.8　ハイポイドギヤ

単位　mm

ハイポイドギヤ					
区別	大歯車	(小歯車)	区別	大歯車	(小歯車)
歯切方法	成形歯切法		外端円すい距離	108.85	
カッタ直径	228.6		基準円すい角	74°43′	
モジュール	5.12		歯底円すい角	68°25′	
圧力角の和	42.3°		歯先円すい角	76°0′	
歯数	41		測定位置	外端歯先円部から16	
軸角	90°		弦歯厚（歯直角）	4.148	
ねじれ角	26°25′	(50°0′)			
ねじれ方向	右		弦歯たけ	1.298	
オフセット量	38		仕上方法	ラッピング仕上	
オフセット方向	下		精度	JIS B 1704　6級	
基準円直径	210		バックラッシ	0.15～0.25	
歯たけ	10.886		歯当たり	JGMA 1002-01区分B	
歯末のたけ	1.655		材料	SCM 420 H	
歯元のたけ	9.231		熱処理	浸炭焼入れ焼戻し	
			有効硬化層深さ	0.8～1.3	
			硬さ（表面）	HRC 60 ±3	

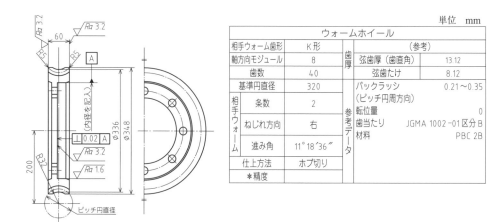

単位　mm

ウォームホイール				
相手ウォーム歯形	K形		（参考）	
軸方向モジュール	8	歯厚	弦歯厚（歯直角）	13.12
歯数	40		弦歯たけ	8.12
基準円直径	320		バックラッシ	0.21～0.35
相手ウォーム	条数	2	（ピッチ円周方向）	
	ねじれ方向	右	転位量	0
	進み角	11°18′36″	歯当たり	JGMA 1002-01区分B
			材料	PBC 2B
仕上方法	ホブ切り			
＊精度				

（参考データの列はバックラッシ以下に対応）

図3.10　ウォームホイール

図3.13, 3.14 の例による.

　かみあう一対の歯車の図示は，図3.15 の例による．かみあい部の歯先円は，ともに太い実線で表す．主投影図を断面で図示するときは，かみあい部の一方の歯先円を示す線は，細い破線または太い破線で表す.

　かみあう歯車の簡略図は，図3.16～3.20 の例による.

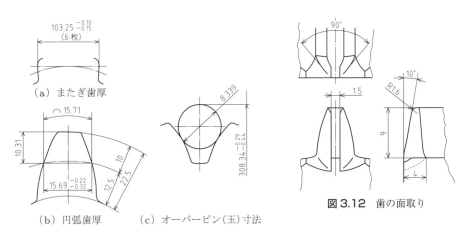

（a）またぎ歯厚

（b）円弧歯厚　　　（c）オーバーピン（玉）寸法

図 3.11　歯形の詳細および寸法測定法

図 3.12　歯の面取り

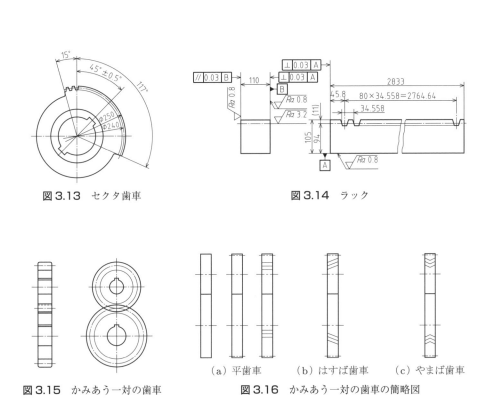

図 3.13　セクタ歯車

図 3.14　ラック

図 3.15　かみあう一対の歯車

（a）平歯車　　　（b）はすば歯車　　　（c）やまば歯車

図 3.16　かみあう一対の歯車の簡略図

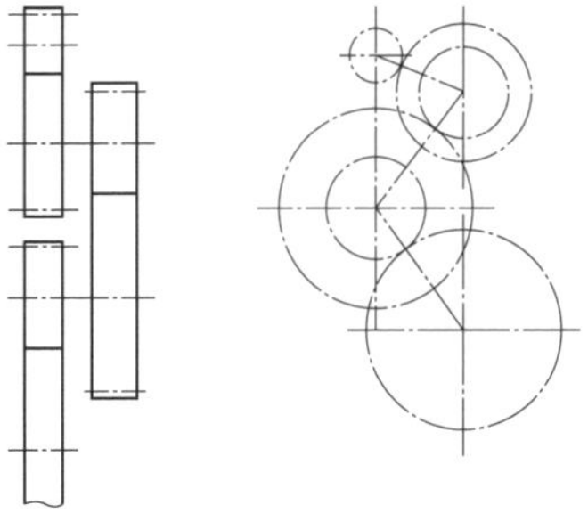

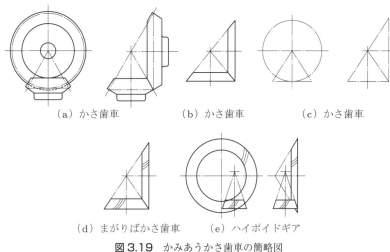

図 3.17　一連の平歯車の簡略図

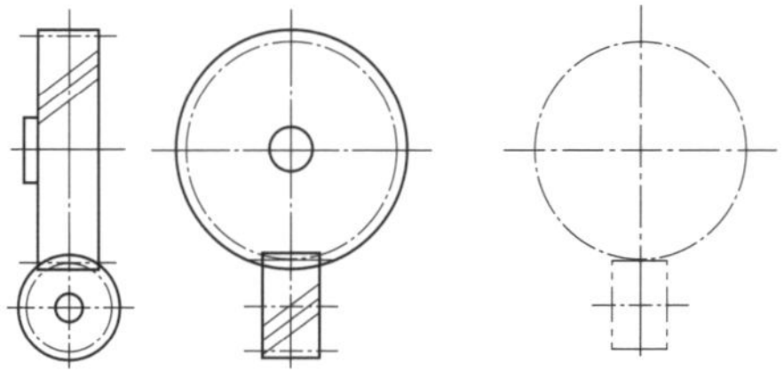

（a）　　　　　　　　　　（b）

図 3.18　かみあうねじ歯車の簡略図

（a）かさ歯車　　　（b）かさ歯車　　　（c）かさ歯車

（d）まがりばかさ歯車　　　（e）ハイポイドギア

図 3.19　かみあうかさ歯車の簡略図

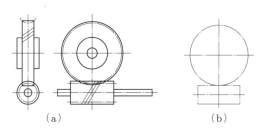

（a）　　　　　　　　　　（b）

図 3.20　かみあうウォームおよびウォームホイールの簡略図

4. ばね製図 （JIS B 0004：2007（2021確認））

JIS B 0004 は，コイルばね（圧縮，引張，ねじり），重ね板ばね，トーションバー，スタビライザ，竹の子ばね，渦巻きばね，皿ばね，止め輪，座金，スプリングピンについて，図示方法および設計・製作仕様の表示方法を規定する．

主な用語の定義は，JIS B 0103 および JIS Z 8114 による．ばねの図示方法は，JIS B 0001 による他，図4.1〜4.30 による．

●4.1 基準状態

ばねを図示する場合，基準状態は次による．

① ばねは，一般的に力の作用がない状態を図示し，自由寸法が参考値の場合，括弧（　）を付けて示す．

② 所定寸法に変形させたときの力，または所定の力を与えたときの寸法を指定する場合は，図にその旨を明記し，指定する力または指定する寸法を記入する．必要な場合は，力の方向と作用位置を太い矢印で示す．

③ 重ね板ばねは，一般にばね板が直線状に変形した状態を図示し，図にその旨を明記する（図4.15, 4.17）．また，力の作用がない状態を二点鎖線で示す．

●4.2 表現方法

① ばねのすべての部分を図示する場合は JIS B 0001 による．ただし，コイルばねの正面図はらせん状にせず直線とし（図4.1, 4.2），有効部から座の部分への遷移領域も直線による折れ線で示す．

② 同一形状の部分が連続するばねにおいて一部を省略するときは，省略する部分のばね材料の断面の中心位置を細い一点鎖線で示す（図4.5, 4.6, 4.10, 4.13）．

③ ばねの形状だけを簡略に表す場合は，ばね材料の中心線だけを太い実線で書く（図4.7, 4.11, 4.14, 4.16, 4.19, 4.22〜4.25）．

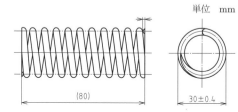

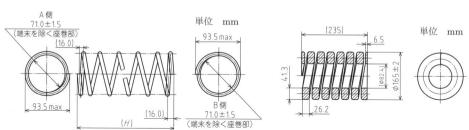

要目表（図4.1）

材料		SW OSC-V
材料の直径	mm	4
コイル平均径	mm	26
コイル外径	mm	30 ±0.4
総巻数		11.5
座巻数		各1
有効巻数		9.5
巻方向		右
自由高さ	mm	(80)
ばね定数	N/mm	15.0
指定 荷重	N	—
指定 荷重時の高さ	mm	—
指定 高さ	mm	70
指定 高さ時の荷重	N	150 ±10 %
指定 応力	N/mm²	191
最大圧縮 荷重	N	—
最大圧縮 荷重時の高さ	mm	—
最大圧縮 高さ	mm	55
最大圧縮 高さ時の荷重	N	375
最大圧縮 応力	N/mm²	477
密着高さ	mm	(44)
先端厚さ	mm	(1)
コイル外側面の傾き	mm	4 以下
コイル端部の形状		クローズドエンド（研削）
表面処理 成形後の表面加工		ショットピーニング
表面処理 防せい処理		防せい油塗布

注1）その他の要目：セッチング†を行う．
2）用途または使用条件：常温，繰返し荷重．
3）1 N/mm² = 1 MPa

図4.1 圧縮コイルばね（冷間成形）

要目表（図4.2）

材料		SUP9
材料の直径	mm	9.0
コイル平均径	mm	80
コイル内径	mm	71.0 ±1.5
総巻数		(6.5)
座巻数		A側：0.75，B側：0.75
有効巻数		5.13
巻方向		右
自由高さ（H）	mm	(238.5)
ばね定数	N/mm	24.5 ±5 %
指定 荷重	N	—
指定 荷重時の高さ	mm	—
指定 高さ	mm	152.5
指定 高さ時の荷重	N	2113 ±123
指定 応力	N/mm²	687
最大圧縮 荷重	N	—
最大圧縮 荷重時の高さ	mm	—
最大圧縮 高さ	mm	95.5
最大圧縮 高さ時の荷重	N	3510
最大圧縮 応力	N/mm²	1142
密着高さ	mm	(79.0)
コイル外側面の傾き	mm	11.9 以下
硬さ	HBW	388〜461
コイル端部の形状	A側	切放し，ピッチエンド
コイル端部の形状	B側	切放し，ピッチエンド
表面処理 材料の表面加工		研削
表面処理 成形後の表面加工		ショットピーニング
表面処理 防せい処理		黒色粉体塗装

注1）その他の要目：セッチングを行う．
2）用途または使用条件：常温，繰返し荷重．
3）横弾性係数＝78450 N/mm²
4）1 N/mm² = 1 MPa

図4.2 圧縮コイルばね（熱間成形）

要目表（図4.3）

材料		SUP9
材料の寸法	mm	41.3×26.2
コイル平均径	mm	123.8
コイル外径	mm	165 ±2
総巻数		7.25 ±0.25
座巻数		各0.75
有効巻数		5.75
自由高さ	mm	(235)
ばね定数	N/mm	1570
指定 荷重	N	49000
指定 荷重時の高さ	mm	203 ±3
指定 高さ	mm	—
指定 高さ時の荷重	N	—
指定 応力	N/mm²	596
最大圧縮 荷重	N	73500
最大圧縮 荷重時の高さ	mm	188
最大圧縮 高さ	mm	—
最大圧縮 高さ時の荷重	N	—
最大圧縮 応力	N/mm²	894
密着高さ	mm	(177)
硬さ	HBW	388〜461
コイル端部の形状		クローズドエンド（テーパ後研削）
表面処理 材料の表面加工		研削
表面処理 成形後の表面加工		ショットピーニング
表面処理 防せい処理		黒色エナメル塗装

注1）その他の要目：セッチングを行う．
2）用途または使用条件：常温，繰返し荷重．
3）1 N/mm² = 1 MPa

図4.3 角ばね

† セッチング：ばねに，あらかじめ使用される最大値を超える荷重またはトルクを加えて，ある程度の永久変形を生じさせ，ばねの弾性限を高めて耐へたり性および耐久性を向上させる加工をいう．

「JIS B 0001」機械製図 / 「JIS B 0103」ばね用語 / 「JIS Z 8114」製図−製図用語

④ 必要な場合，ばねに成形加工する前の材料の形状・寸法を展開図として示す（図4.21）．ばねと他の部品を組み合わせた機構を表す場合は，ばね材の断面だけを表してもよい．

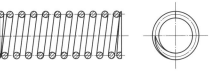

図4.4 圧縮コイルばね（断面図）

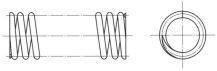
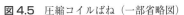

図4.5 圧縮コイルばね（一部省略図）

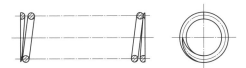

図4.6 圧縮コイルばね（一部省略図の断面図）

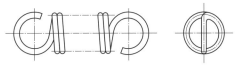

図4.10 引張コイルばね（一部省略図）

図4.11 引張コイルばね（簡略図）

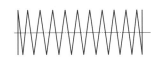

図4.7 圧縮コイルばね（簡略図）

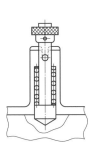

図4.8 組立図中の圧縮コイルばね簡略図

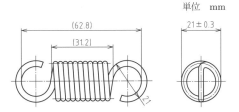

単位　mm

（62.8）
（31.2）
21±0.3

要目表

材料		SW-C
材料の直径	mm	2.6
コイル平均径	mm	18.4
コイル外径	mm	21±0.3
総巻数		11.5
巻方向		右
自由長さ	mm	（62.8）
ばね定数	N/mm	6.26
初張力	N	（26.8）
指定	荷重　N	—
	荷重時の長さ　mm	—
	長さ　mm	86
	長さ時の荷重　N	172±10 %
	応力　N/mm²	555
フック形状		丸フック
表面処理	成形後の表面加工	
	防せい処理	防せい油塗布

注1）用途または使用条件：屋内，常温．
2）1 N/mm² = 1 MPa

図4.9 引張コイルばね

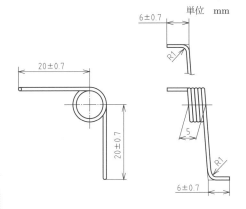

単位　mm

6±0.7
R1
20±0.7
20±0.7
5
R1
6±0.7

注1）用途または使用条件：常温，繰返し荷重．
2）1 N/mm² = 1 MPa

図4.12 ねじりコイルばね

要目表

材料		SUS304-W.PB
材料の直径	mm	1
コイル平均径	mm	9
コイル内径	mm	8±0.3
総巻数		4.25
巻方向		右
自由角度	度	90±15
指定	ねじれ角　度	—
	ねじれ角時のトルク　N·mm	—
	（参考）計画ねじれ角　度	—
案内棒の直径	mm	6.8
使用最大トルク時の応力	N/mm²	—
表面処理		

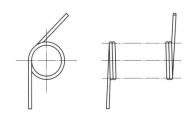

図4.13 ねじりコイルばね（一部省略図）

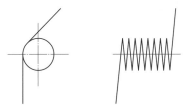

図4.14 ねじりコイルばね（簡略図）

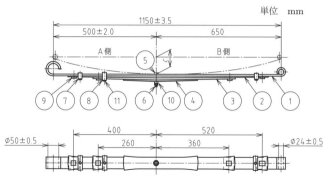

注　この図は，ばね水平時の場合を示す.

要目表

番号	展開長さ mm			板厚 mm	板幅 mm	材料	硬さ HBW	表面処理
	A 側	B 側	計					
1	676	748	1424	6	60	SUP6	388〜461	ショットピーニング後ジンクリッチペイント塗布
2	430	550	980					
3	310	390	700					
4	160	205	365					

ばね板（JIS G 4801　B タイプ断面）

番号	部品番号	名称	個数
5		センタボルト	1
6		ナット，センタボルト	1
7		クリップ	2
8		クリップ	1
9		ライナ	4
10		ディスタンスピース	1
11		リベット	3

ばね定数　N/mm			1556	
	荷重 N	反り C mm	スパン mm	応力 N/mm²
無荷重時	0	112	—	0
指定荷重時	2300	6±5	1152	451
試験荷重時	5100			1000

図 4.15　重ね板ばね

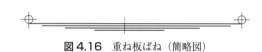

図 4.16　重ね板ばね（簡略図）

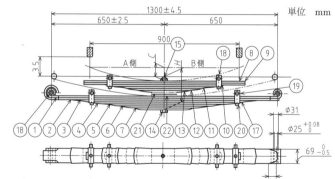

注　この図は，ばね水平時の場合を示す.

要目表

番号	展開長さ mm			板厚 mm	板幅 mm	材料	硬さ HBW	表面処理
	A 側	B 側	計					
1	787	787	1574	11	90	SUP9	388〜461	ショットピーニング後ジンクリッチペイント塗布
2	820	655	1475	11				
3	545	545	1090	11				
11	350	350	700	12				
12	250	250	500	12				
13	145	145	290	11				

ばね板（JIS G 4801　B タイプ断面）

番号	部品番号	名称	個数
14		センタボルト	1
15		ナット，センタボルト	1
16		ブシュ	2
17		クリップ	2
18		クリップ	2
19		クリップボルト	4
20		リベット	4
21		スペーサ	1
22		スペーサ	1

ばね定数　N/mm	親ばね		187		
	子ばね		642		
	合計		829		

	荷重 N	親ばね 高さ H mm	子ばね 反り C mm	応力 N/mm² 親ばね	子ばね
無荷重時	0	112	47	0	0
指定荷重時	5520	83	47	188	0
交会点	7100	75	47	242	0
試験荷重時	56570	15	−13	623	885

注 1）完成塗装：黒色塗装
　　2）1 N/mm² ＝ 1 MPa

図 4.17　親子ばね

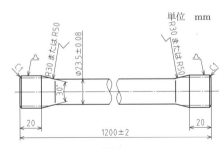

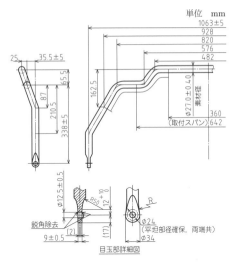

単位 mm

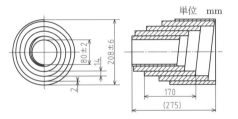

単位 mm

要目表

材料		SUP12
バーの直径	mm	23.5±0.08（熱処理前）
バーの長さ	mm	1200±2
つかみ部の長さ	mm	20
つかみ部の形状寸法	形状	インボリュートセレーション
	モジュール	0.75
	圧力角　度	45
	歯数	40
	大径　mm	30.75
ばね定数	N・m/度	35.8
標準	トルク　N・m	1270
	応力　N/mm²	500
最大	トルク　N・m	2190
	応力　N/mm²	855
硬さ	HBW	415〜495
表面処理	材料の表面加工	研削
	成形後の表面加工	ショットピーニング
	防せい処理	りん酸塩処理後粉体塗装

注1）その他の要目：セッチングを行う（セッチング
　方向を指定する場合は，方向を明記する）.
　2）粉体塗装は，セレーション部を除く.
　3）1 N/mm² = 1 MPa

図4.18　トーションバー

図4.19　トーションバー（簡略図）

要目表

材料		S48C
材料の直径	mm	φ27±0.4
展開長	mm	1616
ばね定数	N/mm	32.2
指定	相対変位　mm	166
	曲げ応力　MPa	905
	せん断応力　MPa	520
	肩部応力　MPa	918
	支持点応力　MPa	846
硬さ	HBW	241〜321
ショットピーニング		一点鎖線間は確実に実施する.
曲げR		指示なき曲げRは中で実R55とする.
防せい処理		黒色塗装

注1）1 N/mm² = 1 MPa

図4.20　スタビライザ

要目表

材料		SUP9 または SUP9A
板厚	mm	14
板幅	mm	170
内径	mm	80±2
外径	mm	208±6
総巻数		4.5
座巻数		各0.75
有効巻数		3
巻方向		右
自由高さ	mm	（275）
ばね定数（初接着まで）N/mm		1290
指定	荷重　N	—
	荷重時の高さ　mm	—
	高さ　mm	245
	高さ時の荷重　N	39230±15%
	応力　N/mm²	390
最大圧縮	荷重　N	—
	荷重時の高さ　mm	—
	高さ　mm	194
	高さ時の荷重　N	111800
	応力　N/mm²	980
初接着荷重	N	85710
硬さ	HBW	388〜461
表面処理	成形後の表面処理	ショットピーニング
	防せい処理	黒色エナメル塗装

注1）その他の要目：セッチングを行う.
　2）用途または使用条件：常温，繰返し荷重.
　3）1 N/mm² = 1 MPa

単位 mm

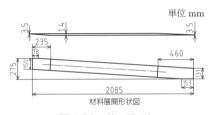

材料展開形状図

図4.21　竹の子ばね

図4.22　竹の子ばね（簡略図）

単位 mm

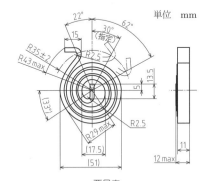

要目表

材料		SW RH62A
板厚	mm	3.4
板幅	mm	11
巻数		約3.3
全長	mm	410
軸径		φ14
使用範囲	度	30〜62
指定	トルク　N・mm	7.9±1.2
	応力　N/mm²	764
硬さ	HRC	35〜43
表面処理		りん酸塩処理

注1）1 N/mm² = 1 MPa

図4.23　渦巻きばね

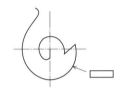

図4.24　渦巻きばね（簡略図）

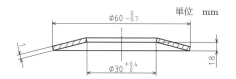

単位　mm

要目表

材料		SK5-CSP
内径	mm	$30^{+0.4}_{0}$
外径	mm	$60^{0}_{-0.7}$
板厚	mm	1
高さ	mm	1.8
指定	たわみ　mm	1
	荷重　N	766
	応力　N/mm²	1100
最大圧縮	たわみ　mm	1.4
	荷重　N	752
	応力　N/mm²	1410
硬さ	HV	400～800
表面処理	成形後の表面加工	ショットピーニング
	防せい処理	防せい油塗布

注1)　$1\,\mathrm{N/mm^2}=1\,\mathrm{MPa}$

図4.25　皿ばね

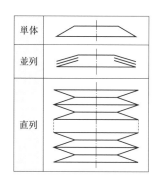

単体	
並列	
直列	

図4.26　皿ばね（簡略図）

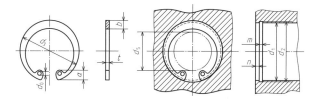

要目表　　　　　　　　　　　　　　　　　　単位　mm

材料	外径 d_3	板厚 t	幅 b 約	幅 a 約	幅 d_0 (最小)	適用する穴（参考）					硬さ (HV)
						はめるときの内周の最小径 d_5	小径 d_1	溝径 d_2	溝幅 m	幅 n	
SK-5CSP	20.5±0.20	1.0±0.05	2.5	4.0	2	11	20	$21.0^{+0.21}_{0}$	$1.15^{+0.14}_{0}$	1.5	434～560

図4.27　C形止め輪穴用

要目表（軽荷重用）　　　　　　　単位　mm

材料	内径 d	外径 D	板厚 t	基準高さ H	試験後の高さ (最小)	試験荷重 (kN)	硬さ (HV)
SK-5CSP	$17^{+0.35}_{0}$	$30^{0}_{-0.40}$	3.5±0.1	3.5	3.1	32.4	392～484

図4.28　皿ばね座金1種

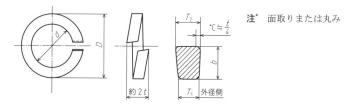

注*　面取りまたは丸み

要目表　　　　　　　　　　　　　　　　　　　　　　単位　mm

材料	内径 d	断面寸法（最小）		外径（最大） D	試験後の自由高さ（最小）	試験荷重 (kN)	硬さ (HV)
		幅 b	板厚 t				
SW RH62（A, B）	$10.2^{+0.5}_{0}$	3.7	2.5	18.4	4.2	11.8	412～513

図4.29　ばね座金一般用

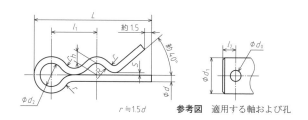

$r ≒ 1.5\,d$　　　**参考図**　適用する軸および孔

要目表　　　　　　　　　　　　　　　　　　　　　　単位　mm

材料	外径 d 約	内径 d_2 約	ピッチ l_1 約	R 約	高さ h 約	すきま S (最大)	長さ L 約	適用する軸（参考）		
								軸径 d_1	孔径 d_0	端面距離 l_2 (最小)
SW-B	1.8±0.03	5.4	12.2	5.0	3.2	0.9	32.6	10.0	2.2	6.0

図4.30　円弧部抜け止めタイプ　ピンの形状・寸法

●4.3　要目表の表示方法

表4.1に示す項目について表示する.

表4.1　表示する技術仕様の項目

仕様の区分	項　目	具体例
材料	名称，材質	規格記号，硬さ
	寸法	線経または板厚
	その他	表面加工など
寸法形状	寸法	コイル径（平均径，外径，内径），自由高さ，密着高さ
	形状	巻数（総巻数，座巻数，有効巻数），巻き方向，ピッチ
	その他	コイル端部の形状，コイル外側面の傾きなど
指定条件	ばね特性 （複数あってもよい）	指定作用力を加えたときの寸法 指定寸法に変形したときの作用力 指定条件での応力
その他	ばね成形後の処理	表面加工，セッチング，防せい（錆）処理
	ばねの使用環境など	使用温度，作用力の種類（繰返し）など

5. 転がり軸受製図 （JIS B 0005-1, -2：1999（2019 確認））

転がり軸受の図示方法は，転がり軸受の正確な形状および詳細を示す必要のないとき，たとえば，組立図中で用いる．これには次の二つの方法がある．

(1) 基本簡略図示方法（JIS B 0005-1） 一般的な目的には，転がり軸受は，四角形およびその中央に直立した十字で示す（**図5.1**）．転がり軸受の正確な外形を示す必要があるときには，実際に近い形状の断面とその中央に直立した十字で示す（**図5.2**）．いずれの場合も，十字は外形線に接してはならない．

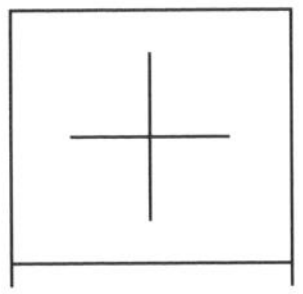

図5.1 十字による表示（一般）

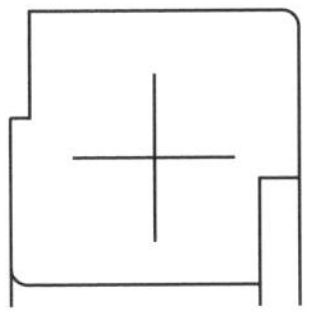

図5.2 十字による表示（正確）

(2) 個別簡略図示方法（JIS B 0005-2） 転がり軸受が入る場所は，正方形または長方形によって示す．ただし，コンバインド軸受の場合にはこの限りでない．個別簡略図示方法の例を**表5.1～5.4**に示す．軸方向から見た図においては，転動体は実際の形状および寸法にかかわらず円で表示してもよい（**図5.3**）．簡略図示と詳細図の例を**図5.4**に示す．

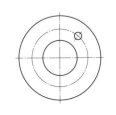

図5.3 円による表示

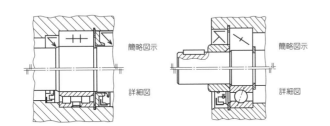

図5.4 簡略図示と詳細図の例

表5.1 玉軸受およびころ軸受

簡略図示方法	玉軸受 図例 [a] および規格 [b]	ころ軸受 図例 [a] および規格 [b]
3.1	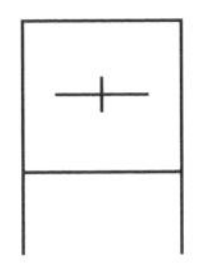 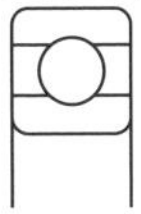 単列深溝玉軸受（JIS B 1512） ユニット用玉軸受（JIS B 1558）	 単列円筒ころ軸受（JIS B 1512）
3.2	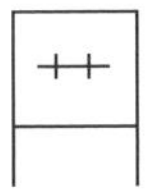 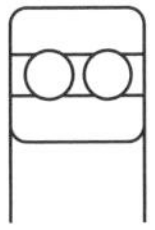 複列深溝玉軸受（JIS B 1512）	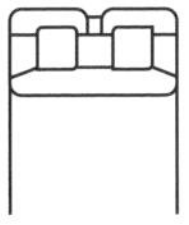 複列円筒ころ軸受（JIS B 1512）
3.3	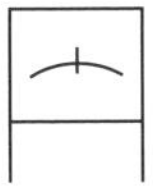 —	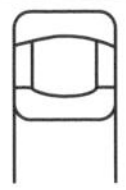 単列自動調心ころ軸受（JIS B 1512）
3.4	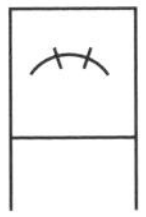 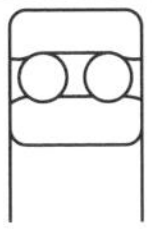 自動調心玉軸受（JIS B 1512）	 自動調心ころ軸受（JIS B 1512）
3.5	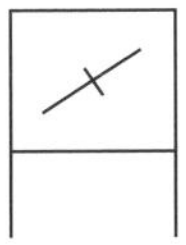 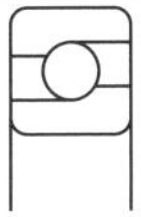 単列アンギュラ玉軸受（JIS B 1512）	 単列円すいころ軸受（JIS B 1512）
3.6	 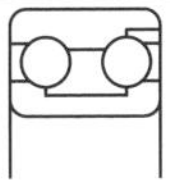 非分離複列アンギュラ玉軸受 （JIS B 1512）	—
3.7	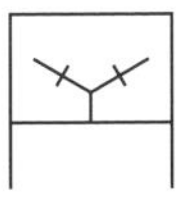 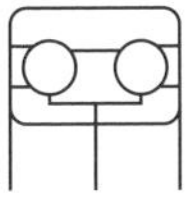 内輪分離複列アンギュラ玉軸受 （JIS B 1512）	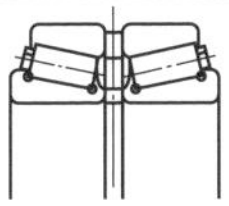 内輪分離複列円すいころ軸受 （JIS B 1512）
3.8	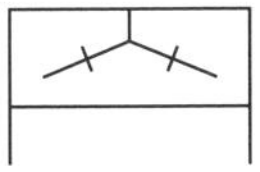 —	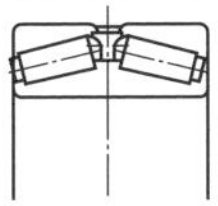 外輪分離複列円すいころ軸受

注a) 参考図であり，詳細には示していない．
b) 関連規格がある場合には，その番号を示す．
備考 表16～18に示す軸受は，すべて軸受の中心軸の上側を示している．

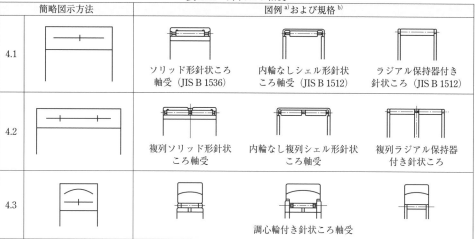

表5.2 針状ころ軸受

簡略図示方法	図例 a) および規格 b)		
4.1	ソリッド形針状ころ軸受（JIS B 1536）	内輪なしシェル形針状ころ軸受（JIS B 1512）	ラジアル保持器付き針状ころ（JIS B 1512）
4.2	複列ソリッド形針状ころ軸受	内輪なし複列シェル形針状ころ軸受	複列ラジアル保持器付き針状ころ
4.3	調心輪付き針状ころ軸受		

注 a) 図は参考であり，詳細には示していない．
　 b) 関連規格がある場合には，その番号を示す．

表5.3 コンバインド軸受

簡略図示方法	図 例 a)	
5.1		ラジアル針状ころ軸受およびラジアル玉軸受
5.2		内輪分離形ラジアル針状ころ軸受およびラジアル玉軸受
5.3		内輪なしラジアル針状ころ軸受およびスラスト玉軸受
5.4		内輪なしラジアル針状ころ軸受およびスラスト円筒ころ軸受

注 a) 図は参考であり，詳細には示していない．

表5.4 スラスト軸受

簡略図示方法	玉軸受 図例 a) および規格 b)	ころ軸受 図例 a) および規格 b)
6.1	単式スラスト玉軸受（JIS B 1512）	単式スラストころ軸受 / スラスト保持器付き針状ころ（JIS B 1512） / スラスト保持器付き円筒ころ
6.2	複式スラスト玉軸受（JIS B 1512）	—
6.3	複式スラストアンギュラ玉軸受	
6.4	調心座付き単式スラスト玉軸受	
6.5	調心座付き複式スラスト玉軸受	
6.6	—	スラスト自動調心ころ軸受（JIS B 1512）

注 a) 参考図であり，詳細には示していない．
　 b) 規格がある場合には，その番号を示す．

6. サイズ公差およびはめあい（JIS B 0401-1, -2：2016（2020確認））

　長さまたは角度にかかわるサイズによって定義された幾何学的形状を**サイズ形体**[†]といい，円筒，球，相対する平行二平面などがある．図示により定義された完全形状（幾何学的な偏差をもたない形状）の形体のサイズを**図示サイズ**[†]という．サイズ形体において，許容できる最大のサイズを**上の許容サイズ**[†]，ULS（upper limit of size），最小のサイズを**下の許容サイズ**[†]，LLS（lower limit of size）という．上の許容サイズから図示サイズを減じたものを**上の許容差**[†]，下の許容サイズから図示サイズを減じたものを**下の許容差**[†]といい，それぞれ負，ゼロまたは正が付く数の場合がある．

　上の許容サイズと下の許容サイズとの間の変動値を**サイズ許容区間**[†]という．図示サイズに関連してサイズ許容区間の位置を定義する**許容差**[†]を，**基礎となる許容差**といい，穴の場合は大文字のラテン文字（A，B，Cなど），軸の場合は小文字のラテン文字（a，b，cなど）の指示記号により識別する．

　上の許容サイズと下の許容サイズとの差を**サイズ公差**[†]といい，正負の符号をもたない絶対数である．共通識別記号により特徴付けたサイズ公差の集まりを**基本サイズ公差等級**[†]といい，IT（international tolerance）の文字とそれに続く数字によって構成される20の公差等級記号IT01，IT0〜IT18で表す．基礎となる許容差と基本サイズ公差等級との組合せを**公差クラス**[†]といい，基礎となる許容差の指示記号と，公差等級記号からITの

表6.1　多くの場合に用いられるはめあい
（a）穴基準はめあい方式【JIS B 0401-1：2016 図12】

基準穴	軸の公差クラス															
	すきまばめ				中間ばめ					しまりばめ						
H6				g5	h5	js5	k5	m5		n5	p5					
H7		f6	g6	h6	js6	k6	m6	n6		p6	r6	s6	t6	u6	x6
H8		e7	f7	h7	js7	k7	m7				s7			u7		
H8		d8	e8	f8	h8											
H9		d8	e8	f8	h8											
H10	b9	c9	d9	e9	h9											
H11	b11	c11	d10		h10											

（b）軸基準はめあい方式【JIS B 0401-1：2016 図13】

基準軸	穴の公差クラス															
	すきまばめ				中間ばめ					しまりばめ						
h5				G6	H6	JS6	K6	M6		N6	P6					
h6		F7	G7	H7	JS7	K7	M7	N7		P7	R7	S7	T7	U7	X7
h7		E8	F8	H8												
h8		D9	E9	F9	H8											
h9		E8	F8	H8												
h9		D9	E9	F9	H9											
h9	B11	C10	D10		H10											

[†] 本規格と旧規格（JIS B 0401-1：1998）の用語対比

本規格	旧規格	本規格	旧規格	本規格	旧規格
サイズ形体	－	許容差	寸法許容差	基本サイズ公差等級	公差等級
図示サイズ	基準寸法	上の〔下の〕許容サイズ	最大〔最小〕許容寸法	公差クラス	公差域クラス
サイズ許容区間	公差域	サイズ公差	寸法公差	穴〔軸〕基準はめあい方式	穴〔軸〕基準はめあい

表6.2　穴基準はめあい方式の適用例

H11	H9/e9	H9/e7	H8/f7	H8/f6	H7/g7	H7/g6	H6/h6	H7/p6
e9	e9	e7	f7	f6	g7	g6	h6	p6
H11/e9	H9/e9	H9/e7	H8/f7	H8/f6	H7/g7	H7/g6	H6/h6	H7/p6
特にゆるい静止あるいは可動はめあい・すきまが大きい・経済的	一般用を目的とする可動はめあい・幅のはめあい・静止はめあい	正しく潤滑された軸受けの，上級のゆるい可動はめあい	潤滑されたジャーナル軸受など，一般用の可動はめあい	上級の可動はめあい	低速ジャーナル・軸受・スライドなど，ガタのない位置ぎめ可	精級のがたのない可動あるいは位置ぎめはめあい	精級の押込はめあい・位置ぎめ正確・組立て容易・生産費高い	一般用圧入はめあい・必要により抜取分解可能

表6.3　表20以外のはめあい許容差

穴の許容差			寸法の区分		軸の許容差			
N	P	JS	を超え	以下	g	j	k	h
N9	P9	JS9	(mm)	(mm)	g7	j6	k12	h12
−4	−6	±12.5		3	−2	+4	+100	0
−29	−31				−12	−2	0	−100
0	−12	±15	3	6	−4	+6	+120	0
−30	−42				−16	−2	0	−120
0	−15	±18	6	10	−5	+7	+150	0
−36	−51				−20	−2	0	−150
0	−18	±21.5	10	18	−6	+8	+180	0
−43	−61				−24	−3	0	−180
0	−22	±26	18	30	−7	+9	+210	0
−52	−74				−28	−4	0	−210
0	−26	±31	30	50	−9	+11	+250	0
−62	−88				−34	−5	0	−250
0	−32	±37	50	80	−10	+12	+300	0
−74	−106				−40	−6	0	−300
0	−37	±43.5	80	120	−12	+13	+350	0
−87	−124				−47	−9	0	−350
0	−43	±50	120	180	−14	+14	+400	0
−100	−143				−54	−11	0	−400
0	−50	±57.5	180	250	−15	+16	+460	0
−115	−165				−61	−13	0	−460
0	−56	±65	250	315	−17	+16	+520	0
−130	−186				−69	−16	0	−520
0	−62	±70	315	400	−18	+18	+570	0
−140	−202				−75	−18	0	−570
0	−68	±77.5	400	500	−20	+20	+630	0
−155	−223				−83	−21	0	−630

注1）本書に使用されているもののみ示す．

文字を省いた番号とで構成する（例：D13，h9）．

　軸の直径が穴の直径より小さい場合の，穴のサイズと軸のサイズとの差を**すきま**といい，値は正とする．軸の直径が穴の直径より大きい場合の，はまりあう前の穴のサイズから軸のサイズを引いた値を**しめしろ**といい，値は負とする．

　同じ形状の穴および軸（円筒タイプだけでなく相対する平行二平面タイプのサイズ形体も含む）の間の互いにはまりあう関係を，**はめあい**という．はめあわせたときに，穴と軸との間につねにすきまができるはめあいを**すきまばめ**，つねにしめしろができるはめあいを**しまりばめ**，すきまままたはしめしろのいずれかができるはめあいを**中間ばめ**という．はめあいは，互いにはまりあう部品の機能的要求，生産性，形状・姿勢・位置の偏差，表面性状，材質，熱処理などを考慮した許容可能なすきま，しめしろにより決定する．

　はめあいは，共通の図示サイズ，穴に対する公差クラス，軸に対する公差クラスにより指示する．はめあい方式には，穴の下の許容差がゼロである場合のはめあいである**穴基準はめあい方式**[†]と，軸の上の許容差がゼロである場合のはめあいである**軸基準はめあい方**

「JIS B 0401-1」製品の幾何特性仕様（GPS）—長さに関わるサイズ公差のISOコード方式—第1部：サイズ公差，サイズ差及びはめあいの基礎／「JIS B 0401-2」製品の幾何特性仕様（GPS）—長さに関わるサイズ公差のISOコード方式-第2部：穴及び軸の許容差並びに基本サイズ公差クラスの表

式†がある．一般的な使用においては穴基準はめあい方式を選択し，経済的な利点が確実にある場合のみ軸基準はめあい方式を選択する．代表的なはめあいを表6.1に，穴基準はめあい方式の適用例を表6.2に示す．経済的理由から，できるだけ表6.1の枠で囲まれた公差クラスの中から選ぶのがよい．表6.1以外のはめあいの許容差を表6.3に，穴に対する許容差，軸に対する許容差の例を表6.4，6.5に示す．

表6.4 穴に対する許容差（上段：上の許容差＝ES，下段：下の許容差＝EI）（抜粋）　　単位 μm

基礎となる許容差 A, B, C（各セル：ES / EI）

図示サイズ 超	以下	A[a] 11	B[a] 11	C 10	C 11
—	3[a]	+330/+270	+200/+140	+100/+60	+120/+60
3	6	+345/+270	+215/+140	+118/+70	+145/+70
6	10	+370/+280	+240/+150	+138/+80	+170/+80
10	18	+400/+290	+260/+150	+165/+95	+205/+95
18	30	+430/+300	+290/+160	+194/+110	+240/+110
30	40	+470/+310	+330/+170	+220/+120	+280/+120
40	50	+480/+320	+340/+180	+230/+130	+290/+130
50	65	+530/+340	+380/+190	+260/+140	+330/+140
65	80	+550/+360	+390/+200	+270/+150	+340/+150
80	100	+600/+380	+440/+220	+310/+170	+390/+170
100	120	+630/+410	+460/+240	+320/+180	+400/+180
120	140	+710/+460	+510/+260	+360/+200	+450/+200
140	160	+770/+520	+530/+280	+370/+210	+460/+210
160	180	+830/+580	+560/+310	+390/+230	+480/+230
180	200	+950/+660	+630/+340	+425/+240	+530/+240
200	225	+1030/+740	+670/+380	+445/+260	+550/+260
225	250	+1110/+820	+710/+420	+465/+280	+570/+280
250	280	+1240/+920	+800/+480	+510/+300	+620/+300
280	315	+1370/+1050	+860/+540	+540/+330	+650/+330
315	355	+1560/+1200	+960/+600	+590/+360	+720/+360
355	400	+1710/+1350	+1040/+680	+630/+400	+760/+400
400	450	+1900/+1500	+1160/+760	+690/+440	+840/+440
450	500[b]	+2050/+1650	+1240/+840	+730/+480	+880/+480

基礎となる許容差 D～P（各セル：ES / EI，JS 列は ±x[c]）

図示サイズ 超	以下	D9	D10	D11	E8	E9	E10	F7	F8	F9	G6	G7	H6	H7	H8	H9	H10	H11	JS6	JS7	JS8	K6	K7	K8	M6	M7	M8	N6	N7	N8	P6	P7	P8
—	3	+45/+20	+60/+20	+80/+20	+28/+14	+39/+14	+54/+14	+16/+6	+20/+6	+31/+6	+8/+2	+12/+2	+6/0	+10/0	+14/0	+25/0	+40/0	+60/0	±3	±5	±7	0/-6	0/-10	0/-14	-2/-8	-2/-12	-2/-16	-4/-10	-4/-14	-4/-18	-6/-12	-6/-16	-6/-20
3	6	+60/+30	+78/+30	+105/+30	+38/+20	+50/+20	+68/+20	+22/+10	+28/+10	+40/+10	+12/+4	+16/+4	+8/0	+12/0	+18/0	+30/0	+48/0	+75/0	±4	±6	±9	+2/-6	+3/-9	+5/-13	-1/-9	0/-12	+2/-16	-5/-13	-4/-16	-2/-20	-9/-17	-8/-20	-12/-30
6	10	+76/+40	+98/+40	+130/+40	+47/+25	+61/+25	+83/+25	+28/+13	+35/+13	+49/+13	+14/+5	+20/+5	+9/0	+15/0	+22/0	+36/0	+58/0	+90/0	±4.5	±7.5	±11	+2/-7	+5/-10	+6/-16	-3/-12	0/-15	+1/-21	-7/-16	-4/-19	-3/-25	-12/-21	-9/-24	-15/-37
10	18	+93/+50	+120/+50	+160/+50	+59/+32	+75/+32	+102/+32	+34/+16	+43/+16	+59/+16	+17/+6	+24/+6	+11/0	+18/0	+27/0	+43/0	+70/0	+110/0	±5.5	±9	±13.5	+2/-9	+6/-12	+8/-19	-4/-15	0/-18	+2/-25	-9/-20	-5/-23	-3/-30	-15/-26	-11/-29	-18/-45
18	30	+117/+65	+149/+65	+195/+65	+73/+40	+92/+40	+124/+40	+41/+20	+53/+20	+72/+20	+20/+7	+28/+7	+13/0	+21/0	+33/0	+52/0	+84/0	+130/0	±6.5	±10.5	±16.5	+2/-11	+6/-15	+10/-23	-4/-17	0/-21	+4/-29	-11/-24	-7/-28	-3/-36	-18/-31	-14/-35	-22/-55
30	50	+142/+80	+180/+80	+240/+80	+89/+50	+112/+50	+150/+50	+50/+25	+64/+25	+87/+25	+25/+9	+34/+9	+16/0	+25/0	+39/0	+62/0	+100/0	+160/0	±8	±12.5	±19.5	+3/-13	+7/-18	+12/-27	-4/-20	0/-25	+5/-34	-12/-28	-8/-33	-3/-42	-21/-37	-17/-42	-26/-65
50	80	+174/+100	+220/+100	+290/+100	+106/+60	+134/+60	+180/+60	+60/+30	+76/+30	+104/+30	+29/+10	+40/+10	+19/0	+30/0	+46/0	+74/0	+120/0	+190/0	±9.5	±15	±23	+4/-15	+9/-21	+14/-32	-5/-24	0/-30	+5/-41	-14/-33	-9/-39	-4/-50	-26/-45	-21/-51	-32/-78
80	120	+207/+120	+260/+120	+340/+120	+126/+72	+159/+72	+212/+72	+71/+36	+90/+36	+123/+36	+34/+12	+47/+12	+22/0	+35/0	+54/0	+87/0	+140/0	+220/0	±11	±17.5	±27	+4/-18	+10/-25	+16/-38	-6/-28	0/-35	+6/-48	-16/-38	-10/-45	-4/-58	-30/-52	-24/-59	-37/-91
120	180	+245/+145	+305/+145	+395/+145	+148/+85	+185/+85	+245/+85	+83/+43	+106/+43	+143/+43	+39/+14	+54/+14	+25/0	+40/0	+63/0	+100/0	+160/0	+250/0	±12.5	±20	±31.5	+4/-21	+12/-28	+20/-43	-8/-33	0/-40	+8/-55	-20/-45	-12/-52	-4/-67	-36/-61	-28/-68	-43/-106
180	250	+285/+170	+355/+170	+460/+170	+172/+100	+215/+100	+285/+100	+96/+50	+122/+50	+165/+50	+44/+15	+61/+15	+29/0	+46/0	+72/0	+115/0	+185/0	+290/0	±14.5	±23	±36	+5/-24	+13/-33	+22/-50	-8/-37	0/-46	+9/-63	-22/-51	-14/-60	-5/-77	-41/-70	-33/-79	-50/-122
250	315	+320/+190	+400/+190	+510/+190	+191/+110	+240/+110	+320/+110	+108/+56	+137/+56	+186/+56	+49/+17	+69/+17	+32/0	+52/0	+81/0	+130/0	+210/0	+320/0	±16	±26	±40.5	+5/-27	+16/-36	+25/-56	-9/-41	0/-52	+9/-72	-25/-57	-14/-66	-5/-86	-47/-79	-36/-88	-56/-137
315	400	+350/+210	+440/+210	+570/+210	+214/+125	+265/+125	+355/+125	+119/+62	+151/+62	+202/+62	+54/+18	+75/+18	+36/0	+57/0	+89/0	+140/0	+230/0	+360/0	±18	±28.5	±44.5	+7/-29	+17/-40	+28/-61	-10/-46	0/-57	+11/-78	-26/-62	-16/-73	-5/-94	-51/-87	-41/-98	-62/-151
400	500	+385/+230	+480/+230	+630/+230	+232/+135	+290/+135	+385/+135	+131/+68	+165/+68	+223/+68	+60/+20	+83/+20	+40/0	+63/0	+97/0	+155/0	+250/0	+400/0	±20	±31.5	±48.5	+8/-32	+18/-45	+29/-68	-10/-50	0/-63	+11/-86	-27/-67	-17/-80	-6/-103	-55/-95	-45/-108	-68/-165

基礎となる許容差 R, S（各セル：ES / EI）

図示サイズ 超	以下	R6	R7	R8	S6	S7
—	3	-10/-16	-10/-20	-10/-24	-14/-20	-14/-24
3	6	-12/-20	-11/-23	-15/-33	-16/-24	-15/-27
6	10	-16/-25	-13/-28	-19/-41	-20/-29	-17/-32
10	18	-20/-31	-16/-34	-23/-50	-25/-36	-21/-39
18	30	-24/-37	-20/-41	-28/-61	-31/-44	-27/-48
30	50	-29/-45	-25/-50	-34/-73	-38/-54	-34/-59
50	65	-35/-54	-30/-60	-41/-87	-47/-66	-42/-72
65	80	-37/-56	-32/-62	-43/-89	-53/-72	-48/-78
80	100	-44/-66	-38/-73	-51/-105	-64/-86	-58/-93
100	120	-47/-69	-41/-76	-54/-108	-72/-94	-66/-101
120	140	-56/-81	-48/-88	-63/-126	-85/-110	-77/-117
140	160	-58/-83	-50/-90	-65/-128	-93/-118	-85/-125
160	180	-61/-86	-53/-93	-68/-131	-101/-126	-93/-133
180	200	-68/-97	-60/-106	-77/-149	-113/-142	-105/-151
200	225	-71/-100	-63/-109	-80/-152	-121/-150	-113/-159
225	250	-75/-104	-67/-113	-84/-156	-131/-160	-123/-169
250	280	-85/-117	-74/-126	-94/-175	-149/-181	-138/-190
280	315	-89/-121	-78/-130	-98/-179	-161/-193	-150/-202
315	355	-97/-133	-87/-144	-108/-197	-179/-215	-169/-226
355	400	-103/-139	-93/-150	-114/-203	-197/-233	-187/-244
400	450	-113/-153	-103/-166	-126/-223	-219/-259	-209/-272
450	500	-119/-159	-109/-172	-132/-229	-239/-279	-229/-292
500	560	-150/-194	-150/-220	-150/-280	-280/-324	-280/-350
560	630	-155/-199	-155/-225	-155/-285	-310/-354	-310/-380
630	710	-175/-225	-175/-255	-175/-320	-340/-390	-340/-420

基礎となる許容差 T, U（各セル：ES / EI）[d]

図示サイズ 超	以下	T6	T7	U6	U7
—	3	—	—	-18/-24	-18/-28
3	6	—	—	-20/-28	-19/-31
6	10	—	—	-25/-34	-22/-37
10	18	—	—	-30/-41	-26/-44
18	24	—	—	-37/-50	-33/-54
24	30	-37/-50	-33/-54	-44/-57	-40/-61
30	40	-43/-59	-39/-64	-55/-71	-51/-76
40	50	-49/-65	-45/-70	-65/-81	-61/-86
50	65	-60/-79	-55/-85	-81/-100	-76/-106
65	80	-69/-88	-64/-94	-96/-115	-91/-121
80	100	-84/-106	-78/-113	-117/-139	-111/-146
100	120	-97/-119	-91/-126	-137/-159	-131/-166
120	140	-115/-140	-107/-147	-155/-180	-155/-195
140	160	-127/-152	-119/-159	-175/-200	-175/-215
160	180	-139/-164	-131/-171	-195/-220	-195/-235
180	200	-157/-186	-149/-195	-219/-248	-219/-265
200	225	-171/-200	-163/-209	-241/-270	-241/-287
225	250	-187/-216	-179/-225	-267/-296	-267/-313
250	280	-209/-241	-198/-250	-295/-327	-295/-347
280	315	-231/-263	-220/-272	-330/-362	-330/-382
315	355	-257/-293	-247/-304	-369/-405	-369/-426
355	400	-283/-319	-273/-330	-414/-450	-414/-471
400	450	-317/-357	-307/-370	-467/-507	-467/-530
450	500	-347/-387	-337/-400	-517/-557	-517/-580

基礎となる許容差 X（各セル：ES / EI）[e]

図示サイズ 超	以下	X7
—	3	-20/-30
3	6	-24/-36
6	10	-28/-43
10	14	-33/-51
14	18	-38/-56
18	24	-46/-67
24	30	-56/-77
30	40	-71/-96
40	50	-88/-113
50	65	-111/-141
65	80	-135/-165
80	100	-165/-200
100	120	-197/-232
120	140	-233/-273
140	160	-265/-305
160	180	-295/-335
180	200	-333/-379
200	225	-368/-414
225	250	-408/-454
250	280	-455/-507
280	315	-505/-557
315	355	-569/-626
355	400	-639/-696
400	450	-717/-780
450	500[e]	-797/-860

注 a) 1mm以下の図示サイズに対する基本サイズ公差には，基礎となる許容差A，Bは使用しない．
b) 基礎となる許容差A，B，Cは，500mmを超える図示サイズに対しては規定していない．
c) 表の±xは，ES＝＋xおよびEI＝－xのように解釈する．
d) 公差クラスT6，T7は，24mm以下の図示サイズに対しては，表に示していない．その代わりに，公差クラスU6，U7を使用することを推奨する．
e) 基礎となる許容差Xは，500mmを超える図示サイズに対しては規定していない．

1 機械製図法　　2 図面　　3 部品・材料資料　　6 サイズ公差およびはめあい

表 6.5 軸に対する許容差（上段：上の許容差 = *es*，下段：下の許容差 = *ei*）（抜粋）

単位　μm

図示サイズ(mm) 超	以下	a[a)] 11	b[a)] 9	b[a)] 11	c 9	c 11
—	3[a)]	−270 −330	−140 −165	−140 −200	−60 −85	−60 −120
3	6	−270 −345	−140 −170	−140 −215	−70 −100	−70 −145
6	10	−280 −370	−150 −186	−150 −240	−80 −116	−80 −170
10	18	−290 −400	−150 −193	−150 −260	−95 −138	−95 −205
18	30	−300 −430	−160 −212	−160 −290	−110 −162	−110 −240
30	40	−310 −470	−170 −232	−170 −330	−120 −182	−120 −280
40	50	−320 −480	−180 −242	−180 −340	−130 −192	−130 −290
50	65	−340 −530	−190 −264	−190 −380	−140 −214	−140 −330
65	80	−360 −550	−200 −274	−200 −390	−150 −224	−150 −340
80	100	−380 −600	−220 −307	−220 −440	−170 −257	−170 −390
100	120	−410 −630	−240 −327	−240 −460	−180 −267	−180 −400
120	140	−460 −710	−260 −360	−260 −510	−200 −300	−200 −450
140	160	−520 −770	−280 −380	−280 −530	−210 −310	−210 −460
160	180	−580 −830	−310 −410	−310 −560	−230 −330	−230 −480
180	200	−660 −950	−340 −455	−340 −630	−240 −355	−240 −530
200	225	−740 −1030	−380 −495	−380 −670	−260 −375	−260 −550
225	250	−820 −1110	−420 −535	−420 −710	−280 −395	−280 −570
250	280	−920 −1240	−480 −610	−480 −800	−300 −430	−300 −620
280	315	−1050 −1370	−540 −670	−540 −860	−330 −460	−330 −650
315	355	−1200 −1560	−600 −740	−600 −960	−360 −500	−360 −720
355	400	−1350 −1710	−680 −820	−680 −1040	−400 −540	−400 −760
400	450	−1500 −1900	−760 −915	−760 −1160	−440 −595	−440 −840
450	500[b)]	−1650 −2050	−840 −995	−840 −1240	−480 −635	−480 −880

図示サイズ(mm) 超	以下	d 8	d 9	d 10	e 7	e 8	e 9	f 6	f 7	f 8	g 5	g 6	h 5	h 6	h 7	h 8	h 9	h 10	h 11
—	3	−20 −34	−20 −45	−20 −60	−14 −24	−14 −28	−14 −39	−6 −12	−6 −16	−6 −20	−2 −6	−2 −8	0 −4	0 −6	0 −10	0 −14	0 −25	0 −40	0 −60
3	6	−30 −48	−30 −60	−30 −78	−20 −32	−20 −38	−20 −50	−10 −18	−10 −22	−10 −28	−4 −9	−4 −12	0 −5	0 −8	0 −12	0 −18	0 −30	0 −48	0 −75
6	10	−40 −62	−40 −76	−40 −98	−25 −40	−25 −47	−25 −61	−13 −22	−13 −28	−13 −35	−5 −11	−5 −14	0 −6	0 −9	0 −15	0 −22	0 −36	0 −58	0 −90
10	18	−50 −77	−50 −93	−50 −120	−32 −50	−32 −59	−32 −75	−16 −27	−16 −34	−16 −43	−6 −14	−6 −17	0 −8	0 −11	0 −18	0 −27	0 −43	0 −70	0 −110
18	30	−65 −98	−65 −117	−65 −149	−40 −61	−40 −73	−40 −92	−20 −33	−20 −41	−20 −53	−7 −16	−7 −20	0 −9	0 −13	0 −21	0 −33	0 −52	0 −84	0 −130
30	50	−80 −119	−80 −142	−80 −180	−50 −75	−50 −89	−50 −112	−25 −41	−25 −50	−25 −64	−9 −20	−9 −25	0 −11	0 −16	0 −25	0 −39	0 −62	0 −100	0 −160
50	80	−100 −146	−100 −174	−100 −220	−60 −90	−60 −106	−60 −134	−30 −49	−30 −60	−30 −76	−10 −23	−10 −29	0 −13	0 −19	0 −30	0 −46	0 −74	0 −120	0 −190
80	120	−120 −174	−120 −207	−120 −260	−72 −107	−72 −126	−72 −159	−36 −58	−36 −71	−36 −90	−12 −27	−12 −34	0 −15	0 −22	0 −35	0 −54	0 −87	0 −140	0 −220
120	180	−145 −208	−145 −245	−145 −305	−85 −125	−85 −148	−85 −185	−43 −68	−43 −83	−43 −106	−14 −32	−14 −39	0 −18	0 −25	0 −40	0 −63	0 −100	0 −160	0 −250
180	250	−170 −242	−170 −285	−170 −355	−100 −146	−100 −172	−100 −215	−50 −79	−50 −96	−50 −122	−15 −35	−15 −44	0 −20	0 −29	0 −46	0 −72	0 −115	0 −185	0 −290
250	315	−190 −271	−190 −320	−190 −400	−110 −162	−110 −191	−110 −240	−56 −88	−56 −108	−56 −137	−17 −40	−17 −49	0 −23	0 −32	0 −52	0 −81	0 −130	0 −210	0 −320
315	400	−210 −299	−210 −350	−210 −440	−125 −182	−125 −214	−125 −265	−62 −98	−62 −119	−62 −151	−18 −43	−18 −54	0 −25	0 −36	0 −57	0 −89	0 −140	0 −230	0 −360
400	500	−230 −327	−230 −385	−230 −480	−135 −198	−135 −232	−135 −290	−68 −108	−68 −131	−68 −165	−20 −47	−20 −60	0 −27	0 −40	0 −63	0 −97	0 −155	0 −250	0 −400
500	630	−260 −370	−260 −435	−260 −540	−145 −215	−145 −255	−145 −320	−76 −120	−76 −146	−76 −186		−22 −66	0 −32	0 −44	0 −70	0 −110	0 −175	0 −280	0 −440
630	800	−290 −415	−290 −490	−290 −610	−160 −240	−160 −285	−160 −360	−80 −130	−80 −160	−80 −205		−24 −74	0 −36	0 −50	0 −80	0 −125	0 −200	0 −320	0 −500
800	1000	−320 −460	−320 −550	−320 −680	−170 −260	−170 −310	−170 −400	−86 −142	−86 −176	−86 −226		−26 −82	0 −40	0 −56	0 −90	0 −140	0 −230	0 −360	0 −560
1000	1250	−350 −515	−350 −610	−350 −770	−195 −300	−195 −360	−195 −455	−98 −164	−98 −203	−98 −263		−28 −94	0 −47	0 −66	0 −105	0 −165	0 −260	0 −420	0 −660
1250	1600	−390 −585	−390 −700	−390 −890	−220 −345	−220 −415	−220 −530	−110 −188	−110 −235	−110 −305		−30 −108	0 −55	0 −78	0 −125	0 −195	0 −310	0 −500	0 −780
1600	2000	−430 −660	−430 −800	−430 −1030	−240 −390	−240 −470	−240 −610	−120 −212	−120 −270	−120 −350		−32 −124	0 −65	0 −92	0 −150	0 −230	0 −370	0 −600	0 −920
2000	2500	−480 −760	−480 −920	−480 −1180	−260 −435	−260 −540	−260 −700	−130 −240	−130 −305	−130 −410		−34 −144	0 −78	0 −110	0 −175	0 −280	0 −440	0 −700	0 −1100
2500	3150	−520 −850	−520 −1060	−520 −1380	−290 −500	−290 −620	−290 −830	−145 −280	−145 −355	−145 −475		−38 −173	0 −96	0 −135	0 −210	0 −330	0 −540	0 −860	0 −1350

図示サイズ(mm) 超	以下	js 5	js 6	js 7	k 5	k 6	k 7	m 5	m 6	m 7	n 5	n 6	n 7	p 5	p 6	p 7
—	3	±2	±3	±5	+4 0	+6 0	+10 0	+6 +2	+8 +2	+12 +2	+8 +4	+10 +4	+14 +4	+10 +6	+12 +6	+16 +6
3	6	±2.5	±4	±6	+6 +1	+9 +1	+13 +1	+9 +4	+12 +4	+16 +4	+13 +8	+16 +8	+20 +8	+17 +12	+20 +12	+24 +12
6	10	±3	±4.5	±7.5	+7 +1	+10 +1	+16 +1	+12 +6	+15 +6	+21 +6	+16 +10	+19 +10	+25 +10	+21 +15	+24 +15	+30 +15
10	18	±4	±5.5	±9	+9 +1	+12 +1	+19 +1	+15 +7	+18 +7	+25 +7	+20 +12	+23 +12	+30 +12	+26 +18	+29 +18	+36 +18
18	30	±4.5	±6.5	±10.5	+11 +2	+15 +2	+23 +2	+17 +8	+21 +8	+29 +8	+24 +15	+28 +15	+36 +15	+31 +22	+35 +22	+43 +22
30	50	±5.5	±8	±12.5	+13 +2	+18 +2	+27 +2	+20 +9	+25 +9	+34 +9	+28 +17	+33 +17	+42 +17	+37 +26	+42 +26	+51 +26
50	80	±6.5	±9.5	±15	+15 +2	+21 +2	+32 +2	+24 +11	+30 +11	+41 +11	+33 +20	+39 +20	+50 +20	+45 +32	+51 +32	+62 +32
80	120	±7.5	±11	±17.5	+18 +3	+25 +3	+38 +3	+28 +13	+35 +13	+48 +13	+38 +23	+45 +23	+58 +23	+52 +37	+59 +37	+72 +37
120	180	±9	±12.5	±20	+21 +3	+28 +3	+43 +3	+33 +15	+40 +15	+55 +15	+45 +27	+52 +27	+67 +27	+61 +43	+68 +43	+83 +43
180	250	±10	±14.5	±23	+24 +4	+33 +4	+50 +4	+37 +17	+46 +17	+63 +17	+51 +31	+60 +31	+77 +31	+70 +50	+79 +50	+96 +50
250	315	±11.5	±16	±26	+27 +4	+36 +4	+56 +4	+43 +20	+52 +20	+72 +20	+57 +34	+66 +34	+86 +34	+79 +56	+88 +56	+108 +56
315	400	±12.5	±18	±28.5	+29 +4	+40 +4	+61 +4	+46 +21	+57 +21	+78 +21	+62 +37	+73 +37	+94 +37	+87 +62	+98 +62	+119 +62
400	500	±13.5	±20	±31.5	+32 +5	+45 +5	+68 +5	+50 +23	+63 +23	+86 +23	+67 +40	+80 +40	+103 +40	+95 +68	+108 +68	+131 +68
500	630	±16	±22	±35		+44 0	+70 0		+70 +26	+96 +26		+88 +44	+114 +44		+122 +78	+148 +78
630	800	±18	±25	±40		+50 0	+80 0		+80 +30	+110 +30		+100 +50	+130 +50		+138 +88	+168 +88
800	1000	±20	±28	±45		+56 0	+90 0		+90 +34	+124 +34		+112 +56	+146 +56		+156 +100	+190 +100
1000	1250	±23.5	±33	±52.5		+66 0	+105 0		+106 +40	+145 +40		+132 +66	+171 +66		+186 +120	+225 +120
1250	1600	±27.5	±39	±62.5		+78 0	+125 0		+126 +48	+173 +48		+156 +78	+203 +78		+218 +140	+265 +140
1600	2000	±32.5	±46	±75		+92 0	+150 0		+150 +58	+208 +58		+184 +92	+242 +92		+262 +170	+320 +170
2000	2500	±39	±55	±87.5		+110 0	+175 0		+178 +68	+243 +68		+220 +110	+285 +110		+305 +195	+370 +195
2500	3150	±48	±67.5	±105		+135 0	+210 0		+211 +76	+286 +76		+270 +135	+345 +135		+375 +240	+450 +240

図示サイズ(mm) 超	以下	r 5	r 6	r 7	s 5	s 6	s 7
—	3	+14 +10	+16 +10	+20 +10	+18 +14	+20 +14	+24 +14
3	6	+20 +15	+23 +15	+27 +15	+24 +19	+27 +19	+31 +19
6	10	+25 +19	+28 +19	+34 +19	+29 +23	+32 +23	+38 +23
10	18	+31 +23	+34 +23	+41 +23	+36 +28	+39 +28	+46 +28
18	30	+37 +28	+41 +28	+49 +28	+44 +35	+48 +35	+56 +35
30	50	+45 +34	+50 +34	+59 +34	+54 +53	+59 +43	+68 +43
50	65	+54 +41	+60 +41	+71 +41	+66 +53	+72 +53	+83 +53
65	80	+56 +43	+62 +43	+73 +43	+72 +59	+78 +59	+89 +59
80	100	+66 +51	+73 +51	+86 +51	+86 +71	+93 +71	+106 +71
100	120	+69 +54	+76 +54	+89 +54	+94 +79	+101 +79	+114 +79
120	140	+81 +63	+88 +63	+103 +63	+110 +92	+117 +92	+132 +92
140	160	+83 +65	+90 +65	+105 +65	+118 +100	+125 +100	+140 +100
160	180	+86 +68	+93 +68	+108 +68	+126 +108	+133 +108	+148 +108
180	200	+97 +77	+106 +77	+123 +77	+142 +122	+151 +122	+168 +122
200	225	+100 +80	+109 +80	+126 +80	+150 +130	+159 +130	+176 +130
225	250	+104 +84	+113 +84	+130 +84	+160 +140	+169 +140	+186 +140
250	280	+117 +94	+126 +94	+146 +94	+181 +158	+190 +158	+210 +158
280	315	+121 +98	+130 +98	+150 +98	+193 +170	+202 +170	+222 +170
315	355	+133 +108	+144 +108	+165 +108	+215 +190	+226 +190	+247 +190
355	400	+139 +114	+150 +114	+171 +114	+233 +208	+244 +208	+265 +208
400	450	+153 +126	+166 +126	+189 +126	+259 +232	+272 +232	+295 +232
450	500	+159 +132	+172 +132	+195 +132	+279 +252	+292 +252	+315 +252
500	560		+194 +150	+220 +150		+324 +280	+350 +280
560	630		+199 +155	+225 +155		+354 +310	+380 +310
630	710		+225 +175	+255 +175		+390 +340	+420 +340

図示サイズ(mm) 超	以下	t[d)] 5	t[d)] 6	t[d)] 7	u 5	u 6	u 7
—	3				+22 +18	+24 +18	+28 +18
3	6				+28 +23	+31 +23	+35 +23
6	10				+34 +28	+37 +28	+43 +28
10	18				+41 +33	+44 +33	+51 +33
18	24				+50 +41	+54 +41	+62 +41
24	30	+50 +41	+54 +41	+62 +41	+57 +48	+61 +48	+69 +48
30	40	+59 +48	+64 +48	+73 +48	+71 +60	+76 +60	+85 +60
40	50	+65 +54	+70 +54	+79 +54	+81 +70	+86 +70	+95 +70
50	65	+79 +66	+85 +66	+96 +66	+100 +87	+106 +87	+117 +87
65	80	+88 +75	+94 +75	+105 +75	+115 +102	+121 +102	+132 +102
80	100	+106 +91	+113 +91	+126 +91	+139 +124	+146 +124	+159 +124
100	120	+119 +104	+126 +104	+139 +104	+159 +144	+166 +144	+179 +144
120	140	+140 +122	+147 +122	+162 +122	+188 +170	+195 +170	+210 +170
140	160	+152 +134	+159 +134	+174 +134	+208 +190	+215 +190	+230 +190
160	180	+164 +146	+171 +146	+186 +146	+228 +210	+235 +210	+250 +210
180	200	+186 +166	+195 +166	+212 +166	+256 +236	+265 +236	+282 +236
200	225	+200 +180	+209 +180	+226 +180	+278 +258	+287 +258	+304 +258
225	250	+216 +196	+225 +196	+242 +196	+304 +284	+313 +284	+330 +284
250	280	+241 +218	+250 +218	+270 +218	+338 +315	+347 +315	+367 +315
280	315	+263 +240	+272 +240	+292 +240	+373 +350	+382 +350	+402 +350
315	355	+293 +268	+304 +268	+325 +268	+415 +390	+426 +390	+447 +390
355	400	+319 +294	+330 +294	+351 +294	+460 +435	+471 +435	+492 +435
400	450	+357 +330	+370 +330	+393 +330	+517 +490	+530 +490	+553 +490
450	500	+387 +360	+400 +360	+423 +360	+567 +540	+580 +540	+603 +540
500	560		+444 +400	+470 +400		+644 +600	+670 +600

図示サイズ(mm) 超	以下	x 6
—	3	+26 +20
3	6	+36 +28
6	10	+43 +34
10	14	+51 +40
14	18	+56 +45
18	24	+67 +54
24	30	+77 +64
30	40	+96 +80
40	50	+113 +97
50	65	+141 +122
65	80	+165 +146
80	100	+200 +178
100	120	+232 +210
120	140	+273 +248
140	160	+305 +280
160	180	+335 +310
180	200	+379 +350
200	225	+414 +385
225	250	+454 +425
250	280	+507 +475
280	315	+557 +525
315	355	+626 +590
355	400	+696 +660
400	450	+780 +740
450	500[e)]	+860 +820

注 a) 1 mm 以下の図示サイズに対する基本サイズ公差には，基礎となる許容差 a，b は使用しない．
b) 基礎となる許容差 a，b，c は，500 mm を超える図示サイズに対しては規定していない．
c) 表の ±*x* は，$es = +x$ および $ei = -x$ のように解釈する．
d) 公差クラス t5 ～ t7 は，24 mm 以下の図示サイズに対しては，表に示していない．その代わりに，公差クラス u5 ～ u7 を使用することを推奨する．
e) 基礎となる許容差 x は，500 mm を超える図示サイズに対しては規定していない．

7. 製図における長さ寸法および角度寸法の許容限界の指示方法
(JIS Z 8318：2013（2023 確認））

●7.1 長さ寸法の許容限界の指示方法

(1) 寸法許容差（数値）による方法　上および下の寸法許容差を記入する場合は，下の寸法許容差の上側に上の寸法許容差を記入する（**図7.1**）か，上の寸法許容差に下の寸法許容差を斜線で区切って一列に記入する（**図7.2**）．一方の寸法許容差がゼロの場合は数字0で示す（**図7.3**）．上下の寸法許容差が基準寸法に対して対称のときは，寸法許容差の数値を一つだけ示し，数値の前に±の記号を付ける（**図7.4**）．

| 図 7.1 | 図 7.2 | 図 7.3 | 図 7.4 |

(2) 許容限界寸法による方法　許容限界寸法を，最大および最小の許容寸法で示す（**図7.5**）．許容限界寸法の数値に寸法補助記号が付記される場合は，最大および最小の許容寸法の両方に寸法補助記号を指示する（**図7.6**）．寸法を最小または最大のいずれか一方だけ許容する必要がある場合は，寸法数値の後に min または max を付記する（**図7.7**）．

注　最大を指示する場合には，min と記載されている部分が max となる.

| 図 7.5 | 図 7.6 | 図 7.7 |

(3) 記号による方法　基準寸法の後に，公差域クラス（寸法公差記号）を記入する（**図7.8**）．公差域クラスの記号に加えて寸法許容差（**図7.9**）または許容限界寸法（**図7.10**）を示す必要がある場合には，それらに括弧（ ）を付けて付記する．

| 図 7.8 | 図 7.9 | 図 7.10 |

●7.2 組立部品の長さ寸法許容限界の指示方法

(1) 数値による方法　組立部品の各構成部品に対する寸法は，その構成部品の名称（**図7.11**）または照会番号（**図7.12**）に続けて示す．いずれの場合にも，穴の寸法を軸の寸法の上側に指示する．

(2) 記号による方法　基準寸法を一つだけ指示し，それに続けて穴の公差域クラスを，

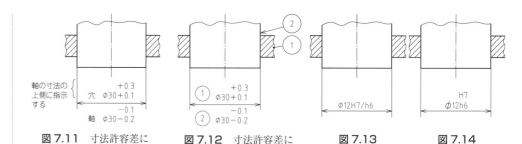

軸の寸法の上側に指示する

| 図 7.11 寸法許容差による指示例1 | 図 7.12 寸法許容差による指示例2 | 図 7.13 | 図 7.14 |

軸の公差域クラスの前（**図7.13**）または上側（**図7.14**）に指示する．寸法許容差の数値を指示する必要があるときは，括弧を付けて公差域クラスの後に付記する（**図7.15**）．

図 7.15

●7.3 角度寸法の許容限界の指示方法

角度寸法については，長さ寸法の許容限界の指示方法についての規定を同等に適用する．ただし，許容差は角度寸法およびその端数の単位は必ず指示しなければならない（**図7.16 ～ 7.18**）．角度寸法の許容差が分単位または秒単位だけのときは，それぞれ 0° または 0′ を数値の前に付ける．

角度寸法の許容限界をラジアンで指示する方法は，角度寸法に rad を付けて，その後に許容差を分数または小数で表示し，さらに rad を付けて指示する（**図7.21**）．

なお，角度寸法の許容差は，図面の中では，度・分・秒（**図7.16 ～ 7.18**），小数（**図7.19，7.20**）または分数（**図7.21**）で統一して示し，混用しない．

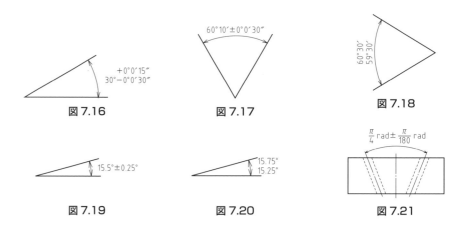

| 図 7.16 | 図 7.17 | 図 7.18 |

| 図 7.19 | 図 7.20 | 図 7.21 |

8. 寸法に関する普通公差 （JIS B 0403：1995（2020 確認），0405：1991（2020 確認），0408：1991（2020 確認），0410：1991（2020 確認），0416：1975（2019 確認），0417：1979（2019 確認），0419：1991（2020 確認））

図面上の個々の寸法に公差が指示されないと，加工や検査において精度の基準が与えられないので不都合である．しかし，図面上のすべての寸法に公差を与えるのは煩わしい．形体に対する幾何公差についても同様である．そこで，個々に公差の指示がない寸法や形体に適用する普通公差という規格が設けられた．

● 8.1 普通公差－第 1 部：個々に公差の指示がない長さ寸法および角度寸法に対する公差

JIS B 0405 は，金属の除去加工または板金加工による機械の製作を対象としたもので，部品の長さ寸法と角度寸法，および，組立品を機械加工して得られる長さ寸法に適用する．この規格は，面取り部分を除く長さ寸法，面取り部分の長さ寸法（かどの丸み，およびか

表8.1 面取り部分を除く長さ寸法に対する許容差
（かどの丸みおよびかどの面取り寸法については，表8.2 参照）

単位 mm

公差等級		基準寸法の区分							
記号	説明	0.5 a) 以上 3 以下	3 を超え 6 以下	6 を超え 30 以下	30 を超え 120 以下	120 を超え 400 以下	400 を超え 1000 以下	1000 を超え 2000 以下	2000 を超え 4000 以下
		許容差							
f	精級	±0.05	±0.05	±0.1	±0.15	±0.2	±0.3	±0.5	―
m	中級	±0.1	±0.1	±0.2	±0.3	±0.5	±0.8	±1.2	±2
c	粗級	±0.2	±0.3	±0.5	±0.8	±1.2	±2	±3	±4
v	極粗級	―	±0.5	±1	±1.5	±2.5	±4	±6	±8

注 a）0.5 mm 未満の基準寸法に対しては，その基準寸法に続けて許容差を個々に指示する．

どの面取り寸法），角度寸法，に分けて寸法の許容差を規定している（表8.1〜8.3）．この規格を適用するときは，表題欄の中またはその付近に，この規格番号と該当する公差等級を，たとえば，JIS B 0405-m のように表示する．この規格の適用対象から外れる鋳造品や，加工の実態に即した個別の規格が求められている金属プレス加工品に対して，以下に述べる規格が制定されている．なお，個々に公差の指示のない形体に対する幾何公差

表8.2 面取り部分の長さ寸法（かどの丸みおよびかどの面取寸法）に対する許容差

単位 mm

公差等級		基準寸法の区分		
記号	説明	0.5 a) 以上 3 以下	3 を超え 6 以下	6 を超えるもの
		許容差		
f	精級	±0.2	±0.5	±1
m	中級			
c	粗級	±0.4	±1	±2
v	極粗級			

注 a）0.5 mm 未満の基準寸法に対しては，その基準寸法に続けて許容差を個々に指示する．

は，JIS B 0419 に制定されている．

● 8.2 鋳造品－寸法公差方式および削り代方式（JIS B 0403）

この規格は，鋳造品の寸法に対する公差および要求する削りしろについて規定するものである．鋳造品の寸法の普通公差（抜粋）を表8.4 に，鋳造方法による具体的な普通公差の例を表8.5 に示す．この規格を適用するときは，普通公差の規格と同様に，たとえば，JIS B 0403-CT12 のように表示する．鋳造品，鋳鋼品およびアルミニウム合金鋳物の抜けこう配に関する普通公差（普通許容値）を表8.6, 8.7 に示す．

表8.3 角度寸法の許容差

単位 mm

公差等級		対象とする角度の短い方の辺の長さの区分				
記号	説明	10 以下	10 を超え 50 以下	50 を超え 120 以下	120 を超え 400 以下	400 を超えるもの
		許容差				
f	精級	±1°	±30′	±20′	±10′	±5′
m	中級					
c	粗級	±1° 30′	±1°	±30′	±15′	±10′
v	極粗級	±3°	±2°	±1°	±30′	±20′

表8.4 鋳造品の公差等級

単位 mm

鋳放し鋳造品の基準寸法		鋳造公差等級 CT															
を超え	以下	1	2	3	4	5	6	7	8	9	10	11	12	13	14	15	16
―	10	0.09	0.13	0.18	0.26	0.36	0.52	0.74	1	1.5	2	2.8	4.2	―	―	―	―
10	16	0.1	0.14	0.2	0.28	0.38	0.54	0.78	1.1	1.6	2.2	3	4.4	―	―	―	―
16	25	0.11	0.15	0.22	0.3	0.42	0.58	0.82	1.2	1.7	2.4	3.2	4.6	6	8	10	12
25	40	0.12	0.17	0.24	0.32	0.46	0.64	0.9	1.3	1.8	2.6	3.6	5	7	9	11	14
40	63	0.13	0.18	0.26	0.36	0.5	0.7	1	1.4	2	2.8	4	5.6	8	10	12	16
63	100	0.14	0.2	0.28	0.4	0.56	0.78	1.1	1.6	2.2	3.2	4.4	6	9	11	14	18
100	160	0.15	0.22	0.3	0.44	0.62	0.88	1.2	1.8	2.5	3.6	5	7	10	12	16	20
160	250		0.24	0.34	0.5	0.7	1	1.4	2	2.8	4	5.6	8	11	14	18	22
250	400			0.4	0.56	0.78	1.1	1.6	2.2	3.2	4.4	6.2	9	12	16	20	25
400	630				0.64	0.9	1.2	1.8	2.6	3.6	5	7	10	14	18	22	28
630	1000					1	1.4	2	2.8	4	6	8	11	16	20	25	32
1000	1600						1.6	2.2	3.2	4.6	7	9	13	18	23	29	37
1600	2500							2.6	3.8	5.4	8	10	15	21	26	33	42
2500	4000								4.4	6.2	9	12	17	24	30	38	49
4000	6300									7	10	14	20	28	35	44	56
6300	10000										11	16	23	32	40	50	64

注 1）公差域は原則として基準寸法に対して対称的におく．
2）公差等級 CT1～CT15 における肉厚に対して，1 等級大きい公差等級を適用する．
3）16 mm までの寸法に対して CT13～CT16 の普通公差は適用しない（これらの寸法には，個々の公差を指示する）．
4）等級 CT16 は，一般に CT15 を指示した鋳造品の肉厚に対してだけ適用する．

「JIS B 0403」鋳造品－寸法公差方式及び削り代方式 / 「JIS B 0405」普通公差－第 1 部：個々に公差の指示がない長さ寸法及び角度寸法に対する公差 / 「JIS B 0408」金属プレス加工品の普通寸法公差 / 「JIS B 0410」金属板せん断加工品の普通公差 / 「JIS B 0416」鋼の熱間型鍛造品公差（アプセッタ加工） / 「JIS B 0417」ガス切断加工鋼板普通許容差 / 「JIS B 0419」普通公差－第 2 部：個々に公差の指示がない形体に対する幾何公差

表8.5 長期間製造する鋳放し鋳造品に対する公差等級
（JIS B 0403，表 A.1 および参考表 1 の抜粋）

鋳造方法	公差等級 CT					
	鋳鋼	ねずみ鋳鉄	可鍛鋳鉄	球状黒鉛鋳鉄	亜鉛合金	軽金属
砂型鋳造手込め	11～14	11～14	11～14	11～14	10～13	9～12
砂型鋳造機械込めおよびシェルモールド	8～12	8～12	8～12	8～12	8～10	7～9
金型鋳造（低圧鋳造を含む）		7～9	7～9	7～9	7～9	6～8
ダイカスト					4～6	5～7

注1）この表に示す公差は，長期に製造する鋳造品で，鋳造品の寸法精度に影響を与える生産要因が十分に解明されている場合に，一般に適用されている.

表8.6 鋳鉄品および鋳鋼品の抜けこう配の普通許容値
（JIS B 0403 より）

単位 mm

寸法区分 l		寸法 A（最大）
を超え	以下	
	16	1
16	40	1.5
40	100	2
100	160	2.5
160	250	3.5
250	400	4.5
400	630	6
630	1000	9

注1）l は右図の l_1, l_2 を意味する.
2）A は，右図の A_1, A_2 を意味する.

表8.7 アルミニウム合金鋳物の抜けこう配の普通許容値
（JIS B 0403 より）

単位 度

抜けこう配の区分	外	内
砂型・金型鋳物	2	3

注1）この表の数値は，こう配部の長さが 400 mm 以下の場合に適用する.

●8.3 金属プレス加工品の普通寸法公差（JIS B 0408）

　この規格はプレス機械を用いた，打ち抜き加工（**表8.8**），曲げ加工と絞り加工（**表8.9**）を対象とした普通公差である．この規格は適用するときは，たとえば，打ち抜き加工の場合は，JIS B 0408-B のように表示する．なお，普通公差については，以上の規格の他に，JIS B 0410，JIS B 0416，JIS B 0417 などがある．

表8.8 打抜き加工品の長さ寸法に対する許容差
（JIS B 0408 より）

単位 mm

基準寸法の区分		等 級		
		A 級	B 級	C 級
	6 以下	±0.05	±0.1	±0.3
6 を超え	30 以下	±0.1	±0.2	±0.5
30 を超え	120 以下	±0.15	±0.3	±0.8
120 を超え	400 以下	±0.2	±0.5	±1.2
400 を超え	1000 以下	±0.3	±0.8	±2
1000 を超え	2000 以下	±0.5	±1.2	±3

注1）A 級，B 級および C 級は，それぞれ JIS B 0405 の公差等級 f，m および c に相当する.

表8.9 曲げおよび絞り加工品の長さ寸法に対する許容差（JIS B 0408 より）

単位 mm

基準寸法の区分		等 級		
		A 級	B 級	C 級
	6 以下	±0.1	±0.3	±0.5
6 を超え	30 以下	±0.2	±0.5	±1
30 を超え	120 以下	±0.3	±0.8	±1.5
120 を超え	400 以下	±0.5	±1.2	±2.5
400 を超え	1000 以下	±0.8	±2	±4
1000 を超え	2000 以下	±1.2	±3	±6

注1）A 級，B 級および C 級は，それぞれ JIS B 0405 の公差等級 m，c および v に相当する.

9. 表面性状とその図示方法（JIS B 0601：2013（2022 確認），0031：2022）

　機械部品，構造部材などの表面における凹凸，筋目などの幾何学的特性を総称して，表面性状という．

●9.1 用語の定義

　輪郭曲線：粗さ曲線，うねり曲線，断面曲線の総称.

　実表面（real surface）：周囲の空間から分離する物体の境界表面.

　実表面の断面曲線（surface profile）：実表面を指定された平面によって切断したとき，その切り口に現れる曲線.

　断面曲線（primary profile）：測定断面曲線に，粗さ成分より短い波長成分を遮断するためのカットオフ値 λs の低域フィルタを適用して得た曲線.

　粗さ曲線（roughness profile）：カットオフ値 λc の高域フィルタによって，断面曲線から長波長成分を遮断して得た曲線.

　うねり曲線（waviness profile）：断面曲線に，うねり成分より長い波長成分を遮断するためのカットオフ値 λf の高域フィルタおよび，カットオフ値 λc の低域フィルタを順次適用して得た曲線.

　平均線：粗さ曲線の場合は，高域（ハイパス）用 λc 輪郭曲線フィルタによって遮断される長波長成分を表す曲線．うねり曲線の場合は，低域（ローパス）用 λf 輪郭曲線フィルタによって遮断される長波長成分を表す曲線．断面曲線の場合は，最小二乗法によって断面曲線にあてはめた呼び形状を表す曲線.

　評価長さ（ln）：輪郭曲線の X 軸方向長さ.

　基準長さ（lp, lr, lw）：輪郭曲線の特性を求めるために用いる輪郭曲線の X 軸方向長さ．lr（粗さ曲線用），lw（うねり曲線用），lp（断面曲線用）はそれぞれ λc，λf，ln に等しい.

　縦座標値 Z（x）：任意の位置 x における輪郭曲線の高さ．X 軸（平均線）の下側を負，上側を正とする.

　輪郭曲線の山高さ（Zp），**谷深さ**（Zv）：X 軸（平均線）から山頂までの高さ，谷底までの深さ.

●9.2 表面性状パラメータの定義

　パラメータ記号の最初の大文字は輪郭曲線の種類を表す（断面曲線（P），粗さ曲線（R），うねり曲線（W））.

　断面曲線，粗さ曲線，うねり曲線の最大山高さ（Pp, Rp, Wp）：基準長さにおける輪

「**JIS B 0031**」製品の幾何特性仕様（GPS）－表面性状の図示方法 / 「**JIS B 0403**」鋳造品－寸法公差方式及び削り代方式 / 「**JIS B 0405**」普通公差－第 1 部：個々に公差の指示がない長さ寸法及び角度寸法に対する公差 / 「**JIS B 0408**」金属プレス加工品の普通寸法公差 / 「**JIS B 0410**」金属板せん断加工品の普通公差 / 「**JIS B 0416**」鋼の熱間型鍛造品公差（アプセッタ加工）/ 「**JIS B 0417**」ガス切断加工鋼板普通許容差 / 「**JIS B 0601**」製品の幾何特性仕様（GPS）－表面性状：輪郭曲線方式－用語，定義及び表面性状パラメータ

郭曲線の山高さ Zp の最大値.

断面曲線，粗さ曲線，うねり曲線の最大谷深さ （Pv，Rv，Wv）：基準長さにおける輪郭曲線の谷深さ Zv の最大値.

最大高さ （Pz，Rz，Wz）：基準長さにおける輪郭曲線の山高さ Zp の最大値と谷深さ Zv の最大値との和.（参考：Rz は最大高さ粗さ，Wz は最大高さうねりとよぶ）

算術平均高さ （Pa，Ra，Wa）：基準長さにおける $Z(x)$ の絶対値の平均.（参考：Ra は算術平均粗さ，Wa は算術平均うねりとよぶ）

$$Pa, Ra, Wa = \frac{1}{l}\int_0^l |Z(x)|\,\mathrm{d}x \qquad l = lp, lr, lw$$

十点平均粗さ （Rz_{JIS}）：基準長さの粗さ曲線において，最高の山頂から高い順に 5 番目までの山高さの平均と最深の谷底から深い順に 5 番目までの谷深さの平均との和.（参考：JIS B 0601 では上記の他，**平均高さ** （Pc，Rc，Wc），**最大断面高さ** （Pt，Rt，Wt），**二乗平均平方根高さ** （Pq，Rq，Wq），**スキューネス** （skewness） （Psk，Rsk，Wsk），**クルトシス** （kurtosis） （Pku，Rku，Wku），**平均長さ** （PSm，RSm，WSm），**ピークカウント数** （PPc，RPc，WPc），**二乗平均平方根傾斜** （$P\Delta q$，$R\Delta q$，$W\Delta q$） などが定義されている）

●9.3　表面性状の図示方法

9.3.1　表面性状の図示記号

基本図示記号は**図9.1** (a) とし，要求事項を指示する場合は長いほうの斜線に直線を付ける（**図9.1** (b)，(c)，(d) など）.一周の全周面に同じ表面性状が要求される場合は，図示記号に丸記号を付ける（**図9.2**）.

表面性状の図示記号における要求事項の指示位置は，**図9.3** による.位置 a には通過帯域または基準長さ，斜線 /，パラメータ記号，ダブルスペース（二つの半角ブランク），

(a) 基本図示記号　(b) 除去加工の有無を　(c) 除去加工をする場合　(d) 除去加工をしない場合
　　　　　　　　　　　　問わない場合

図9.1　表面性状の図示記号

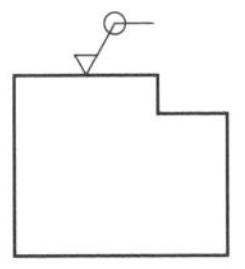

図9.2　外形線によって表された
全周面に対する指示の例

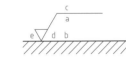

a：通過帯域または基準長さ，表面性状パラメータ
b：複数パラメータが要求されたときの二番目以降のパラメータ指示
c：加工方法
d：筋目とその方向
e：削りしろ（ミリメートル単位で指示）

図9.3　表面性状の図示記号における要求事項の指示位置

(a) 標準通過帯域（16%ルール）

(b) 標準通過帯域（最大値ルール）　(c) 通過帯域を指示する場合

図9.4　パラメータ記号

パラメータの値（単位：μm）を指示する（**図9.4** (c) など）.位置 b で 3 番目以上の要求事項を指示する場合は，図示記号の長いほうの斜線を縦方向に延ばして位置 a および b を上のほうに移動する.

9.3.2　表面性状パラメータの指示

(1) 輪郭曲線の区別 （R，W，P）とパラメータの種類（p，z，a など）

(2) 評価長さ ln の指示　　粗さパラメータの場合は，$ln = 5 \times lr$ を標準とし，標準値の 5 でない場合はその数を指示する（例：$Rz3$，$Ra3$ など）.うねりパラメータの場合は，基準長さの数をつねに指示する（例：$Wz5$，$Wa3$）.断面曲線パラメータの場合は，基準長さは評価長さ（測定される形体の長さ）に等しく，基準長さの数を付けない.

(3) 許容限界値の指示　　表面性状の要求事項の標準ルールは 16%ルールとし（**図9.4** (a)），最大値ルールを適用する場合はパラメータ記号の後に max を付ける（**図9.4** (b)）.

✚ 16%ルール：パラメータ測定値のうち，要求値（パラメータの上限値）を超える数が 16% 以下であれば，その表面は要求値を満たすものとする.

✚ 最大値ルール：パラメータ測定値のうち，一つでも要求値（パラメータの最大値）を超えてはならない.

(4) 通過帯域および基準長さの指示　　一般に，通過帯域は二つのフィルタのカットオフ値間の波長範囲である.通過帯域の指示がない場合（**図9.4** (a)，(b)）には，標準通過帯域を適用する.通過帯域を指示する場合は，低域フィルタと高域フィルタのカットオフ値（単位：mm）をハイフン - で仕切り指示する（**図9.4** (c)）.

うねりパラメータの場合は，通過帯域は λc（低域フィルタ）および λf（高域フィルタ，設計者が決める数 n によるカットオフ値 $n \times \lambda c$）であり，つねに指示する（**図9.5**）.

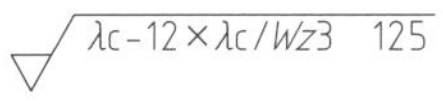

$$\sqrt{} \quad \lambda c\text{-}12 \times \lambda c/Wz3 \quad 125$$

図9.5　うねり曲線用
通過帯域

(5) 許容限界値の指示　　パラメータ記号とその値および通過帯域が指示されている場合は，片側許容限界の上限値を表し，下限値を表す場合はパラメータ記号の前に文字 L を付ける（例：$LRa\,0.32$）.両側許容限界値は，パラメータ記号の上限値に文字 U を付けて上の行に，下限値に文字 L を付けて下の行に記入する（**図9.6**）.

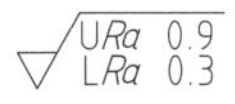

$$\sqrt{} \quad \begin{matrix} URa & 0.9 \\ LRa & 0.3 \end{matrix}$$

図9.6　両側許容限界値の指示

9.3.3 加工方法または加工関連事項の指示

対象面の加工方法または加工関連事項を指示する例を**図9.7**, **表9.1**に示す.

（a）加工方法および加工後
の表面性状

（b）投影面に直角な
筋目の方向

図9.7 加工方法および加工関連事項の指示

表9.1 筋目方向の記号

記号	説明図および解釈	記号	説明図および解釈
=	筋目の方向が，記号を指示した図の投影面に平行. 例：形削り面，旋削面，研削面.	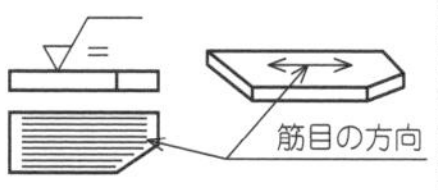 C	筋目の方向が，記号を指示した図の中心に対してほぼ同心円状. 例：正面旋削面 
⊥	筋目の方向が，記号を指示した図の投影面に直角. 例：形削り面，旋削面，研削面.	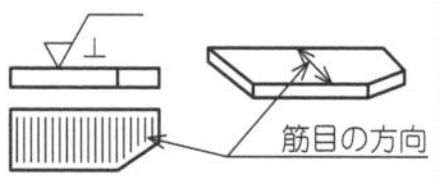 R	筋目の方向が，記号を指示した面の中心に対してほぼ放射状. 例：端面研削面 
X	筋目の方向が，記号を指示した図の投影面に斜めで2方向に交差. 例：ホーニング面	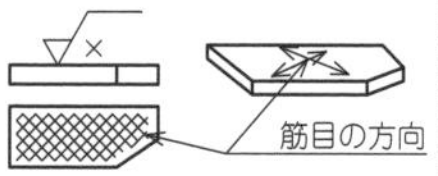 P	筋目が，粒子状のくぼみ，無方向または粒子状の突起. 例：放電加工面，超仕上げ面，ブラスチング面 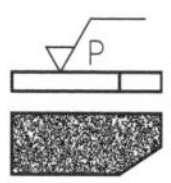
M	筋目の方向が，多方向に交差. 例：正面フライス削り面，エンドミル削り面 		

注1) これらの記号によって明確に表すことのできない筋目模様が必要な場合には，図面に注記としてそれを指示する.

注2) 筋目の方向：加工によって生じる主要な（際立った）筋目模様の方向.

9.3.4 図面における指示

図面の下辺または右辺から読めるように，対象面，寸法補助線，引出補助線，引出線に接するように指示する（**図9.8**, **9.11**）. 寸法に並べて指示しても（**図9.9**），幾何公差の公差記入枠の上側に付けて指示してもよい（**図9.10**）. 中心線により表された円筒表面および各表面が同じ表面性状である角柱表面では，要求事項を1回だけ指示する（**図9.11**）.

部品の大部分に同じ表面性状が要求される場合は，図示を簡略にするため，その要求事項を図面の表題欄の傍ら，主投影図の傍らまたは参照番号の傍らに置き，部分的に異なる要求事項を括弧（ ）で囲んで付ける（**図9.12**）. 要求事項を繰返し指示する場合や指示スペースが限られる場合は，参照指示（**図9.13**）や，簡略図示（**図9.14**）してもよい. 表面処理前後の表面性状を指示する場合は，注記または**図9.15**による.

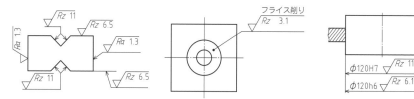

図9.8 表面性状の要求事項 **図9.9** 寸法との併記

 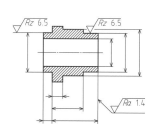 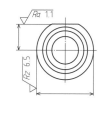

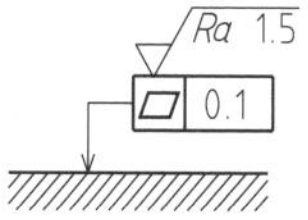

図9.10 公差記入枠に付けた
表面性状の要求事項

図9.11 円筒形体の寸法補助線に指示した表面性状の要求事項

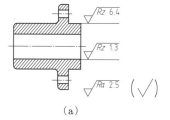 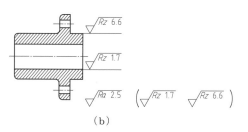

（a） （b）

図9.12 大部分が同じ表面性状である場合の簡略図示（何も付けない（a），一部異なった表面性状を付ける（b））

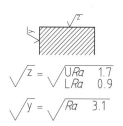 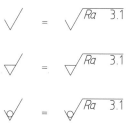 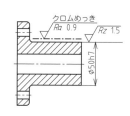

図9.13 文字付き図示記号による
参照指示

図9.14 図示記号だけ
による簡略図示

図9.15 表面処理前後の指示

粗さパラメータを指示する際の標準数列を**表9.2**（優先的に用いる数値を太字）に示す．Ra は 0.008～400 の範囲（ただし，0.0125 を 0.012，0.0160 を 0.016 と読みかえる），Rz および Rz_{JIS} は 0.025～1600 の範囲，RSm は 0.002～12.5 の範囲を用いる．加工方法記号（JIS B 0122：1978）と各種加工法による粗さを**表9.3**に示す．なお，粗さパラメータの主なものの名称，記号の新・旧を**表9.4**に示す．

表9.2 粗さパラメータを指示する際の標準数列 単位 µm

	0.0125	0.125	1.25	**12.5**	125	1250
	0.0160	0.160	**1.60**	16.0	160	**1600**
	0.020	**0.20**	2.0	20	**200**	
0.002	**0.025**	0.25	2.5	**25**	250	
0.003	0.032	0.32	**3.2**	32	320	
0.004	0.040	**0.40**	4.0	40	**400**	
0.005	**0.050**	0.50	5.0	**50**	500	
0.006	0.063	0.63	**6.3**	63	630	
0.008	0.080	**0.80**	8.0	80	**800**	
0.010	**0.100**	1.00	10.0	**100**	1000	

表9.3 加工方法記号および各種加工法による粗さの範囲

表面粗さの指示値		Ra 0.025 / Rz,Rz_{JIS} 0.1	0.05 / 0.2	0.1 / 0.4	0.2 / 0.8	0.4 / 1.6	0.8 / 3.2	1.6 / 6.3	3.2 / 12.5	6.3 / 25	12.5 / 50	25 / 100	50 / 200	100 / 400
加工法														
鍛造	F									精密				
鋳造	C									精密				
ダイカスト	CD								←			→		
熱間圧延								←				→		
冷間圧延					←					→				
引抜き	D				←				→					
押出し	E			←					→					
タンブリング	SPT	←								→				
ブラスチング	SB					←				→				
転造	RL					←		精密		→				
正面フライス削り	MFC					←				→				
平削り	P						←			→				
形削り（立削りを含む）	SH						←			→				
フライス削り	M						←			→				
精密中ぐり						←		精密		→				
やすり仕上げ	FF					←	精密			→				
丸削り	L			←	精密			上		中		粗	→	
中ぐり	B					←		精密		→				
穴あけ	D						←			→				
リーマ通し	DR				←		精密		→					
ブローチ削り	BR				←		精密		→					
シェービング	PPSH			←	精密	上		中		粗	→			
研削	G			←	精密					→				
ホーニング仕上げ	GH	←	精密					→						
超仕上げ	GSP	←		精密			→							
バフ仕上げ	SPBF				精密		→							
ペーパ仕上げ	FCA	←	精密			→								
ラップ仕上げ	FL	←		精密		→								
液体ホーニング	SPLH				精密		→							
バニシ仕上げ	RLB				←				→					
ローラ仕上げ						←		精密		→				
化学研磨	SPC			精密				→						
電解研磨	SPE		←	精密				→						

表9.4 表面性状パラメータの新・旧比較（粗さパラメータの例）

JIS B 0601：2013 のパラメータ	JIS B 0601：2013 の記号	JIS B 0601：1994 の記号
粗さ曲線の最大山高さ	Rp [a]	R_p
粗さ曲線の最大谷深さ	Rv [a]	R_m
最大高さ粗さ	Rz [a]	R_y
算術平均粗さ	Ra [a]	R_a
十点平均粗さ	Rz_{JIS} [b]	R_z

注 a) パラメータは，断面曲線，うねり曲線および粗さ曲線に対して定義される．この表には粗さパラメータだけ示してある．一例として3種類のパラメータは，Pa（断面曲線パラメータ），Wa（うねりパラメータ）および Ra（粗さパラメータ）のように表示する．
　 b) 対応国際規格（ISO 4287：1997）にはない JIS だけの粗さパラメータであり，断面曲線およびうねり曲線には適用しない．

[1] 機械製図法　[2] 図面　[3] 部品・材料資料　9 表面性状とその図示方法

10. 製品の幾何特性仕様（GPS）－幾何公差表示方式－形状，姿勢，位置及び振れの公差表示方式（JIS B 0021：1998（2018 確認））

幾何公差とは，形体の形状，姿勢，位置，振れの公差をいう．ここで形体とは，表面，穴，溝，ねじ山，面取り部分，輪郭のような加工物の特定の特性の部分であり，現実に存在しているもの（例：円筒の外側表面）または派生したもの（例：軸線または中心平面）である．幾何公差は，機能的要求がある場合にだけ指示する．図面に指示する幾何公差は，特定の製造・測定方法やゲージ手法の使用を必ずしも暗示するものではない．

●10.1 幾何公差の種類とその記号

幾何特性に用いる記号を表 10.1, 10.2 に示す．

表 10.1 幾何特性に用いる記号

公差の種類	特性	記号	データム指示
形状公差	真直度	—	否
	平面度	▱	否
	真円度	○	否
	円筒度	⌭	否
	線の輪郭度	⌒	否
	面の輪郭度	⌓	否
姿勢公差	平行度	//	要
	直角度	⊥	要
	傾斜度	∠	要
	線の輪郭度	⌒	要
	面の輪郭度	⌓	要
位置公差	位置度	⊕	要・否
	同心度（中心点に対して）	◎	要
	同軸度（軸線に対して）	◎	要
	対称度	⩵	要
	線の輪郭度	⌒	要
	面の輪郭度	⌓	要
振れ公差	円周振れ	↗	要
	全振れ	↗↗	要

表 10.2 付加記号

説明	記号
公差付き形体指示	
データム指示	Ⓐ Ⓐ
データムターゲット	Ⓐ1 φ2
理論的に正確な寸法	50
突出公差域	Ⓟ
最大実体公差方式	Ⓜ
最小実体公差方式	Ⓛ
自由状態（非剛性部品）	Ⓕ
全周（輪郭度）	
包絡の条件	Ⓔ
共通公差域	CZ

注1）P，M，L，F，E および CZ 以外の文字記号は，一例を示す．

●10.2 幾何公差（以下単に"公差"という）の図示方式

① 公差記入は，二つまたはそれ以上に分割した長方形の枠内の区画に左から右へ次の順序で記入する．幾何特性の記号，寸法に使用した単位での公差値（公差域が円筒形や円では記号 φ，球では記号 Sφ を公差値の前に付す）．必要ならば，データムまたはデータム系を示す文字記号（図 10.1, 10.2）．

② 公差を二つ以上の形体に適用する場合には，記号 × を用い，形体の数を公差記入枠

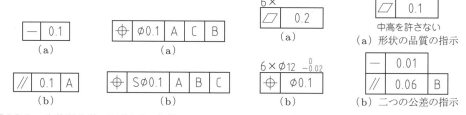

図 10.1 公差記入枠　図 10.2 複数のデータム　図 10.3 複数の同形
と記入順序　　　　を指示する文字記号の例　　体に適用する例

図 10.4 その他の公差指示の例

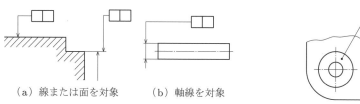

図 10.5 公差付き形体の指示

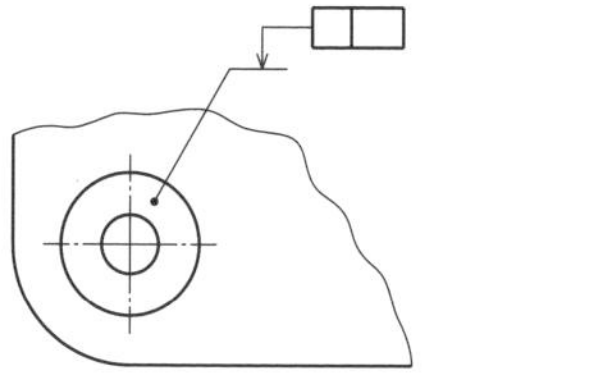

（a）線または面を対象　（b）軸線を対象

図 10.6 実際の表面に引出線をあてて示す例

の上側に指示する（図 10.3）．

③ 公差域内にある形体の形状の品質指示をする場合，公差記入枠付近に書く（図 10.4 (a)）．

④ 一つの形体に対し二つ以上の公差を指定する場合には，公差指示は一つの公差記入枠の下側に公差記入枠を付けて示してもよい（図 10.4 (b)）．

⑤ 公差付き形体は，公差記入枠の右側または左側から引き出した指示線により，次の方法で公差付き形体に結び付けて示す．すなわち，線または表面自身に公差を指示する場合には，形体の外形線上または外形線の延長線上（寸法線の位置と明確に離す）に示す（図 10.5 (a)）．指示線の矢は，実際の表面に点を付けて引き出した引出線上にあててもよい（図 10.6）．寸法を指示した形体の軸線または中心平面あるいは一点に公差を指示する場合には，寸法線の延長線上が指示線になるように指示する（図 10.5 (b)）．

⑥ 公差域の幅は，指定した幾何形状に垂直に適用する（図 10.7, 10.9）が，特に指定した場合を除く（図 10.8）．

⑦ 一方向に公差を指示した軸線または点の場合には，位置を決める

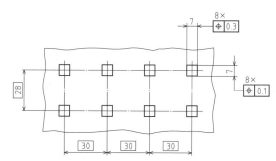

図 10.7 公差域の幅の姿勢1（指示線の矢の方向）

公差域の幅の姿勢は，特に指示した場合を除き，理論的に正確な寸法で決められた位置にあり，指示線の矢の方向で指示されたように0°または90°である（**図10.7**）．公差域の幅の姿勢は，特に指示した場合（**図10.8(b)**）を除き，指示線の矢の方向で指示されたように，データムに関して0°または90°である（**図10.8(a)**）．二つの公差を指示した場合には，特に指示した場合を除き，それらは公差域が互いに直角になるように適用する（**図10.9**）．

⑧ 記号φが公差域の前に付記してある場合には，公差域は円筒で，記号Sφの場合には

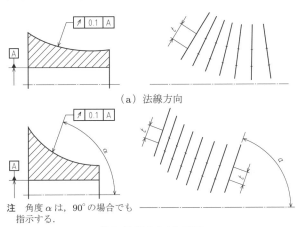

注 角度αは，90°の場合でも指示する．

（b）特定の方向に指定

図10.8 公差域の幅の姿勢2

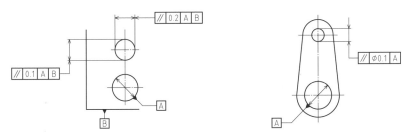

図10.9 公差域が互いに直角に適用される事例 　**図10.10** 公差域が円筒内部の領域である事例

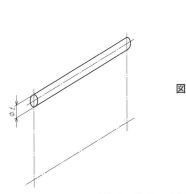

図10.11 図10.10の公差域の説明

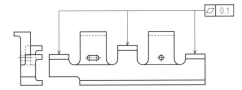

図10.12 離れた形体に同じ公差値を適用する場合の指示

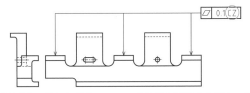

図10.13 離れた形体に一つの公差域を適用する場合の指示

公差域は球である（**図10.10, 10.11**）．

⑨ いくつかの離れた形体に同じ公差値を適用する場合には，個々の公差域は**図10.12**のように指示し，一つの公差域を適用する公差記入枠内に文字記号CZ（共通公差域）を記入する（**図10.13**）．

⑩ 公差付き形体に関連付けられるデータムは，データム文字記号を用いて示す．正方形の枠で囲んだ大文字を，データム三角記号▲と結んで示す．データム三角記号は塗りつぶさなくてもよい（**図10.14**）．

⑪ データム文字記号をもつデータム三角記号は，データムが線または表面である場合には，形体の外形線上または外形線の延長線上（寸法線の位置と明確に離す）（**図10.15**）に，表面を示した引出線上に指示してもよい（**図10.16**）．

⑫ 寸法指示された形体で，定義されたデータムが軸線，中心平面，点である場合は，寸法線の延長線上にデータム三角記号を指示する（**図10.17**）．また，二つの端末記号を記入できない場合には，それらの一方はデータム三角記号に置き換えてもよい（**図10.17(b), (c)**）．

⑬ データムをある限定した部分だけに適用する場合には，太い一点鎖線と寸法指示によって示す（**図10.18**）．

⑭ 単独形体によって設定されるデータムは，一つの大文字を用いる（**図10.19(a)**）．二つの形体によって設定されるデータムは，ハイフンで結んだ二つの大文字を用いる

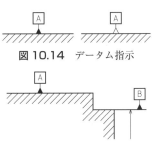

図10.14 データム指示

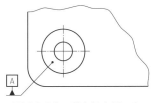

図10.15 面または線にデータムを指定

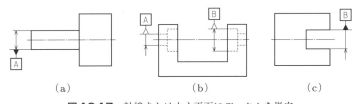

（a）　　　　（b）　　　　（c）

図10.17 軸線または中心平面にデータムを指定

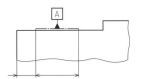

図10.16 引出線を用いたデータム指示例

（a）　　（b）　　（c）

図10.18 データムをデータム形体の限定した 　**図10.19** データム文字記号の記入例
部分だけに適用する場合の指示

（図10.19 (b)）．複数のデータムによって設定される場合には，データムに用いる大文字は，形体の優先順位に左から右へ，別々の区画に指示する（図10.19 (c)）．

⑮ 補足事項の指示方法として，輪郭度特性を断面外形のすべてに適用する場合，または境界の表面すべてに適用する場合には，記号"全周"を用いて表す（図10.20）．なお，全周記号は，加工物のすべての表面に適用せず，輪郭度公差を指示した表面にだけ適用する．

⑯ ねじ山に対して指示する公差およびデータム参照（datum references）は，たとえば，ねじの外径を表すMD（図10.21）のような特別な指示がない限り，ピッチ円筒から導き出される軸線に適用する．歯車およびスプラインに対して指示する公差およびデータム参照は，たとえば，ピッチ円直径を表すPD，外径を表すMD，または谷底径を表すLDのような特別な指示がなされた，特定の形体に適用する．

⑰ 位置度，輪郭度，傾斜度の公差を形体に指示するには，理論的に正確な寸法は公差を付けず，長方形の枠で囲んで示す（図10.22）．

⑱ 形体の全長さのどこにも存在するような限定した長さに同じ特性の公差を適用する

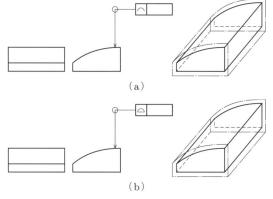

図10.20 輪郭度特性（全周）の適用指示

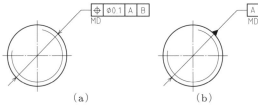

図10.21 特定形体（この場合ねじの外径）に対して適用する指示

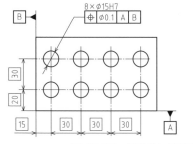

図10.22 理論的に正確な寸法の明示

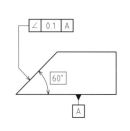

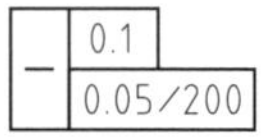

図10.23 限定した長さに同じ特性の公差を適用する場合の指示

場合には，この限定した長さの数値は，公差値の後に斜線を引いて記入する．この指示は，形体の全体に対する公差記入枠の下側の区画に直接記入する（図10.23）．

⑲ 公差を形体の限定した部分だけに適用する場合には，太い一点鎖線で示し，それに寸法を指示する（図10.24）．

⑳ 公差域をその形体の外部に指定する（突出公差域）ときは，その突出部を細い二点鎖線で表し，その寸法数字の前および公差値の後に℗を付ける（図10.25）．

㉑ 最大実体公差方式は，記号Ⓜで指示する．この記号は，公差値，データム文字記号またはその両方の後に置く（図10.26）．

㉒ 最小実体公差方式は，記号Ⓛで指示する（図10.27）．

㉓ 非剛性部品に対する自由状態は，指示した公差値の後に記号Ⓕで指示する（図10.28）．

㉔ 補足的な要求事項℗，Ⓜ，Ⓛ，Ⓕは，同じ公差記入枠内で同時に用いてよい（図10.29）．

㉕ 種々の幾何公差の指示方法の例を表10.3に示す．

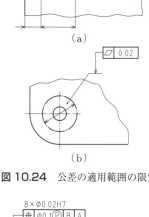

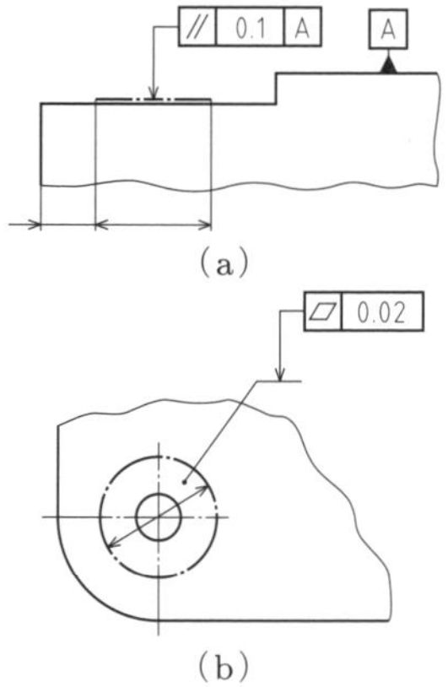

図10.24 公差の適用範囲の限定

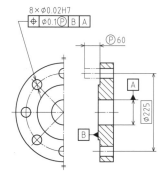

図10.25 突出公差域（記号℗）の指示

⊕ ⌀0.04 Ⓜ A	⊕ ⌀0.04 A Ⓜ	⊕ ⌀0.04 Ⓜ A Ⓜ
(a) 公差付き形体 に適用	(b) データム形体 に適用	(c) 両者に適用

図10.26 最大実体公差方式（記号Ⓜ）の記入

⊕ ⌀0.5 Ⓛ A B C	⊕ ⌀0.5 A Ⓛ	⊕ ⌀2.5 Ⓛ A Ⓛ
(a)	(b)	(c)

図10.27 最小実体公差方式（記号Ⓛ）の記入

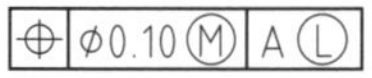

○ 2.8 Ⓕ	⟋ 0.025 0.3 Ⓕ
(a)	(b)

図10.28 非剛性部品に対する自由状態（記号Ⓕ）の記入

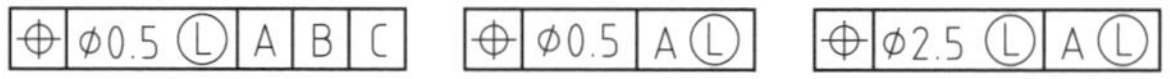

図10.29 補足的な要求事項（Ⓜ，Ⓛなど）の同時明示

表10.3 幾何公差の指示方法（抜粋）

1. 真直度公差

記号　—

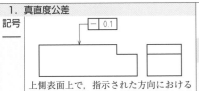

上側表面上で，指示された方向における投影面に平行な任意の実際の（再現した）線は，0.1だけ離れた平行二直線の間になければならない．

円筒表面上の任意の実際の（再現した）母線は，0.1だけ離れた平行二平面の間になければならない．

備考　母線についての定義は，標準化されていない．

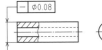

公差を適用する円筒の実際の（再現した）軸線は，直径0.08の円筒公差域の中になければならない．

2. 平面度公差

記号　▱

実際の（再現した）表面は，0.08だけ離れた平行二平面の間になければならない．

3. 真円度公差

記号　○

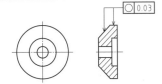

円筒および円すい表面の任意の横断面において，実際の（再現した）半径方向の線は半径距離で0.03だけ離れた共通平面上の同軸の二つ円の間になければならない．

4. 円筒度公差

記号　⌀

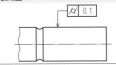

実際の（再現した）円筒表面は，半径距離で0.1だけ離れた同軸の二つの円筒の間になければならない．

5. データムに関連しない線の輪郭度公差（ISO1660）

記号　⌒

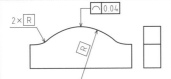

指示された方向における投影面に平行な各断面において，実際の（再現した）輪郭線は直径0.04の，そしてそれらの円の中心は理想的な幾何学形状をもつ線上に位置する円の二つの包絡線の間になければならない．

6. データムに関連しない面の輪郭度公差（ISO1660）

記号　⌓

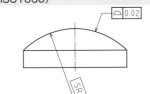

実際の（再現した）表面は，直径0.02の，それらの球の中心が理論的に正確な幾何学形状をもつ表面上に位置する各球の二つの包絡面の間になければならない．

7. データム直線に関連した線の平行度公差

記号　∥

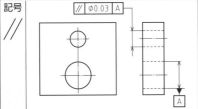

実際の（再現した）軸線は，データム軸直線Aに平行な直径0.03の円筒公差域の中になければならない．

8. データム平面に関連した線要素の平行度公差

記号　∥

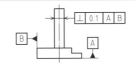

9. データム平面に関連した線の直角度公差

記号　⊥

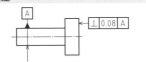

円筒の実際の（再現した）軸線は，0.1だけ離れ，データム平面Aに直角な平行二平面の間になければならない．

10. データム平面に関連した表面の直角度公差

記号　⊥

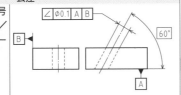

実際の（再現した）表面は，0.08だけ離れ，データム軸直線Aに直角な平行二平面の間になければならない．

11. データム平面に関連した直線の傾斜度公差

記号　∠

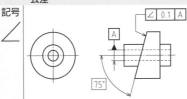

実際の（再現した）軸線は，データムBに対して平行で，データム平面Aに対して理論的に正確に60°傾いた直径0.1の円筒公差域の中になければならない．

12. データム直線に関連した平面の傾斜度公差

記号　∠

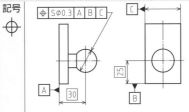

実際の（再現した）表面は，0.1だけ離れ，データム軸直線Aに対して理論的に正確に75°傾いた平行二平面の間になければならない．

13. 点の位置度公差

記号　⊕

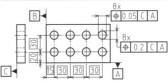

球の実際の（再現した）中心は，直径0.3の球形公差域の中になければならない．その球の中心は，データム平面A，BおよびCに関して球の理論的に正確な位置に一致しなければならない．

14. 線の位置度公差

記号　⊕

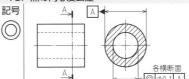

個々の穴の実際の（再現した）軸線は，水平方向に0.05，垂直方向に0.2だけ離れ，すなわち，指示した方向で，それぞれ直角な個々の2対の平行二平面の間になければならない．平行二平面の各対は，データム系に関して正しい位置に置かれ，データム平面C，AおよびBに関して対象とする穴の理論的に正確な位置に対して対称に置かれる．

15. 点の同心度公差

記号　◎

外側の円の実際の（再現した）中心は，データム円Aに同心の直径0.1の円の中になければならない．

16. 軸線の同軸度公差

記号　◎

内側の円筒の実際の（再現した）軸線は，共通データム軸直線A-Bに同軸の直径0.08の円筒公差域の中になければならない．

17. 中心平面の対称度公差

記号　⹀

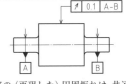

実際の（再現した）中心平面は，共通データム中心平面A-Bに対称で，0.08だけ離れた平行二平面の間になければならない．

18. 円周振れ公差−半径方向

記号　↗

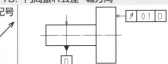

実際の（再現した）円周振れは，共通データム軸直線A-Bのまわりに1回転させる間に，任意の横断面において0.1以下でなければならない．

19. 円周振れ公差−軸方向

記号　↗

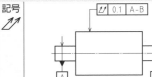

データム軸直線Dに一致する円筒軸において，軸方向の実際の（再現した）線は0.1離れた，二つの円の間になければならない．

20. 円周方向の全振れ公差

記号　⫯⫯

実際の（再現した）表面は，0.1の半径の差で，その軸線が共通データム軸直線A-Bに一致する同軸の二つの円筒の間になければならない．

11. 標準数 （JIS Z 8601：1954 （2019 確認））

　機械設計において設計者が好き勝手に装置各部の寸法を決めてしまうと，必要な部品や材料の種類はいたずらに増大してしまう．種類を必要以上に増やさないためには選び得る数値を等比級数的に増加する有限個に限定し規格化しておくのがよい．このような目的でつくられたのが，JIS Z 8601 に定める標準数である．

　この標準数は，公比を $\sqrt[5]{10}$，$\sqrt[10]{10}$，$\sqrt[20]{10}$，$\sqrt[40]{10}$，$\sqrt[80]{10}$ のいずれかとした 1 を含む等比数列の各項を適当に丸めた数である．たとえば，公比 $r = \sqrt[10]{10}$ とおくと，等比数列 1, r, r^2, r^3, ..., r^9 は，値を適当に丸めると 1.00, 1.25, 1.60, 2.00, 2.50, 3.15, 4.00, 5.00, 6.30, 8.00 となる．

　べき数を増やして，r^{10}, r^{11}, r^{12}, ...をつくると 10.0, 12.5, 16.0, ...を得るが，はじめの数値が 10 倍されるだけである．公比を，$\sqrt[5]{10}$，$\sqrt[10]{10}$，$\sqrt[20]{10}$，$\sqrt[40]{10}$，$\sqrt[80]{10}$ と変えると 5 種類の違った数列が得られるが，それぞれを，R5, R10, R20, R40, R80 という記号で表す（**表 11.1**）．

　標準数には次のような利点がある．

① 増加率が一定であるから，細かい数値のところはきめ細かく，大きい数値ではきめは荒くなるから数値が選びやすい．

② 標準数どうしの積や商が標準数に含まれる．

③ 1 から 10 の手前までの数を覚えておけばよい．

　標準数は JIS 規格における寸法，数値の系列を決定するときにもしばしば利用されている．たとえば，フランジ形軸継手のフランジ外径寸法，回転軸の高さ，キーの長さ，はめあいにおける寸法区分などがこれである．

表 11.1　標準数

基本数列の標準数				配列番号			計算値	特別数列の標準数		計算値
R5	R10	R20	R40	0.1 以上 1 未満	1 以上 10 未満	10 以上 100 未満		R80		
1.00	1.00	1.00	1.00	−40	0	40	1.0000	1.00	1.03	1.0292
			1.06	−39	1	41	1.0593	1.06	1.09	1.0902
		1.12	1.12	−38	2	42	1.1220	1.12	1.15	1.1548
			1.18	−37	3	43	1.1885	1.18	1.22	1.2232
	1.25	1.25	1.25	−36	4	44	1.2589	1.25	1.28	1.2957
			1.32	−35	5	45	1.3335	1.32	1.36	1.3725
		1.40	1.40	−34	6	46	1.4125	1.40	1.45	1.4538
			1.50	−33	7	47	1.4962	1.50	1.55	1.5399
1.60	1.60	1.60	1.60	−32	8	48	1.5849	1.60	1.65	1.6312
			1.70	−31	9	49	1.6788	1.70	1.75	1.7278
		1.80	1.80	−30	10	50	1.7783	1.80	1.85	1.8302
			1.90	−29	11	51	1.8836	1.90	1.95	1.9387
	2.00	2.00	2.00	−28	12	52	1.9953	2.00	2.06	2.0535
			2.12	−27	13	53	2.1135	2.12	2.18	2.1752
		2.24	2.24	−26	14	54	2.2387	2.24	2.30	2.3041
			2.36	−25	15	55	2.3714	2.36	2.43	2.4406
2.50	2.50	2.50	2.50	−24	16	56	2.5119	2.50	2.58	2.5852
			2.65	−23	17	57	2.6607	2.65	2.72	2.7384
		2.80	2.80	−22	18	58	2.8184	2.80	2.90	2.9007
			3.00	−21	19	59	2.9854	3.00	3.07	3.0726
	3.15	3.15	3.15	−20	20	60	3.1623	3.15	3.25	3.2546
			3.35	−19	21	61	3.3497	3.35	3.45	3.4475
		3.55	3.55	−18	22	62	3.5481	3.55	3.65	3.6517
			3.75	−17	23	63	3.7584	3.75	3.87	3.8681
4.00	4.00	4.00	4.00	−16	24	64	3.9811	4.00	4.12	4.0973
			4.25	−15	25	65	4.2170	4.25	4.37	4.3401
		4.50	4.50	−14	26	66	4.4668	4.50	4.62	4.5973
			4.75	−13	27	67	4.7315	4.75	4.87	4.8697
	5.00	5.00	5.00	−12	28	68	5.0119	5.00	5.15	5.1582
			5.30	−11	29	69	5.3088	5.30	5.45	5.4639
		5.60	5.60	−10	30	70	5.6234	5.60	5.80	5.7876
			6.00	−9	31	71	5.9566	6.00	6.15	6.1306
6.30	6.30	6.30	6.30	−8	32	72	6.3096	6.30	6.50	6.4938
			6.70	−7	33	73	6.6834	6.70	6.90	6.8786
		7.10	7.10	−6	34	74	7.0795	7.10	7.30	7.2862
			7.50	−5	35	75	7.4989	7.50	7.75	7.7179
	8.00	8.00	8.00	−4	36	76	7.9433	8.00	8.25	8.1752
			8.50	−3	37	77	8.4140	8.50	8.75	8.6596
		9.00	9.00	−2	38	78	8.9125	9.00	9.25	9.1728
			9.50	−1	39	79	9.4406	9.50	9.75	9.7163

12. 溶接記号（JIS Z 3021：2016（2021 確認））

●12.1 用語

溶接記号：矢，基線，基本記号，補助記号，寸法，尾で構成され，製図上で溶接継手の種類，位置，開先を表す記号（12.2 節）．

矢：溶接される継手を示す引出線（12.2.4 項）．

基 線：基本記号が配置される線で，通常，製図の図枠の底辺に平行に描かれる線（12.2.5 項）．

尾：基線の矢と反対側の端部に付けられる＜形の要素（12.2.6 項）．

矢の側：継手の矢が指している側（12.2.5 項（2）①）．

反対側：継手の矢の側の反対側（12.2.5 項（2）①）．

基本記号：溶接記号の一部となる記号で，基線に配置され，継手の形状および開先を示す記号（12.2.2 項）．

補助記号：基本記号に添える記号で，継手に関する付加情報を示す記号（12.2.3 項）．

補足的指示：尾に示す施工される継手に関する記号以外の情報（12.2.6 項）．

断続溶接：継手に沿って間隔をあけて連続的に施工される溶接（12.3.2 項（1））．

裏溶接：溶融溶接のルート側に置かれる最終層（**表 12.5** No.5）．

裏当て溶接：溶接によって形成された裏当て（**表 12.5** No.5）．

公称溶接長：溶接部の設計長さ．

**　溶接要素の公称長さ（L）**：断続溶接における溶接要素の設計長さ（**表 12.10** No.1.3 〜 1.5，2.4 〜 2.6）．

公称のど厚（a）：設計上用いる，すみ肉溶接に内包される最大の二等辺三角形の高さ（**表 12.10** No.2.1, 2.2）．

　【注記】JIS Z 3001-1（溶接用語-第 1 部：一般）に番号 14368 で規定する"理論のど厚"と同義．

溶接深さ（s）：（突合せ溶接の）余盛を除く溶接金属の厚さ（12.3.3 項（1），**表 12.10** No.1.1, 1.2, 1.6, 1.7, 3.2, 4.2）．

　【注記】継手強度に寄与する溶接の深さ（s）で，開先溶接における溶接表面から溶接底面までの距離．完全溶込み溶接では板厚に等しい．ビーム溶接などでは溶込み深さ（p）と溶接の深さ（s）とが一致しないことがある（**図 12.1**）．

深溶込みのど厚（ds）：（すみ肉溶接の）溶接深さを考慮したのど厚（**表 12.10** No.2.2）．

レ形フレア溶接：曲面と平面とでできた開先部分の溶接（**表 12.10** No.1.7）．

V 形フレア溶接：曲面と曲面とでできた開先部分の溶接（**表 12.10** No.1.6）．

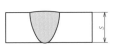

（a）部分溶込み溶接　　（b）完全溶込み溶接　　（c）ビーム溶接

図 12.1 溶接深さ s

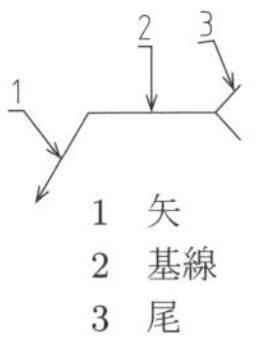

1 矢
2 基線
3 尾

図 12.2 簡易溶接記号

●12.2 溶接記号

　溶接記号は，基線，矢，特定の情報を伝える付加要素からなる．溶接記号は，継手の同じ側，すなわち矢の側に記載するのが望ましい（12.2.4 項）．矢，基線，基本記号および文字の太さは，JIS Z 8312，JIS Z 8313-1，JIS Z 8313-10 による．製図が過密にならないように，備考は，製図内で注記とするか，別の設計図書に記載するのがよい．

　【注記】溶接記号の使用例を，**表 12.4**，12.7 〜 12.9 に示す．

12.2.1 簡易溶接記号

　簡易溶接記号は，矢，基線，尾で構成され，継手の詳細は不要で溶接の位置だけを指示する場合など，継手の種類は指示されず溶接継手が設けられることだけを示すときに使用する（**図 12.2**）．

　【注記】簡易溶接記号は，タック溶接の位置を示すのによく用いられる．

12.2.2 基本記号

　基本記号（**表 12.1**）は溶接記号の一部で，施工される溶接の種類を示すために基線の中央に添えられる．基本記号には，補助記号（12.2.3 項，**表 12.5**），寸法（12.3 節），補足的指示，を添えてもよい．基本記号の左右の向きは変えてはならない．**表 12.2** に突合せ継手，角継手，へり継手などの角度による継手の区分についての指針を示す．記号表示だけでは不明確な場合は，溶接部の断面図を描き，寸法を示すのがよい．

（1）基本記号の組合せ　　基本記号は，特定の形状を示すために組み合わせることができる（**図 12.3**）．

（2）両側突合せ溶接　　対称な溶接を示すには，基本記号を基線の両側に記載する（**表 12.3**）．非対称両側溶接の例を**表 12.4** に示す．

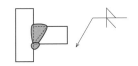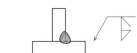

（a）レ形開先溶接およびすみ肉溶接（1）　　（b）レ形開先溶接およびすみ肉溶接（2）

図 12.3 組合せ記号の例

表12.1 基本記号

No.	溶接の種類	図 示 (破線は溶接前の開先を示す.)	記 号 (破線は基線を示す.)
1	I 形開先溶接		
2	V 形開先溶接		
4	レ形開先溶接		
6	U 形開先溶接		
7	J 形開先溶接		
8	V 形フレア溶接		
9	レ形フレア溶接	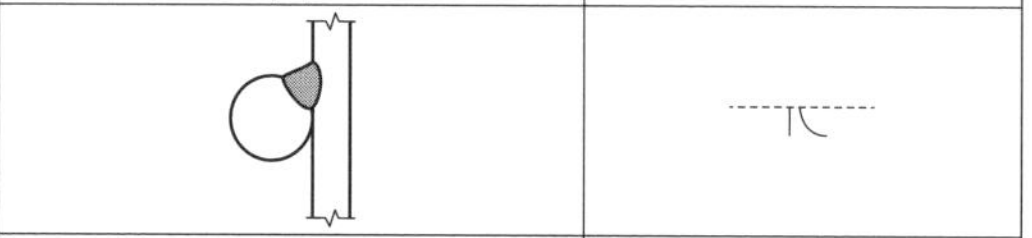	
10	すみ肉溶接		
11	プラグ溶接 スロット溶接		
12	抵抗スポット溶接		
13	溶融スポット溶接		
14	抵抗シーム溶接		
15	溶融シーム溶接		
16	スタッド溶接	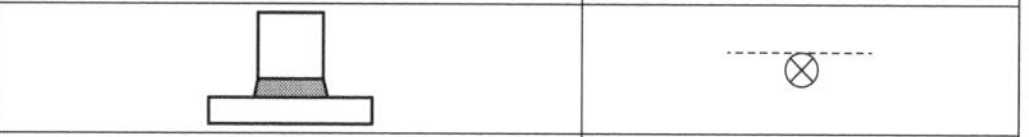	
19	へり溶接[a]	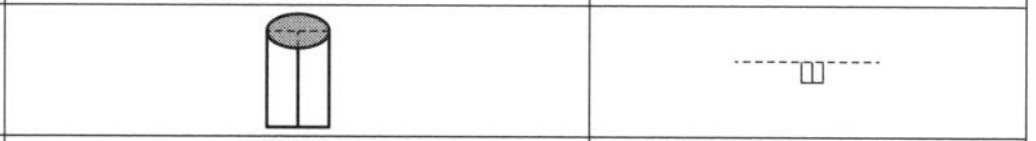	
21	肉盛溶接		
22	ステイク溶接	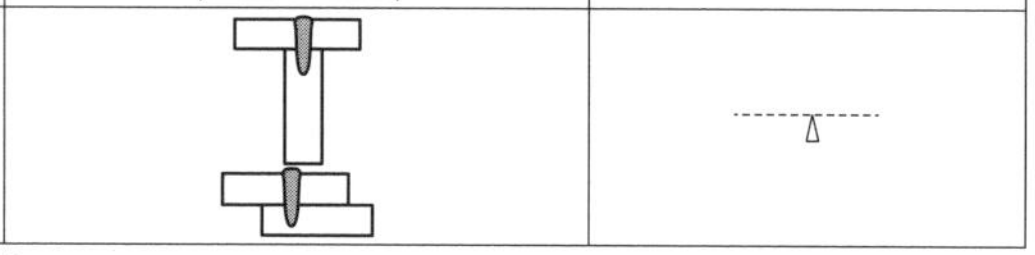	

注　No.3, 5, 17, 18, 20 は規定しない.
注a) 二つを超える部材の継手にも適用される.

表12.2 角度による継手の区分

継手の種類	溶接の種類	角度による継手の区分 (破線は溶接後のビードを示す.)	α	表12.1のNo.
突合せ継手	突合せ溶接	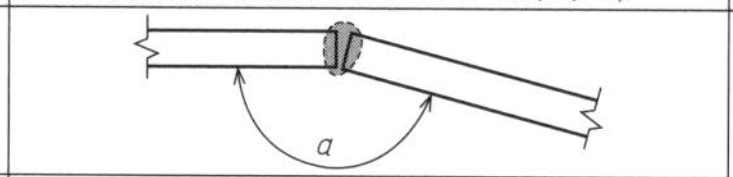	$135° \leqq \alpha \leqq 180°$	No.1
角継手	すみ肉溶接	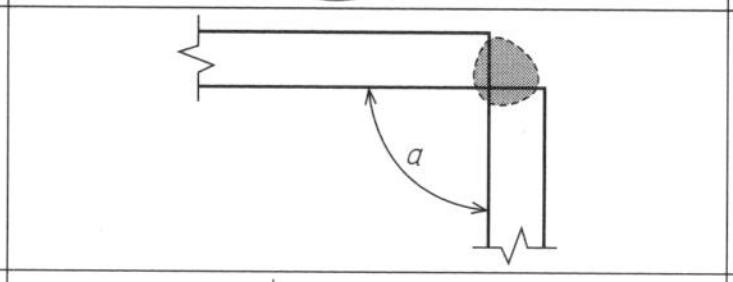	$30° < \alpha < 135°$	No.10
へり継手	へり溶接	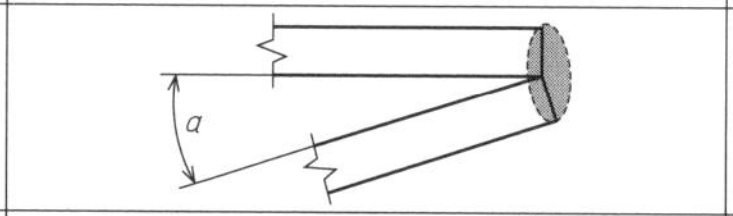	$0° \leqq \alpha \leqq 30°$	No.19
T継手	開先溶接 すみ肉溶接	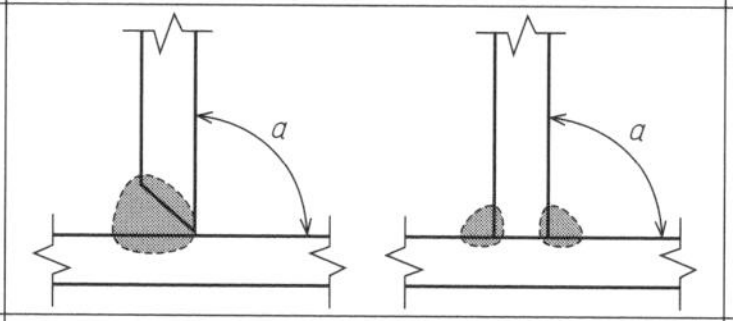	$\alpha = 90°$	No.4 No.10
斜交継手	開先溶接	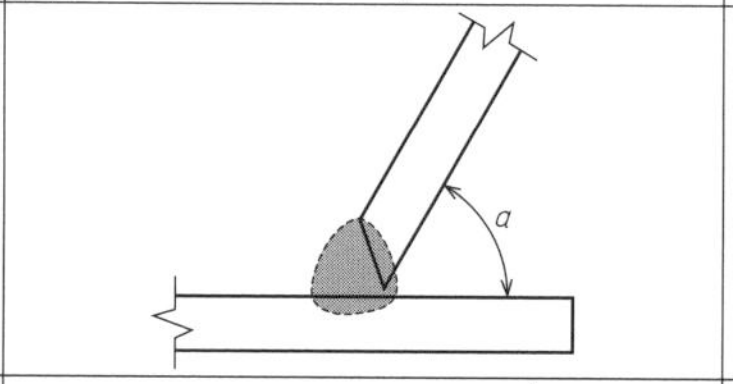	$45° \leqq \alpha < 90°$	No.4
斜交継手	すみ肉溶接	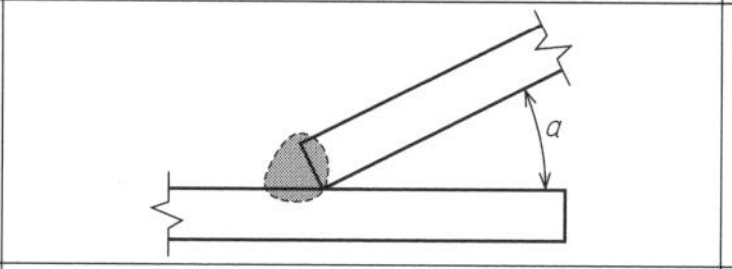	$5° < \alpha < 45°$	No.10
重ね継手	すみ肉溶接	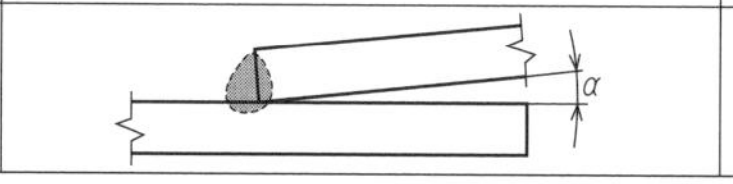	$0° \leqq \alpha \leqq 5°$	No.10

表12.3 基本記号を組み合わせた両側溶接継手の記号

No.	溶接の種類	図 示 (破線は溶接前の開先を示す.)	記 号 (破線は基線を示す.)
1	X 形開先溶接		
2	K 形開先溶接	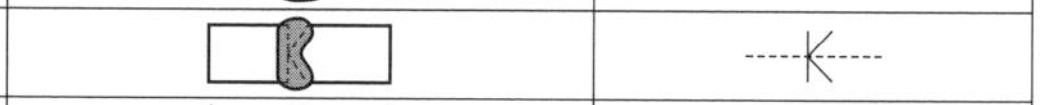	
3	H 形開先溶接		
4	K 形開先溶接 および すみ肉溶接	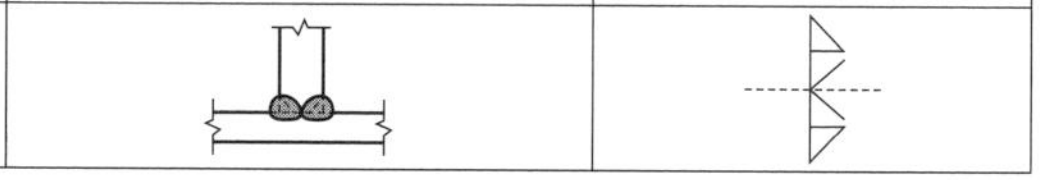	

表12.4　非対称溶接の溶接記号例

No.	溶接の種類	図示（破線は溶接前の開先を示す.）	記号[a]
1	突合せ溶接		
2	すみ肉溶接[b]		

注 a) 非対称溶接では，完全溶込み／部分溶込みにかかわらず寸法を記載する.
　　b) のど厚で指示するときは，添字 a を所要寸法の前に付ける.

12.2.3　補助記号

　溶接の形状，施工法など，継手に必要な追加の情報は，補助記号（表12.5）による.

　表面形状および仕上げ方法の補助記号は，溶接部の基本記号に近接して記載する（表面形状は**表12.5** No.1〜4，仕上げ方法は No.14〜17 参照）.

(1) 全周溶接　矢と基線との交点に付ける全周溶接記号は，片側または両側を問わず継手を回る連続した溶接を示す（**表12.5** No.10）. 連続した継手は，方向が変わっても一つの面になくてもよいが，同じ種類および寸法でなければならない. また，次の場合は使用してはならない. ①始点と終点が同じでない（連続でない）場合，②溶接の種類が異なる場合（例：すみ肉溶接と突合せ溶接），③寸法が異なる場合（例：すみ肉溶接の公称のど厚が変わるような場合は，別々の溶接記号で指示しなければならない）.

【注記】全周溶接記号は，継手の全箇所を連続しないで溶接するときの指示には使用しないことが望ましい.

　全周溶接は，中空断面またはスロット溶接の周溶接には用いない.

表12.5　補助記号

No.	名　称	図示（破線は溶接前の開先を示す.）	記号（破線は基線を示す.）	適用例（破線は基線を示す.）
1	平ら[a]			
2	凸形[a]			
3	凹形[a]			
4	滑らかな止端仕上げ[b]			
5	裏溶接[c],[e]（V形開先溶接前に施工する.）／裏当て溶接[c],[e]（V形開先溶接後に施工する.）			
6	裏波溶接[e]（フランジ溶接・へり溶接を含む.）			

表12.5　補助記号〈つづき〉

No.	名　称	図示（破線は溶接前の開先を示す.）	記号（破線は基線を示す.）	適用例（破線は基線を示す.）
7	裏当て[e]			
7a	取り外さない裏当て[d],[e]		M	
7b	取り外す裏当て[d],[e]		MR	MR
8	スペーサ			
9	消耗インサート材[e]	インサート材設置状況／溶接後のビード		
10	全周溶接			
11	二点間溶接		← →	A ← → B
12	現場溶接[f]	なし		
14	チッピング	チッピングによる凹形仕上げ	C	12×20 へこみ2
15	グラインダ	グラインダによる止端仕上げ	G	G
16	切削	切削による平仕上げ	M	M
17	研磨	研磨による凸形仕上げ	P	P

注 No.13 は規定しない.
注 a) 溶接後仕上げ加工を行わないときは，平らまたは凹みの記号で指示する. これらの他の仕上げ記号は JIS B 0031 による.
　b) 仕上げの詳細は作業指示書または溶接施工要領書に記載する.
　c) 溶接順序は，複数の基線，尾，溶接施工要領書などによって指示する.
　d) 裏当て材の種類などは，尾などに記載する.
　e) 補助記号は基線に対し，基本記号の反対側に付けられる.
　f) 記号は基線の上方，右向きとする.

(2) 二点間溶接　二点間溶接記号は，二点間の同じ種類の連続溶接を示す（**表12.5** No.11）. 始点と終点が異なる場合，全周溶接記号ではなく，二点間溶接記号を用いる. 始終点は，明確に示さなければならず，溶接記号は，溶接個所を明確に示さなければならない.

図12.4に始点と終点とが異なる周溶接を一つの記号で指示する例を示す.

(3) 現場溶接　現場溶接（据付け場所などの工場建屋外で施工する溶接）は，矢と基線との交点に現場溶接記号を加えて指示する．記号は，基線と直角かつ上方に付けられ，右向きに描く（**表12.5 No.12**）．記号は，全周溶接記号にも適用される．

(4) 裏波溶接　裏波溶接記号は，片側突合せ溶接においてルート側のルート面部の完全溶込みが要求される場合に用いる（**図12.5**）．裏波溶接記号は，基線に対し基本記号の反対側に付けられる．

(5) フランジ溶接およびへり溶接　フランジ溶接およびへり溶接は**表12.6**による．

表12.6　フランジ溶接およびへり溶接

No.	溶接の種類	図　示 （破線は溶接前の継手を示す.）	記　号
突合せ継手			
1	へり溶接	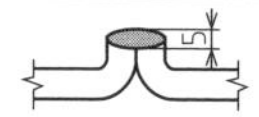	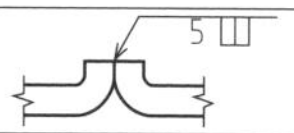
2	フランジ溶接	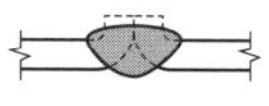	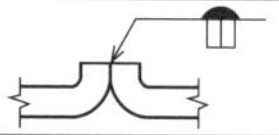
角継手			
3	へり溶接	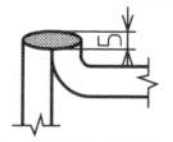	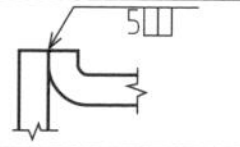
4	フランジ溶接	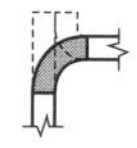	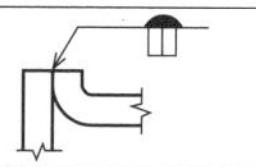

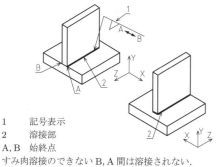

1　記号表示
2　溶接部
A, B　始終点
すみ肉溶接のできないB, A間は溶接されない.
始終点の記号は，A, B以外の記号を用いてもよい.

図12.4　A, B二点間をすみ肉溶接するための溶接記号の例

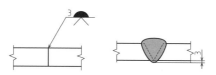

図12.5　裏波溶接記号の例

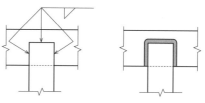

図12.6　複数の矢の使用例

表12.7　折れ矢の使用例

No.	図示（破線は溶接前の開先を示す.）	記　号
1	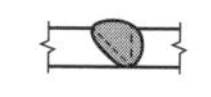	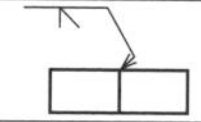
2	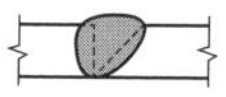	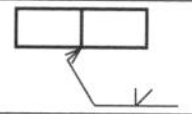
3	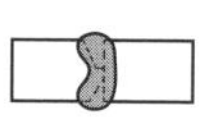	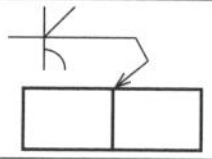

12.2.4　矢

矢は，溶接箇所を示すのに用い，次のとおりとする．・製図上の継手を構成する可視線を指し，接触していなければならない．・基線に角度をもって連結し，矢尻をもたなければならない．・基線のいずれの端に連結してもよい．

【注記】対応国際規格では，矢は基線に対して角度45°で表しているが，60°などでもよい．また，塗りつぶしの矢尻で表しているが，傘形でもよい．ただし，一群の図面では統一することが望ましい．

(1) 複数の矢　溶接が同じときは，一本の基線に複数の矢が付いてもよい（**図12.6**）．

(2) 矢の折れ　T継手を除く突合せ溶接において，レ形開先，J形開先など開先を取る側を示さなければならないときは，矢を折って当該部材を示す（**表12.7**）．開先を取る部材が明らかな場合，どちらの部材でもよいときは，折らなくてもよい．

12.2.5　基線および溶接位置

(1) 基　線　基本記号を伴った基線は，溶接の施工される側を示す．

【注記】基線は，製図の図枠の底辺に平行に描くことができないときに限り，右側辺に平行（溶接記号は90°回転）に描いてもよい（**図12.7**）．

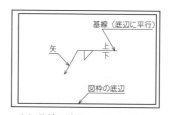

（a）基線は底辺に平行に描く.

（b）底辺に平行に基線を描くことができないときは図枠の右側辺に平行に描く.

図12.7　基線の描き方の例

(2) 溶接位置

① 矢の側／反対側　矢の側と反対側とは，同じ継手を構成する．継手の矢の側および反対側の指示例を**図12.8**，**表12.8**に示す．

継手の矢の側を溶接するとき，基本記号は基線の下側に配置される．

【注記】基本記号が基線の上であるか，下であるかが，溶接される側を決定する．

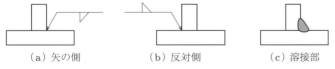

（a）矢の側	（b）反対側	（c）溶接部

図12.8　矢の側／反対側を表す溶接記号の例

② プラグ溶接，スロット溶接，スポット溶接，シーム溶接，プロジェクション溶接　矢は溶接される部材の一方を指し，その表面，中心線に接触させる．溶接が部材の接触面になされるときは，基本記号は基線の中央に置かれ，矢の側／反対側とは無関係である．

プロジェクション溶接の矢は，プロジェクションをもつシートを指示する（**表12.8** No.9）．施工法は尾に示す．

(3) 多段基線

連続する作業を指示するために，複数の基線を用いてもよい．最初の作業を矢尻に最も近い基線で指示し，引き続く作業は，順次他の基線で指示する（**図12.9**，**表12.9**）．

表12.8　矢の側および反対側の例

No.	溶接の種類	矢の側／反対側	図示（破線は溶接前の開先を示す.）	記号
1	すみ肉溶接 レ形開先溶接 レ形開先溶接 J形開先溶接	反対側 矢の側 反対側 矢の側		
2a	V形開先溶接	矢の側		
2b		反対側		
3a	溶融スポット溶接	矢の側		
3b		反対側		

表12.8　矢の側および反対側の例〈つづき〉

No.	溶接の種類	矢の側／反対側	図示（破線は溶接前の開先を示す.）	記号
4a	プラグ溶接	矢の側		
4b		反対側		
5a	スロット溶接	矢の側		
5b	スロット溶接	反対側		
6a	溶融シーム溶接	矢の側		
6b	溶融シーム溶接	反対側		
6c	ステイク溶接	矢の側		
6d	ステイク溶接	反対側		
7	抵抗スポット溶接	側に関係しない.		
8	抵抗シーム溶接	側に関係しない.		
9	プロジェクション溶接	矢は突起をもつシートを指す.		プロジェクション溶接

1　最初の作業
2　2番目の作業
3　3番目の作業

1，2および3は作業の順序を示すもので製図には記載しない.

図12.9　多段基線

表12.9　多段基線の使用例

No.	図示 （破線は溶接前の開先を示す.）	記号
1	V形開先溶接後に裏溶接を施工する 裏溶接	または　裏溶接
2	V形開先溶接の前に裏当て溶接を施工する 裏当て溶接	または　裏当て溶接

12.2.6　尾

尾は，必要に応じて基線の端部に付けられ（**図12.10**），次のような補足的指示が溶接記号の一部として含まれる.

・品質等級（【注記】受渡当事者間によって合意した規格の，該当する項目による.）
・溶接方法（【注記】受渡当事者間によって合意した規格の，該当する項目による.）
・溶接材料（【注記】JIS Z 3321などによる.）
・溶接姿勢（【注記】JIS Z 3011による.）
・その他，継手の施工に必要な補足的指示.

情報は，斜線（/）で区切り列挙する（**図12.10 (a)**）.作業指示書，溶接施工要領書（WPS），溶接施工法承認記録（WPQR）またはその他の文書を指示するときは，閉じた尾を用いる（**図12.10 (b)**）.

一枚の製図の中の溶接記号に同じ補足的指示を繰り返すことは避け，製図上に共通の注記を設ける.

JIS Z 3312/ JIS Z 3011/ JIS Z 3253

A1　A1は溶接施工要領書（WPS），溶接施工法承認記録（WPQR）またはその他の文書

（a）開いた尾　　　　　　（b）閉じた尾

図12.10　溶接記号の尾の使用例

●12.3　溶接寸法

寸法は，基線の基本記号と同じ側に記載する（**表12.10**，**図12.11**）.製図には寸法の単位を明示する.ただし，複数の単位で併記してはならない.必要があれば換算表を当該製図に掲載する.

表12.10　溶接寸法およびその記載例

No.	溶接の種類	図示 （破線は溶接前の開先を示す.）	記号 （破線は基線を示す.）	備考
1	突合せ溶接			
1.1	完全溶込み			s＝溶接深さ 注記1　記号の左に寸法がないときは，完全溶込み. 注記2　記号の右に寸法がないときは，全線.
1.2	部分溶込み		(s) h(s) (s) $h=s$	s＝溶接深さ p＝溶込み深さ h＝開先深さ （12.4.4項参照） 文字s,hを所要寸法に置き換える. 注記1　記号の右に寸法がないときは，全線. 注記2　開先深さと溶接深さが同じときは，開先深さを省略してよい.
1.3	断続		$L(n)-P$	L＝溶接要素の公称長さ P＝溶接の中心間隔 n＝溶接の個数
1.4	並列断続（高密度エネルギービームによるキッシング溶接など）		$L(n)-P$ $L(n)-P$	L＝溶接要素の公称長さ P＝溶接の中心間隔 n＝溶接の個数
1.5	千鳥断続（高密度エネルギービームによるキッシング溶接など）	（オフセット）	$L(n)-P$ $L(n)-P$	L＝溶接要素の公称長さ P＝溶接の中心間隔 n＝溶接の個数 注記　オフセットを指示する場合は，尾などに指示する.
1.6	V形フレア		(s)	s＝溶接深さ 文字sを所要寸法に置き換える.
1.7	レ形フレア		(s)	s＝溶接深さ 文字sを所要寸法に置き換える.

表 12.10 溶接寸法およびその記載例〈つづき〉

No.	溶接の種類	図 示 (破線は溶接前の開先を示す.)	記 号 (破線は基線を示す.)	備 考
2	すみ肉溶接			
2.1	すみ肉	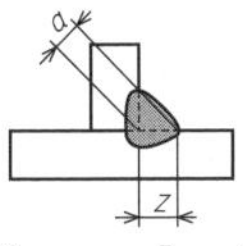 $z=10$ mm, $a=7$ mm の場合	10 ◺ (脚長で表示) または $a7$ ◺ (公称のど厚 での記載例)	a =公称のど厚 z =脚長 公称のど厚で示すときは所要寸法の頭に添字 a を付ける.
2.2	深溶込み	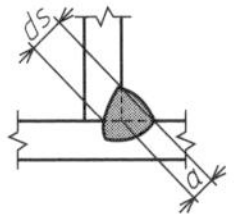 $ds=15$ mm, $a=10$ mm の場合	$ds\ a$ ◺ (寸法の記載例) $ds\ 15\ a10$ ◺	ds =深溶込みのど厚 a =公称のど厚 ds および a は所要寸法の頭に付ける.
2.3	不等脚	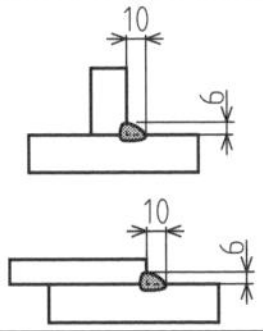	6×10 ◺	12.3.4 項 (1) 参照
2.4	断続	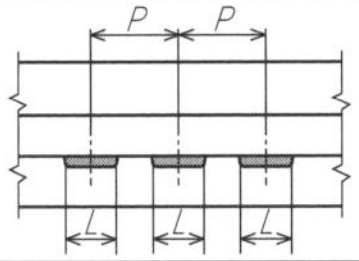	◺ $L(n)-P$	L =溶接要素の公称長さ P =溶接の中心間隔 n =溶接の個数
2.5	並列断続	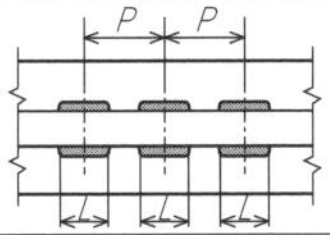	◺ $L(n)-P$ ◺ $L(n)-P$	L =溶接要素の公称長さ P =溶接の中心間隔 n =溶接の個数
2.6	千鳥断続	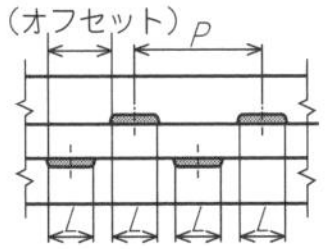 (オフセット) P	◺ $L(n)-P$ ◺ $L(n)-P$	L =溶接要素の公称長さ P =溶接の中心間隔 n =溶接の個数 注記 オフセットを指示する場合は,尾などに指示する.
3	プラグ溶接			
3.1	完全充填	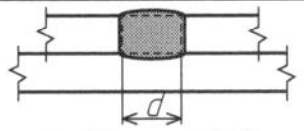 $d=22$ mm の場合	d ▢ (寸法の記載例) $d22$ ▢	d =接合面におけるプラグの所要直径 s =部分充填のとき,溶接深さ P =プラグの中心間隔 n =プラグの個数
3.2	部分充填	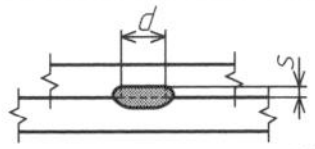 $d=22$ mm, $s=6$ mm の場合	d s ▢ (寸法の記載例) $d22\ 6$ ▢	
3.3	断続	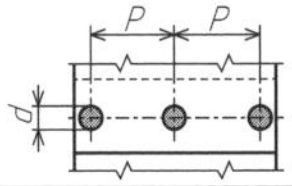 $d=22$ mm, $n=3$, $P=150$ mm の場合	d $(n)-P$ ▢ (寸法の記載例) $d22\ (3)-150$ ▢	d は所要寸法の頭に付け,s, P および n は,所要の数値に置き換える.

表 12.10 溶接寸法およびその記載例〈つづき〉

No.	溶接の種類	図 示 (破線は溶接前の開先を示す.)	記 号 (破線は基線を示す.)	備 考
4	スロット溶接			
4.1	完全充填	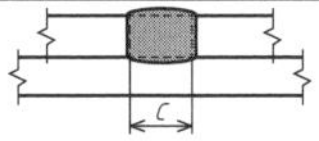 $c=22$ mm, $L=50$ mm の場合	c ▢ (寸法の記載例) $c22$ ▢ 50	c =接合面におけるスロットの所要幅 L =スロットの公称長さ s =部分充填のとき,溶接深さ
4.2	部分充填	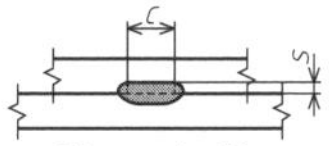 $c=22$ mm, $L=50$ mm, $s=6$ mm の場合	c s ▢ (寸法の記載例) $c22\ 6$ ▢ 50	c は所要寸法の頭に付け,s, L は,所要の数値に置き換える. 注記 スロットの位置や方向は図面で指示をする.
4.3	断続	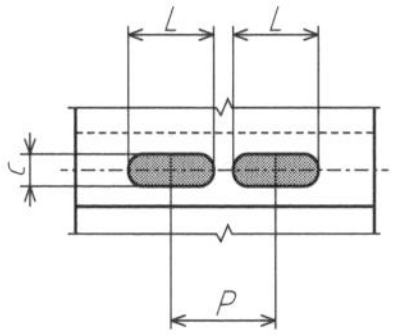 $c=22$ mm, $L=50$ mm, $n=2$, $P=150$ mm の場合	c $(n)-P$ ▢ (寸法の記載例) $c22$ ▢ $50(2)-150$	c =接合面におけるスロットの所要幅 L =スロットの公称長さ P =スロットの中心間隔 n =スロットの個数 c は所要寸法の頭に付け,L, P および n は,所要の数値に置き換える.
5	スポット溶接			
5.1	抵抗スポット	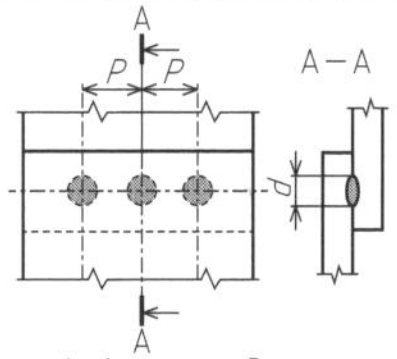 $d=6$ mm, $n=3$, $P=50$ mm の場合	d ○ $(n)-P$ (寸法の記載例) 6 ○ $(3)-150$	d =接合面におけるスポットの所要直径 P =スポットの中心間隔 n =スポットの個数 d, P および n は,所要の数値に置き換える.
5.2	溶融スポット	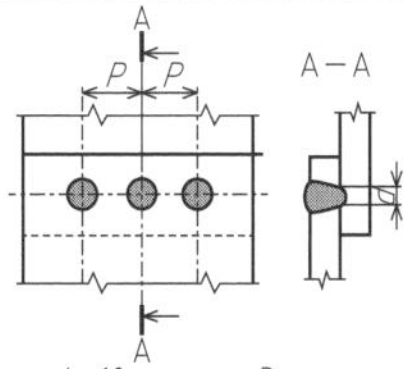 $d=10$ mm, $n=3$, $P=50$ mm の場合	d ○ $(n)-P$ (寸法の記載例) 10 ○ $(3)-50$	d =接合面におけるスポットの所要直径 P =スポットの中心間隔 n =スポットの個数 d, P および n は,所要の数値に置き換える.

1 機械製図法

2 図面

3 部品・材料資料

12 溶接記号

表12.10 溶接寸法およびその記載例〈つづき〉

No.	溶接の種類	図示 (破線は溶接前の開先を示す.)	記号 (破線は基線を示す.)	備考
6	シーム溶接			
6.1	抵抗シーム	$c=10$ mm, $n=2$, $L=50$ mm, $P=100$ mm の場合	(寸法の記載例) $10 \bigoplus 50(2)-100$	$c=$ 接合面におけるシームの所要幅 $L=$ シームスロットの公称長さ部分 $P=$ シームの中心間隔 $n=$ シームの個数
6.2	溶融シーム	$c=6$ mm の場合	(寸法の記載例) $6 \bigoplus$	c, L, P および n は,所要の数値に置き換える. 全線のときは,シーム幅だけ記載する.
7	へり溶接			
7.1	重ね			
7.2	突合せ		$s \; \square$	$s=$ 溶接の表面から溶込みの底までの最小距離
7.3	角			
8	スタッド溶接			
8.1	断続		$d \bigotimes (n)-P$	$d=$ スタッドの所要直径 $P=$ スタッドの中心間隔 $n=$ スタッドの個数
9	肉盛溶接			
9.1	肉盛		$s \; \frown$	$s=$ 肉盛厚さ

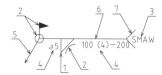

1　基本記号（すみ肉溶接）
2　補助記号（凹形仕上げ，現場溶接，全周溶接）
3　補足的指示（被覆アーク溶接）
4　溶接寸法（公称のど厚 5 mm，溶接長 100 mm，ビードの中心間隔 200 mm，個数 4 の断続溶接）
5　矢
6　基　線
7　尾

図 12.11　溶接記号各要素の配置例

12.3.1　断面寸法

　基本記号の左側に記載する．すみ肉溶接に限り，数字以外の文字を添えてもよい（12.3.4 項）．

12.3.2　長　さ

(1)　一　般　公称長さは，基本記号の右側に記載する．

　長さの記載がないときは，継手全長にわたって溶接する．ただし，二点間溶接記号を用いるときは，指示された二点間とする．

　全長にわたって連続していない溶接の始点および終点を示す記号は，溶接記号の一部ではないものとするが，図面の一部として明確に示す．

(2)　断続溶接　断続溶接の寸法は，溶接要素の公称長さ，溶接の個数および溶接の中心間隔を基本記号の右側に記載する．溶接の中心間隔は，継手の一方の側の隣りあう溶接要素の中心間隔で定義される（**表 12.10** No.1.3, 2.4）．

①　**並列断続溶接**　並列断続溶接（（T継手および重ね継手の）両側で反対側と対称に施工される断続溶接）の寸法は，基線の両側に記載する．並列断続溶接は，継手を挟んでほぼ対称に施工される（**表 12.10** No.1.4, 2.5）．両側の寸法が対称であるときも，片側の寸法を省略しない．

②　**千鳥断続溶接**　千鳥断続溶接（（T継手および重ね継手の）両側で反対側と交互に施工される断続溶接）の寸法は，基線の両側に記載する．溶接記号は，基線を両側でずらして記載する（**表 12.10** No.1.5, 2.6）．オフセット（千鳥断続溶接における片側の溶接始点と反対側の溶接始点との間隔）の寸法は，尾などに指示する．両側の寸法が対称であるときも，片側の寸法を省略しない．

③　**溶接範囲**　断続溶接の端部が軸手端部に達していないときに，継手端部まで溶接長さを追加する場合は，別の記号で指示する．断続溶接の端部から継手端部までの溶

接されない長さは，当該図面上に指示する．

12.3.3　各種溶接の寸法
（1）突合せ溶接
① **溶接深さ**　溶接深さは，開先溶接では溶接深さに括弧を付けて，基本記号の左側に記載する（**表**12.10 No.1.2）．断面寸法の記載がない場合は，完全溶込みとする．継手形状または開先の指示がないときは，所要の品質を指示する任意形状開先溶接記号を用いてもよい（12.5節）．ルート側の余盛寸法が要求されるときは，ルート余盛記号の左側に記載する（**図**12.5）．

② **両側溶接**　両側突合せ溶接は，それぞれの側に寸法を記載する．
【注記】対称な完全溶込み溶接では，寸法の記載はいらない．

③ **フランジ溶接**　フランジ溶接は，つねに完全溶込み溶接であり，寸法の記載はいらない（**表**12.6）．

④ **フレア溶接**　フレア溶接は，必ず溶接深さを表示する（**表**12.10 No.1.6, 1.7）．

（2）すみ肉溶接
① **すみ肉溶接の寸法**　すみ肉溶接の寸法は脚長（継手のルートからすみ肉溶接の止端までの距離 z）で示し，基本記号の左側に記載する．公称のど厚で示してもよく，その場合は寸法の前に a を記載する（**表**12.10 No.2.1）．不等脚のときはそれぞれの脚長を示し，小さいほうの脚長を先に，大きいほうの脚長を後に記載する（**表**12.10 No.2.3）．
【注記】不等脚すみ肉溶接の大小関係などの詳細は尾に記すか，または実形を示す詳細図によるのがよい（**図**12.12）．

継手の両側に施工され，溶接の寸法が対称のときも，両側の溶接記号に記載することを基本とする．ただし，片側の寸法を省略してもよく，そのときは基線の上側に記載する．

図 12.12　不等脚すみ肉溶接の断面寸法例

② **深溶込みすみ肉溶接**　所要の溶込み寸法の頭に ds を付けて，公称のど厚の前に記載する（**表**12.10 No.2.2）．

（3）プラグ溶接
接合面における所要直径の頭に d を付けて，プラグ溶接記号の左側に記載する（**表**12.10 No.3）．プラグ溶接が部分充填のときは，溶接深さを基本記号の内部に記載する．記載がなければ完全充填とする（**表**12.10 No.3.1, 3.2）．断続溶接のときは，その数と中心間隔とを基本記号の右側に補足指示する（**表**12.10 No.3.3）．

（4）スロット溶接
接合面における所要の幅の頭に c を付けて，スロット溶接記号の左側に記載する．また，スロットの公称長さを基本記号の右側に補足指示する（**表**12.10 No.4.1, 4.2）．スロット溶接が部分充填のときは，溶接深さを基本記号の内部に記載する．記載がなければ完全充填とする（**表**12.10 No.4.2）．断続溶接のときは，スロットの公称長さ，その数と中心間隔を基本記号の右側に補足指示する（**表**12.10 No.4.3）．
【注記】孔や溝にすみ肉溶接を指示するときは，プラグ／スロット溶接記号は用いない．

（5）スポット溶接
所要のスポット径をスポット溶接記号の左側に記載する（**表**12.10 No.5）．断続するときは，その数と中心間隔を基本記号の右側に記載する（**表**12.10 No.5.1, 5.2）．

（6）シーム溶接
接合面における所要の溶接幅をシーム溶接記号の左側に記載する（**表**12.10 No.6）．断続溶接のときは，シームスロットの公称長さ，その数および中心間隔を基本記号の右側に補足指示する（**表**12.10 No.6.1）．

（7）へり溶接
所要の溶接金属の厚さをへり溶接記号の左側に記載する（**表**12.6，**表**12.10 No.7）．

（8）スタッド溶接
所要のスタッド径をスタッド溶接記号の左側に記載する（**表**12.10 No.8）．断続するときは，その数と中心間隔を基本記号の右側に記載する．

（9）肉盛溶接
所要の肉盛厚さを肉盛溶接記号の左側に記載する（**表**12.10 No.9）．

●12.4　開先寸法
必要に応じて，溶接前の継手の形状および寸法を溶接記号の一部としたり，溶接施工要領書（WPS）を引用して指示する．

12.4.1　ルート間隔
開先溶接のルート間隔 b は，基本記号の内部に，基線の片側にだけ記載する（**表**12.11）．

表 12.11　ルート間隔の記載例

No.	溶接の種類	図示 （破線は溶接前の開先を示す．）	記号 （破線は基線を示す．）
1	I 形開先溶接		
2	V 形開先溶接		
3	K 形開先溶接		

12.4.2　開先角度

　開先溶接の開先角度 α は，基本記号の外部に記載する（**表12.12**）．両側溶接のときは，対称であるときも，両側の溶接記号に記載することを基本とする．ただし，片側の角度を省略してもよく，そのときは基線の上側に記載する．

表12.12　開先角度の記載例

No.	溶接の種類	図 示 （破線は溶接前の開先を示す.）	記 号 （破線は基線を示す.）
1	V形開先溶接	50°	50°
2	J形開先溶接	20°	20°
3	K形開先溶接 （対称）	45° 45°	45° 45° 注記　両側の開先角度が対称のときは，基線の下側の角度を省略してもよい．
4	X形開先溶接 （非対称）	60° 90°	90° 60°

12.4.3　ルート半径およびルート面

　ルート半径，ルート面の高さなどを指定するときは尾に記載する．

12.4.4　開先深さ

　開先溶接の開先深さは，基本記号の左側に記載する．溶接深さを指示するときは括弧でくくり開先深さに続ける（**表12.13**）．両側溶接のときは，対称であるときも，両側の溶接記号に記載することを基本とする．ただし，片側の開先深さ／溶接深さを省略してもよく，そのときは基線の上側に記載する．

【注記】突合せ溶接の開先深さは，溶接深さに比べ大，同じ，小のいずれでもよい．

表12.13　開先深さの記載例

No.	溶接の種類	図 示 （破線は溶接前の開先を示す.）	記 号[a] （破線は基線を示す.）
1	V形開先溶接	s, h	h(s)
2	X形開先溶接	s, h	h(s) 注記　両側の開先深さ／溶接深さが対称のときは，基線の下側の開先深さ／溶接深さを省略してもよい．

注　No.3, No.4 は規定しない．
注 a) s および h は実際の数値に置き換える．

12.4.5　プラグ溶接およびスロット溶接の側壁角

　所要寸法を基本記号の外部に記載する（**表12.14**）．

表12.14　プラグ溶接およびスロット溶接の側壁角の記載例

No.	溶接の種類	図 示 （破線は溶接前の開先を示す.）	記 号[a] （破線は基線を示す.）
1	プラグ溶接	45°	45°
2	スロット溶接	d または c	45°

注 a) d および c は，接合面で計測し（12.3.5項，12.3.6項），表12.10 No.3, 4 に従って記載する．

●12.5　任意形状開先溶接記号

　所要の溶接品質だけが規定される突合せ溶接を表すのに，**表12.15**に示す任意形状開先溶接記号を用いてもよい．その他の情報は，この規格によって指示される．

　この記号が用いられたとき，開先および溶接法は，所要の品質に合致するよう施工者によって決められる．

【注記】品質以外の情報は，使用可能な機材に応じて溶接施工要領書（WPS）または他の文書によって指示される．機材の異なる別の工場では別の溶接施工要領書（WPS）によってよく，製図を工場ごとに書き直さなくてもよい．

　所要品質に基づく溶接記号の使用例を**図12.13**に示す．完全溶込みのときは，寸法は付けない（12.3 節）．

表12.15　任意形状開先溶接記号

記 号	説 明
⊠	開先が指示されていない溶接継手

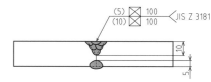

図12.13　所要品質に基づく溶接記号の使用例

●12.6 非破壊試験記号

溶接部の非破壊試験記号は**表 12.16** による．

表 12.16 非破壊試験記号

(a) 試験方法記号

区　分	記号	区　分	記号
放射線透過試験	RT	ひずみ測定	SM
超音波探傷試験	UT	漏れ試験	LT
磁粉探傷試験	MT	耐圧試験	PRT
浸透探傷試験	PT	アコースティック・エミッション試験	AE
過電流探傷試験	ET		
目視試験	VT		

(b) 補助記号

区　分	記号	区　分	記号
垂直探傷	N	二重壁撮影	W
斜角深傷	A	非蛍光探傷	D
溶接線の片側からの探傷	S	蛍光探傷	F
		全線試験	○
溶接線を挟む両側からの探傷	B	部分試験（抜取試験）	△

非破壊試験記号の表示は，次の①，②，③のいずれかによる．

① 溶接記号の尾に表示する（**図 12.14**）．

② 溶接記号に基線を追加し表示する（**図 12.15**）．

③ 溶接部に溶接記号と別に非破壊試験記号だけを表示する．その場合は，次による．

i) 矢および基線の表示方法は，12.2.4 項および 12.2.5 項による．

ii) 基線に対する非破壊試験記号の位置は，12.2.5 項（1）に準じる．

iii) 試験を両面から行うときは，基線の両側に記載する（**図 12.16**）．

iv) 試験をいずれの面から行ってもよいときは，基線上に記載する（**図 12.17**）．

v) 二つ以上の試験を行うときは，基線を追加し，**図 12.18** の例による．

vi) 特別に指示した事項，基準名，仕様書，要求品質等級などは，尾の部分に記載する（**図 12.18**）．

vii) 全周試験のときは，**図 12.19** の例による．

viii) 部分試験（抜取試験）における試験する 1 箇所の長さおよび数の表示は，**図 12.20** の例による．

ix) 試験部分（面積）を指定するときは，角に○印を付けた点線で囲む（**図 12.21**）．

x) 試験の方法を特に指定する必要があるときは，**図 12.22** の例による．

xi) 非破壊試験記号の具体例を，**図 12.23** に示す．

RT−Δ

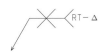

図 12.14 溶接記号の尾に記載する例

UT−A−○
MIG

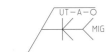

図 12.15 溶接記号に基線を追加する例

PT−D
PT−D

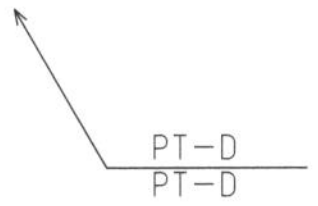

図 12.16 試験を両面から行うときの記載例

RT

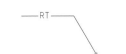

図 12.17 試験をいずれの面から行ってもよいときの記載例

RT
PT−F
PT−F
JIS Z 3104
JIS Z 2343-1

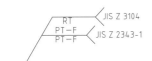

図 12.18 二つ以上の試験を行うときおよび尾の記載例

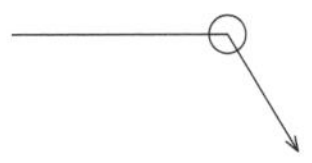

図 12.19 全周試験のときの記載例

RT250 (10)

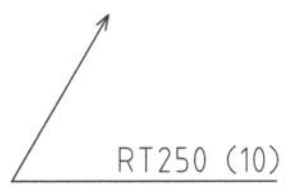

図 12.20 部分試験のときの記載例

UT

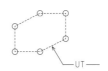

図 12.21 試験部分を指定するときの記載例

UT−N
縦板左面からの垂直探傷試験
UT−AB
縦板の右面，溶接の両側からの斜角探傷試験
UT−A
UT−A
横板の上下面からの斜角探傷試験

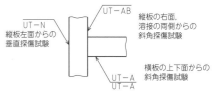

図 12.22 試験の方法を指定するときの記載例

単位　mm

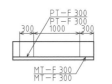

PT−F 300
PT−F 300
300
1000
300
MT−F 300
MT−F 300

300 mm の左右 2 か所を蛍光浸透探傷（左側）および蛍光磁粉探傷（右側）することを示す．

(a) 試験位置を指示した例

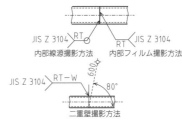

JIS Z 3104
RT
内部線源撮影方法
RT
JIS Z 3104
内部フィルム撮影方法
600
JIS Z 3104
RT−W
80°
二重壁撮影方法

放射線源イリジウム（^{192}Ir）を用いて，照射角 80°，フィルム線源間距離を 600 mm の位置とする場合．

(b) 管の撮影方法の例

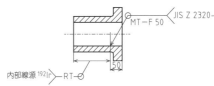

JIS Z 2320-1
MT−F 50
50
内部線源 ^{192}Ir
RT

^{192}Ir 内部線源による撮影　フランジ端面から 50 mm 内は全周蛍光磁粉探傷．

(c) 全周試験の例

図 12.23 非破壊試験記号の具体例

13. スケッチ

　現製品と同一のものをつくる場合や，破損した部分をつくる場合，または実物をモデルにして新製品をつくる場合にスケッチが用いられる．スケッチは品物を見ながらつくった図面で，ふつうは品物の各部の寸法を正確に測り，フリーハンドで図を描く．図面には寸法記入の他部品表をつくり，材質，加工法，個数なども記入する（**表13.1**）．スケッチ用具は**表13.2**のものを用意する．

　その他，機械を分解するのに必要なスパナ，ねじ回し，ハンマなどがある．また，定盤，表面粗さの見本，ナイフ，糊，クリップ，消しゴム，ぼろ布，荷札，石けんなども必要に応じて用意する．

表13.1　部品表

(a)

部品番号	品　名	材質	個数	工程

(b)

部品番号	品　名	材質	個数	工程
表面性状	はめあい	かたさ	熱処理	質量

表13.2　スケッチ用具

品　名	形　状	摘　要
鉛筆		B，HBくらいのかたさおよび色鉛筆など
用紙　方眼紙		図を描く
用紙　西洋紙またはざら紙		型をとる
見取図板	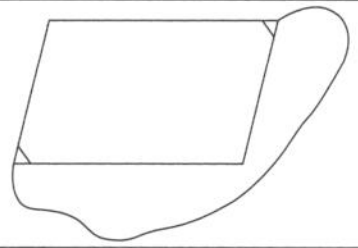	厚手のボール紙で用紙をのせる　ひもがつき肩からつるすと図が描きやすい
ものさし　鋼製直尺	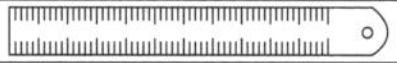	寸法測定
ものさし　折尺		長い部分の測定
ものさし　巻尺		長い部分またはカーブのある箇所の測定
パス　外パス	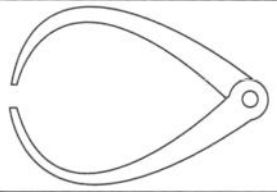	部品の外径測定
パス　内（穴）パス	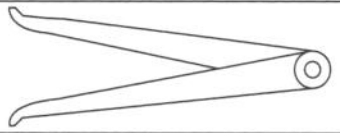	部品の内径測定
ノギス	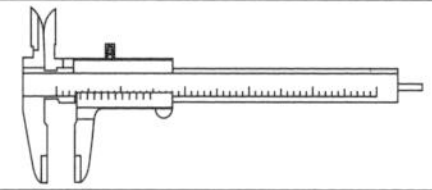	部品の内外径，長さなどの精密測定

表13.2　スケッチ用具〈つづき〉

品　名	形　状	摘　要
デプスゲージ	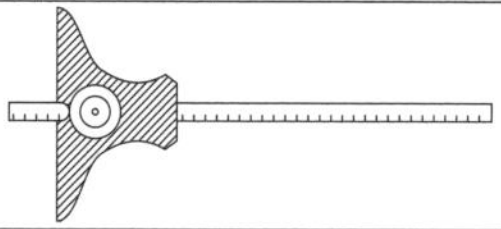	穴の深さ，凹みなどの精密測定
マイクロメーター　外径用	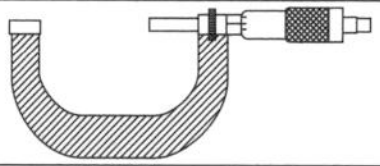	外径の精密測定
マイクロメーター　内径用	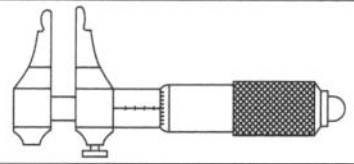	5〜50 mmの小さな内径の精密測定
すきまゲージ	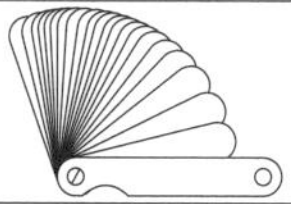	部品と部品の合わせ目のすきま測定
ねじゲージ	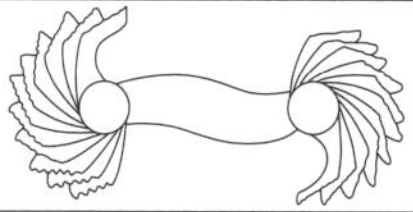	ねじ山のピッチ測定
歯形ゲージ	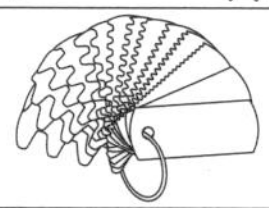	歯車の歯形の大きさ測定
光明丹		部品の押型をとる場合に塗る塗料
スコヤ	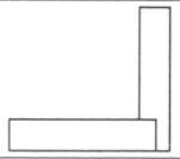	部品の直角測定
鉛線または銅線		型取り用

●13.1　スケッチの順序

① スケッチする品物の機能をよく調査する．これには，i) 正確な形状や寸法の見取りを必要とする部分，ii) 形は多少違えても差し支えない部分とを見分けて，スケッチの労力を最小限にする．

　たとえば，他の品物と接する部分はi) であり，その他は概してii) に属する．また，一般部品では仕上げ面の様子からも，判断することができる．

② 複雑な機械などは，分解する前に組立図を描く．

③ 機械を分解したら，分解の順序ごとに荷札を付け，部品番号を記入する．

④ 各部品図を描く．

⑤ 各部の寸法を測定し記入する．寸法を測る場合の基準とする箇所は，その品物の仕上げ面または中心にとり，品物に適応した測り方を工夫する．なお，スケッチの対象となる品物は，すべてが正確なものであるとは限らない．品物の部分によっては多少の狂いがあったり，安価な品物では手を抜いて粗雑につくられた部分が多いから，寸

法測定には特に注意を要する．寸法の記入法は，製図法の要領で記入すればよい．

⑥　加工法・材質・個数・表面性状・はめあいなどを記入する．

⑦　検図する．

⑧　組み立てる．スケッチ終了後は，ただちに組み立てるようにしなければ，部品を紛失したり，複雑な機械では，組立の順序を忘れたりすることがしばしば起こる．

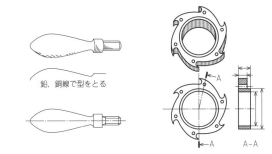

鉛，銅線で型をとる

図 13.1　型取り

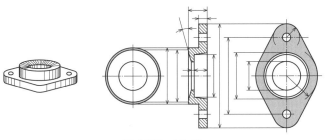

A–A

図 13.2　押し型

●13.2　図形の描き方

図形の描き方には次の方法がある．

①　模写　　フリーハンドで描く．

②　型取り（**図 13.1**）　品物の曲部箇所は，鉛または銅線を品物の輪郭に沿って曲げたり，あるいは品物の輪郭を鉛筆でなぞったりする．なお，上記の方法によりブリキ板やボール紙を切って，品物の輪郭に合った型をつくったりする．

③　押し型（**図 13.2**）　平らな面で複雑な輪郭をもつ品物を描く場合は，その面に光明丹を塗り，その上から紙をあてて押し型をとる．

●13.3　材質の判別

一般には品物の外観，仕上面の模様および硬さなどから材質の判別ができる（**表 13.3**）．

品物の一部に傷を付けても差し支えない場合には，グラインダによる火花検査を行えばよい．

表 13.3　材質判別表

品名	外見上	はだ合いおよび光沢	音（ハンマでたたく）
鋳鉄	大きな品物に用いられる	粗く光沢なく銀色 細かい針状の穴がある	にぶい
鋳鋼	比較的簡単な構造で強さを必要とする箇所 鋳鋼品と鍛鋼品や圧延鋼材との区別は，品物の形状や仕上げしていない面を見て判断する	仕上げをしない面は鋳鉄より滑らかである 仕上げ面は銀鼠色で軟鋼に近いはだ合いをしているから，素はだを見て区別する	やや澄んでいる
軟鋼	平滑である	仕上げ面は鋳鉄のように銀色であるが，面が密である	やや澄んでいる
硬鋼	同上	仕上げ面は軟鋼と同じ 黒皮は青黒いつやがある	澄んでいる
青銅	比較的小物	だいだい色で錫が多くなると緑色がかってくる	
黄銅	同上	青銅より黄味がある	
銅		あずき色	

●13.4　はめあいの判別

はめあい部分はマイクロメーターなどを用いて測定する．ことに軸と軸受，歯車と軸，ベルト車と軸などの場合，はまりあう部分を別々に測定した場合，両者に矛盾が起こらないように，スケッチの結果をあとで突き合わせる必要がある．

機械製図法

1 2 図面 3 部品・材料資料

1. 図面の要件 (JIS Z 8310, 抜粋)

① 要求される情報を，明確かつ理解しやすく示し，表題欄を設ける．製造に必要なすべての情報を示す製作図では，対象物の図形とともに，必要とする大きさ・形状・姿勢・位置・質量，材料，加工方法，表面性状，表面処理方法，検証方法，図面履歴，引用規格・文書，図面管理などの情報を含める．

② あいまいな解釈が生じないように，表現・解釈は一義性をもたせる．

③ 他の技術分野との交流のため，できるだけ広い分野にわたる整合性・普遍性をもたせる．

④ 貿易および技術の国際交流の立場から，国際性を保持する．

⑤ 複写および図面の保存・検索・利用が確実にできる内容と様式を備える．

2. 図面の内容，形式，用途および製図の方式

●図面の内容

・**部品図**（part drawing）：部品を定義する上で必要なすべての情報を含んだ，これ以上分解できない単一部品を示す図面（JIS Z 8114）．

・**組立図**（assembly drawing）：部品の相対的な位置関係，組み立てられた部品の形状などを示す図面（JIS Z 8114）．部品図に記入するような部品ごとの詳細な情報は記入しないが，全体の大きさなどを表す寸法，製品の仕様に関係する主要な寸法，その製品と他の製品が関係するインタフェース部分の情報（寸法，はめあいなど）を記入する．

●図面の形式

・**一品一葉図面**（one-part one sheet drawing）：一つの部品または組立品を1枚の製図用紙に描いた図面（JIS Z 8114）．一般的には，部品図や組立図はこの形式で作成する．

・**多品一葉図面**（multi-part drawing）：いくつかの部品，組立品などを1枚の製図用紙に描いた図面（JIS Z 8114）．図面管理を必要としない場合などに用いられる．

・**一品多葉図面**（multi-sheet drawing）：一つの部品または組立品を2枚以上の製図用紙に描いた図面（JIS Z 8114）．複雑な図面などに用いられる．

●製図の方式 (JIS Z 8114)

・**器具製図**（instrument drawing）：定規，コンパス，型板などの器具を用いて行う製図．

・**CAD製図**（computer aided drawing）：コンピュータの支援によって行う製図．

・**フリーハンド製図**（freehand drawing）：製図器具を用いず，手書きで行う製図．

3. 製図の方法

① 器具製図，フリーハンド製図では，製図用紙における各投影図の配置を考え，まず主要な中心線を描いてから，それを基準に詳細な作図を行う．

② CAD製図では，作図，変更，投影図の大きさや配置を柔軟に調整できる特長を活用する．

4. 第2部の図面について

① 図例は，原則として最新のJIS規格に沿って図示している．

② 図例中の青色の記述や吹き出しは解説などであり，実際の図面中に作図される内容ではない．

③ 図例全体に関する説明は，欄外に記述している．

④ ページ数の制約などから，一品一葉図ではなく多品一葉図で描いている場合がある．

⑤ 図中の質量数値は，完成品の質量を見積もる目的で記載したもので，3次元CADモデルの体積と材料の密度から自動的に算出した．

⑥ 参考図は，3次元CADモデルをレンダリングした画像と，実際の製品の写真画像とがある．

⑦ 図例0033では，樹脂射出成型品およびこれを生産するための金型を示している．複雑な自由曲面などを含む形状を有する製品およびその金型については，図面ではなく3次元CADによって設計される場合がある．そのような場合でも，設計意図を明確にするために図面を併用することがあり，本来3次元CADモデルとセットで取り扱う必要がある．

● 参 考

図番	図名	図面のサイズ×枚数	仕上時間（時）			
			スケッチ	鉛筆図	写図	CAD(作図)
0001	線	A3×1		2	2	
0002	線	〃		2	2	0.5
0003	文字	〃		8	5	
0004	Vブロック	A4×1		2	1	1
0005	パッキン押え	〃	1	2	1	1
0006	チャック用ハンドル	A4×2	1	2	2	
0007	両口板はさみゲージ	A4×2	1	2	1	
0008	コンパス	〃	1	2	1	
0009	回し金	〃	1	2	2	
0010	アイボルト	〃	2	3	2	
0011	ボルト, ナット	A3×1	2	4	2	2※
0012	豆ジャッキ	A4×2	2	4	3	2※
0013	スパナ	A3×1	2	4	3	
0014	ハンドル車	〃	2	4	3	2
0015	Vプーリ	〃	3	4	3	1.5※
0016	トースカン	A3縦×3	3	5	3	
0017	かみあいクラッチ	A4×1, A3×1	2	5	3	
0018	平歯車	A3×1	2	4	2	
0019	フランジ形固定軸継手	A4×1, A2×1	3	5	3	2.5※
0020	フランジ形たわみ軸継手	〃	3	5	3	2.5※
0021	ウォーム・ウォームホイール	A3×2	4	8	4	2※
0022	ブシュ付き軸受	A3×1	2	4	2	
0023	プランマブロック	A3×3	6	12	6	1.2※
0024	クランク軸	A2×1	6	12	6	1.5※
0025	オイルタンク	A3×3	2	4	3	
0026	横万力	A2×3	6	14	8	6※
0027	安全弁	〃	8	20	10	10※
0028	玉形弁	A4×2, A2×1	6	12	8	6※
0029	空気タンク	A2×1	3	6	3	
0030	歯車ポンプ	A3×3	6	12	8	6※
0031	油圧シリンダ	A2×3	8	14	8	10
0032	液晶カバー	A3×1				6※
0033	液晶カバー金型	A2×1, A3×2, A4×1				20※

注1) 本表は図面作成に関する標準仕上時間を示す．

2) ※の付いているCAD（作図）時間は，3次元モデル形状を投影面に投影した投影図（多くの3次元CADソフトウェアでは線種・線の太さ，尺度および投影図間の位置関係などが自動的に正確に作成される）をもとに作図した場合の仕上時間を示す．

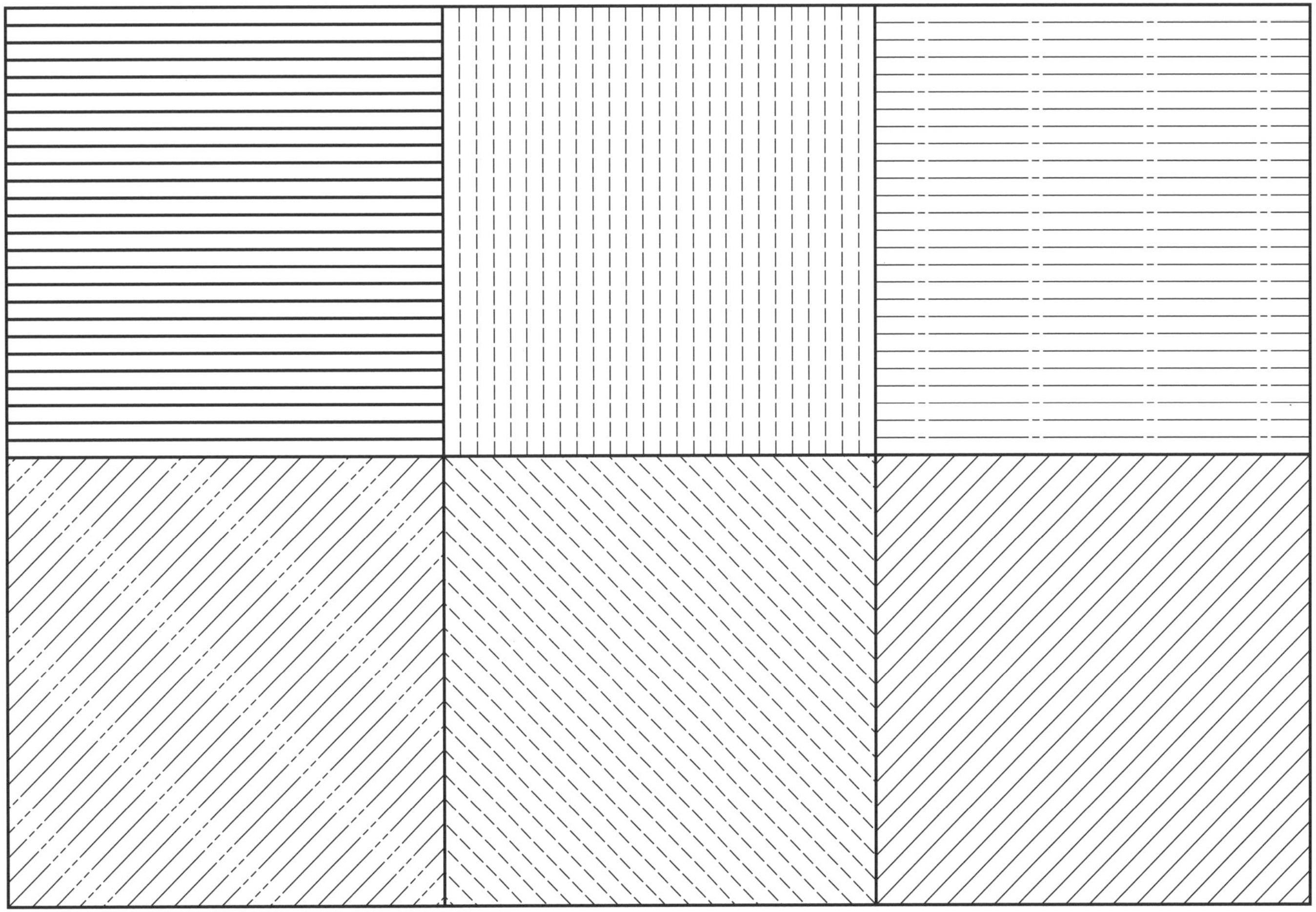

機械製図法　①

図　面　②

部品・材料資料　③

線

校　名	氏　名	設計	製図	写図	図
		・　・	・　・	・　・	

図名	線	尺度	投影法	
		図番	0001	

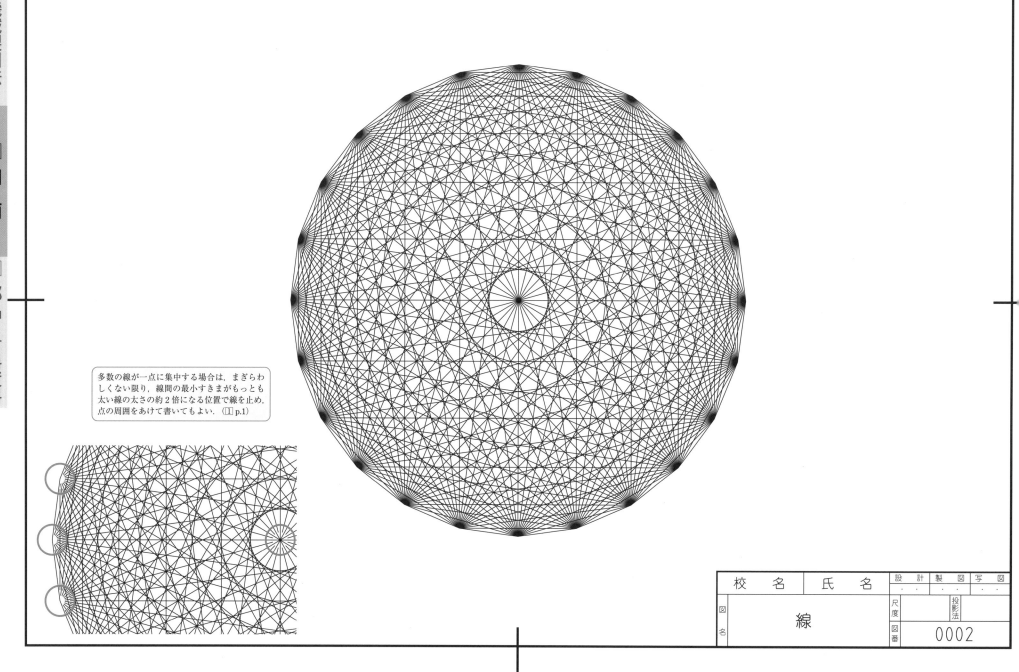

多数の線が一点に集中する場合は，まぎらわしくない限り，線間の最小すきまがもっとも太い線の太さの約2倍になる位置で線を止め，点の周囲をあけて書いてもよい．（1 p.1）

校　名	氏　名	設　計	製　図	写　図
		・　・	・　・	・　・

図名	線	尺度	投影法	
		図番	0002	

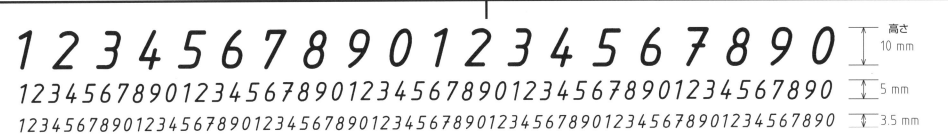

1234567890123456789012345678901234567890 高さ 10 mm

1234567890123456789012345678901234567890 5 mm

12345678901234567890123456789012345678901234567890 3.5 mm

ABCDEFGHIJKLMNOPQRSTUVWXYZ 10 mm

ABCDEFGHIJKLMNOPQRSTUVWXYZABCDEFGHIJKL 7 mm

abcdefghijklmnopqrstuvwxyzabcdefg 10 mm

abcdefghijklmnopqrstuvwxyzabcdefghijklmnopqrstuv 7 mm

abcdefghijklmnopqrstuvwxyzabcdefghijklmnopqrstuvwxyzabcdefghijklmno 5 mm

アイウエオカキクケ断面詳細矢視側図計画組 10 mm

コサシスセソタチツテトナ 断面詳細矢視側図計画組機械製図 7 mm

ニヌネノハヒフヘホマミムメモヤユヨラリルレロワヲン限界寸法前後左右個数規格備考摘要 5 mm

あいうえおかきくけこさしすせそたちつてと 10 mm

なにぬねのはひふへほまみむめもやゆよらりるれろわをんあいうえおかきくけこさしすせそ 5 mm

図面上のラテン文字, 数字などの書体にかかわらず, 単位記号は直立体文字とする. (1 p.4)

75° 文字を傾ける場合は, 約 75°の傾斜で書くとよい. (1 p.4 (JIS Z 8313-0))

校 名	氏 名	設 計	製 図	写 図
		· ·	· ·	· ·

図名	文 字	尺度		投影法
		図番	0003	

注 1. この図は, 書体および字形を表す例ではない.

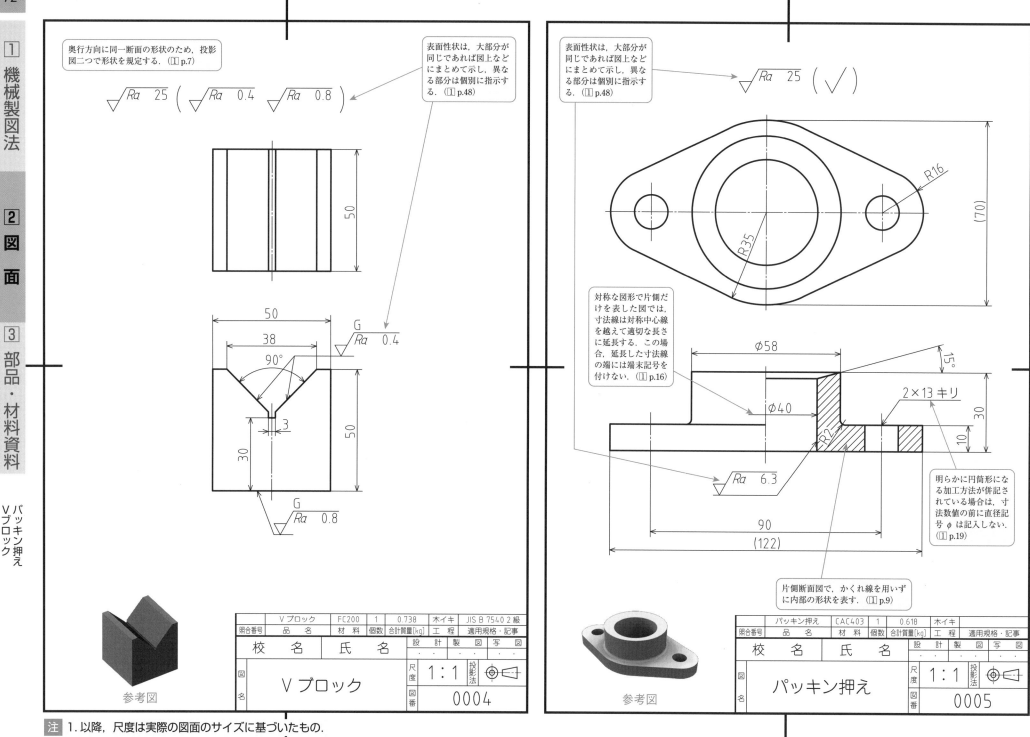

奥行方向に同一断面の形状のため，投影図二つで形状を規定する．(1 p.7)

表面性状は，大部分が同じであれば図上などにまとめて示し，異なる部分は個別に指示する．(1 p.48)

$\sqrt{}$ Ra 25 ($\sqrt{}$ Ra 0.4 $\sqrt{}$ Ra 0.8)

50

50

38

90°

3

30

50

G $\sqrt{}$ Ra 0.4

G $\sqrt{}$ Ra 0.8

表面性状は，大部分が同じであれば図上などにまとめて示し，異なる部分は個別に指示する．(1 p.48)

$\sqrt{}$ Ra 25 ($\sqrt{}$)

R16

R35

(70)

対称な図形で片側だけを表した図では，寸法線は対称中心線を越えて適切な長さに延長する．この場合，延長した寸法線の端には端末記号を付けない．(1 p.16)

φ58

15°

φ40

2×13 キリ

R2

30

10

$\sqrt{}$ Ra 6.3

90

(122)

明らかに円筒形になる加工方法が併記されている場合は，寸法数値の前に直径記号 φ は記入しない．(1 p.19)

片側断面図で，かくれ線を用いずに内部の形状を表す．(1 p.9)

参考図

照合番号	品　名	材料	個数	合計質量[kg]	工程	適用規格・記事
	Vブロック	FC200	1	0.738	木イキ	JIS B 7540 2級

校　名	氏　名	設　計	製　図	写　図

図名 Vブロック

尺度 1:1 投影法 ⊕◁

図番 0004

参考図

照合番号	品　名	材料	個数	合計質量[kg]	工程	適用規格・記事
	パッキン押え	CAC403	1	0.618	木イキ	

校　名	氏　名	設　計	製　図	写　図

図名 パッキン押え

尺度 1:1 投影法 ⊕◁

図番 0005

注 1. 以降，尺度は実際の図面のサイズに基づいたもの．

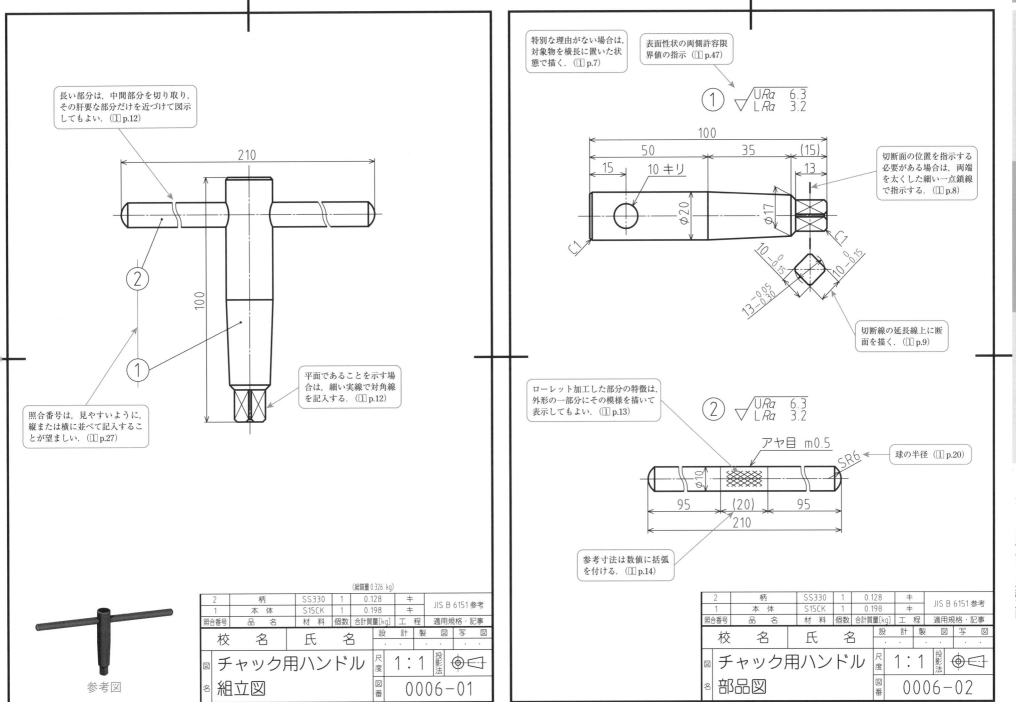

長い部分は，中間部分を切り取り，その肝要な部分だけを近づけて図示してもよい．（1 p.12）

210

100

②

①

照合番号は，見やすいように，縦または横に並べて記入することが望ましい．（1 p.27）

平面であることを示す場合は，細い実線で対角線を記入する．（1 p.12）

（総質量 0.326 kg）

参考図

2	柄	SS330	1	0.128	キ	JIS B 6151 参考
1	本体	S15CK	1	0.198	キ	
照合番号	品名	材料	個数	合計質量[kg]	工程	適用規格・記事

校 名	氏 名	設計 製図 写図			
図名 チャック用ハンドル 組立図		尺度 1:1	投影法 ⊕◁		
		図番 0006-01			

特別な理由がない場合は，対象物を横長に置いた状態で描く．（1 p.7）

表面性状の両側許容限界値の指示（1 p.47）

① ▽ URa 6.3 / LRa 3.2

切断面の位置を指示する必要がある場合は，両端を太くした細い一点鎖線で指示する．（1 p.8）

100
50
35
(15)
15
13

10 キリ

φ20

φ17

C1

C1

10 −0.15
10 −0.15
13 −0.05 −0.30

切断線の延長線上に断面を描く．（1 p.9）

ローレット加工した部分の特徴は，外形の一部分にその模様を描いて表示してもよい．（1 p.13）

② ▽ URa 6.3 / LRa 3.2

アヤ目 m0.5

SR6

球の半径（1 p.20）

φ10

95
(20)
95
210

参考寸法は数値に括弧を付ける．（1 p.14）

2	柄	SS330	1	0.128	キ	JIS B 6151 参考
1	本体	S15CK	1	0.198	キ	
照合番号	品名	材料	個数	合計質量[kg]	工程	適用規格・記事

校 名	氏 名	設計 製図 写図			
図名 チャック用ハンドル 部品図		尺度 1:1	投影法 ⊕◁		
		図番 0006-02			

主投影図一つと板厚で形状を規定する.（1 p.7）

$\sqrt{}$ Ra 1.6 （$\sqrt{}$）

板の主投影図にその厚さの寸法を表す.（1 p.20）

Ra 0.1

C4

†4

R4

Ra 0.1

$12^{-0.001}_{-0.004}$

12 h7

$12^{-0.0165}_{-0.0195}$

50

30°

30°

1.5

18

12

5

18

1.5

18

14

70

180°を超える円形の図形に直径寸法を記入する場合で，寸法線の両端に端末記号が付く場合は，数値の前に直径記号 φ は記入しない．（1 p.19）

注記
寸法規格値等の表示は刻印打刻による.

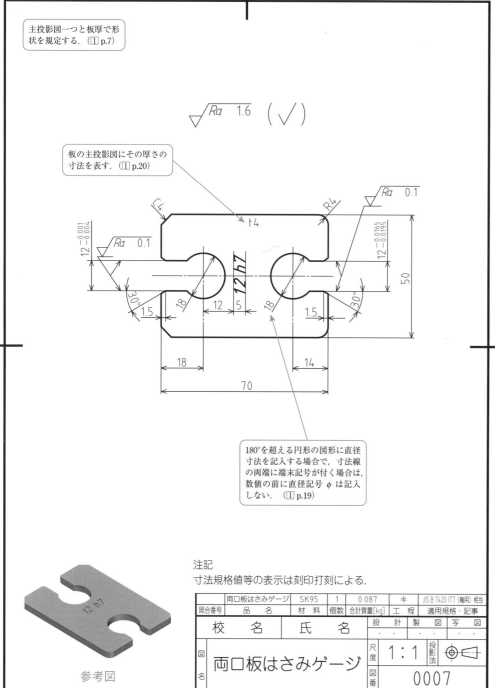

参考図

12 h7

照合番号	品　名	材　料	個数	合計質量[kg]	工　程	適用規格・記事
	両口板はさみゲージ	SK95	1	0.087	キ	JIS B 7420 IT7（軸用）相当

校　名	氏　名		設　計	製　図	写　図
			・　・	・　・	・　・

図名 両口板はさみゲージ

尺度 1:1　投影法 ⊕◁⊏

図番 0007

特別な理由がない場合は，対象物を横長に置いた状態で描く.（1 p.7）

所定の位置に寸法を記入しづらい場合などは，寸法線に対して適切な角度をもつ互いに平行な寸法補助線を引き，そこに寸法を記入してもよい.（1 p.14）

① $\sqrt{}$ $\dfrac{URa\ 6.3}{LRa\ 3.2}$ （$\sqrt{}$）

5

10

9

7.7

4.5

Ra 1.6

徐々に変化する形状の寸法の記入例（1 p.10）

150

φ5H7

25

5

35

80

R10

120°

Ra 1.6

R18

10

9

7.7

4.5

Ra 1.6

90

110

130

150

160

累進寸法記入法での記入例（1 p.17）

図形内の切断箇所に重ねて，細い実線で断面を描く.（1 p.9）

③ ② ①

取付後両先端カシメ

加工前の形状を想像線で表す.（1 p.13）

② $\sqrt{}$ $\dfrac{URa\ 6.3}{LRa\ 3.2}$　③ $\sqrt{}$ $\dfrac{URa\ 6.3}{LRa\ 3.2}$

φ5

C1

φ20

2

φ5g6

20

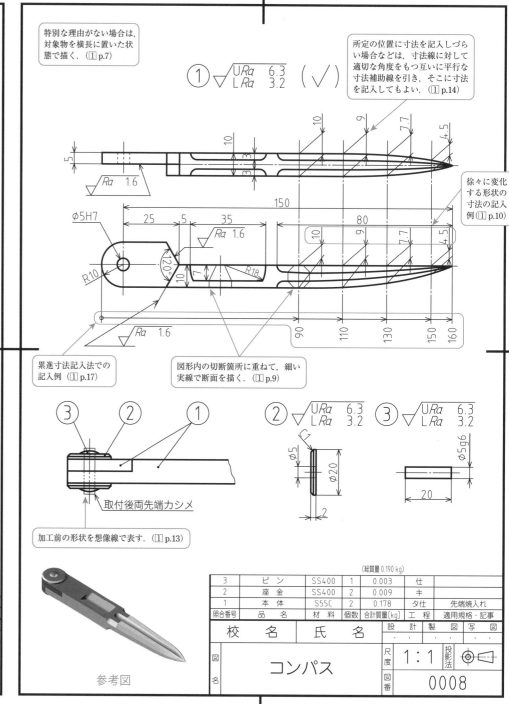

参考図

（総質量 0.190 kg）

照合番号	品　名	材　料	個数	合計質量[kg]	工　程	適用規格・記事
3	ピン	SS400	1	0.003	仕	
2	座金	SS400	2	0.009	キ	
1	本体	S55C	2	0.178	夕仕	先端焼入れ

校　名	氏　名		設　計	製　図	写　図
			・　・	・　・	・　・

図名 コンパス

尺度 1:1　投影法 ⊕◁⊏

図番 0008

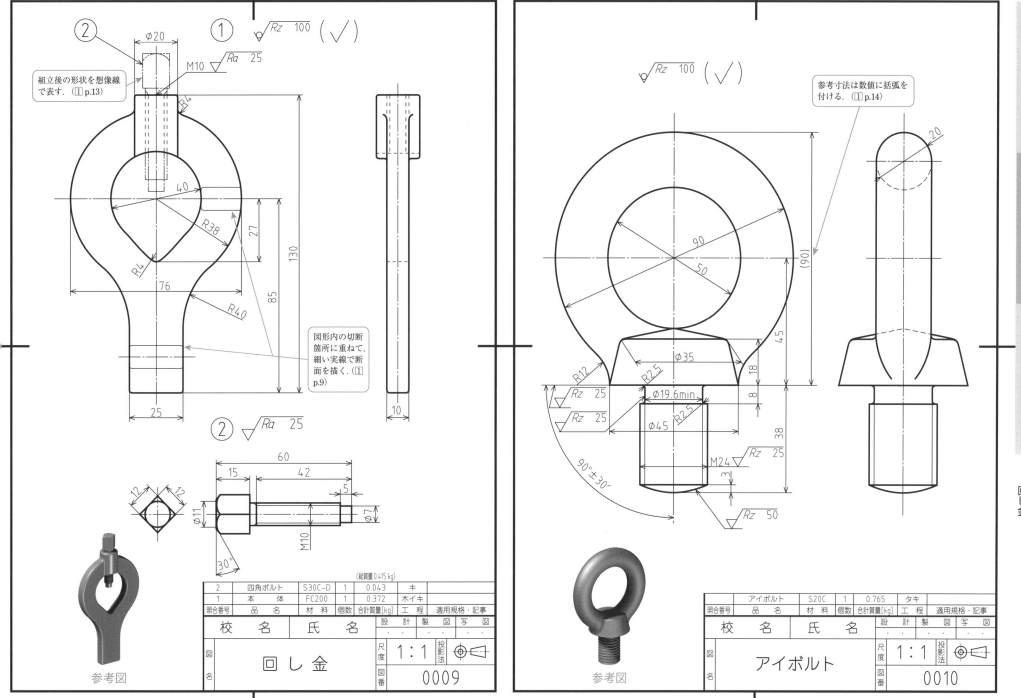

① $\sqrt{Rz\ 100}$ $(\checkmark)$

② 組立後の形状を想像線で表す．(1 p.13)

φ20

M10 $\sqrt{Ra\ 25}$

R4

40

R38

27

R4

76

85

130

R40

25

図形内の切断箇所に重ねて，細い実線で断面を描く．(1 p.9)

10

② $\sqrt{Ra\ 25}$

60

15

42

5

12 12

φ11

M10

φ7

30°

(総質量 0.415 kg)

照合番号	品 名	材 料	個数	合計質量[kg]	工 程	適用規格・記事
2	四角ボルト	S30C-D	1	0.043	キ	
1	本 体	FC200	1	0.372	木イキ	

校 名	氏 名		設 計	製 図	写 図
図名	回し金	尺度	1:1	投影法	
		図番	0009		

参考図

$\sqrt{Rz\ 100}$ $(\checkmark)$

参考寸法は数値に括弧を付ける．(1 p.14)

20

90

50

(90)

45

φ35

R12

R2.5

18

8

φ19.6min

φ45

R2.5

38

M24 $\sqrt{Rz\ 25}$

3

$\sqrt{Rz\ 25}$

$\sqrt{Rz\ 25}$

90°±30-

$\sqrt{Rz\ 50}$

照合番号	品 名	材 料	個数	合計質量[kg]	工 程	適用規格・記事
	アイボルト	S20C	1	0.765	タキ	

校 名	氏 名		設 計	製 図	写 図
図名	アイボルト	尺度	1:1	投影法	
		図番	0010		

参考図

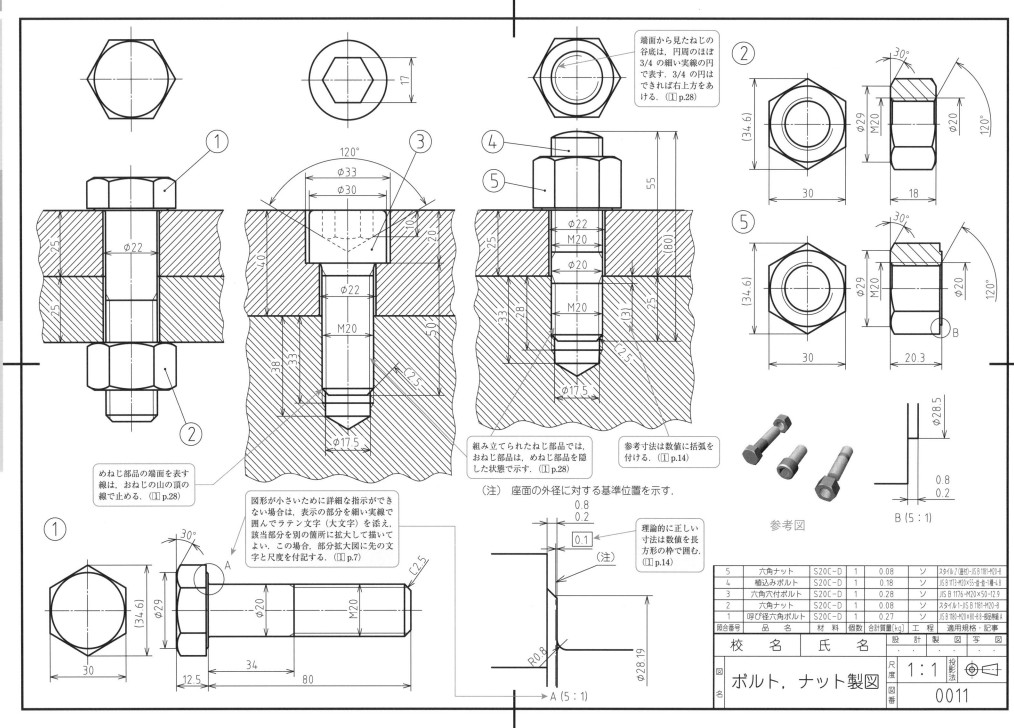

ボルト，ナット製図

端面から見たねじの谷底は，円周のほぼ 3/4 の細い実線の円で表す．3/4 の円はできれば右上方をあける．（① p.28）

めねじ部品の端面を表す線は，おねじの山の頂の線で止める．（① p.28）

図形が小さいために詳細な指示ができない場合は，表示の部分を細い実線で囲んでラテン文字（大文字）を添え，該当部分を別の箇所に拡大して描いてよい．この場合，部分拡大図に先の文字と尺度を付記する．（① p.7）

組み立てられたねじ部品では，おねじ部品は，めねじ部品を隠した状態で示す．（① p.28）

参考寸法は数値に括弧を付ける．（① p.14）

理論的に正しい寸法は数値を長方形の枠で囲む．（① p.14）

（注）座面の外径に対する基準位置を示す．

参考図

B (5 : 1)

A (5 : 1)

照合番号	品 名	材 料	個数	合計質量[kg]	工 程	適用規格・記事
5	六角ナット	S20C-D	1	0.08	ソ	スタイル2（座付）-JIS B 1181-M20-8
4	植込みボルト	S20C-D	1	0.18	ソ	JIS B 1173-M20×55-並-1種-4.8
3	六角穴付ボルト	S20C-D	1	0.28	ソ	JIS B 1176-M20×50-12.9
2	六角ナット	S20C-D	1	0.08	ソ	スタイル1-JIS B 1181-M20-8
1	呼び径六角ボルト	S20C-D	1	0.27	ソ	JIS B 1180-M20×80-8.8-部品等級A

校　名	氏　名	設 計	製 図	写 図

図名	ボルト，ナット製図	尺度	1 : 1	投影法
		図番	0011	

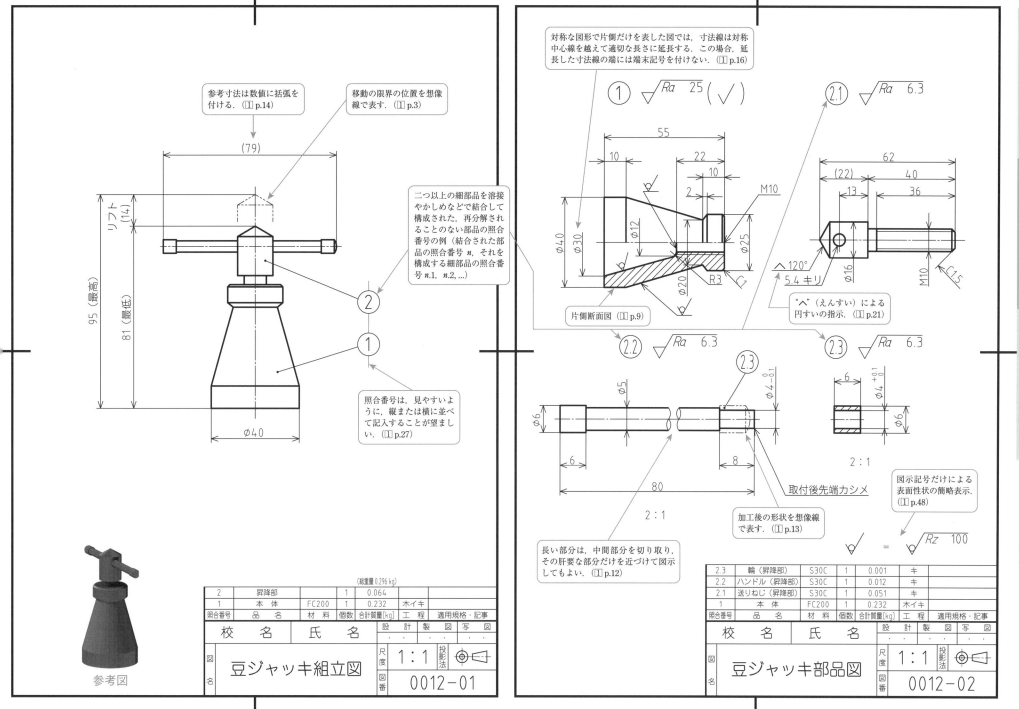

参考図

対称な図形で片側だけを表した図では，寸法線は対称中心線を越えて適切な長さに延長する．この場合，延長した寸法線の端には端末記号を付けない．（① p.16）

参考寸法は数値に括弧を付ける．（① p.14）

移動の限界の位置を想像線で表す．（① p.3）

二つ以上の細部品を溶接やかしめなどで結合して構成された，再分解されることのない部品の照合番号の例（結合された部品の照合番号 n，それを構成する細部品の照合番号 n.1, n.2, ...)

照合番号は，見やすいように，縦または横に並べて記入することが望ましい．（① p.27）

片側断面図（① p.9）

"へ"（えんすい）による円すいの指示．（① p.21）

図示記号だけによる表面性状の簡略表示．（① p.48）

長い部分は，中間部分を切り取り，その肝要な部分だけを近づけて図示してもよい．（① p.12）

加工後の形状を想像線で表す．（① p.13）

取付後先端カシメ

2	昇降部		1	0.064	
1	本体	FC200	1	0.232	キ・イキ
照合番号	品名	材料	個数	合計質量[kg]	工程 適用規格・記事

（総重量0.296 kg）

校名　氏名　豆ジャッキ組立図　尺度 1:1　図番 0012-01

2.3	輪（昇降部）	S30C	1	0.001	キ
2.2	ハンドル（昇降部）	S30C	1	0.012	キ
2.1	送りねじ（昇降部）	S30C	1	0.051	キ
1	本体	FC200	1	0.232	キ・イキ
照合番号	品名	材料	個数	合計質量[kg]	工程 適用規格・記事

校名　氏名　豆ジャッキ部品図　尺度 1:1　図番 0012-02

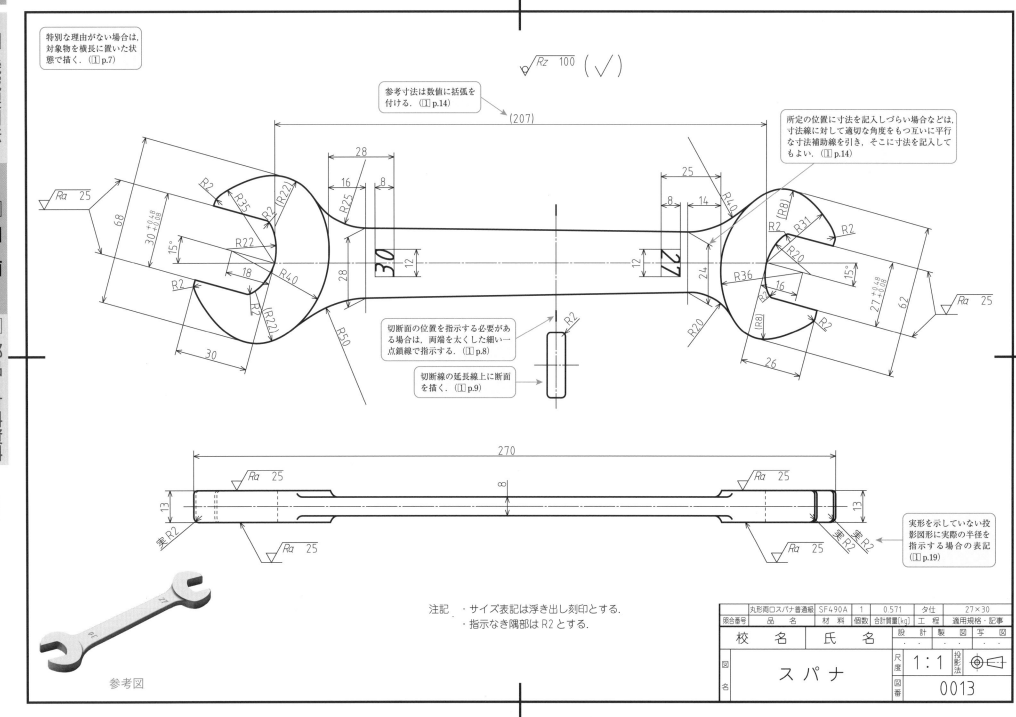

特別な理由がない場合は，対象物を横長に置いた状態で描く．（①p.7）

参考寸法は数値に括弧を付ける．（①p.14）

所定の位置に寸法を記入しづらい場合などは，寸法線に対して適切な角度をもつ互いに平行な寸法補助線を引き，そこに寸法を記入してもよい．（①p.14）

切断面の位置を指示する必要がある場合は，両端を太くした細い一点鎖線で指示する．（①p.8）

切断線の延長線上に断面を描く．（①p.9）

実形を示していない投影図形に実際の半径を指示する場合の表記（①p.19）

注記　・サイズ表記は浮き出し刻印とする．
　　　・指示なき隅部は R2 とする．

参考図

照合番号	品　名	材　料	個数	合計質量[kg]	工　程	適用規格・記事
	丸形両口スパナ普通級	SF490A	1	0.571	夕仕	27×30

校　名	氏　名	設　計	製　図	写　図

図名	スパナ	尺度	1:1	投影法	
		図番	0013		

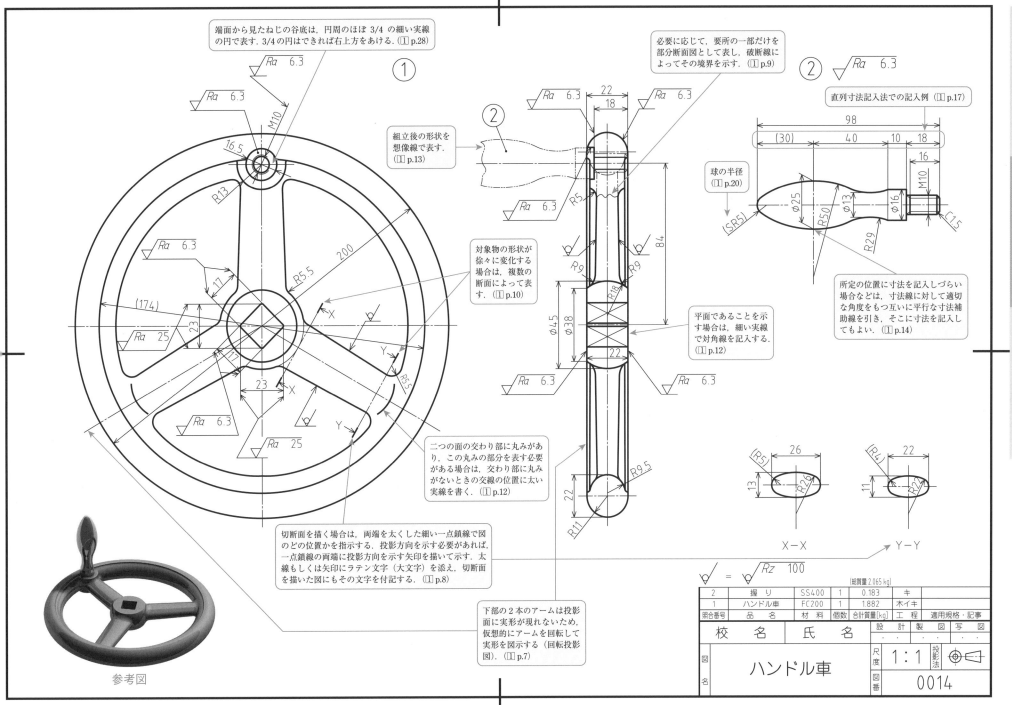

端面から見たねじの谷底は，円周のほぼ 3/4 の細い実線の円で表す．3/4 の円はできれば右上方をあける．(①p.28)

必要に応じて，要所の一部だけを部分断面図として表し，破断線によってその境界を示す．(①p.9)

組立後の形状を想像線で表す．(①p.13)

直列寸法記入法での記入例 (①p.17)

球の半径 (①p.20)

対象物の形状が徐々に変化する場合は，複数の断面によって表す．(①p.10)

所定の位置に寸法を記入しづらい場合などは，寸法線に対して適切な角度をもつ互いに平行な寸法補助線を引き，そこに寸法を記入してもよい．(①p.14)

平面であることを示す場合は，細い実線で対角線を記入する．(①p.12)

二つの面の交わり部に丸みがあり，この丸みの部分を表す必要がある場合は，交わり部に丸みがないときの交線の位置に太い実線を書く．(①p.12)

切断面を描く場合は，両端を太くした細い一点鎖線で図のどの位置かを指示する．投影方向を示す必要があれば，一点鎖線の両端に投影方向を示す矢印を描いて示す．太線もしくは矢印にラテン文字（大文字）を添え，切断面を描いた図にもその文字を付記する．(①p.8)

下部の2本のアームは投影面に実形が現れないため，仮想的にアームを回転して実形を図示する（回転投影図）．(①p.7)

参考図

$\sqrt{} = \sqrt{Rz\ 100}$

(総質量 2.065 kg)

2	握 り	SS400	1	0.183	キ	
1	ハンドル車	FC200	1	1.882	木イキ	
照合番号	品 名	材 料	個数	合計質量[kg]	工 程	適用規格・記事

校　名	氏　名	設 計	製 図	写 図
		・ ・ ・	・ ・ ・	・ ・ ・

ハンドル車

尺度 1:1 投影法

図名

図番 0014

X－X　Y－Y

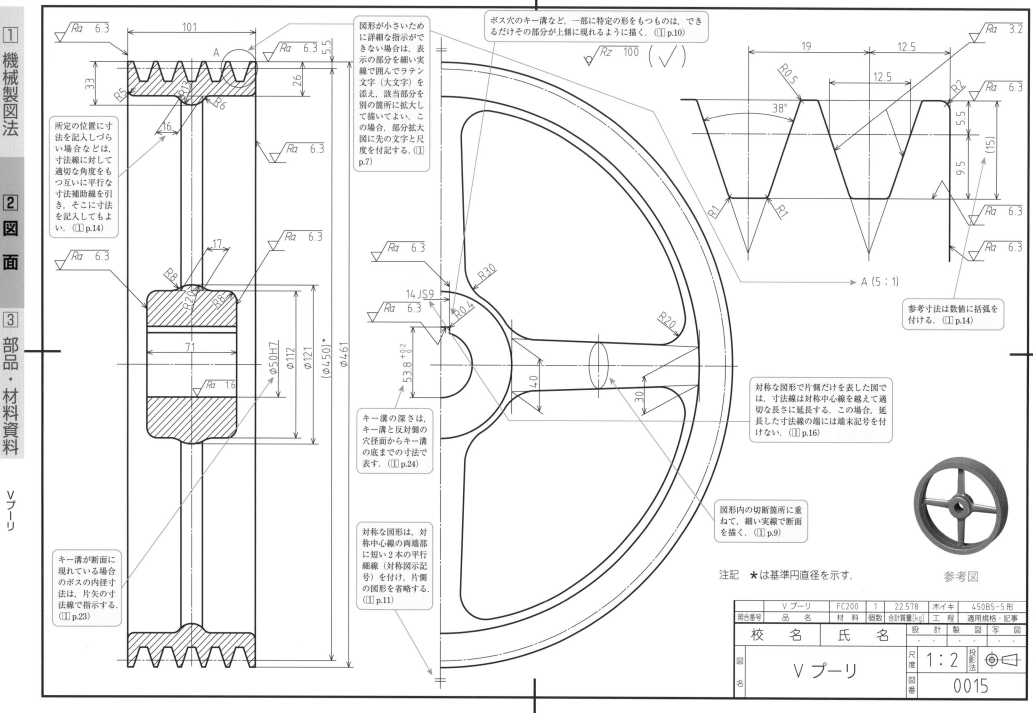

所定の位置に寸法を記入しづらい場合などは，寸法線に対して適切な角度をもつ互いに平行な寸法補助線を引き，そこに寸法を記入してもよい．（1 p.14）

図形が小さいために詳細な指示ができない場合は，表示の部分を細い実線で囲んでラテン文字（大文字）を添え，該当部分を別の箇所に拡大して描いてよい．この場合，部分拡大図に先の文字と尺度を付記する．（1 p.7）

ボス穴のキー溝など，一部に特定の形をもつものは，できるだけその部分が上側に現れるように描く．（1 p.10）

$\sqrt{Rz\ 100}\ \left(\sqrt{}\right)$

$\sqrt{Ra\ 6.3}$　$\sqrt{Ra\ 6.3}$　$\sqrt{Ra\ 3.2}$　$\sqrt{Ra\ 6.3}$　$\sqrt{Ra\ 6.3}$

キー溝が断面に現れている場合のボスの内径寸法は，片矢の寸法線で指示する．（1 p.23）

キー溝の深さは，キー溝と反対側の穴径面からキー溝の底までの寸法で表す．（1 p.24）

対称な図形は，対称中心線の両端部に短い2本の平行細線（対称図示記号）を付け，片側の図形を省略する．（1 p.11）

対称な図形で片側だけを表した図では，寸法線は対称中心線を越えて適切な長さに延長する．この場合，延長した寸法線の端には端末記号を付けない．（1 p.16）

図形内の切断箇所に重ねて，細い実線で断面を描く．（1 p.9）

参考寸法は数値に括弧を付ける．（1 p.14）

A (5 : 1)

注記 ＊は基準円直径を示す．

参考図

照合番号	品 名	材 料	個数	合計質量[kg]	工 程	適用規格・記事
	Vプーリ	FC200	1	22.578	木イキ	450B5-5形

校　名	氏　名	設 計	製 図	写 図

| 図 名 | Vプーリ | 尺度 1:2 | 投影法 |
| | | 図番 0015 | |

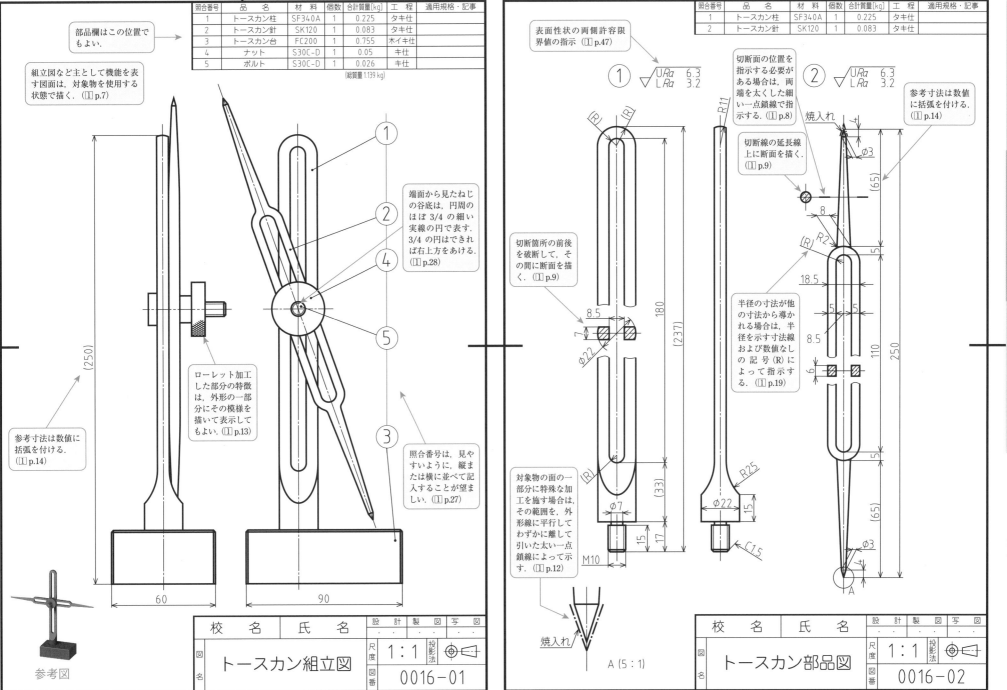

左図（トースカン組立図 0016-01）

照合番号	品　名	材　料	個数	合計質量[kg]	工　程	適用規格・記事
1	トースカン柱	SF340A	1	0.225	タキ仕	
2	トースカン針	SK120	1	0.083	タキ仕	
3	トースカン台	FC200	1	0.755	木イキ仕	
4	ナット	S30C-D	1	0.05	キ仕	
5	ボルト	S30C-D	1	0.026	キ仕	

(総質量 1.139 kg)

部品欄はこの位置でもよい.

組立図など主として機能を表す図面は，対象物を使用する状態で描く．（1 p.7）

端面から見たねじの谷底は，円周のほぼ 3/4 の細い実線の円で表す．3/4 の円はできれば右上方をあける．（1 p.28）

ローレット加工した部分の特徴は，外形の一部分にその模様を描いて表示してもよい．（1 p.13）

照合番号は，見やすいように，縦または横に並べて記入することが望ましい．（1 p.27）

参考寸法は数値に括弧を付ける．（1 p.14）

60　90　(250)

校　名　氏　名　設計　製図　写図　尺度 1:1　投影法

トースカン組立図　0016-01

参考図

右図（トースカン部品図 0016-02）

照合番号	品　名	材　料	個数	合計質量[kg]	工　程	適用規格・記事
1	トースカン柱	SF340A	1	0.225	タキ仕	
2	トースカン針	SK120	1	0.083	タキ仕	

表面性状の両側許容限界値の指示（1 p.47）

$1\ \sqrt{\begin{array}{l}URa\ 6.3\\LRa\ 3.2\end{array}}$

$2\ \sqrt{\begin{array}{l}URa\ 6.3\\LRa\ 3.2\end{array}}$

切断面の位置を指示する必要がある場合は，両端を太くした細い一点鎖線で指示する．（1 p.8）

切断線の延長線上に断面を描く．（1 p.9）

参考寸法は数値に括弧を付ける．（1 p.14）

切断箇所の前後を破断して，その間に断面を描く．（1 p.9）

半径の寸法が他の寸法から導かれる場合は，半径を示す寸法線および数値なしの記号（R）によって指示する．（1 p.19）

対象物の面の一部分に特殊な加工を施す場合は，その範囲を，外形線に平行してわずかに離して引いた太い一点鎖線によって示す．（1 p.12）

焼入れ

R11　焼入れ　φ3　8　R2　18.5　5　5　8.5　6
180　(237)　8.5　7　φ22　(33)　φ7　15　17　M10
R25　φ22　15　C15
(65)　5　110　250　(65)　φ3　A

A (5:1)

校　名　氏　名　設計　製図　写図　尺度 1:1　投影法

トースカン部品図　0016-02

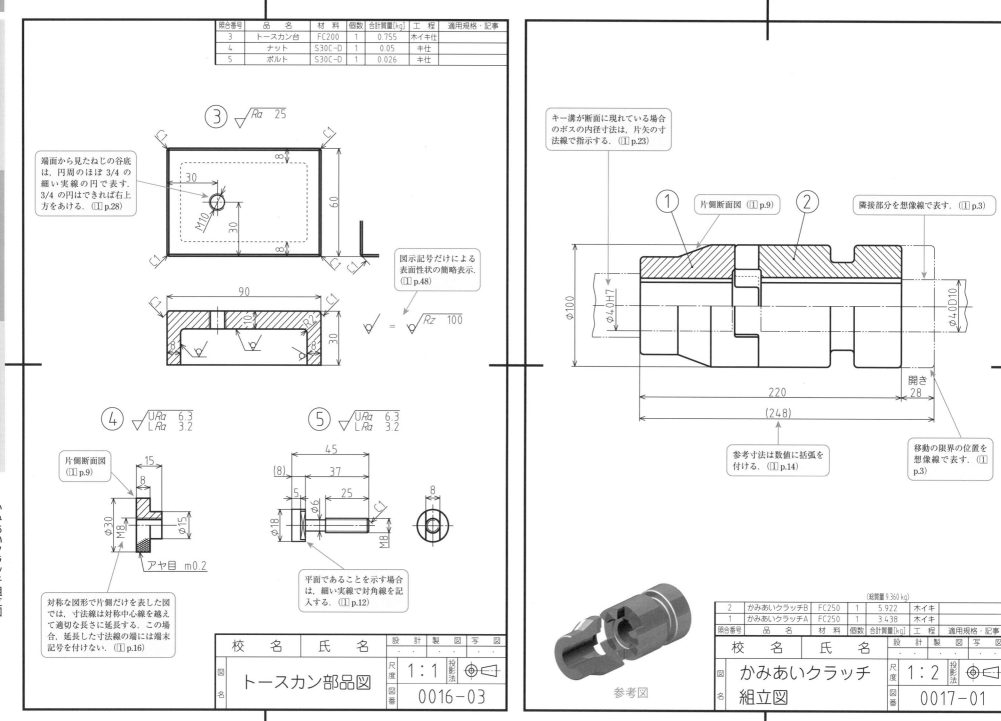

照合番号	品　名	材　料	個数	合計質量[kg]	工　程	適用規格・記事
3	トースカン台	FC200	1	0.755	木イキ仕	
4	ナット	S30C-D	1	0.05	キ仕	
5	ボルト	S30C-D	1	0.026	キ仕	

③ $\sqrt{}$ Ra 25

端面から見たねじの谷底は，円周のほぼ 3/4 の細い実線の円で表す．3/4 の円はできれば右上方をあける．（1 p.28）

M10

30

30

60

8

8

C1

図示記号だけによる表面性状の簡略表示．（1 p.48）

$\sqrt{}$ = $\sqrt{}$ Rz 100

90

10

R2

30

8

8

④ $\sqrt{}$ URa 6.3 / LRa 3.2

片側断面図（1 p.9）

15

8

φ30

M8

φ15

アヤ目 m0.2

対称な図形で片側だけを表した図では，寸法線は対称中心線を越えて適切な長さに延長する．この場合，延長した寸法線の端には端末記号を付けない．（1 p.16）

⑤ $\sqrt{}$ URa 6.3 / LRa 3.2

45

(8)

37

5

25

φ18

φ6

M8

C1

8

平面であることを示す場合は，細い実線で対角線を記入する．（1 p.12）

校　名	氏　名		設計	製図	写図

		尺度	1:1	投影法
図名	トースカン部品図	図番	0016-03	

キー溝が断面に現れている場合のボスの内径寸法は，片矢の寸法線で指示する．（1 p.23）

① 片側断面図（1 p.9） ②

隣接部分を想像線で表す．（1 p.3）

φ100

φ40H7

φ40D10

220

開き 28

(248)

参考寸法は数値に括弧を付ける．（1 p.14）

移動の限界の位置を想像線で表す．（1 p.3）

参考図

							(総質量 9.360 kg)
2	かみあいクラッチB	FC250	1	5.922	木イキ		
1	かみあいクラッチA	FC250	1	3.438	木イキ		
照合番号	品　名	材　料	個数	合計質量[kg]	工　程	適用規格・記事	

校　名	氏　名		設計	製図	写図

		尺度	1:2	投影法
図名	かみあいクラッチ組立図	図番	0017-01	

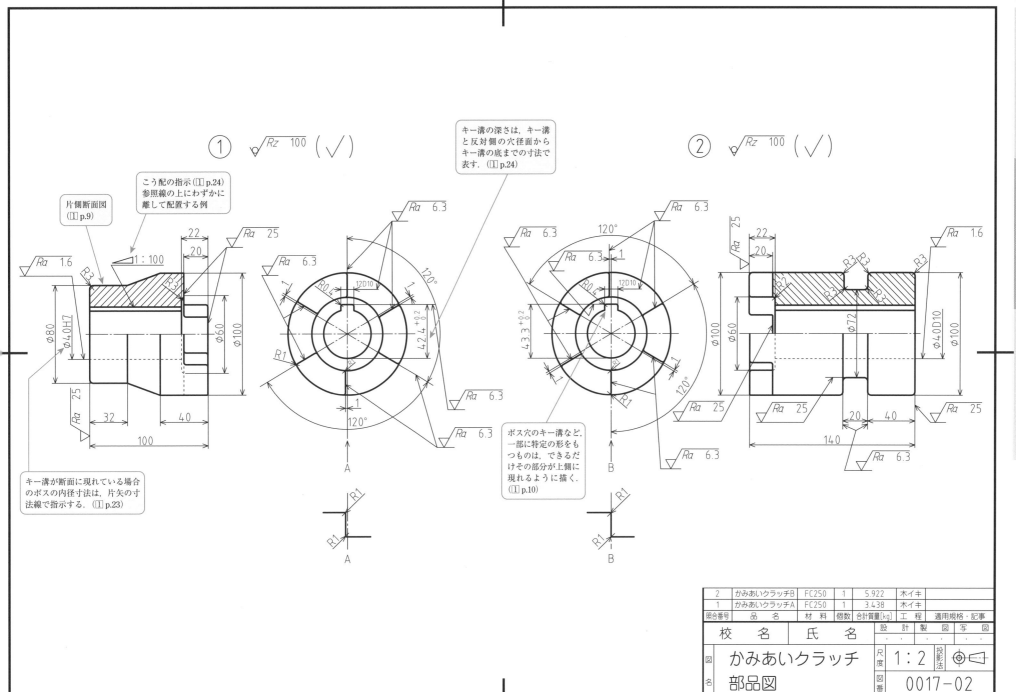

① ⌓Rz 100 (√)

片側断面図
(1 p.9)

こう配の指示(1 p.24)
参照線の上にわずかに
離して配置する例

キー溝が断面に現れている場合
のボスの内径寸法は，片矢の寸
法線で指示する．(1 p.23)

キー溝の深さは，キー溝
と反対側の穴径面から
キー溝の底までの寸法で
表す．(1 p.24)

ボス穴のキー溝など，
一部に特定の形をも
つものは，できるだ
けその部分が上側に
現れるように描く．
(1 p.10)

② ⌓Rz 100 (√)

2	かみあいクラッチB	FC250	1	5.922	木イキ	
1	かみあいクラッチA	FC250	1	3.438	木イキ	
照合番号	品　名	材　料	個数	合計質量[kg]	工　程	適用規格・記事

校　名	氏　名	設　計	製　図	写　図
図名	かみあいクラッチ	尺度 1:2	投影法	
	部品図	図番 0017-02		

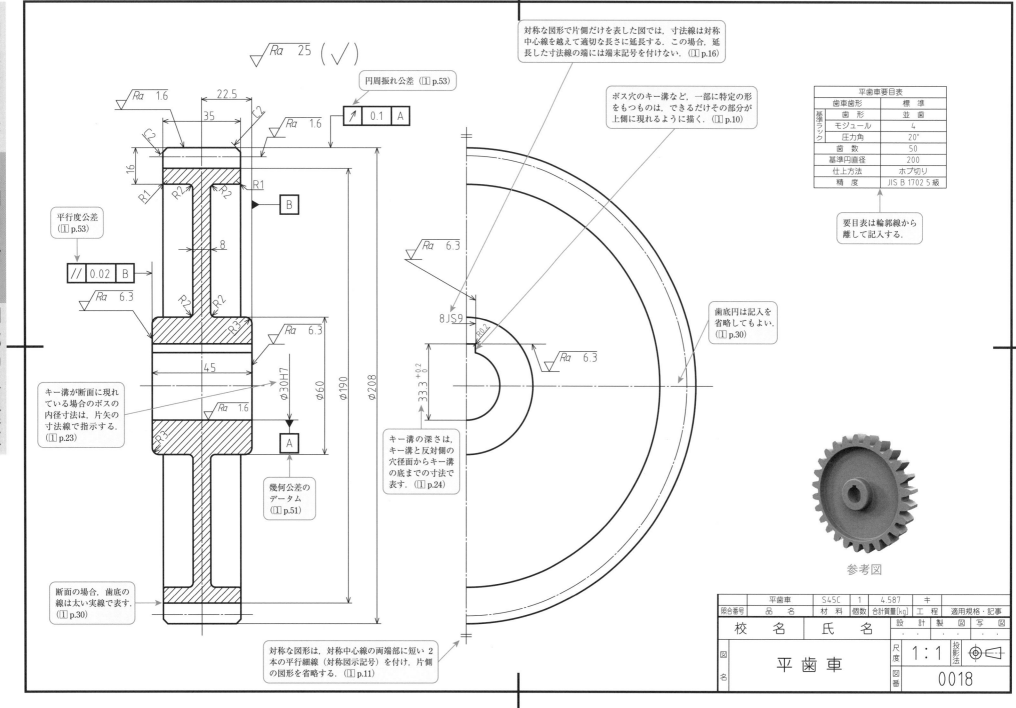

$\sqrt{Ra\ 25}\ (\sqrt{\ \ })$

Ra 1.6

22.5

35

Ra 1.6

円周振れ公差（1 p.53）

↗ 0.1 A

対称な図形で片側だけを表した図では，寸法線は対称中心線を越えて適切な長さに延長する．この場合，延長した寸法線の端には端末記号を付けない．（1 p.16）

ボス穴のキー溝など，一部に特定の形をもつものは，できるだけその部分が上側に現れるように描く．（1 p.10）

平歯車要目表		
歯車歯形		標準
基準ラック	歯形	並歯
	モジュール	4
	圧力角	20°
歯数		50
基準円直径		200
仕上方法		ホブ切り
精度		JIS B 1702 5級

要目表は輪郭線から離して記入する．

16

C2

C2

R1 R2 R2 R1

B

平行度公差
（1 p.53）

// 0.02 B

8

Ra 6.3

R2 R2

R3

45

Ra 6.3

キー溝が断面に現れている場合のボスの内径寸法は，片矢の寸法線で指示する．
（1 p.23）

φ30H7

φ60

φ190

φ208

Ra 1.6

R3

A

幾何公差のデータム
（1 p.51）

Ra 6.3

8JS9

R0.2

33.3 $^{+0.2}_{0}$

Ra 6.3

歯底円は記入を省略してもよい．
（1 p.30）

キー溝の深さは，キー溝と反対側の穴径面からキー溝の底までの寸法で表す．（1 p.24）

断面の場合，歯底の線は太い実線で表す．
（1 p.30）

対称な図形は，対称中心線の両端部に短い2本の平行細線（対称図示記号）を付け，片側の図形を省略する．（1 p.11）

参考図

照合番号	平歯車	S45C	1	4.587	キ	
	品　名	材料	個数	合計質量[kg]	工程	適用規格・記事

校　名	氏　名	設　計	製　図	写　図
		・　・	・　・	・　・

図名

平　歯　車

尺度 1:1

投影法 ⊕ ◁

図番 0018

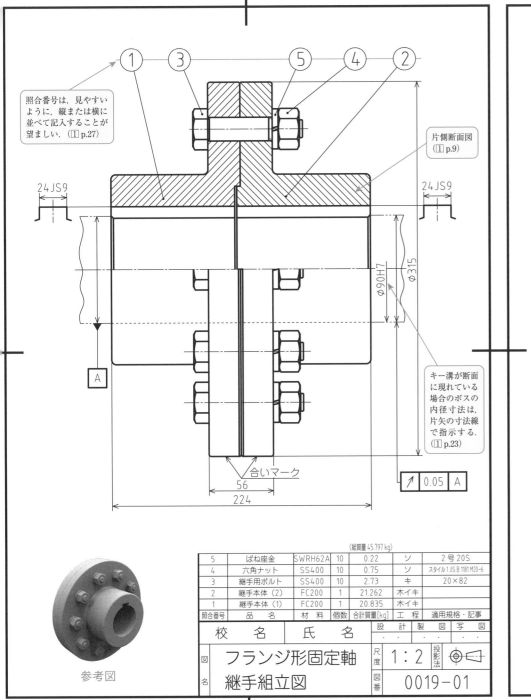

照合番号は、見やすいように、縦または横に並べて記入することが望ましい。(1 p.27)

片側断面図(1 p.9)

24 JS9

24 JS9

φ90H7

φ315

キー溝が断面に現れている場合のボスの内径寸法は、片矢の寸法線で指示する。(1 p.23)

A

合いマーク

56

224

↗ 0.05 A

(総質量 45.797 kg)

照合番号	品 名	材料	個数	合計質量[kg]	工程	適用規格・記事
5	ばね座金	SWRH62A	10	0.22	ソ	2号20S
4	六角ナット	SS400	10	0.75	ソ	スタイル1 JIS B 1181 M20-6
3	継手用ボルト	SS400	10	2.73	キ	20×82
2	継手本体(2)	FC200	1	21.262	木イキ	
1	継手本体(1)	FC200	1	20.835	木イキ	

参考図

校 名	氏 名		設計	製図	写図
			・・・	・・・	・・・

図名 フランジ形固定軸継手組立図

尺度 1:2

投影法 ⊕◁

図番 0019-01

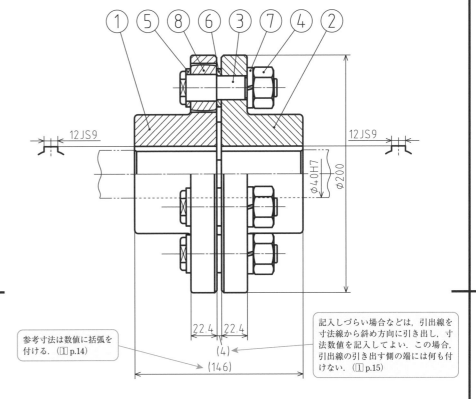

12 JS9

12 JS9

φ40H7

φ200

22.4 22.4

(4)

(146)

記入しづらい場合などは、引出線を寸法線から斜め方向に引き出し、寸法値を記入してよい。この場合、引出線の引き出す側の端には何も付けない。(1 p.15)

参考寸法は数値に括弧を付ける。(1 p.14)

(総質量 14.686 kg)

照合番号	品 名	材 料	個数	合計質量[kg]	工程	適用規格・記事
8	ブシュ	合成ゴム	8	0.16	ソ	材料 JIS K 6386 B (12)-JsAₐ
7	ばね座金	SWRH62A	8	0.184	ソ	2号20S
6	座 金	SS400	8	0.12	キ	
5	座 金	SS400	8	0.104	キ	
4	六角ナット	SS400	8	0.6	ソ	スタイル1 JIS B 1181 M20-6
3	継手ボルト	SS400	8	1.824	キ	20×85
2	継手本体(2)	FC200	1	6.471	木イキ	
1	継手本体(1)	FC200	1	5.223	木イキ	

参考図

校 名	氏 名		設計	製図	写図
			・・・	・・・	・・・

図名 フランジ形たわみ軸継手組立図

尺度 1:2

投影法 ⊕◁

図番 0020-01

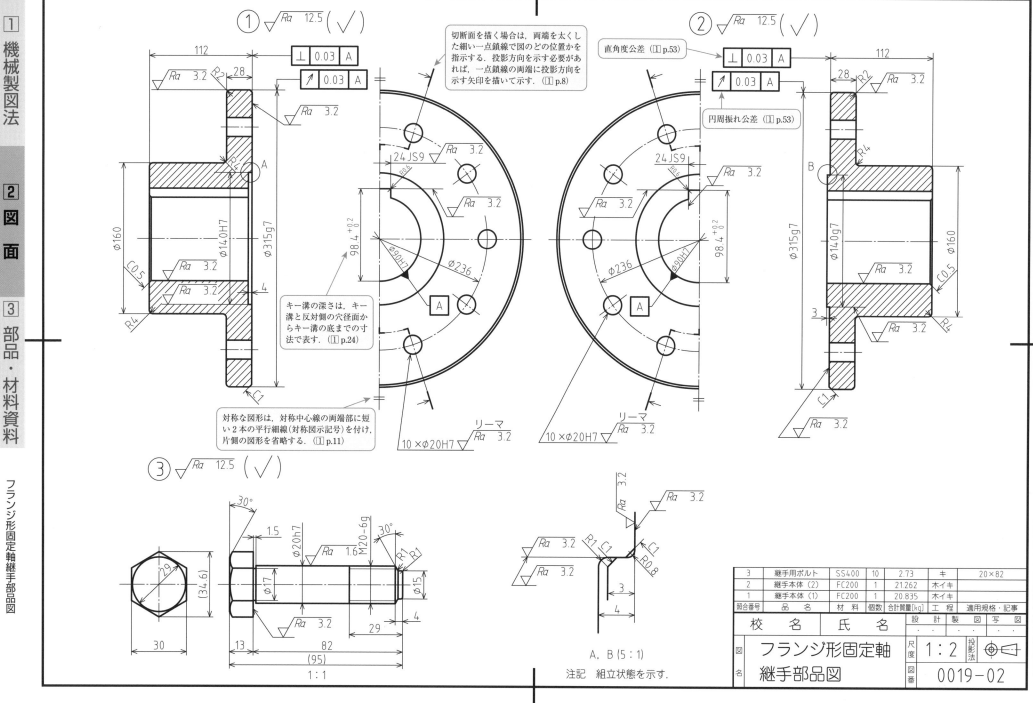

① ⌇Ra 12.5 (✓)

⊥ 0.03 A
↗ 0.03 A

切断面を描く場合は，両端を太くした細い一点鎖線で図のどの位置かを指示する．投影方向を示す必要があれば，一点鎖線の両端に投影方向を示す矢印を描いて示す．（Ⅰ p.8）

② ⌇Ra 12.5 (✓)

直角度公差 （Ⅰ p.53）
⊥ 0.03 A
↗ 0.03 A
円周振れ公差 （Ⅰ p.53）

112
28 R2
Ra 3.2
Ra 3.2
φ160
φ140H7
φ315g7
C0.5
Ra 3.2
Ra 3.2
R4
C1
A
4

24 JS9
Ra 3.2
Ra 3.2
φ90H7
φ236
98.4 +0.2 0
A
10 ×φ20H7
リーマ Ra 3.2

24 JS9
Ra 3.2
Ra 3.2
φ90H7
φ236
98.4 +0.2 0
A
10 ×φ20H7
リーマ Ra 3.2

112
28 R2
Ra 3.2
φ315g7
φ140g7
φ160
B
R4
Ra 3.2
C0.5
3
Ra 3.2
R4
C1
Ra 3.2

キー溝の深さは，キー溝と反対側の穴径面からキー溝の底までの寸法で表す．（Ⅰ p.24）

対称な図形は，対称中心線の両端部に短い2本の平行細線（対称図示記号）を付け，片側の図形を省略する．（Ⅰ p.11）

③ ⌇Ra 12.5 (✓)

30°
1.5
φ20h7
Ra 1.6
M20-6g
30°
R1 R1
29
(34.6)
φ17
φ15
30
13
82
(95)
Ra 3.2
29
4
1:1

Ra 3.2
Ra 3.2
R1 C1
C1
R0.8
Ra 3.2
Ra 3.2
3
4
A，B (5:1)
注記　組立状態を示す．

3	継手用ボルト	SS400	10	2.73	キ	20×82
2	継手本体（2）	FC200	1	21.262	木イキ	
1	継手本体（1）	FC200	1	20.835	木イキ	
照合番号	品　名	材料	個数	合計質量[kg]	工　程	適用規格・記事

校　　名	氏　　名	設　計	製　図	写　図

| 図名 | フランジ形固定軸継手部品図 | 尺度 1:2 | 投影法 | |
| | | 図番 0019-02 | | |

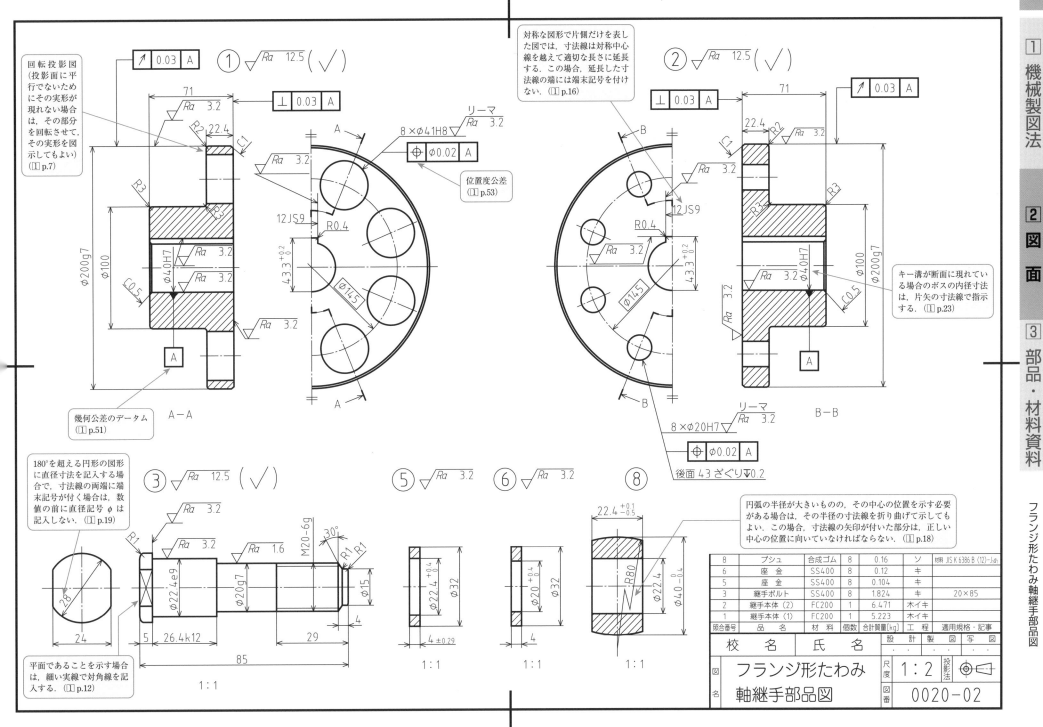

回転投影図（投影面に平行でないためにその実形が現れない場合は，その部分を回転させて，その実形を図示してもよい）（①p.7）

対称な図形で片側だけを表した図では，寸法線は対称中心線を越えて適切な長さに延長する．この場合，延長した寸法線の端には端末記号を付けない．（①p.16）

位置度公差（①p.53）

幾何公差のデータム（①p.51）

キー溝が断面に現れている場合のボスの内径寸法は，片矢の寸法線で指示する．（①p.23）

180°を超える円形の図形に直径寸法を記入する場合で，寸法線の両端に端末記号が付く場合は，数値の前に直径記号 φ は記入しない．（①p.19）

平面であることを示す場合は，細い実線で対角線を記入する．（①p.12）

円弧の半径が大きいもので，その中心の位置を示す必要がある場合は，その半径の寸法線を折り曲げて示してもよい．この場合，寸法線の矢印が付いた部分は，正しい中心の位置に向いていなければならない．（①p.18）

8	ブシュ	合成ゴム	8	0.16	ソ	材料 JIS K 6386 B (12)−Jₐ₉₁
6	座金	SS400	8	0.12	キ	
5	座金	SS400	8	0.104	キ	
3	継手ボルト	SS400	8	1.824	キ	20×85
2	継手本体 (2)	FC200	1	6.471	木イキ	
1	継手本体 (1)	FC200	1	5.223	木イキ	
照合番号	品　名	材料	個数	合計質量[kg]	工程	適用規格・記事

校　名	氏　名	設　計	製　図	写　図
図名	フランジ形たわみ軸継手部品図	尺度 1:2	投影法	
		図番 0020-02		

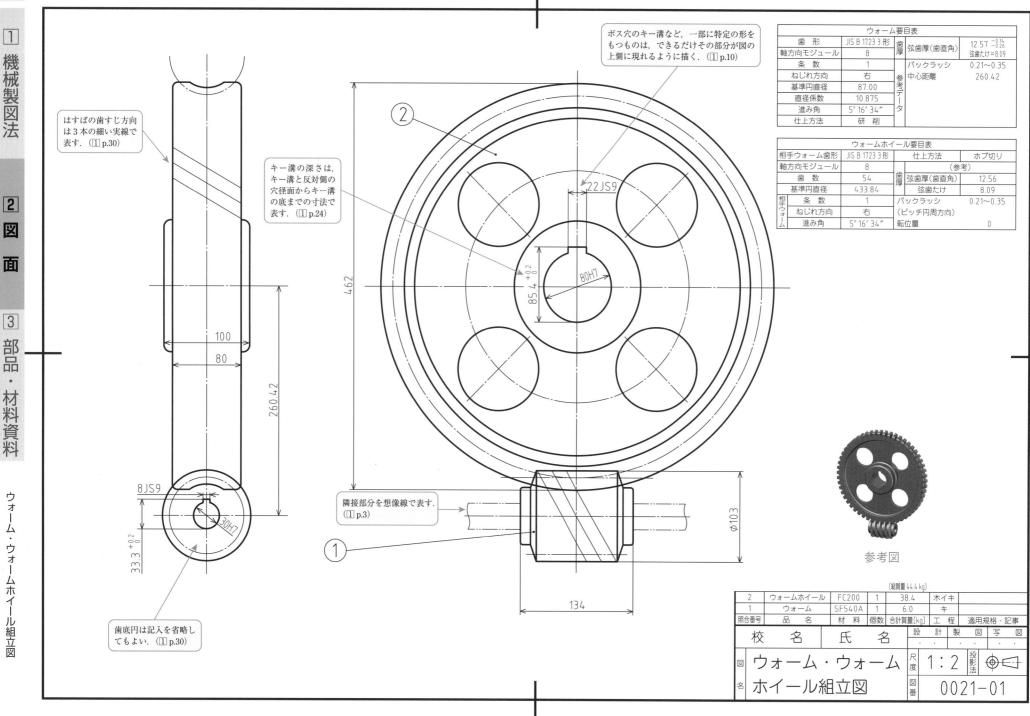

ボス穴のキー溝など，一部に特定の形をもつものは，できるだけその部分が図の上側に現れるように描く．（1 p.10）

はすばの歯すじ方向は3本の細い実線で表す．（1 p.30）

キー溝の深さは，キー溝と反対側の穴径面からキー溝の底までの寸法で表す．（1 p.24）

隣接部分を想像線で表す．（1 p.3）

歯底円は記入を省略してもよい．（1 p.30）

ウォーム要目表			
歯 形	JIS B 1723 3形	歯厚	弦歯厚（歯直角） 12.57 $^{-0.14}_{-0.26}$ 弦歯たけ＝8.09
軸方向モジュール	8		
条 数	1	参考データ	バックラッシ 0.21～0.35
ねじれ方向	右		中心距離 260.42
基準円直径	87.00		
直径係数	10.875		
進み角	5°16′34″		
仕上方法	研 削		

ウォームホイール要目表				
相手ウォーム歯形	JIS B 1723 3形		仕上方法	ホブ切り
軸方向モジュール	8	歯厚	（参考）	
歯 数	54		弦歯厚（歯直角）	12.56
基準円直径	433.84		弦歯たけ	8.09
相手ウォーム 条 数	1		バックラッシ	0.21～0.35
ねじれ方向	右		（ピッチ円周方向）	
進み角	5°16′34″		転位量	0

22JS9

80H7

85.4 $^{+0.2}_{0}$

462

100

80

260.42

8JS9

30H7

33.3 $^{+0.2}_{0}$

φ103

134

参考図

（総質量44.4 kg）

2	ウォームホイール	FC200	1	38.4	ホイキ	
1	ウォーム	SF540A	1	6.0	キ	
照合番号	品 名	材 料	個数	合計質量[kg]	工 程	適用規格・記事

校 名	氏 名	設 計	製 図	写 図
		・ ・	・ ・	・ ・

図名	ウォーム・ウォームホイール組立図	尺度	1:2	投影法
図番			0021-01	

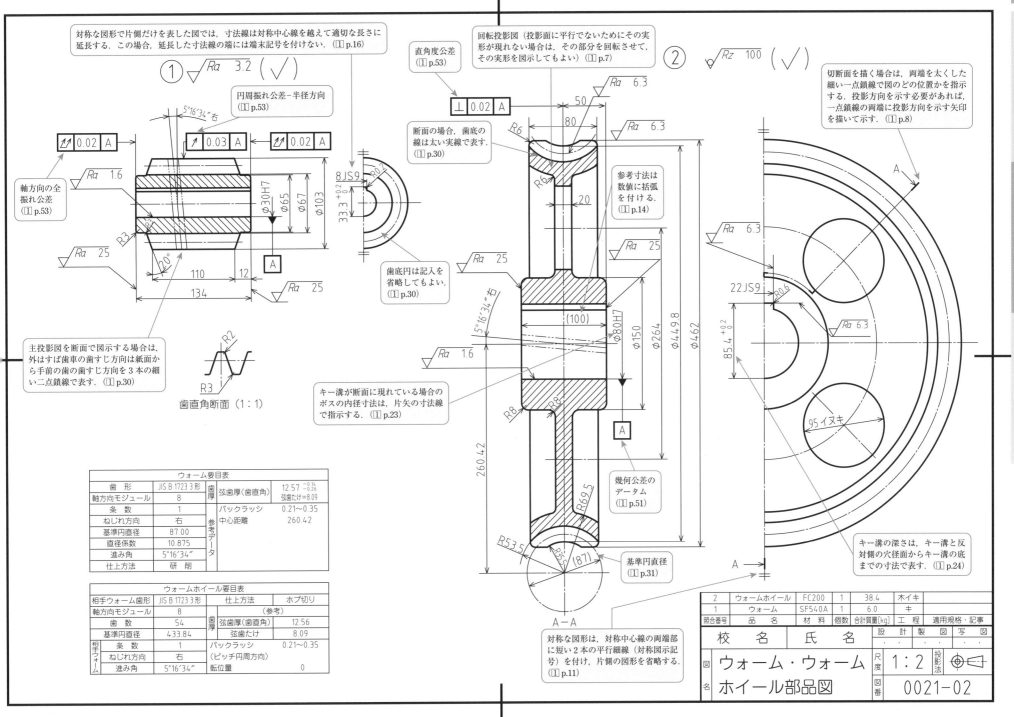

対称な図形で片側だけを表した図では，寸法線は対称中心線を越えて適切な長さに延長する．この場合，延長した寸法線の端には端末記号を付けない．(①p.16)

円周振れ公差−半径方向 (①p.53)

直角度公差 (①p.53)

回転投影図（投影面に平行でないためにその実形が現れない場合は，その部分を回転させて，その実形を図示してもよい）(①p.7)

切断面を描く場合は，両端を太くした細い一点鎖線で図のどの位置かを指示する．投影方向を示す必要があれば，一点鎖線の両端に投影方向を示す矢印を描いて示す．(①p.8)

軸方向の全振れ公差 (①p.53)

断面の場合，歯底の線は太い実線で表す．(①p.30)

参考寸法は数値に括弧を付ける．(①p.14)

主投影図を断面で図示する場合は，外はすば歯車の歯すじ方向は紙面から手前の歯の歯すじ方向を3本の細い二点鎖線で表す．(①p.30)

歯底円は記入を省略してもよい．(①p.30)

キー溝が断面に現れている場合のボスの内径寸法は，片矢の寸法線で指示する．(①p.23)

幾何公差のデータム (①p.51)

キー溝の深さは，キー溝と反対側の穴径面からキー溝の底までの寸法で表す．(①p.24)

歯直角断面（1：1）

基準円直径 (①p.31)

A−A

対称な図形は，対称中心線の両端部に短い2本の平行細線（対称図示記号）を付け，片側の図形を省略する．(①p.11)

ウォーム要目表

歯形	JIS B 1723 3形	歯厚	弦歯厚（歯直角）	12.57 −0.14/−0.26　弦歯たけ=8.09
軸方向モジュール	8	参考データ	バックラッシ	0.21~0.35
条数	1		中心距離	260.42
ねじれ方向	右			
基準円直径	87.00			
直径係数	10.875			
進み角	5°16′34″			
仕上方法	研削			

ウォームホイール要目表

相手ウォーム歯形	JIS B 1723 3形	仕上方法	ホブ切り
軸方向モジュール	8	歯厚	（参考）
歯数	54	弦歯厚（歯直角）	12.56
基準円直径	433.84	弦歯たけ	8.09
相手ウォーム 条数	1	バックラッシ	0.21~0.35
ねじれ方向	右	（ピッチ円周方向）	
進み角	5°16′34″	転位量	0

照合番号	品名	材料	個数	合計質量[kg]	工程	適用規格・記事
2	ウォームホイール	FC200	1	38.4	木イキ	
1	ウォーム	SF540A	1	6.0	キ	

校名	氏名	設計	製図	写図

図名 ウォーム・ウォームホイール部品図　尺度 1:2　投影法　図番 0021-02

ブシュ付き軸受

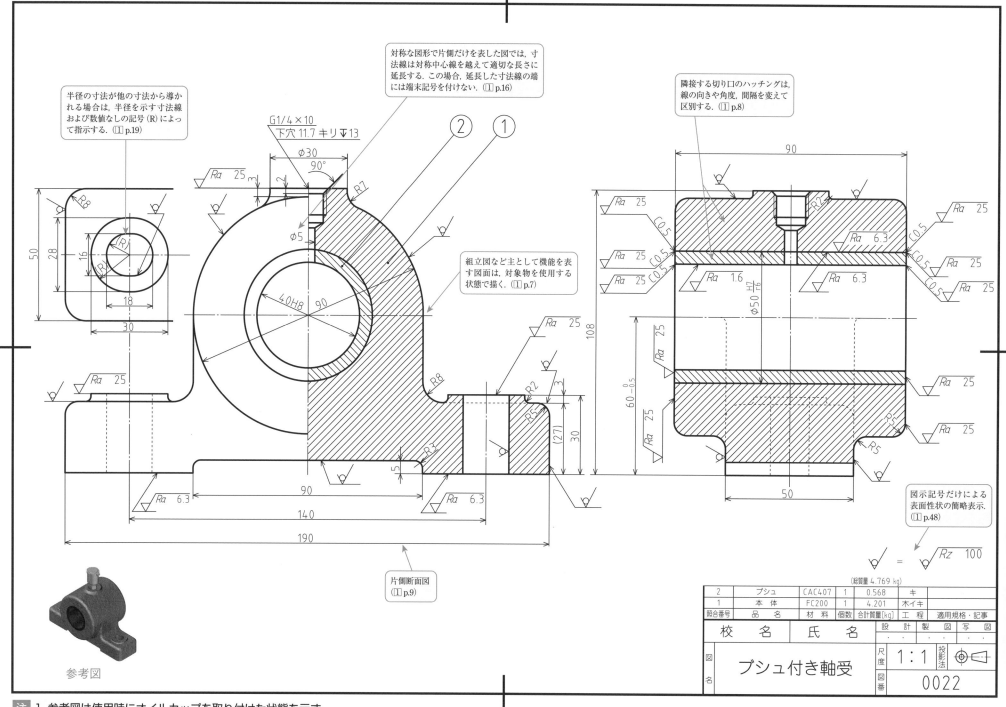

半径の寸法が他の寸法から導かれる場合は，半径を示す寸法線および数値なしの記号 (R) によって指示する．（1 p.19)

対称な図形で片側だけを表した図では，寸法線は対称中心線を越えて適切な長さに延長する．この場合，延長した寸法線の端には端末記号を付けない．（1 p.16)

隣接する切り口のハッチングは，線の向きや角度，間隔を変えて区別する．（1 p.8)

G1/4×10
下穴 11.7 キリ▼13

φ30
90°

Ra 25

φ5

R7

組立図など主として機能を表す図面は，対象物を使用する状態で描く．（1 p.7)

R8
(R)
(R)
16
28
50
18
30

40H8 90

Ra 25

R8

R2

R3

R5

Ra 25

3
(27)
30
5

Ra 6.3

90

Ra 6.3

140

190

片側断面図
（1 p.9)

90

Ra 25
C0.5
Ra 25
C0.5
Ra 25
C0.5

Ra 1.6

Ra 25

Ra 25

φ50 H7/r6

Ra 6.3

R2

Ra 6.3

C0.5
Ra 25
C0.5
Ra 25

60 -0.5

Ra 25

R5

Ra 25

R5

50

108

図示記号だけによる表面性状の簡略表示．（1 p.48)

= Rz 100

参考図

（総質量 4.769 kg）

2	ブシュ	CAC407	1	0.568	キ	
1	本 体	FC200	1	4.201	木イキ	
照合番号	品 名	材 料	個数	合計質量[kg]	工 程	適用規格・記事

校 名	氏 名	設 計	製 図	写 図
		・ ・ ・	・ ・ ・	・ ・ ・

| 図名 | ブシュ付き軸受 | 尺度 | 1：1 | 投影法 |
| | | 図番 | 0022 | |

注 1. 参考図は使用時にオイルカップを取り付けた状態を示す．

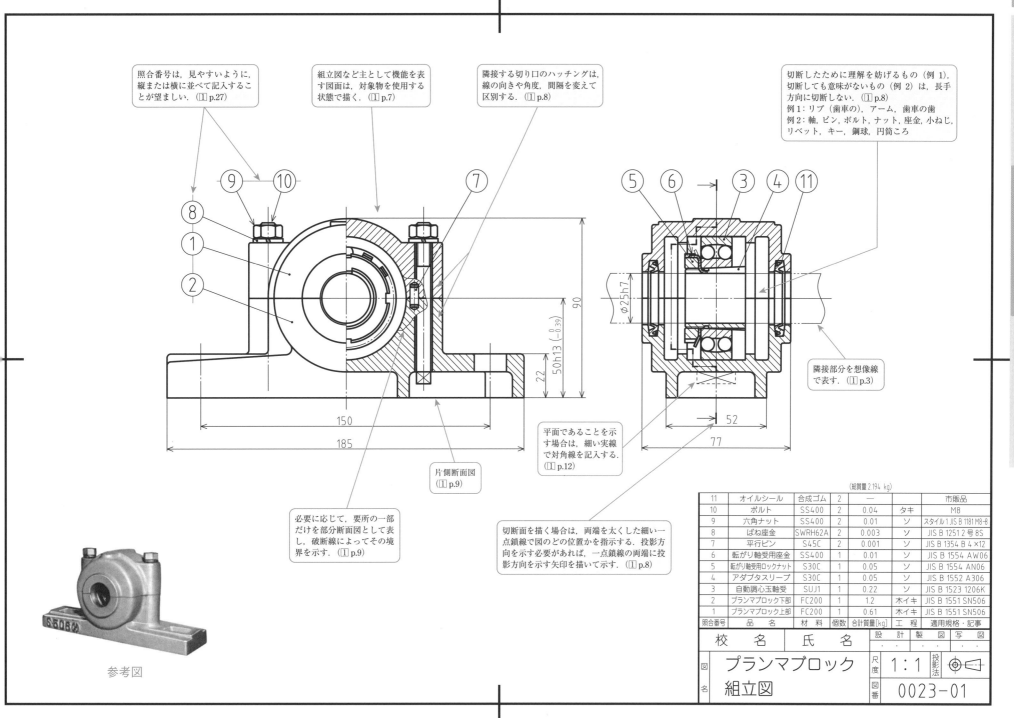

照合番号は, 見やすいように, 縦または横に並べて記入することが望ましい. (① p.27)

組立図など主として機能を表す図面は, 対象物を使用する状態で描く. (① p.7)

隣接する切り口のハッチングは, 線の向きや角度, 間隔を変えて区別する. (① p.8)

切断したために理解を妨げるもの (例 1), 切断しても意味がないもの (例 2) は, 長手方向に切断しない. (① p.8)
例 1: リブ (歯車の), アーム, 歯車の歯
例 2: 軸, ピン, ボルト, ナット, 座金, 小ねじ, リベット, キー, 鋼球, 円筒ころ

隣接部分を想像線で表す. (① p.3)

平面であることを示す場合は, 細い実線で対角線を記入する. (① p.12)

片側断面図 (① p.9)

必要に応じて, 要所の一部だけを部分断面図として表し, 破断線によってその境界を示す. (① p.9)

切断面を描く場合は, 両端を太くした細い一点鎖線で図のどの位置かを指示する. 投影方向を示す必要があれば, 一点鎖線の両端に投影方向を示す矢印を描いて示す. (① p.8)

参考図

(総質量 2.194 kg)

照合番号	品　名	材　料	個数	合計質量[kg]	工　程	適用規格・記事
11	オイルシール	合成ゴム	2	—		市販品
10	ボルト	SS400	2	0.04	タキ	M8
9	六角ナット	SS400	2	0.01	ソ	スタイル1 JIS B 1181 M8-8
8	ばね座金	SWRH62A	2	0.003	ソ	JIS B 1251 2号 8S
7	平行ピン	S45C	2	0.001	ソ	JIS B 1354 B 4×12
6	転がり軸受用座金	SS400	1	0.01	ソ	JIS B 1554 AW06
5	転がり軸受用ロックナット	S30C	1	0.05	ソ	JIS B 1554 AN06
4	アダプタスリーブ	S30C	1	0.05	ソ	JIS B 1552 A306
3	自動調心玉軸受	SUJ1	1	0.22	ソ	JIS B 1523 1206K
2	プランマブロック下部	FC200	1	1.2	木イキ	JIS B 1551 SN506
1	プランマブロック上部	FC200	1	0.61	木イキ	JIS B 1551 SN506

校　名	氏　名	設　計	製　図	写　図
		・　・	・　・	・　・

図名 プランマブロック 組立図

尺度 1:1

投影法 ⊕

図番 0023-01

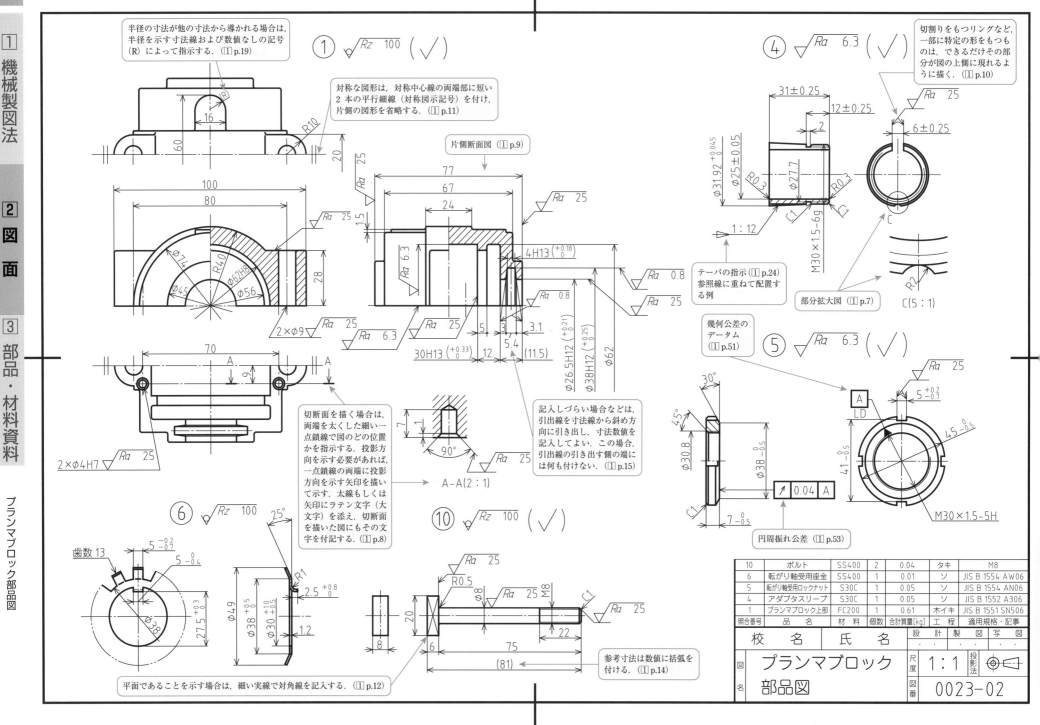

半径の寸法が他の寸法から導かれる場合は,半径を示す寸法線および数値なしの記号(R)によって指示する.(①p.19)

対称な図形は,対称中心線の両端部に短い2本の平行細線(対称図示記号)を付け,片側の図形を省略する.(①p.11)

片側断面図(①p.9)

切割りをもつリングなど,一部に特定の形をもつものは,できるだけその部分が図の上側に現れるように描く.(①p.10)

テーパの指示(①p.24)参照線に重ねて配置する例

部分拡大図(①p.7)

幾何公差のデータム(①p.51)

切断面を描く場合は,両端を太くした細い一点鎖線で図のどの位置かを指示する.投影方向を示す必要があれば,一点鎖線の両端に投影方向を示す矢印を描いて示す.太線もしくは矢印にラテン文字(大文字)を添え,切断面を描いた図にもその文字を付記する.(①p.8)

記入しづらい場合などは,引出線を寸法線から斜め方向に引き出し,寸法数値を記入してよい.この場合,引出線の引き出す側の端には何も付けない.(①p.15)

円周振れ公差(①p.53)

参考寸法は数値に括弧を付ける.(①p.14)

平面であることを示す場合は,細い実線で対角線を記入する.(①p.12)

10	ボルト	SS400	2	0.04	タキ	M8
6	転がり軸受用座金	SS400	1	0.01	ソ	JIS B 1554 AW06
5	転がり軸受用ロックナット	S30C	1	0.05	ソ	JIS B 1554 AN06
4	アダプタスリーブ	S30C	1	0.05	ソ	JIS B 1552 A306
1	プランマブロック上部	FC200	1	0.61	木イキ	JIS B 1551 SN506
照合番号	品名	材料	個数	合計質量[kg]	工程	適用規格・記事

校名	氏名	設計	製図	写図

プランマブロック部品図

尺度 1:1　投影法

図番 0023-02

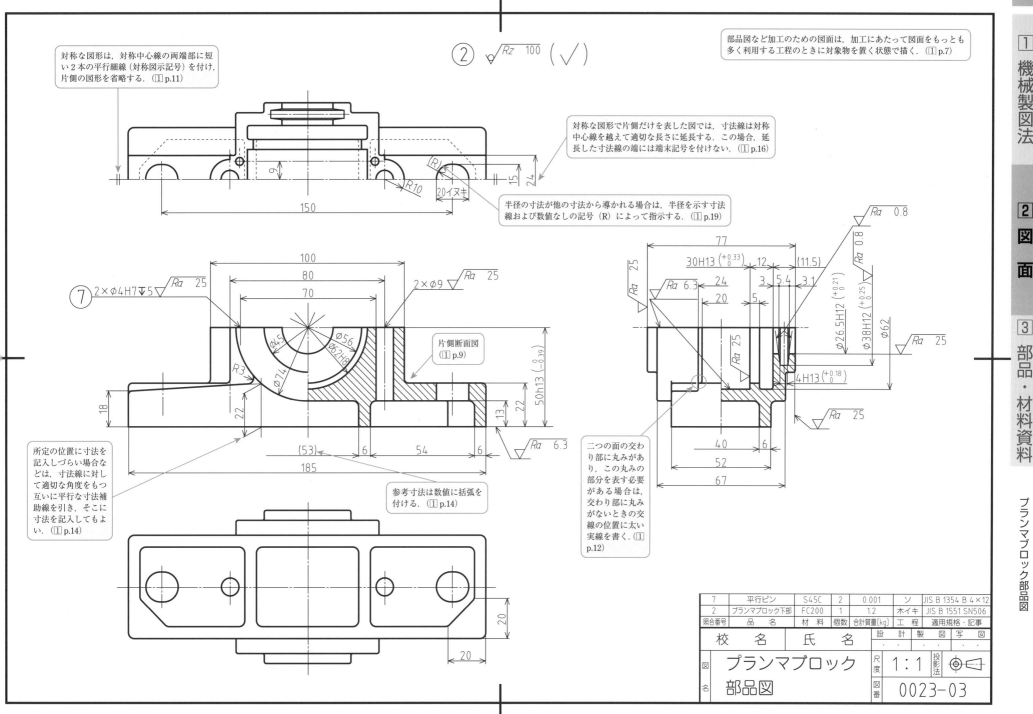

対称な図形は，対称中心線の両端部に短い2本の平行細線（対称図示記号）を付け，片側の図形を省略する．（1 p.11）

② √Rz 100 （√）

部品図など加工のための図面は，加工にあたって図面をもっとも多く利用する工程のときに対象物を置く状態で描く．（1 p.7）

対称な図形で片側だけを表した図では，寸法線は対称中心線を越えて適切な長さに延長する．この場合，延長した寸法線の端には端末記号を付けない．（1 p.16）

半径の寸法が他の寸法から導かれる場合は，半径を示す寸法線および数値なしの記号（R）によって指示する．（1 p.19）

9 / R10 / (R) / 20イヌキ / 15 / 24 / 150

⑦ 2×φ4H7▼5 √Ra 25

100 / 80 / 70 / 2×φ9 √Ra 25

φ45 / φ56 / φ62H8 / φ74 / R3 / 50h13 (−0.39) / 片側断面図（1 p.9）

18 / 22 / 13 / 22

(53) / 6 / 54 / 6 / √Ra 6.3 / 185

所定の位置に寸法を記入しづらい場合などは，寸法線に対して適切な角度をもつ互いに平行な寸法補助線を引き，そこに寸法を記入してもよい．（1 p.14）

参考寸法は数値に括弧を付ける．（1 p.14）

二つの面の交わり部に丸みがあり，この丸みの部分を表す必要がある場合は，交わり部に丸みがないときの交線の位置に太い実線を書く．（1 p.12）

√Ra 0.8 / √Ra 0.8 / √Ra 0.8

77 / 30H13 (+0.33 0) / 12 / (11.5) / √Ra 0.8

√Ra 25 / √Ra 6.3 / 24 / 20 / 3 / 5.4 / 3.1 / √Ra 25

φ26.5H12 (+0.21 0) / φ38H12 (+0.25 0) / φ62 / √Ra 25

√Ra 25 / 4H13 (+0.18 0)

40 / 6 / √Ra 25 / 52 / 67

20 / 20

7	平行ピン	S45C	2	0.001	ソ	JIS B 1354 B 4×12
2	プランマブロック下部	FC200	1	1.2	木イキ	JIS B 1551 SN506
照合番号	品　名	材　料	個数	合計質量[kg]	工　程	適用規格・記事

校　名	氏　名	設　計	製　図	写　図		
図名	プランマブロック部品図	尺度 1:1	投影法 ◇⊡		
		図番	0023-03		

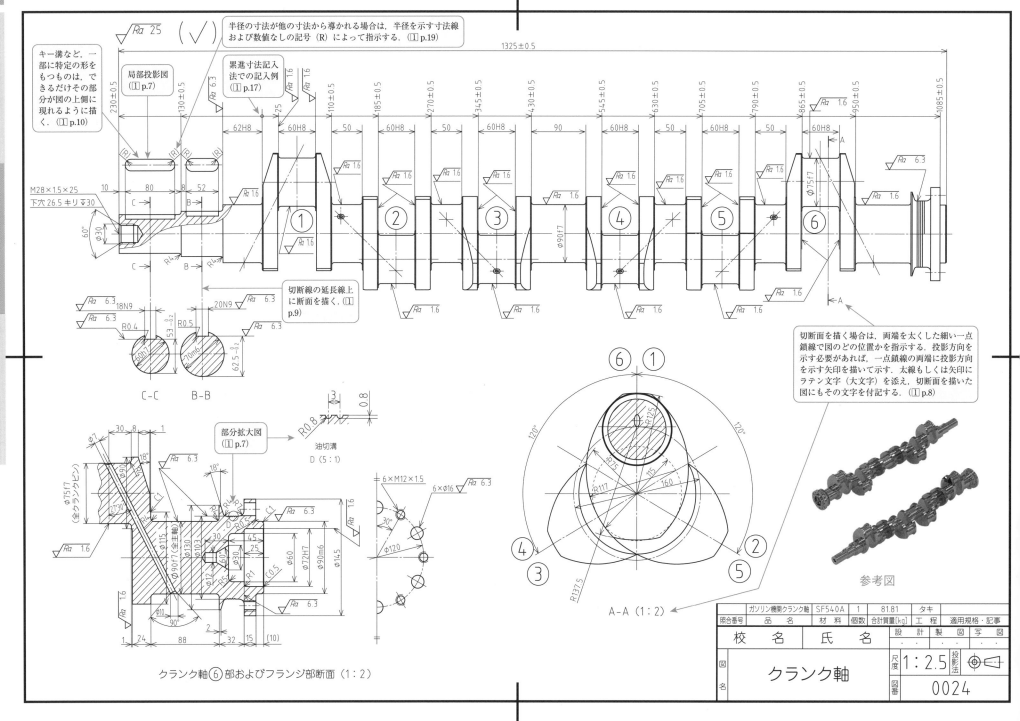

半径の寸法が他の寸法から導かれる場合は，半径を示す寸法線および数値なしの記号（R）によって指示する．（1 p.19）

キー溝など，一部に特定の形をもつものは，できるだけその部分が図の上側に現れるように描く．（1 p.10）

局部投影図（1 p.7）

累進寸法記入法での記入例（1 p.17）

切断線の延長線上に断面を描く．（1 p.9）

切断面を描く場合は，両端を太くした細い一点鎖線で図のどの位置かを指示する．投影方向を示す必要があれば，一点鎖線の両端に投影方向を示す矢印を描いて示す．太線もしくは矢印にラテン文字（大文字）を添え，切断面を描いた図にもその文字を付記する．（1 p.8）

部分拡大図（1 p.7）

C-C　　B-B

D (5:1)

A-A (1:2)

クランク軸⑥部およびフランジ部断面（1:2）

参考図

照合番号	品　名		材　料	個数	合計質量[kg]	工　程	適用規格・記事
	ガソリン機関クランク軸		SF540A	1	81.81	タキ	

校　名	氏　名	設　計	製　図	写　図

図名	クランク軸	尺度	1:2.5	投影法
		図番	0024	

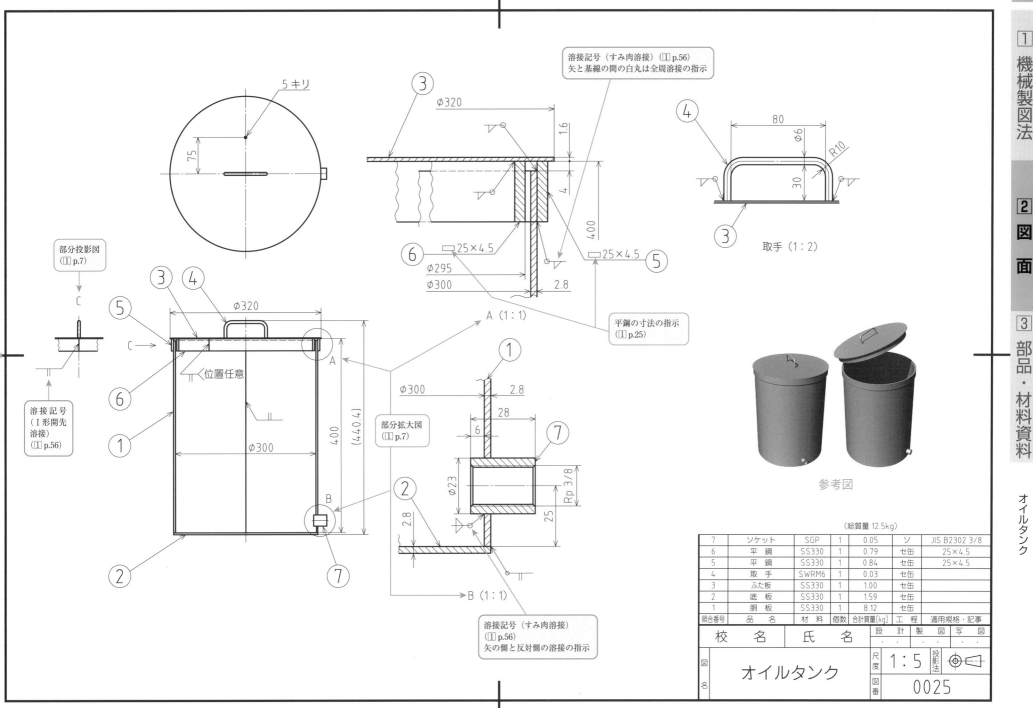

5キリ

75

φ320

1.6

溶接記号（すみ肉溶接）（① p.56）
矢と基線の間の白丸は全周溶接の指示

φ6
80
R10
30

取手（1:2）

4

3

部分投影図
（① p.7）

C

3 4

φ320

5

6

位置任意

C

溶接記号
（Ⅰ形開先
溶接）
（① p.56）

1

400

（440.4）

φ300

6 □25×4.5
φ295
φ300
2.8

A（1:1）

4

400

□25×4.5 5

平鋼の寸法の指示
（① p.25）

φ300

2.8

28

6

部分拡大図
（① p.7）

φ23

2.8

2

B

7

2

1

7

Rp 3/8

25

B（1:1）

溶接記号（すみ肉溶接）
（① p.56）
矢の側と反対側の溶接の指示

参考図

（総質量 12.5kg）

照合番号	品 名	材 料	個数	合計質量[kg]	工 程	適用規格・記事
7	ソケット	SGP	1	0.05	ソ	JIS B2302 3/8
6	平 鋼	SS330	1	0.79	セ缶	25×4.5
5	平 鋼	SS330	1	0.84	セ缶	25×4.5
4	取 手	SWRM6	1	0.03	セ缶	
3	ふた板	SS330	1	1.00	セ缶	
2	底 板	SS330	1	1.59	セ缶	
1	胴 板	SS330	1	8.12	セ缶	

校 名　　氏 名

設 計　製 図　写 図

図名　オイルタンク

尺度 1:5　投影法 ⊕◁

図番 0025

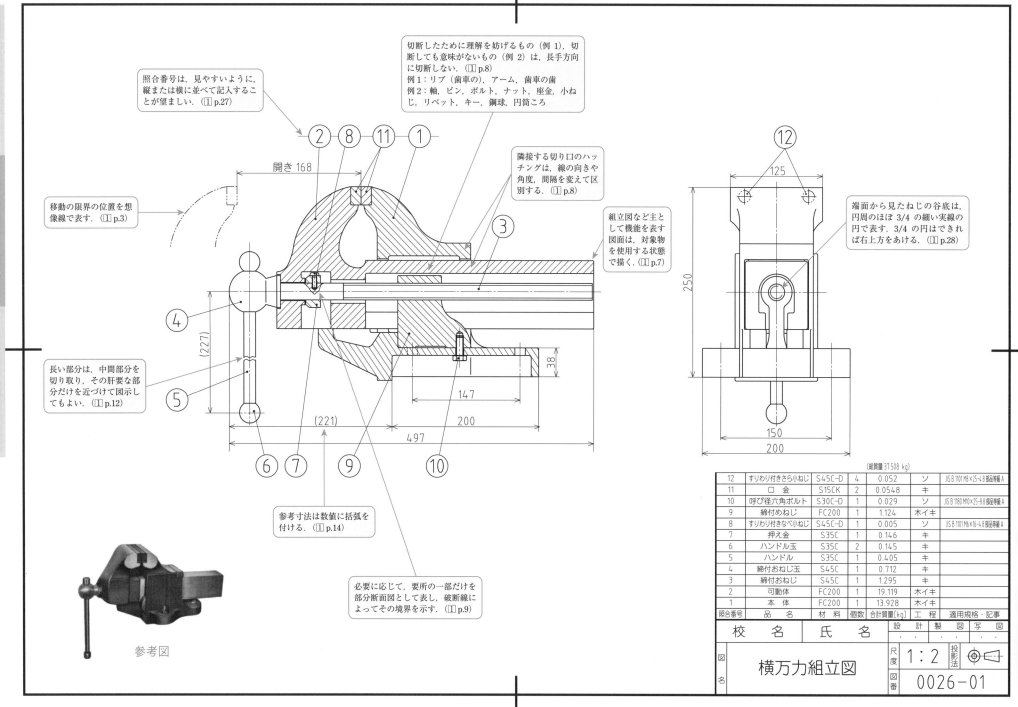

照合番号は，見やすいように，縦または横に並べて記入することが望ましい．（1 p.27）

切断したために理解を妨げるもの（例 1），切断しても意味がないもの（例 2）は，長手方向に切断しない．（1 p.8）
例 1：リブ（歯車の），アーム，歯車の歯
例 2：軸，ピン，ボルト，ナット，座金，小ねじ，リベット，キー，鋼球，円筒ころ

移動の限界の位置を想像線で表す．（1 p.3）

隣接する切り口のハッチングは，線の向きや角度，間隔を変えて区別する．（1 p.8）

組立図など主として機能を表す図面は，対象物を使用する状態で描く．（1 p.7）

端面から見たねじの谷底は，円周のほぼ 3/4 の細い実線の円で表す．3/4 の円はできれば右上方をあける．（1 p.28）

長い部分は，中間部分を切り取り，その肝要な部分だけを近づけて図示してもよい．（1 p.12）

参考寸法は数値に括弧を付ける．（1 p.14）

必要に応じて，要所の一部だけを部分断面図として表し，破断線によってその境界を示す．（1 p.9）

開き 168

(227)

38

(221)

147

200

497

125

250

150

200

（総質量 37.508 kg）

参考図

12	すりわり付きさら小ねじ	S45C-D	4	0.052	ソ	JIS B 1101 M8×25-4.8 部品等級 A
11	口 金	S15CK	2	0.0548	キ	
10	呼び径六角ボルト	S30C-D	1	0.029	ソ	JIS B 1180 M10×25-8.8 部品等級 A
9	締付めねじ	FC200	1	1.124	木イキ	
8	すりわり付きなべ小ねじ	S45C-D	1	0.005	ソ	JIS B 1101 M6×16-4.8 部品等級 A
7	押え金	S35C	1	0.146	キ	
6	ハンドル玉	S35C	2	0.145	キ	
5	ハンドル	S35C	1	0.405	キ	
4	締付おねじ玉	S45C	1	0.712	キ	
3	締付おねじ	S45C	1	1.295	キ	
2	可動体	FC200	1	19.119	木イキ	
1	本 体	FC200	1	13.928	木イキ	
照合番号	品 名	材 料	個数	合計質量[kg]	工 程	適用規格・記事

| 校 名 | 氏 名 | 設 計 | 製 図 | 写 図 |
| | | | | |

図名　横万力組立図

尺度 1:2　投影法

図番 0026-01

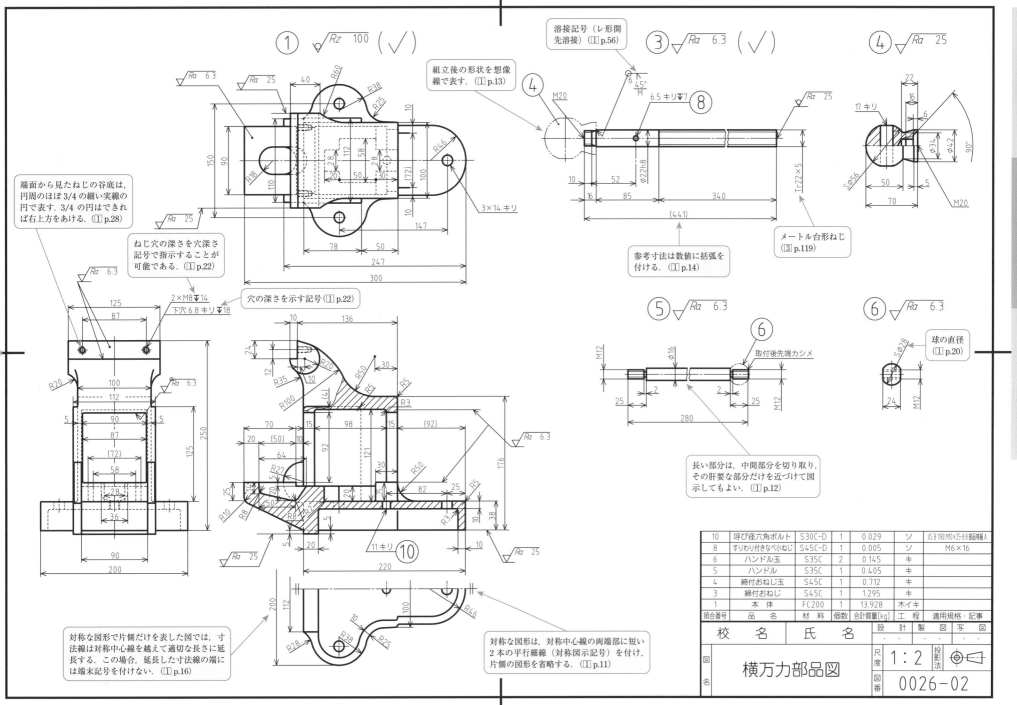

① $\sqrt{}$ Rz 100 ($\sqrt{}$)

③ $\sqrt{}$ Ra 6.3 ($\sqrt{}$)

④ $\sqrt{}$ Ra 25

⑤ $\sqrt{}$ Ra 6.3

⑥ $\sqrt{}$ Ra 6.3

端面から見たねじの谷底は，円周のほぼ 3/4 の細い実線の円で表す．3/4 の円はできれば右上方をあける．(①p.28)

ねじ穴の深さを穴深さ記号で指示することが可能である．(①p.22)

2×M8▽14 下穴 6.8 キリ▽18

穴の深さを示す記号(①p.22)

溶接記号（レ形開先溶接）(①p.56)

組立後の形状を想像線で表す．(①p.13)

参考寸法は数値に括弧を付ける．(①p.14)

メートル台形ねじ (③p.119)

球の直径 (③p.20)

長い部分は，中間部分を切り取り，その肝要な部分だけを近づけて図示してもよい．(①p.12)

対称な図形で片側だけを表した図では，寸法線は対称中心線を越えて適切な長さに延長する．この場合，延長した寸法線の端には端末記号を付けない．(①p.16)

対称な図形は，対称中心線の両端部に短い2本の平行細線（対称図示記号）を付け，片側の図形を省略する．(①p.11)

照合番号	品　名	材　料	個数	合計質量[kg]	工　程	適用規格・記事
10	呼び径六角ボルト	S30C-D	1	0.029	ソ	JIS B 1180 M10×25-8.8 部品等級 A
8	すりわり付きなべ小ねじ	S45C-D	1	0.005	ソ	M6×16
6	ハンドル玉	S35C	2	0.145	キ	
5	ハンドル	S35C	1	0.405	キ	
4	締付おねじ玉	S45C	1	0.712	キ	
3	締付おねじ	S45C	1	1.295	キ	
1	本　体	FC200	1	13.928	木イキ	

校　　名	氏　　名	設　計	製　図	写　図
		・　・　・	・　・　・	・　・　・

図名　横万力部品図

尺度 1:2　投影法 ⊕◁

図番 0026-02

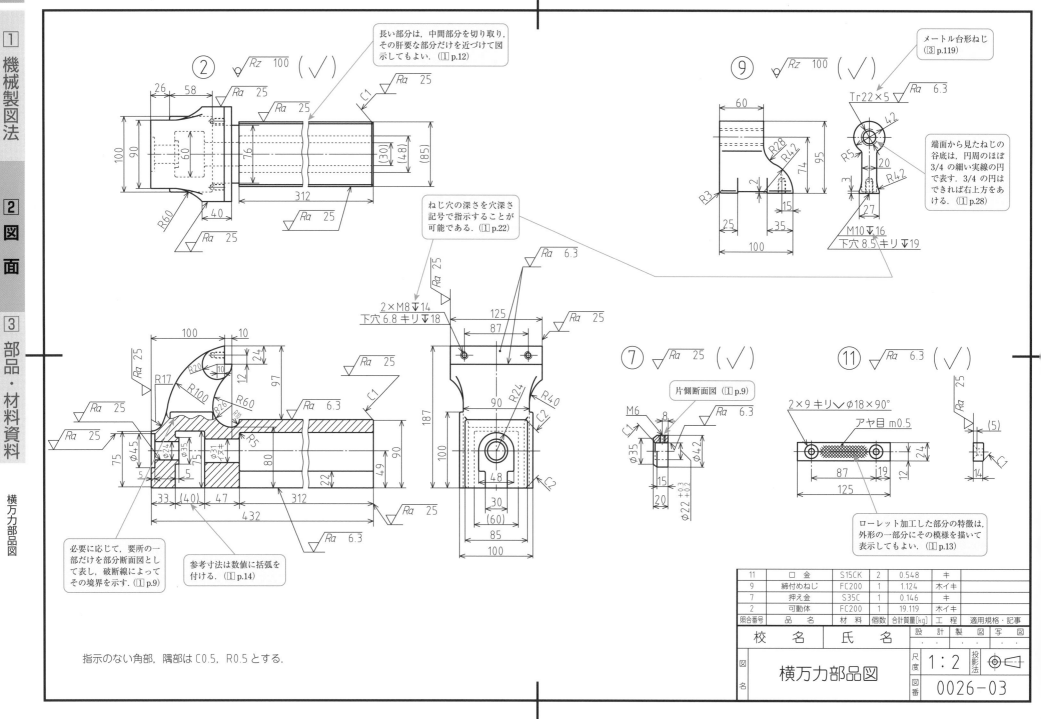

長い部分は，中間部分を切り取り，その肝要な部分だけを近づけて図示してもよい．(1 p.12)

② ⎷Rz 100 (√)

メートル台形ねじ
(3 p.119)

⑨ ⎷Rz 100 (√)

Tr22×5

端面から見たねじの谷底は，円周のほぼ3/4の細い実線の円で表す．3/4 の円はできれば右上方をあける．(1 p.28)

ねじ穴の深さを穴深さ記号で指示することが可能である．(1 p.22)

2×M8▽14
下穴6.8キリ▽18

M10▽16
下穴8.5キリ▽19

⑦ ⎷Ra 25 (√)

片側断面図 (1 p.9)

⑪ ⎷Ra 6.3 (√)

2×9キリ▽φ18×90°
アヤ目 m0.5

ローレット加工した部分の特徴は，外形の一部分にその模様を描いて表示してもよい．(1 p.13)

必要に応じて，要所の一部だけを部分断面図として表し，破断線によってその境界を示す．(1 p.9)

参考寸法は数値に括弧を付ける．(1 p.14)

指示のない角部，隅部は C0.5，R0.5 とする．

11	口金	S15CK	2	0.548	キ	
9	締付めねじ	FC200	1	1.124	木イキ	
7	押え金	S35C	1	0.146	キ	
2	可動体	FC200	1	19.119	木イキ	
照合番号	品　名	材　料	個数	合計質量[kg]	工程	適用規格・記事
校　名	氏　名			設　計　製　図　写　図		

横万力部品図

尺度 1:2

投影法 ◉⊏

図番 0026-03

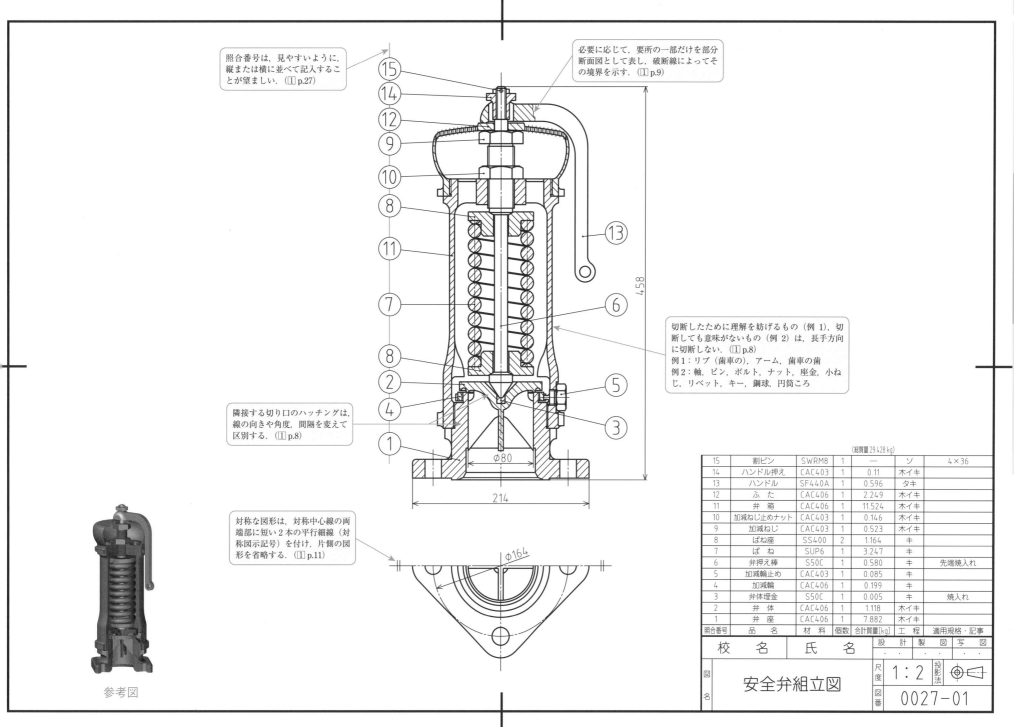

照合番号は，見やすいように，縦または横に並べて記入することが望ましい．（①p.27）

必要に応じて，要所の一部だけを部分断面図として表し，破断線によってその境界を示す．（①p.9）

切断したために理解を妨げるもの（例1），切断しても意味がないもの（例2）は，長手方向に切断しない．（①p.8）
例1：リブ（歯車の），アーム，歯車の歯
例2：軸，ピン，ボルト，ナット，座金，小ねじ，リベット，キー，鋼球，円筒ころ

隣接する切り口のハッチングは，線の向きや角度，間隔を変えて区別する．（①p.8）

対称な図形は，対称中心線の両端部に短い2本の平行細線（対称図示記号）を付け，片側の図形を省略する．（①p.11）

参考図

φ80

214

458

φ164

(総質量 29.428 kg)

照合番号	品　名	材　料	個数	合計質量[kg]	工　程	適用規格・記事
15	割ピン	SWRM8	1	—	ソ	4×36
14	ハンドル押え	CAC403	1	0.11	木イキ	
13	ハンドル	SF440A	1	0.596	タキ	
12	ふ　た	CAC406	1	2.249	木イキ	
11	弁　箱	CAC406	1	11.524	木イキ	
10	加減ねじ止めナット	CAC403	1	0.146	木イキ	
9	加減ねじ	CAC403	1	0.523	木イキ	
8	ばね座	SS400	2	1.164	キ	
7	ば　ね	SUP6	1	3.247	キ	
6	弁押え棒	S50C	1	0.580	キ	先端焼入れ
5	加減輪止め	CAC403	1	0.085	キ	
4	加減輪	CAC406	1	0.199	キ	
3	弁体埋金	S50C	1	0.005	キ	焼入れ
2	弁　体	CAC406	1	1.118	木イキ	
1	弁　座	CAC406	1	7.882	木イキ	

校　名	氏　名	設　計	製　図	写　図

図名

安全弁組立図

尺度 1:2

投影法 ◆□

図番 0027-01

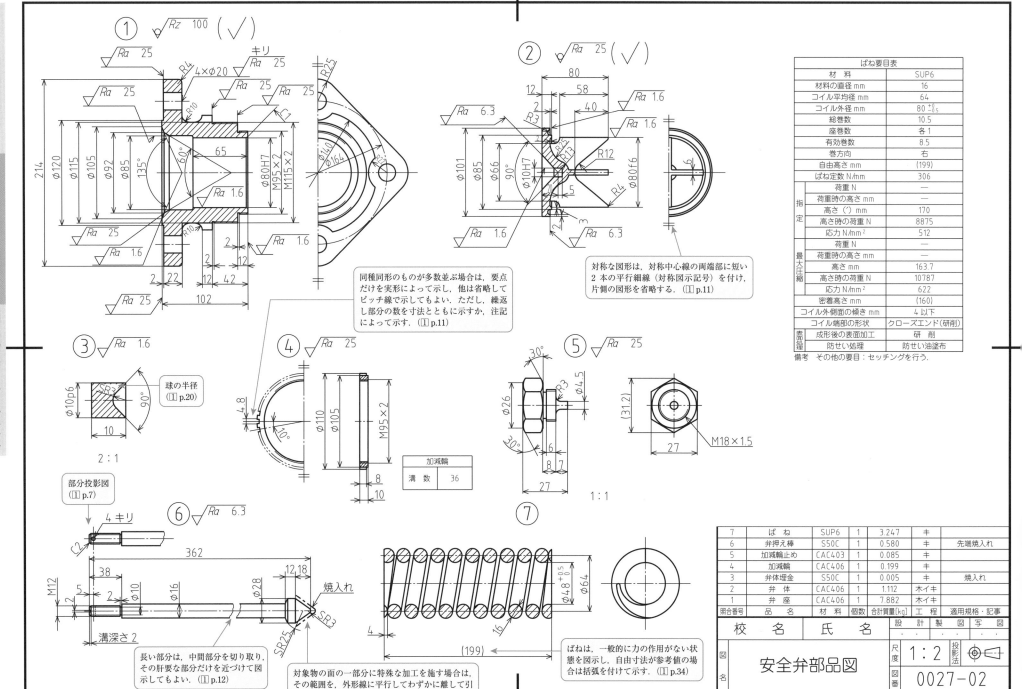

ばね要目表

材　料		SUP6
材料の直径 mm		16
コイル平均径 mm		64
コイル外径 mm		80 $^{+0}_{-0.5}$
総巻数		10.5
座巻数		各 1
有効巻数		8.5
巻方向		右
自由高さ mm		(199)
ばね定数 N/mm		306
指定	荷重 N	—
	荷重時の高さ mm	—
	高さ（ ）mm	170
	高さ時の荷重 N	8875
	応力 N/mm²	512
最大圧縮	荷重 N	—
	荷重時の高さ mm	—
	高さ mm	163.7
	高さ時の荷重 N	10787
	応力 N/mm²	622
密着高さ mm		(160)
コイル外側面の傾き mm		4 以下
コイル端部の形状		クローズエンド（研削）
表面処理	成形後の表面加工	研削
	防せい処理	防せい油塗布

備考　その他の要目：セッチングを行う.

同種同形のものが多数並ぶ場合は，要点だけを実形によって示し，他は省略してピッチ線で示してもよい. ただし，繰返し部分の数を寸法とともに示すか，注記によって示す.（1 p.11）

対称な図形は，対称中心線の両端部に短い2 本の平行細線（対称図示記号）を付け，片側の図形を省略する.（1 p.11）

球の半径（1 p.20）

部分投影図（1 p.7）

加減輪

溝　数	36

長い部分は，中間部分を切り取り，その肝要な部分だけを近づけて図示してもよい.（1 p.12）

対象物の面の一部分に特殊な加工を施す場合は，その範囲を，外形線に平行してわずかに離して引いた太い一点鎖線によって示す.（1 p.12）

ばねは，一般的に力の作用がない状態を図示し，自由寸法が参考値の場合は括弧を付けて示す.（1 p.34）

7	ば　ね	SUP6	1	3.247	キ	先端焼入れ
6	弁押え棒	S50C	1	0.580	キ	先端焼入れ
5	加減輪止め	CAC403	1	0.085	キ	
4	加減輪	CAC406	1	0.199	キ	
3	弁体埋金	S50C	1	0.005	キ	焼入れ
2	弁　体	CAC406	1	1.112	木イキ	
1	弁　座	CAC406	1	7.882	木イキ	
照合番号	品　名	材　料	個数	合計質量[kg]	工　程	適用規格・記事

校　名	氏　名	設　計	製　図	写　図
		・　・	・　・	・　・

| 図名 | 安全弁部品図 | 尺度 | 1:2 | 投影法 ⊕ |
| | | 図番 | 0027-02 | |

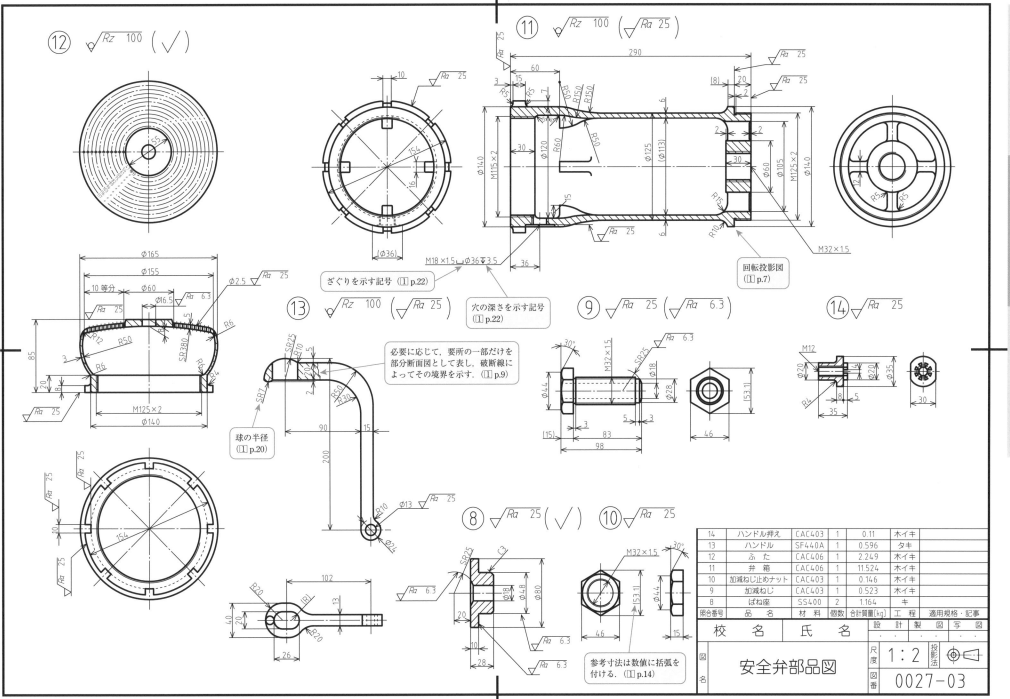

⑫ ⌀√Rz 100 (√)

⑪ ⌀√Rz 100 (√Ra 25)

√Ra 25

ざぐりを示す記号 (1 p.22)

穴の深さを示す記号 (1 p.22)

回転投影図 (1 p.7)

⑬ ⌀√Rz 100 (√Ra 25)

⑨ √Ra 25 (√Ra 6.3)

⑭ √Ra 25

必要に応じて,要所の一部だけを
部分断面図として表し,破断線に
よってその境界を示す. (1 p.9)

球の半径 (1 p.20)

⑧ √Ra 25 (√)

⑩ √Ra 25

参考寸法は数値に括弧を
付ける. (1 p.14)

照合番号	品 名	材 料	個数	合計質量[kg]	工 程	適用規格・記事
14	ハンドル押え	CAC403	1	0.11	木イキ	
13	ハンドル	SF440A	1	0.596	タキ	
12	ふ た	CAC406	1	2.249	木イキ	
11	弁 箱	CAC406	1	11.524	木イキ	
10	加減ねじ止めナット	CAC403	1	0.146	木イキ	
9	加減ねじ	CAC403	1	0.523	木イキ	
8	ばね座	SS400	2	1.164	キ	

校 名	氏 名	設 計	製 図	写 図
		・ ・	・ ・	・ ・

図名 安全弁部品図

尺度 1:2 投影法 ⊕◁

図番 0027-03

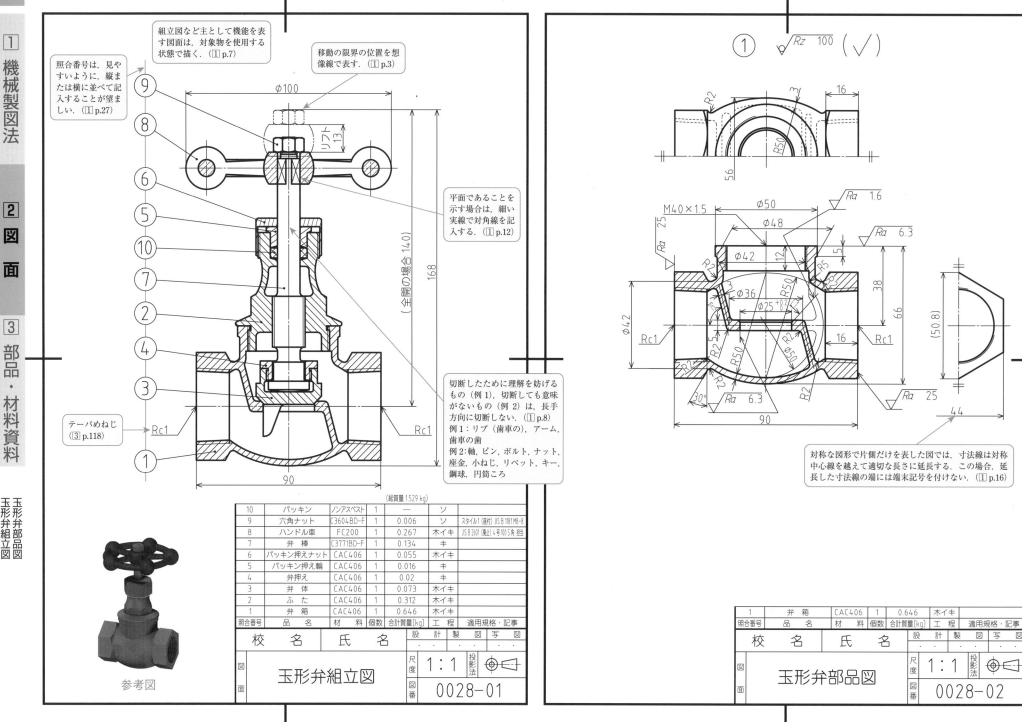

組立図など主として機能を表す図面は，対象物を使用する状態で描く．（1 p.7）

照合番号は，見やすいように，縦または横に並べて記入することが望ましい．（1 p.27）

移動の限界の位置を想像線で表す．（1 p.3）

平面であることを示す場合は，細い実線で対角線を記入する．（1 p.12）

切断したために理解を妨げるもの（例1），切断しても意味がないもの（例2）は，長手方向に切断しない．（1 p.8）
例1：リブ（歯車の），アーム，歯車の歯
例2：軸，ピン，ボルト，ナット，座金，小ねじ，リベット，キー，鋼球，円筒ころ

テーパめねじ（3 p.118）

対称な図形で片側だけを表した図では，寸法線は対称中心線を越えて適切な長さに延長する．この場合，延長した寸法線の端には端末記号を付けない．（1 p.16）

Rc1

φ100

リフト 13

（全開の場合 140）

168

90

（総質量 1529 kg）

10	パッキン	ノンアスベスト	1	—	ソ	
9	六角ナット	C3604BD-F	1	0.006	ソ	スタイル1（座付）JIS B 1181 M8-8
8	ハンドル車	FC200	1	0.267	木イキ	JIS B 2601（裏止）4号 100 S角 相当
7	弁 棒	C3771BD-F	1	0.134	キ	
6	パッキン押えナット	CAC406	1	0.055	木イキ	
5	パッキン押え輪	CAC406	1	0.016	キ	
4	弁押え	CAC406	1	0.02	キ	
3	弁 体	CAC406	1	0.073	木イキ	
2	ふ た	CAC406	1	0.312	木イキ	
1	弁 箱	CAC406	1	0.646	木イキ	
照合番号	品 名	材 料	個数	合計質量[kg]	工程	適用規格・記事

校 名	氏 名		設 計	製 図	写 図	
			・ ・ ・	・ ・ ・	・ ・ ・	
玉形弁組立図		尺度	1:1	投影法	⊕	
		図番	0028-01			

参考図

$\sqrt{}$ Rz 100 （ $\sqrt{}$ ）

R2 3 16

56 R50

M40×1.5 φ50

φ48

Ra 1.6

φ42 12

Ra 6.3

R5 5

φ36 R50 38

φ42 φ25 +0.?

R50 66

Rc1 R50 16 Rc1

30° Ra 6.3 R2 Ra 25

90

(50.8)

44

| 1 | 弁 箱 | CAC406 | 1 | 0.646 | 木イキ | |
| 照合番号 | 品 名 | 材 料 | 個数 | 合計質量[kg] | 工程 | 適用規格・記事 |

校 名	氏 名		設 計	製 図	写 図	
			・ ・ ・	・ ・ ・	・ ・ ・	
玉形弁部品図		尺度	1:1	投影法	⊕	
		図番	0028-02			

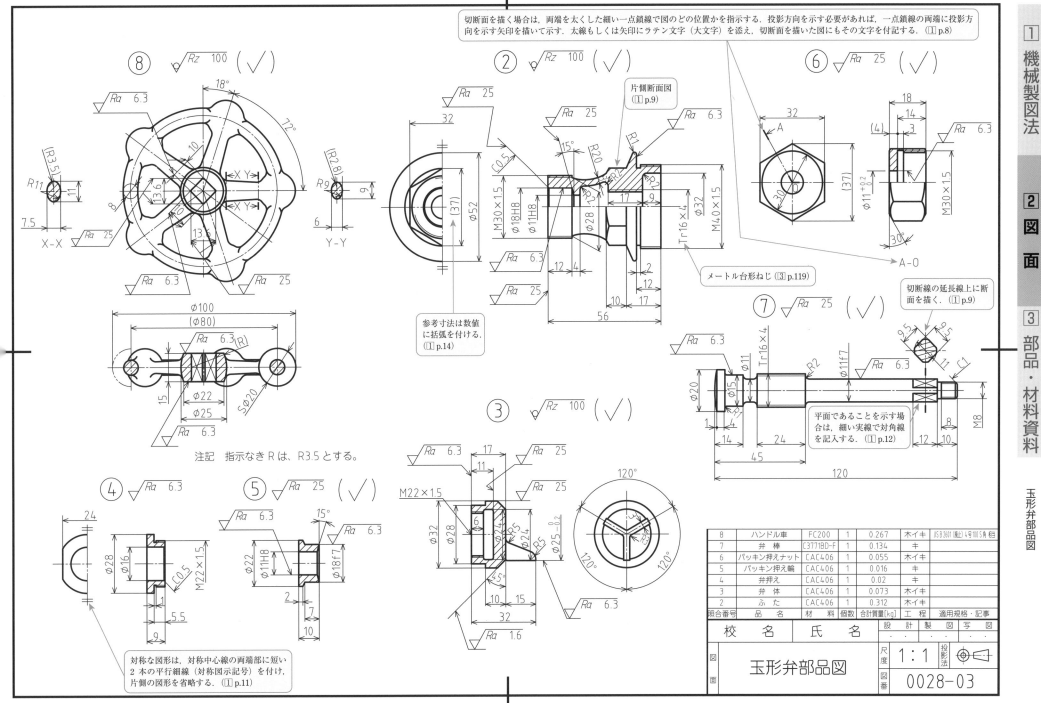

切断面を描く場合は，両端を太くした細い一点鎖線で図のどの位置かを指示する．投影方向を示す必要があれば，一点鎖線の両端に投影方向を示す矢印を描いて示す．太線もしくは矢印にラテン文字（大文字）を添え，切断面を描いた図にもその文字を付記する．（1 p.8）

片側断面図（1 p.9）

メートル台形ねじ（3 p.119）

参考寸法は数値に括弧を付ける．（1 p.14）

切断線の延長線上に断面を描く．（1 p.9）

平面であることを示す場合は，細い実線で対角線を記入する．（1 p.12）

注記 指示なきRは、R3.5とする。

対称な図形は，対称中心線の両端部に短い2本の平行細線（対称図示記号）を付け，片側の図形を省略する．（1 p.11）

8	ハンドル車	FC200	1	0.267	木イキ	JIS B 2601（慮上）4号100 S角 相当
7	弁 棒	C3771BD-F	1	0.134	キ	
6	パッキン押えナット	CAC406	1	0.055	木イキ	
5	パッキン押え輪	CAC406	1	0.016	キ	
4	弁押え	CAC406	1	0.02	キ	
3	弁 体	CAC406	1	0.073	木イキ	
2	ふ た	CAC406	1	0.312	木イキ	
照合番号	品 名	材 料	個数	合計質量[kg]	工 程	適用規格・記事

校 名	氏 名	設 計	製 図	写 図
		. . .	. . .	. . .

玉形弁部品図

尺度 1:1 投影法

図番 0028-03

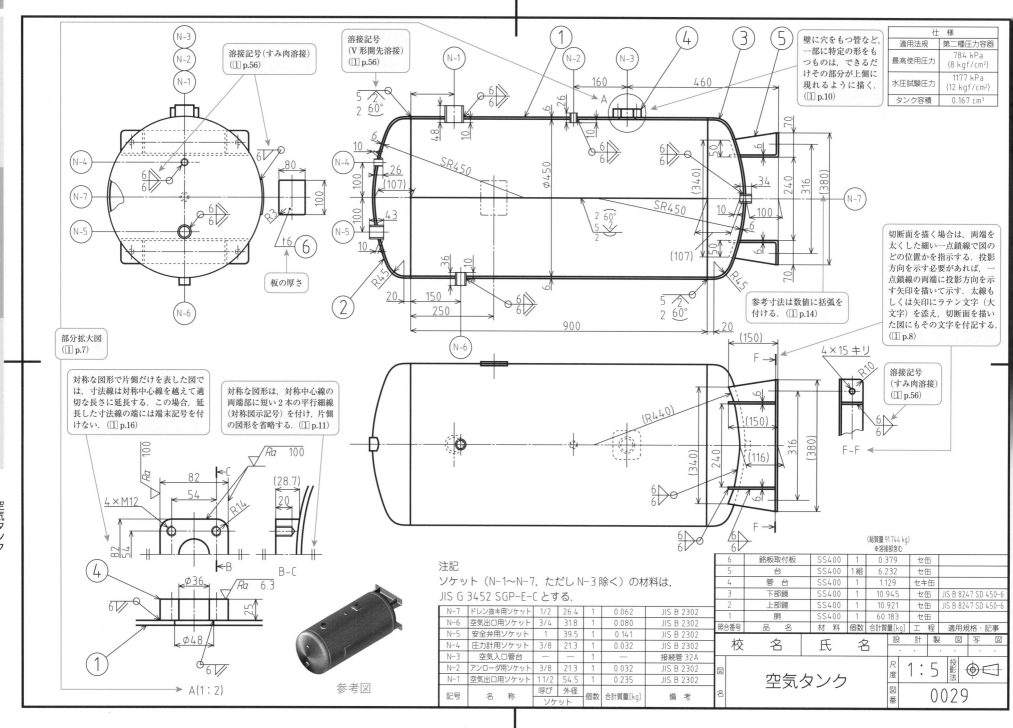

溶接記号(すみ肉溶接)
(1 p.56)

溶接記号
(V形開先溶接)
(1 p.56)

壁に穴をもつ管など,
一部に特定の形をも
つものは,できるだ
けその部分が上側に
現れるように描く.
(1 p.10)

板の厚さ

部分拡大図
(1 p.7)

対称な図形で片側だけを表した図で
は,寸法線は対称中心線を越えて適
切な長さに延長する.この場合,延
長した寸法線の端には端末記号を付
けない.(1 p.16)

対称な図形は,対称中心線の
両端部に短い2本の平行細線
(対称図示記号)を付け,片側
の図形を省略する.(1 p.11)

参考寸法は数値に括弧を
付ける.(1 p.14)

切断面を描く場合は,両端を
太くした細い一点鎖線で図の
どの位置かを指示する.投影
方向を示す必要があれば,一
点鎖線の両端に投影方向を示
す矢印を描いて示す.太線も
しくは矢印にラテン文字(大
文字)を添え,切断面を描い
た図にもその文字を付記する.
(1 p.8)

4×15 キリ

溶接記号
(すみ肉溶接)
(1 p.56)

仕様

適用法規	第二種圧力容器
最高使用圧力	784 kPa {8 kgf/cm²}
水圧試験圧力	1177 kPa {12 kgf/cm²}
タンク容積	0.167 cm³

注記
ソケット(N-1〜N-7,ただしN-3除く)の材料は,
JIS G 3452 SGP-E-C とする.

記号	名称	呼び ソケット	外径	個数	合計質量[kg]	備考
N-7	ドレン抜キ用ソケット	1/2	26.4	1	0.062	JIS B 2302
N-6	空気出口用ソケット	3/4	31.8	1	0.080	JIS B 2302
N-5	安全弁用ソケット	1	39.5	1	0.141	JIS B 2302
N-4	圧力計用ソケット	3/8	21.3	1	0.032	JIS B 2302
N-3	空気入口管台	—	—	1	—	接続管 32A
N-2	アンローダ用ソケット	3/8	21.3	1	0.032	JIS B 2302
N-1	空気出口用ソケット	1 1/2	54.5	1	0.235	JIS B 2302

照合番号	品名	材料	個数	合計質量[kg]	工程	適用規格・記事
6	銘板取付板	SS400	1	0.379		セ缶
5	台	SS400	1組	6.232	セ缶	
4	管台	SS400	1	1.129	セキ缶	
3	下部鏡	SS400	1	10.945	セ缶	JIS B 8247 SD 450-6
2	上部鏡	SS400	1	10.921	セ缶	JIS B 8247 SD 450-6
1	胴	SS400	1	60.183	セ缶	

(総質量 91.744 kg)
※溶接部含む

校名 氏名			設計	製図	写図

図名 空気タンク

尺度	1:5	投影法
図番	0029	

参考図

組立図など主として機能を表す図面は，対象物を使用する状態で描く．（1 p.7）

照合番号は，見やすいように，縦または横に並べて記入することが望ましい．（1 p.27）

隣接する切り口のハッチングは，線の向きや角度，間隔を変えて区別する．（1 p.8）

切断したために理解を妨げるもの（例 1），切断しても意味がないもの（例 2）は，長手方向に切断しない．（1 p.8）
例 1：リブ（歯車の），アーム，歯車の歯
例 2：軸，ピン，ボルト，ナット，座金，小ねじ，リベット，キー，鋼球，円筒ころ

必要に応じて，要所の一部だけを部分断面図として表し，破断線によってその境界を示す．（1 p.9）

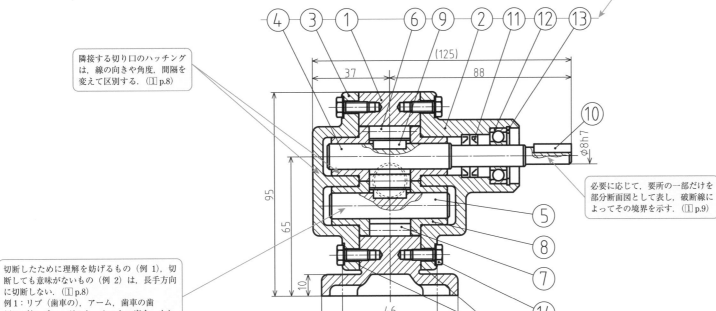

平歯車要目表	
歯車歯形	転位
基準ラック 歯形	並歯
モジュール	2.75
圧力角	20°
歯数	8
基準円直径	22
精度	JIS B 1702-1 5 級
転位量	+0.575
中心距離	23

(総質量 2.151 kg)

照合番号	品　名	材　料	個数	合計質量[kg]	工　程	適用規格・記事
15	ガスケット	油紙	2	—	ソ	
14	呼び径六角ボルト	S30C-D	12	0.036	ソ	JIS B 1180　M5×14-8.8 部品等級 A
13	C 型止め輪	SK85	1	—	ソ	穴用 26
12	ラジアル玉軸受		1	0.019	ソ	6000Z
11	ばねなしオイルシール	合成ゴム	2	—	ソ	JIS B 2402 タイプ 1 010020
10	平行キー	S45C-D	1	0.002	ソ	4×4×18 片丸
9	平行キー	S45C-D	2	0.004	ソ	4×4×16 両丸
8	ブシュ	CAC406	4	0.152	木イキ	
7	従動歯車	S15CK	1	0.041	キ	
6	駆動歯車	S15CK	1	0.041	キ	
5	従動軸	S45C	1	0.05	キ	
4	駆動軸	S45C	1	0.081	キ	
3	カバー	FC200	1	0.319	木イキ	
2	駆動側カバー	FC200	1	0.423	木イキ	
1	ギヤケース	FC200	1	0.983	木イキ	

校　名	氏　名	設 計	製 図	写 図		
		・　・	・　・	・　・		
図名 歯車ポンプ組立図		尺度 1:1	投影法			
		図番 0030-01				

参考図

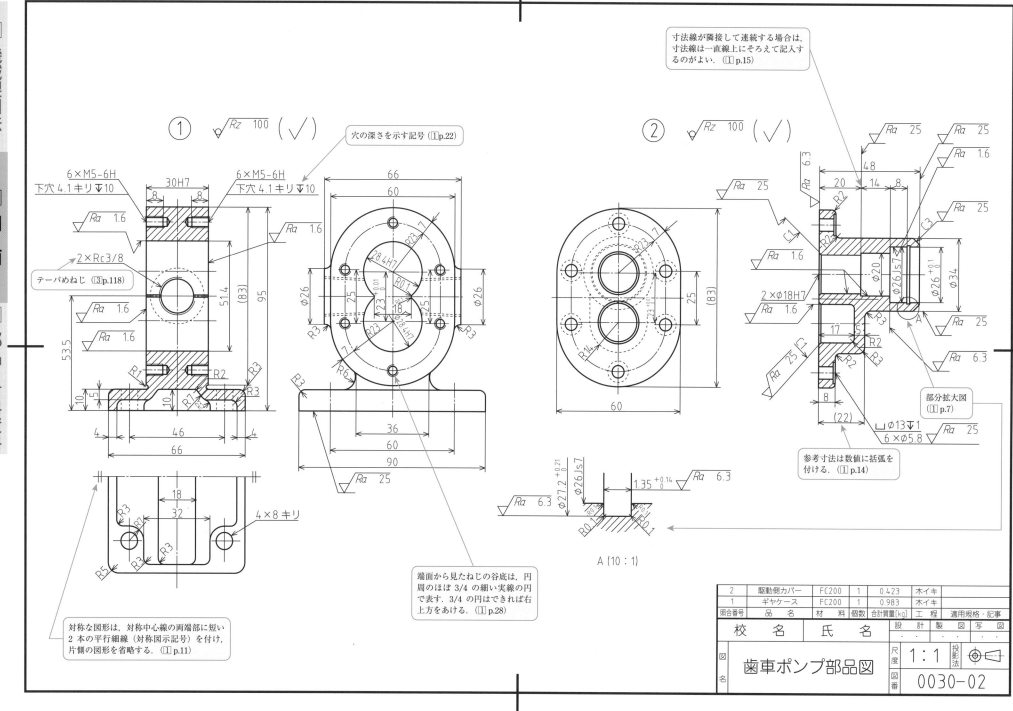

寸法線が隣接して連続する場合は，寸法線は一直線上にそろえて記入するのがよい．（1 p.15）

① Rz 100 (√)

穴の深さを示す記号（1 p.22）

② Rz 100 (√)

6×M5-6H
下穴 4.1 キリ⏊10

30H7

6×M5-6H
下穴 4.1 キリ⏊10

Ra 1.6

2×Rc3/8

テーパめねじ（3 p.118）

Ra 1.6

Ra 1.6

Ra 1.6

Ra 25

4×8 キリ

対称な図形は，対称中心線の両端部に短い2本の平行細線（対称図示記号）を付け，片側の図形を省略する．（1 p.11）

端面から見たねじの谷底は，円周のほぼ 3/4 の細い実線の円で表す．3/4 の円はできれば右上方をあける．（1 p.28）

Ra 25

Ra 25

Ra 6.3

Ra 1.6

Ra 1.6

Ra 25

2×ϕ18H7

部分拡大図（1 p.7）

参考寸法は数値に括弧を付ける．（1 p.14）

⌴ϕ13⏊1
6×ϕ5.8

Ra 25

A (10:1)

Ra 6.3

Ra 6.3

2	駆動側カバー	FC200	1	0.423	木イキ	
1	ギヤケース	FC200	1	0.983	木イキ	
照合番号	品　名	材　料	個数	合計質量[kg]	工　程	適用規格・記事

校　　名	氏　　名	設　計	製　図	写　図
歯車ポンプ部品図		尺度 1:1	投影法 ⊕	
		図番 0030-02		

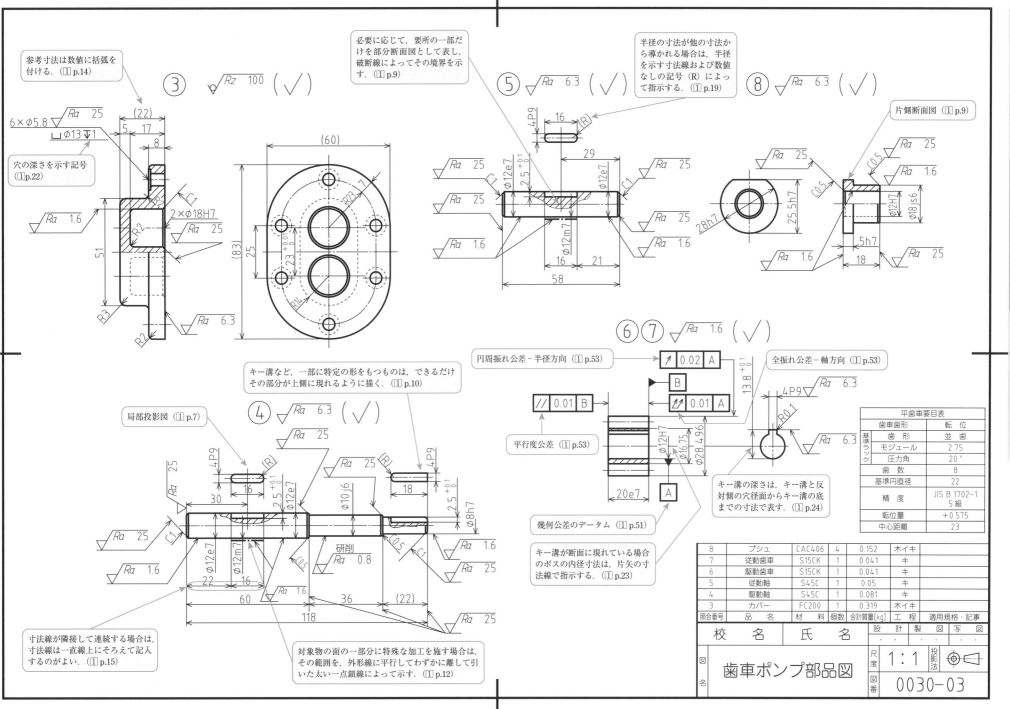

参考寸法は数値に括弧を付ける.（[1] p.14）

必要に応じて，要所の一部だけを部分断面図として表し，破断線によってその境界を示す．（[1] p.9）

半径の寸法が他の寸法から導かれる場合は，半径を示す寸法線および数値なしの記号（R）によって指示する．（[1] p.19）

片側断面図（[1] p.9）

穴の深さを示す記号（[1] p.22）

③ $\sqrt{Rz\ 100}$ (√)

⑤ $\sqrt{Ra\ 6.3}$ (√)

⑧ $\sqrt{Ra\ 6.3}$ (√)

6×φ5.8 $\sqrt{Ra\ 25}$
⌴φ13 ▽1

(22)
5 17
8

Ra 1.6

C1
R3
R2
2×φ18H7
R2
Ra 25
51
R3
R2

Ra 6.3

(60)
R23
(83)
25
23 +0.01 0
R14

4P9
16 (R)
2.5 +0.1 0
φ12e7
φ12m7
16 21
58
Ra 25
Ra 25
C1
Ra 25
C1
29
φ12e7
Ra 25
Ra 1.6

Ra 25
28h7
25.5h7
C0.5
C0.5
φ12H7
φ18.s6
5h7
18
Ra 25
Ra 1.6
Ra 1.6

キー溝など，一部に特定の形をもつものは，できるだけその部分が上側に現れるように描く．（[1] p.10）

局部投影図（[1] p.7）

④ $\sqrt{Ra\ 6.3}$ (√)

⑥⑦ $\sqrt{Ra\ 1.6}$ (√)

円周振れ公差 − 半径方向（[1] p.53）
全振れ公差 − 軸方向（[1] p.53）

↗ 0.02 A
B
⌒⌒ 0.01 A
∥ 0.01 B

平行度公差（[1] p.53）

幾何公差のデータム（[1] p.51）

キー溝が断面に現れている場合のボスの内径寸法は，片矢の寸法線で指示する．（[1] p.23）

キー溝の深さは，キー溝と反対側の穴径面からキー溝の底までの寸法で表す．（[1] p.24）

4P9
25
(R)
16
2.5 +0.1 0
φ12e7
30
φ10j6
4P9
(R)
18
2.5 +0.1 0
φ8h7
Ra 25
Ra 25
Ra 1.6
Ra 25
C1
φ12e7
φ12m7
研削
Ra 0.8
C0.5
C1
Ra 1.6
Ra 25
22 16
60 36 (22)
118
Ra 1.6
Ra 25

13.8 +0.1 0
28.496
16.75
φ12H7
20e7
A
4P9 Ra 6.3
R0.1
Ra 6.3

寸法線が隣接して連続する場合は，寸法線は一直線上にそろえて記入するのがよい．（[1] p.15）

対象物の面の一部分に特殊な加工を施す場合は，その範囲を，外形線に平行してわずかに離して引いた太い一点鎖線によって示す．（[1] p.12）

平歯車要目表		
歯車歯形		転位
基準ラック	歯形	並歯
	モジュール	2.75
	圧力角	20°
歯数		8
基準円直径		22
精度		JIS B 1702-1 5級
転位量		+0.575
中心距離		23

照合番号	品名	材料	個数	合計質量[kg]	工程	適用規格・記事
8	ブシュ	CAC406	4	0.152	木イキ	
7	従動歯車	S15CK	1	0.041	キ	
6	駆動歯車	S15CK	1	0.041	キ	
5	従動軸	S45C	1	0.05	キ	
4	駆動軸	S45C	1	0.081	キ	
3	カバー	FC200	1	0.319	木イキ	

校 名	氏 名	設計 製図 写図
図名 歯車ポンプ部品図		尺度 1:1 投影法 ◉▷
		図番 0030-03

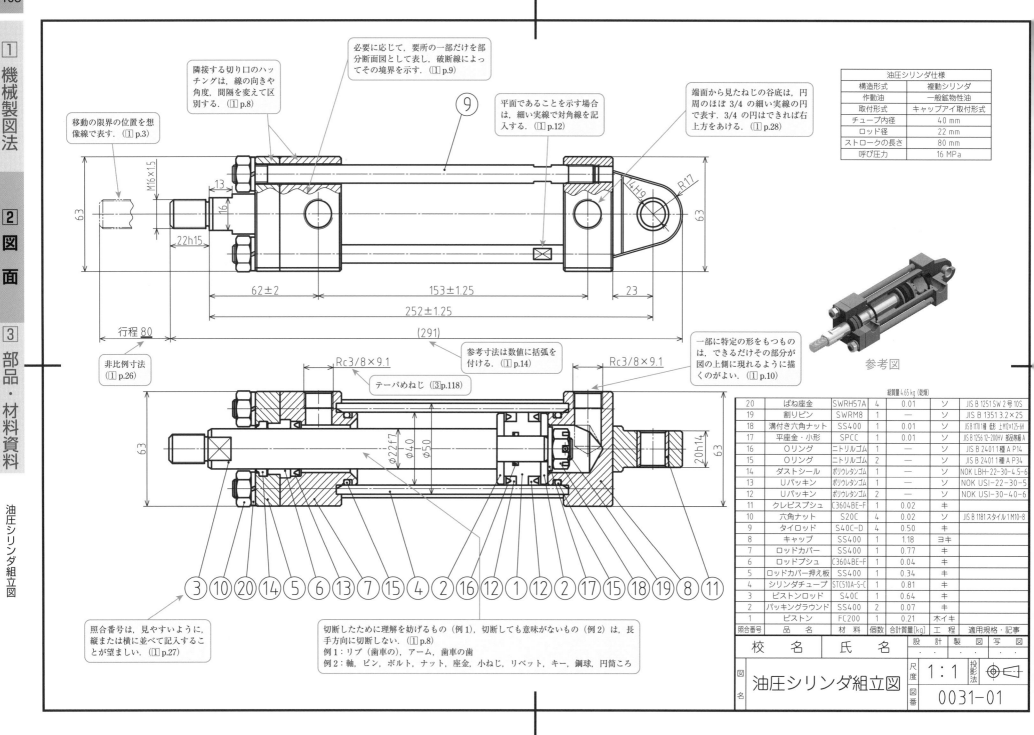

移動の限界の位置を想像線で表す. (1 p.3)

隣接する切り口のハッチングは, 線の向きや角度, 間隔を変えて区別する. (1 p.8)

必要に応じて, 要所の一部だけを部分断面図として表し, 破断線によってその境界を示す. (1 p.9)

平面であることを示す場合は, 細い実線で対角線を記入する. (1 p.12)

端面から見たねじの谷底は, 円周のほぼ 3/4 の細い実線の円で表す. 3/4 の円はできれば右上方をあける. (1 p.28)

油圧シリンダ仕様	
構造形式	複動シリンダ
作動油	一般鉱物性油
取付形式	キャップアイ取付形式
チューブ内径	40 mm
ロッド径	22 mm
ストロークの長さ	80 mm
呼び圧力	16 MPa

M16×1.5

13

16

22h15

63

⑨

14 H9

R17

63

62±2

153±1.25

23

252±1.25

行程 80

(291)

非比例寸法 (1 p.26)

一部に特定の形をもつものは, できるだけその部分が図の上側に現れるように描くのがよい. (1 p.10)

参考寸法は数値に括弧を付ける. (1 p.14)

Rc3/8×9.1

Rc3/8×9.1

テーパめねじ (3 p.118)

63

φ22f7

φ40

φ50

20h14

参考図

総質量 4.65 kg (乾燥)

20	ばね座金	SWRH57A	4	0.01	ソ	JIS B 1251 SW 2 号 10S
19	割リピン	SWRM8	1	—	ソ	JIS B 1351 3.2×25
18	溝付き六角ナット	SS400	1	0.01	ソ	JIS B 1170 1種 低形 上 M12×1.25-6H
17	平座金・小形	SPCC	1	0.01	ソ	JIS B 1256 12-200HV 部位等級 A
16	Oリング	ニトリルゴム	1	—	ソ	JIS B 2401 1種 A P14
15	Oリング	ニトリルゴム	2	—	ソ	JIS B 2401 1種 A P34
14	ダストシール	ポリウレタンゴム	1	—	ソ	NOK LBH-22-30-4.5-6
13	Uパッキン	ポリウレタンゴム	1	—	ソ	NOK USI-22-30-5
12	Uパッキン	ポリウレタンゴム	2	—	ソ	NOK USI-30-40-6
11	クレビスブシュ	C3604BE-F	1	0.02	キ	
10	六角ナット	S20C	4	0.02	ソ	JIS B 1181 スタイル 1 M10-8
9	タイロッド	S40C-D	4	0.50	キ	
8	キャップ	SS400	1	1.18	ヨキ	
7	ロッドカバー	SS400	1	0.77	キ	
6	ロッドブシュ	C3604BE-F	1	0.04	キ	
5	ロッドカバー押え板	SS400	1	0.34	キ	
4	シリンダチューブ	STC510A-S-C	1	0.81	キ	
3	ピストンロッド	S40C	1	0.64	キ	
2	パッキングラウンド	SS400	2	0.07	キ	
1	ピストン	FC200	1	0.21	木イキ	
照合番号	品 名	材 料	個数	合計質量[kg]	工 程	適用規格・記事

照合番号は, 見やすいように, 縦または横に並べて記入することが望ましい. (1 p.27)

切断したために理解を妨げるもの (例1), 切断しても意味がないもの (例2) は, 長手方向に切断しない. (1 p.8)
例1: リブ (歯車の), アーム, 歯車の歯
例2: 軸, ピン, ボルト, ナット, 座金, 小ねじ, リベット, キー, 鋼球, 円筒ころ

③ ⑩ ⑳ ⑭ ⑤ ⑥ ⑬ ⑦ ⑮ ④ ② ⑯ ⑫ ① ⑫ ② ⑰ ⑮ ⑱ ⑲ ⑧ ⑪

校 名	氏 名	設 計	製 図	写 図
		・ ・	・ ・	・ ・

図名	油圧シリンダ組立図	尺度	1:1	投影法
図番			0031-01	

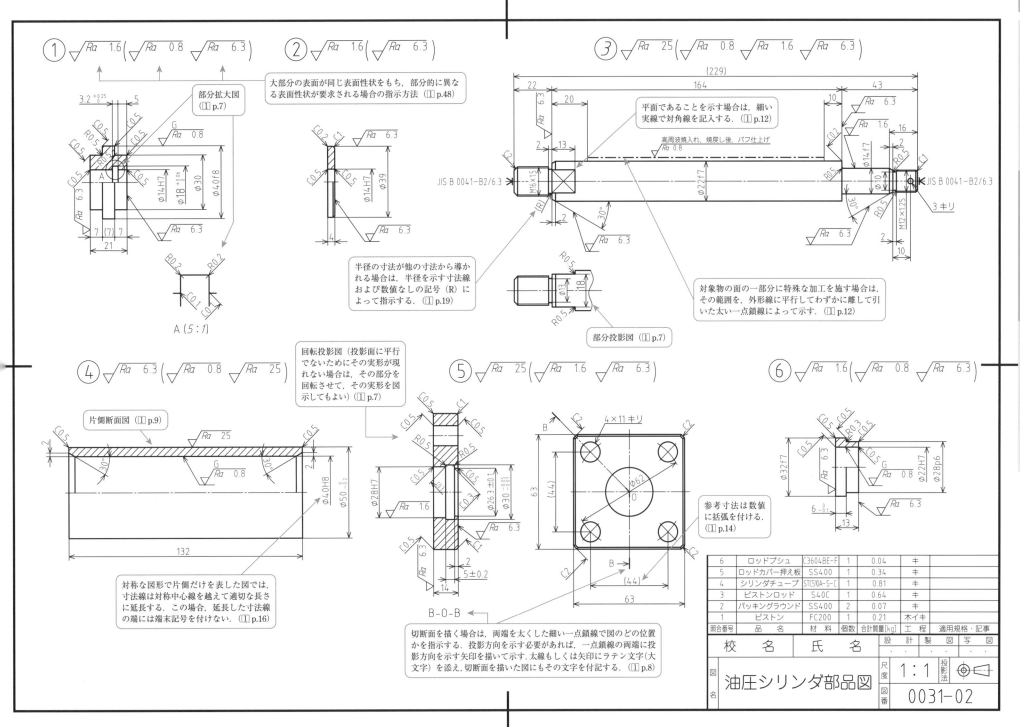

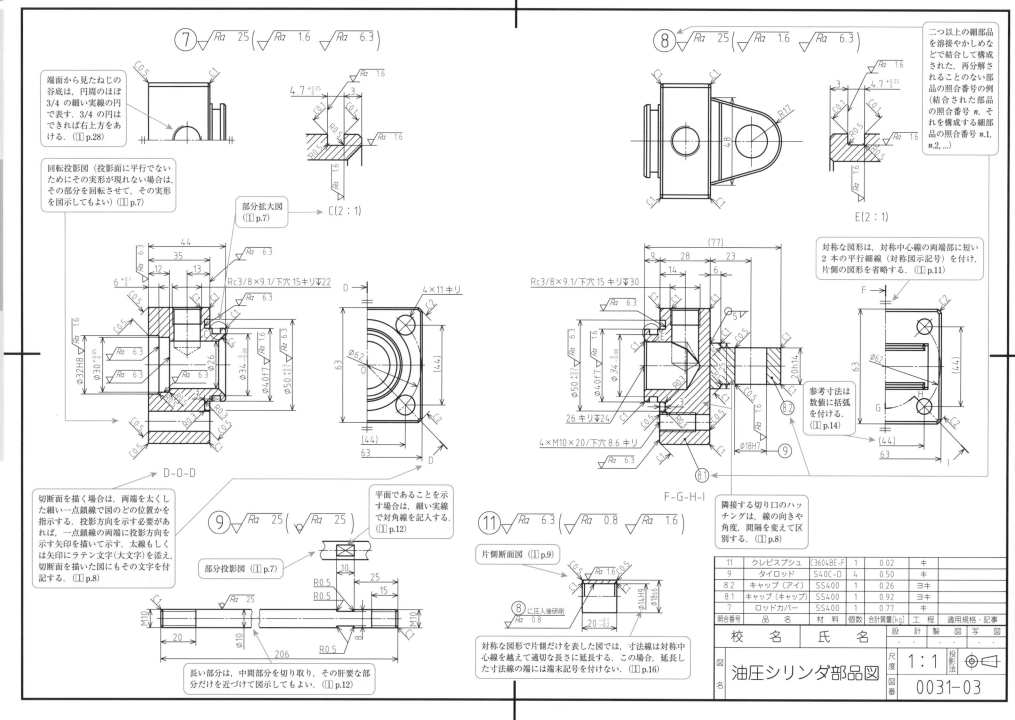

端面から見たねじの谷底は，円周のほぼ 3/4 の細い実線の円で表す．3/4 の円はできれば右上方をあける．（① p.28）

回転投影図（投影面に平行でないためにその実形が現れない場合は，その部分を回転させて，その実形を図示してもよい）（① p.7）

部分拡大図（① p.7）

二つ以上の細部品を溶接やかしめなどで結合して構成された，再分解されることのない部品の照合番号の例（結合された部品の照合番号 n，それを構成する細部品の照合番号 $n.1$, $n.2$, …）

対称な図形は，対称中心線の両端部に短い2本の平行細線（対称図示記号）を付け，片側の図形を省略する．（① p.11）

参考寸法は数値に括弧を付ける．（① p.14）

切断面を描く場合は，両端を太くした細い一点鎖線で図のどの位置かを指示する．投影方向を示す必要があれば，一点鎖線の両端に投影方向を示す矢印を描いて示す．太線もしくは矢印にラテン文字（大文字）を添え，切断面を描いた図にもその文字を付記する．（① p.8）

平面であることを示す場合は，細い実線で対角線を記入する．（① p.12）

隣接する切り口のハッチングは，線の向きや角度，間隔を変えて区別する．（① p.8）

部分投影図（① p.7）

片側断面図（① p.9）

⑧に圧入後研削

対称な図形で片側だけを表した図では，寸法線は対称中心線を越えて適切な長さに延長する．この場合，延長した寸法線の端には端末記号を付けない．（① p.16）

長い部分は，中間部分を切り取り，その肝要な部分だけを近づけて図示してもよい．（① p.12）

11	クレビスブシュ	C3604BE-F	1	0.02	キ	
9	タイロッド	S40C-D	4	0.50	キ	
8.2	キャップ（アイ）	SS400	1	0.26	ヨキ	
8.1	キャップ（キャップ）	SS400	1	0.92	ヨキ	
7	ロッドカバー	SS400	1	0.77	キ	
照合番号	品 名	材 料	個数	合計質量[kg]	工 程	適用規格・記事

校 名	氏 名	設計 製図 写図		
図名	油圧シリンダ部品図	尺度 1:1	投影法	
		図番 0031-03		

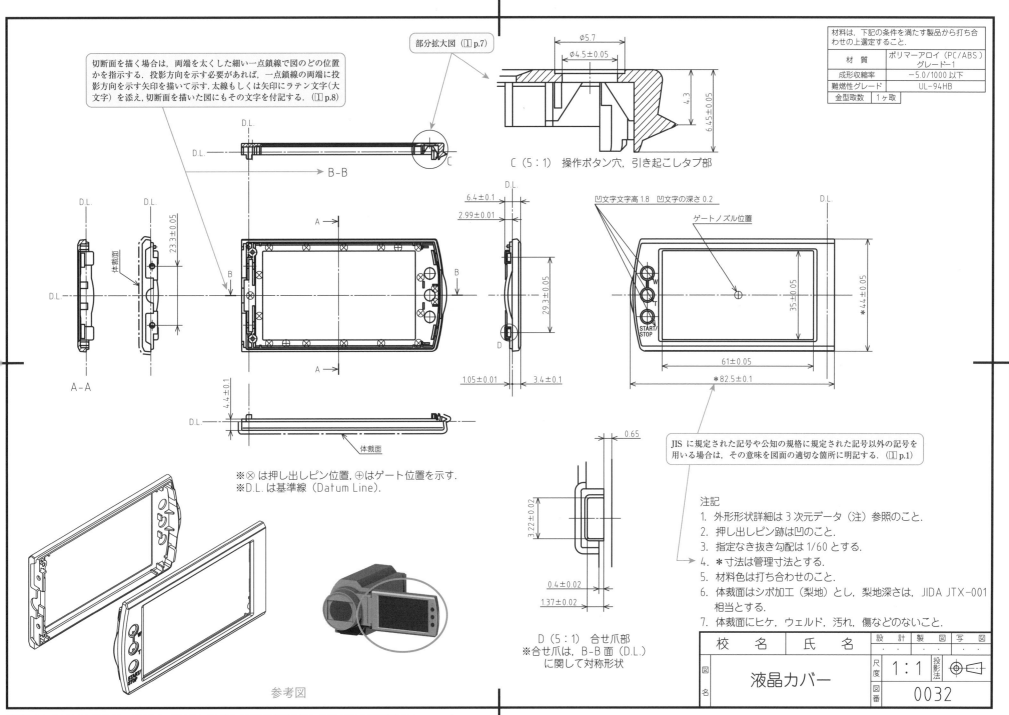

切断面を描く場合は，両端を太くした細い一点鎖線で図のどの位置かを指示する．投影方向を示す必要があれば，一点鎖線の両端に投影方向を示す矢印を描いて示す．太線もしくは矢印にラテン文字（大文字）を添え，切断面を描いた図にもその文字を付記する．（①p.8）

部分拡大図（①p.7）

C（5：1）操作ボタン穴，引き起こしタブ部

材料は，下記の条件を満たす製品から打ち合わせの上選定すること．

材 質	ポリマーアロイ（PC／ABS）グレード1
成形収縮率	−5.0／1000以下
難燃性グレード	UL-94HB
金型取数	1ヶ取

B-B

A-A

体裁面

D.L.

体裁面

凹文字文字高1.8　凹文字の深さ0.2

ゲートノズル位置

※⊗は押し出しピン位置，⊕はゲート位置を示す．
※D.L.は基準線（Datum Line）．

D（5：1）合せ爪部
※合せ爪は，B-B面（D.L.）に関して対称形状

JISに規定された記号や公知の規格に規定された記号以外の記号を用いる場合は，その意味を図面の適切な箇所に明記する．（①p.1）

注記
1. 外形形状詳細は3次元データ（注）参照のこと．
2. 押し出しピン跡は凹のこと．
3. 指定なき抜き勾配は1/60とする．
4. ＊寸法は管理寸法とする．
5. 材料色は打ち合わせのこと．
6. 体裁面はシボ加工（梨地）とし，梨地深さは，JIDA JTX-001相当とする．
7. 体裁面にヒケ，ウェルド，汚れ，傷などのないこと．

参考図

校 名	氏 名	設計 製図 写図
図名	液晶カバー	尺度 1：1　投影法
		図番 0032

注 1.実際はコンピュータを用いて3次元CADデータで表現されることが多い．

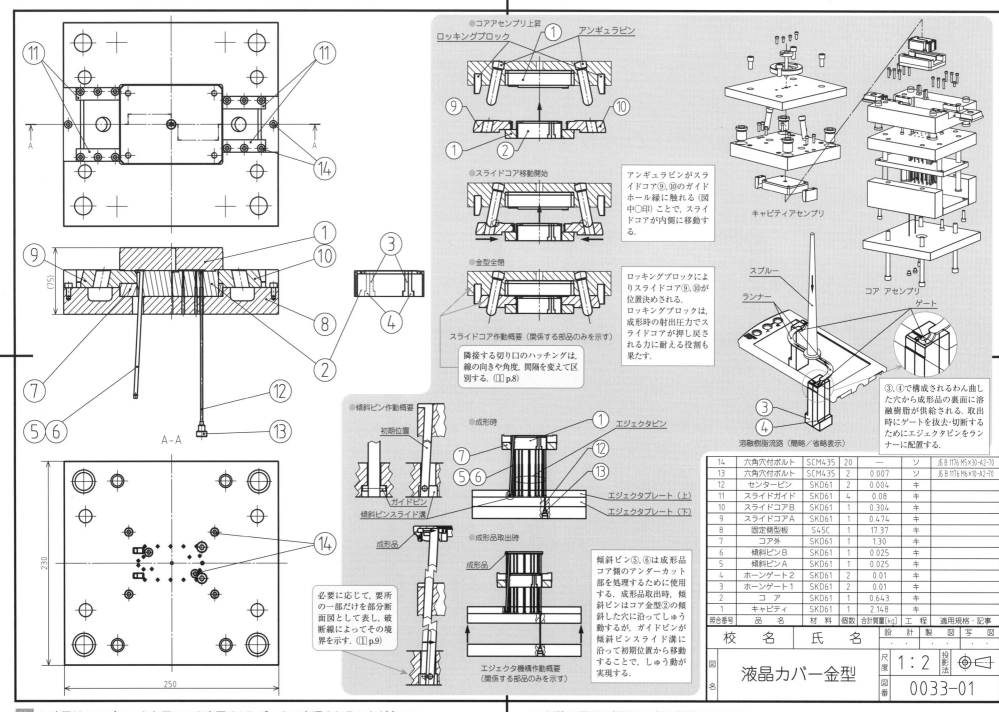

●コアアセンブリ上昇
ロッキングブロック ① アンギュラピン
⑨ ⑩
① ②

アンギュラピンがスライドコア⑨,⑩のガイドホール縁に触れる（図中○印）ことで,スライドコアが内側に移動する.

●スライドコア移動開始

●金型全閉

ロッキングブロックによりスライドコア⑨,⑩が位置決めされる.ロッキングブロックは,成形時の射出圧力でスライドコアが押し戻される力に耐える役割も果たす.

スライドコア作動概要（関係する部品のみを示す）

隣接する切り口のハッチングは,線の向きや角度,間隔を変えて区別する.（① p.8）

●傾斜ピン作動概要
初期位置
① エジェクタピン
⑦ ⑫
⑤ ⑥ ⑬
ガイドピン
傾斜ピンスライド溝
エジェクタプレート（上）
エジェクタプレート（下）

●成形時

●成形品取出時
成形品
成形品

必要に応じて,要所の一部だけを部分断面図として表し,破断線によってその境界を示す.（① p.9）

傾斜ピン⑤,⑥は成形品コア側のアンダーカット部を処理するために使用する.成形品取出時,傾斜ピンはコア金型②の傾斜した穴に沿ってしゅう動するが,ガイドピンが傾斜ピンスライド溝に沿って初期位置から移動することで,しゅう動が実現する.

エジェクタ機構作動概要（関係する部品のみを示す）

キャビティアセンブリ

スプルー
ランナー
コア アセンブリ
ゲート

溶融樹脂流路（簡略／省略表示）

③,④で構成されるわん曲した穴から成形品の裏面に溶融樹脂が供給される.取出時にゲートを抜去・切断するためにエジェクタピンをランナーに配置する.

14	六角穴付ボルト	SCM435	20	—	ソ	JIS B 1176 M5×30-A2-70
13	六角穴付ボルト	SCM435	2	0.007	ソ	JIS B 1176 M6×10-A2-70
12	センターピン	SKD61	2	0.004	キ	
11	スライドガイド	SKD61	4	0.08	キ	
10	スライドコアB	SKD61	1	0.304	キ	
9	スライドコアA	SKD61	1	0.474	キ	
8	固定側型板	S45C	1	17.37	キ	
7	コア外	SKD61	1	1.30	キ	
6	傾斜ピンB	SKD61	1	0.025	キ	
5	傾斜ピンA	SKD61	1	0.025	キ	
4	ホーンゲート2	SKD61	2	0.01	キ	
3	ホーンゲート1	SKD61	2	0.01	キ	
2	コア	SKD61	1	0.643	キ	
1	キャビティ	SKD61	1	2.148	キ	
照合番号	品 名	材料	個数	合計質量[kg]	工程	適用規格・記事

校 名　氏 名
設 計　製 図　写 図

図 名　液晶カバー金型

尺度 1:2　投影法　図番 0033-01

A-A
(75)
230
250

注 1. 実際はコンピュータを用いて3次元CADデータで表現されることが多い.
2. アミ掛け部分は金型による樹脂成形プロセスの説明.
3. 以降の図面は部品の一部を抜粋したもの.

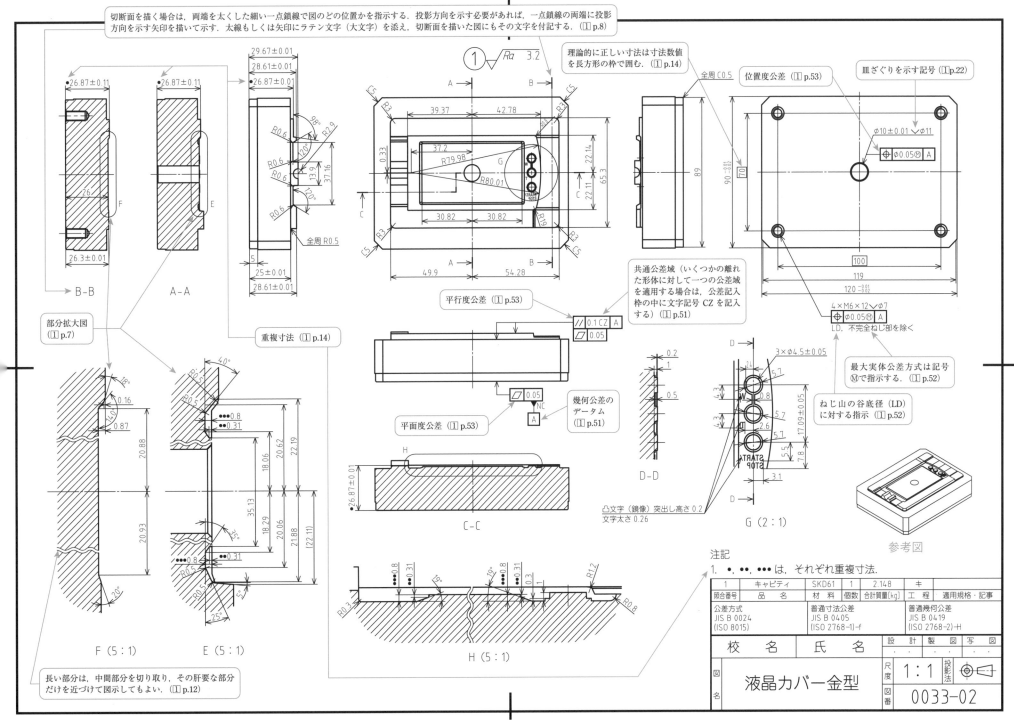

切断面を描く場合は，両端を太くした細い一点鎖線で図のどの位置かを指示する．投影方向を示す必要があれば，一点鎖線の両端に投影方向を示す矢印を描いて示す．太線もしくは矢印にラテン文字（大文字）を添え，切断面を描いた図にもその文字を付記する．（① p.8）

理論的に正しい寸法は寸法数値を長方形の枠で囲む．（① p.14）

位置度公差（① p.53）

皿ざぐりを示す記号（① p.22）

部分拡大図（① p.7）

重複寸法（① p.14）

平行度公差（① p.53）

共通公差域（いくつかの離れた形体に対して一つの公差域を適用する場合は，公差記入枠の中に文字記号 CZ を記入する）（① p.51）

最大実体公差方式は記号 Ⓜ で指示する．（① p.52）

LD，不完全ねじ部を除く

ねじ山の谷底径（LD）に対する指示（① p.52）

平面度公差（① p.53）

幾何公差のデータム（① p.51）

凸文字（鏡像）突出し高さ 0.2
文字太さ 0.26

参考図

長い部分は，中間部分を切り取り，その肝要な部分だけを近づけて図示してもよい．（① p.12）

注記
1. ●，●●，●●● は，それぞれ重複寸法．

	キャビティ	SKD61	1	2.148	キ	
照合番号	品　名	材　料	個数	合計質量[kg]	工　程	適用規格・記事
公差方式 JIS B 0024 (ISO 8015)	普通寸法公差 JIS B 0405 (ISO 2768-1)-f			普通幾何公差 JIS B 0419 (ISO 2768-2)-H		
校　名	氏　名			設　計	製　図	写　図

尺度 1:1　投影法

図名 液晶カバー金型

図番 0033-02

注 1. 実際はコンピュータを用いて3次元 CAD データで表現されることが多い．
2. 重複寸法は一品多葉図に用いることと規定しているが，本図では図の理解を容易にするために一品一葉図に用いている．

液晶カバー金型

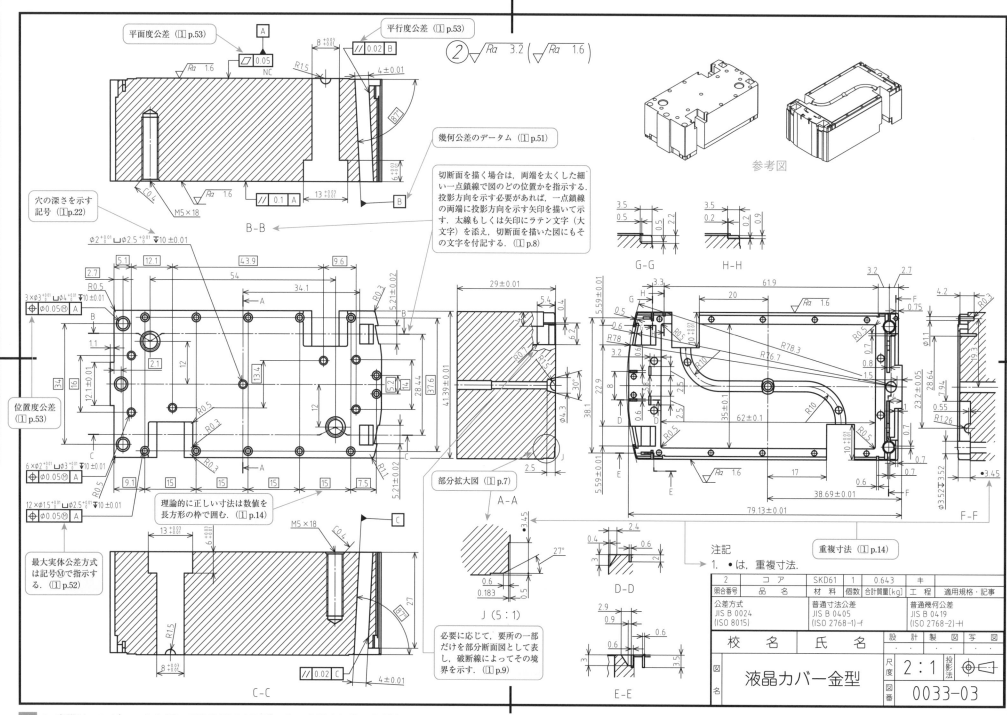

平面度公差（① p.53）

平行度公差（① p.53）

幾何公差のデータム（① p.51）

穴の深さを示す記号（① p.22）

位置度公差（① p.53）

最大実体公差方式は記号Ⓜで指示する.（① p.52）

理論的に正しい寸法は数値を長方形の枠で囲む.（① p.14）

切断面を描く場合は，両端を太くした細い一点鎖線で図のどの位置かを指示する.投影方向を示す必要があれば，一点鎖線の両端に投影方向を示す矢印を描いて示す.太線もしくは矢印にラテン文字（大文字）を添え，切断面を描いた図にもその文字を付記する.（① p.8）

部分拡大図（① p.7）

必要に応じて，要所の一部だけを部分断面図として表し，破断線によってその境界を示す.（① p.9）

重複寸法（① p.14）

参考図

B–B

G–G　　H–H

A–A

J（5：1）

D–D

E–E

F–F

C–C

注記
1. ● は，重複寸法.

②	コ　ア	SKD61	1	0.643	キ	
照合番号	品　名	材　料	個数	合計質量[kg]	工　程	適用規格・記事

公差方式 JIS B 0024 (ISO 8015)	普通寸法公差 JIS B 0405 (ISO 2768-1)-f	普通幾何公差 JIS B 0419 (ISO 2768-2)-H

校　名	氏　名	設　計	製　図	写　図

図名	液晶カバー金型	尺度 2：1	投影法 ◉

図番 0033-03

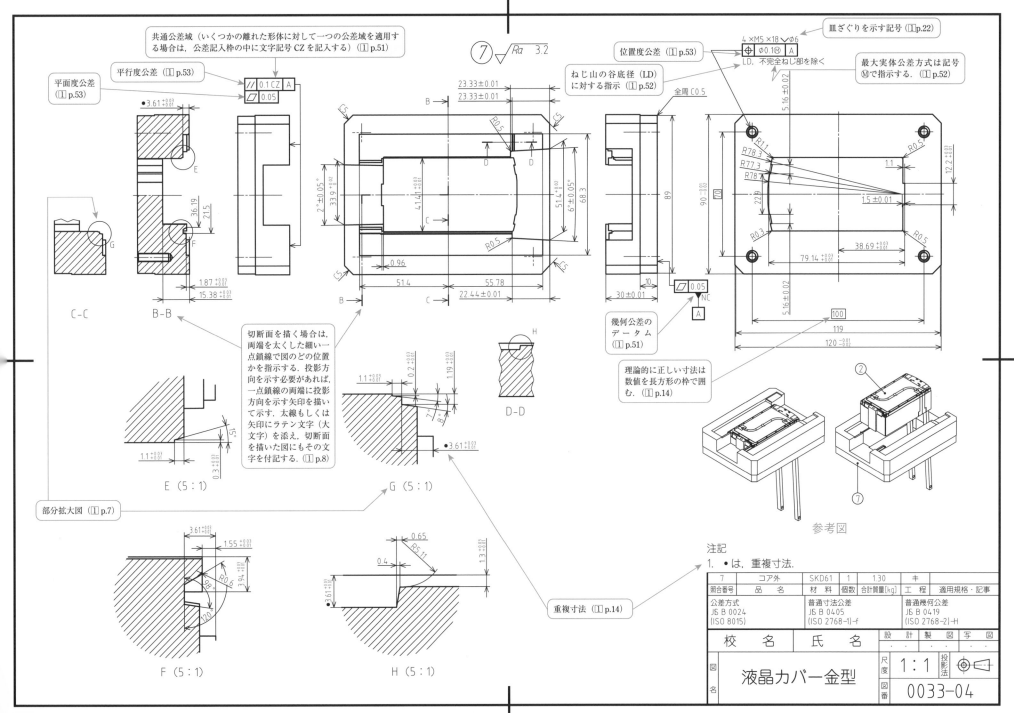

注 1. 実際はコンピュータを用いて3次元CADデータで表現されることが多い.
　　2. 重複寸法は一品多葉図に用いることと規定しているが，本図では図の理解を容易にするために一品一葉図に用いている.

1 機械製図法
2 図面
3 部品・材料資料
1 一般用メートルねじ

3 部品・材料資料

1. 一般用メートルねじ

(JIS B 0205：2001（2021 確認））（抜粋）

$$H = (\sqrt{3}/2)P = 0.866025404P$$
$$H_1 = (5/8)H = 0.541265877P$$
$$D_2 = d_2, \quad D_1 = d_1$$
$$D = d$$
$$d_2 = d - 0.6495P$$
$$d_1 = d - 1.0825P$$

太い実線は基準山形を示す.

● 並目ねじの基準寸法

単位 mm

ねじの呼び	ピッチ P	ひっかかりの高さ H_1	谷の径 D / 外径 d	有効径 D_2 / 有効径 d_2	内径 D_1 / 谷の径 d_1
M 1	0.25	0.135	1.000	0.838	0.729
*²M 1.1	0.25	0.135	1.100	0.938	0.829
M 1.2	0.25	0.135	1.200	1.038	0.929
*²M 1.4	0.3	0.162	1.400	1.205	1.075
M 1.6	0.35	0.189	1.600	1.373	1.221
*²M 1.8	0.35	0.189	1.800	1.573	1.421
M 2	0.4	0.217	2.000	1.740	1.567
*²M 2.2	0.45	0.244	2.200	1.908	1.713
M 2.5	0.45	0.244	2.500	2.208	2.013
M 3	0.5	0.271	3.000	2.675	2.459
*²M 3.5	0.6	0.325	3.500	3.110	2.850
M 4	0.7	0.379	4.000	3.545	3.242
*²M 4.5	0.75	0.406	4.500	4.013	3.688
M 5	0.8	0.433	5.000	4.480	4.134
M 6	1	0.541	6.000	5.350	4.917
*²M 7	1	0.541	7.000	6.350	5.917
M 8	1.25	0.677	8.000	7.188	6.647
*³M 9	1.25	0.677	9.000	8.188	7.647
M 10	1.5	0.812	10.000	9.026	8.376
*³M 11	1.5	0.812	11.000	10.026	9.376
M 12	1.75	0.947	12.000	10.863	10.106
*²M 14	2	1.083	14.000	12.701	11.835
M 16	2	1.083	16.000	14.701	13.835
*²M 18	2.5	1.353	18.000	16.376	15.294
M 20	2.5	1.353	20.000	18.376	17.294
*²M 22	2.5	1.353	22.000	20.376	19.294
M 24	3	1.624	24.000	22.051	20.752
*²M 27	3	1.624	27.000	25.051	23.752
M 30	3.5	1.894	30.000	27.727	26.211
*²M 33	3.5	1.894	33.000	30.727	29.211
M 36	4	2.165	36.000	33.402	31.670
M 39	4	2.165	39.000	36.402	34.670
M 42	4.5	2.436	42.000	39.077	37.129
*²M 45	4.5	2.436	45.000	42.077	40.129
M 48	5	2.706	48.000	44.752	42.587
*²M 52	5	2.706	52.000	48.752	46.587
M 56	5.5	2.977	56.000	52.428	50.046
*²M 60	5.5	2.977	60.000	56.428	54.046
M 64	6	3.248	64.000	60.103	57.505
*²M 68	6	3.248	68.000	64.103	61.505

注1) ねじの呼びは，＊印のないものを優先し，必要に応じて＊2，＊3の順に選ぶ.

● 細目ねじの基準寸法

単位 mm

ねじの呼び	ピッチ P	ひっかかりの高さ H_1	谷の径 D / 外径 d	有効径 D_2 / 有効径 d_2	内径 D_1 / 谷の径 d_1
M 1 × 0.2	0.2	0.108	1.000	0.870	0.783
*²M 1.1 × 0.2	0.2	0.108	1.100	0.970	0.883
M 1.2 × 0.2	0.2	0.108	1.200	1.070	0.983
*²M 1.4 × 0.2	0.2	0.108	1.400	1.270	1.183
M 1.6 × 0.2	0.2	0.108	1.600	1.470	1.383
*²M 1.8 × 0.2	0.2	0.108	1.800	1.670	1.583
M 2 × 0.25	0.25	0.135	2.000	1.838	1.729
*²M 2.2 × 0.25	0.25	0.135	2.200	2.038	1.929
M 2.5 × 0.35	0.35	0.189	2.500	2.273	2.121
M 3 × 0.35	0.35	0.189	3.000	2.773	2.621
*²M 3.5 × 0.35	0.35	0.189	3.500	3.273	3.121
M 4 × 0.5	0.5	0.271	4.000	3.675	3.459
*²M 4.5 × 0.5	0.5	0.271	4.500	4.175	3.959
M 5 × 0.5	0.5	0.271	5.000	4.675	4.459
*²M 5.5 × 0.5	0.5	0.271	5.500	5.175	4.959
M 6 × 0.75	0.75	0.406	6.000	5.513	5.188
*²M 7 × 0.75	0.75	0.406	7.000	6.513	6.188
M 8 × 1	1	0.541	8.000	7.350	6.917
M 8 × 0.75	0.75	0.406	8.000	7.513	7.188
*³M 9 × 1	1	0.541	9.000	8.350	7.917
*³M 9 × 0.75	0.75	0.406	9.000	8.513	8.188
M 10 × 1.25	1.25	0.677	10.000	9.188	8.647
M 10 × 1	1	0.541	10.000	9.350	8.917
M 10 × 0.75	0.75	0.406	10.000	9.513	9.188
*³M 11 × 1	1	0.541	11.000	10.350	9.917
*³M 11 × 0.75	0.75	0.406	11.000	10.513	10.188
M 12 × 1.5	1.5	0.812	12.000	11.026	10.376
M 12 × 1.25	1.25	0.677	12.000	11.188	10.647
M 12 × 1	1	0.541	12.000	11.350	10.917
M 14 × 1.5	1.5	0.812	14.000	13.026	12.376
*²M 14 × 1.25	1.25	0.677	14.000	13.188	12.647
*²M 14 × 1	1	0.541	14.000	13.350	12.917
*³M 15 × 1.5	1.5	0.812	15.000	14.026	13.376
*³M 15 × 1	1	0.541	15.000	14.350	13.917
M 16 × 1.5	1.5	0.812	16.000	15.026	14.376
M 16 × 1	1	0.541	16.000	15.350	14.917
*³M 17 × 1.5	1.5	0.812	17.000	16.026	15.376
*³M 17 × 1	1	0.541	17.000	16.350	15.917
*²M 18 × 2	2	1.083	18.000	16.701	15.835
*²M 18 × 1.5	1.5	0.812	18.000	17.026	16.376
*²M 18 × 1	1	0.541	18.000	17.350	16.917
M 20 × 2	2	1.083	20.000	18.701	17.835
M 20 × 1.5	1.5	0.812	20.000	19.026	18.376
M 20 × 1	1	0.541	20.000	19.350	18.917
*²M 22 × 2	2	1.083	22.000	20.701	19.835
*²M 22 × 1.5	1.5	0.812	22.000	21.026	20.376
*²M 22 × 1	1	0.541	22.000	21.350	20.917
M 24 × 2	2	1.083	24.000	22.701	21.835
M 24 × 1.5	1.5	0.812	24.000	23.026	22.376
M 24 × 1	1	0.541	24.000	23.350	22.917
*³M 25 × 2	2	1.083	25.000	23.701	22.835
*³M 25 × 1.5	1.5	0.812	25.000	24.026	23.376
*³M 25 × 1	1	0.541	25.000	24.350	23.917
*³M 26 × 1.5	1.5	0.812	26.000	25.026	24.376
*²M 27 × 2	2	1.083	27.000	25.701	24.835
M 27 × 1.5	1.5	0.812	27.000	26.026	25.376
*²M 27 × 1	1	0.541	27.000	26.350	25.917
*²M 28 × 2	2	1.083	28.000	26.701	25.835
*²M 28 × 1.5	1.5	0.812	28.000	27.026	26.376
*³M 28 × 1	1	0.541	28.000	27.350	26.917
(M 30 × 3)	3	1.624	30.000	28.051	26.752
M 30 × 2	2	1.083	30.000	28.701	27.835
M 30 × 1.5	1.5	0.812	30.000	29.026	28.376
M 30 × 1	1	0.541	30.000	29.350	28.917
*²M 32 × 2	2	1.083	32.000	30.701	29.835
*³M 32 × 1.5	1.5	0.812	32.000	31.026	30.376
(*²M 33 × 3)	3	1.624	33.000	31.051	29.752
*²M 33 × 2	2	1.083	33.000	31.701	30.835
*²M 33 × 1.5	1.5	0.812	33.000	32.026	31.376
M 36 × 3	3	1.624	36.000	34.051	32.752
M 36 × 2	2	1.083	36.000	34.701	33.835
*³M 36 × 1.5	1.5	0.812	36.000	35.026	34.376
*³M 38 × 1.5	1.5	0.812	38.000	37.026	36.376
*²M 39 × 3	3	1.624	39.000	37.051	35.752
*²M 39 × 2	2	1.083	39.000	37.701	36.835
*³M 40 × 3	3	1.624	40.000	38.051	36.752
*³M 40 × 2	2	1.083	40.000	38.701	37.835
*³M 40 × 1.5	1.5	0.812	40.000	39.026	38.376
M 42 × 4	4	2.165	42.000	39.402	37.670
M 42 × 3	3	1.624	42.000	40.051	38.752
M 42 × 2	2	1.083	42.000	40.701	39.835
*³M 42 × 1.5	1.5	0.812	42.000	41.026	40.376
*²M 45 × 4	4	2.165	45.000	42.402	40.670
*²M 45 × 3	3	1.624	45.000	43.051	41.752
*²M 45 × 2	2	1.083	45.000	43.701	42.835
*²M 45 × 1.5	1.5	0.812	45.000	44.026	43.376
*²M 48 × 4	4	2.165	48.000	45.402	43.670
M 48 × 3	3	1.624	48.000	46.051	44.752
M 48 × 2	2	1.083	48.000	46.701	45.835
M 48 × 1.5	1.5	0.812	48.000	47.026	46.376
*³M 50 × 3	3	1.624	50.000	48.051	46.752
*³M 50 × 2	2	1.083	50.000	48.701	47.835
*³M 50 × 1.5	1.5	0.812	50.000	49.026	48.376
*²M 52 × 4	4	2.165	52.000	49.402	47.670
*²M 52 × 3	3	1.624	52.000	50.051	48.752
*²M 52 × 2	2	1.083	52.000	50.701	49.835
*²M 52 × 1.5	1.5	0.812	52.000	51.026	50.376
*³M 55 × 4	4	2.165	55.000	52.402	50.670

注1) ねじの呼びは，＊印のないものを優先し，必要に応じて＊2，＊3の順に選ぶ.
2) M 14 × 1.25 は，内燃機関用点火プラグのねじにのみ，用いることができる.
3) M 35 × 1.5 は，転がり軸受の固定用にのみ，用いることができる.
4) ねじの呼びに，括弧が付いているものはできるだけ用いない.

備考) 基準山形：軸線を含む断面において，めねじとおねじとが共有する理論上の寸法と角度とで定義されるねじの理論上の形状.

● 細目ねじの基準寸法〈つづき〉　　　単位　mm

ねじの呼び	ピッチ P	ひっかかりの高さ H₁	めねじ 谷の径 D	めねじ 有効径 D₂	めねじ 内径 D₁
			おねじ 外径 d	おねじ 有効径 d₂	おねじ 谷の径 d₁
*³M 55 × 3	3	1.624	55.000	53.051	51.752
*³M 55 × 2	2	1.083	55.000	53.701	52.835
*³M 55 × 1.5	1.5	0.812	55.000	54.026	53.376
M 56 × 4	4	2.165	56.000	53.402	51.670
M 56 × 3	3	1.624	56.000	54.051	52.752
M 56 × 2	2	1.083	56.000	54.701	53.835
M 56 × 1.5	1.5	0.812	56.000	55.026	54.376
*³M 58 × 4	4	2.165	58.000	55.402	53.670
*³M 58 × 3	3	1.624	58.000	56.051	54.752
*³M 58 × 2	2	1.083	58.000	56.701	55.835
*³M 58 × 1.5	1.5	0.812	58.000	57.026	56.376
*²M 60 × 4	4	2.165	60.000	57.402	55.670
*²M 60 × 3	3	1.624	60.000	58.051	56.752
*²M 60 × 2	2	1.083	60.000	58.701	57.835
*²M 60 × 1.5	1.5	0.812	60.000	59.026	58.376
*³M 62 × 4	4	2.165	62.000	59.402	57.670
*³M 62 × 3	3	1.624	62.000	60.051	58.752
*³M 62 × 2	2	1.083	62.000	60.701	59.835
*³M 62 × 1.5	1.5	0.812	62.000	61.026	60.376
M 64 × 4	4	2.165	64.000	61.402	59.670
M 64 × 3	3	1.624	64.000	62.051	60.752
M 64 × 2	2	1.083	64.000	62.701	61.835
M 64 × 1.5	1.5	0.812	64.000	63.026	62.376
*³M 65 × 4	4	2.165	65.000	62.402	60.670
*³M 65 × 3	3	1.624	65.000	63.051	61.752
*³M 65 × 2	2	1.083	65.000	63.701	62.835
*³M 65 × 1.5	1.5	0.812	65.000	64.026	63.376
*²M 68 × 4	4	2.165	68.000	65.402	63.670
*³M 68 × 3	3	1.624	68.000	66.051	64.752
*²M 68 × 2	2	1.083	68.000	66.701	65.835
*²M 68 × 1.5	1.5	0.812	68.000	67.026	66.376
*³M 70 × 6	6	3.248	70.000	66.103	63.505
*³M 70 × 4	4	2.165	70.000	67.402	65.670
*³M 70 × 3	3	1.624	70.000	68.051	66.752
*³M 70 × 2	2	1.083	70.000	68.701	67.835
*³M 70 × 1.5	1.5	0.812	70.000	69.026	68.376
M 72 × 6	6	3.248	72.000	68.103	65.505

注 1) ねじの呼びは，＊印のないものを優先し，必要に応じて＊2，＊3 の順に選ぶ.
2) M 14 × 1.25 は，内燃機関用点火プラグのねじにのみ，用いることができる.
3) M 35 × 1.5 は，転がり軸受の固定用にのみ，用いることができる.
4) ねじの呼びに，括弧が付いているものはできるだけ用いない.

2. 管用平行ねじ（JIS B 0202：1999（2019 確認））（抜粋）

● 記号 G の基準山形　　　● 記号 PF の基準山形

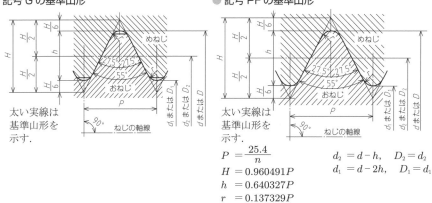

太い実線は基準山形を示す.

$$P = \frac{25.4}{n}$$
$$H = 0.960491P$$
$$h = 0.640327P$$
$$r = 0.137329P$$

$$d_2 = d - h, \quad D_2 = d_2$$
$$d_1 = d - 2h, \quad D_1 = d_1$$

単位　mm

ねじの呼び・		ねじ山数 (25.4 mm) につき n	ピッチ P (参考)	ねじ山の高さ h	山の頂および谷の丸み r	おねじ 外径 d	おねじ 有効径 d₂	おねじ 谷の径 d₁
						めねじ 谷の径 D	めねじ 有効径 D₂	めねじ 内径 D₁
G 1/16		28	0.9071	0.581	0.12	7.723	7.142	6.561
G 1/8	PF 1/8	28	0.9071	0.581	0.12	9.728	9.147	8.566
G 1/4	PF 1/4	19	1.3368	0.856	0.18	13.157	12.301	11.445
G 3/8	PF 3/8	19	1.3368	0.856	0.18	16.662	15.806	14.950
G 1/2	PF 1/2	14	1.8143	1.162	0.25	20.955	19.793	18.631
G 5/8	PF 5/8	14	1.8143	1.162	0.25	22.911	21.749	20.587
G 3/4	PF 3/4	14	1.8143	1.162	0.25	26.441	25.279	24.117
G 7/8	PF 7/8	14	1.8143	1.162	0.25	30.201	29.039	27.877
G 1	PF 1	11	2.3091	1.479	0.32	33.249	31.770	30.291
G 1 1/8	PF 1 1/8	11	2.3091	1.479	0.32	37.897	36.418	34.939
G 1 1/4	PF 1 1/4	11	2.3091	1.479	0.32	41.910	40.431	38.952
G 1 1/2	PF 1 1/2	11	2.3091	1.479	0.32	47.803	46.324	44.845
G 1 3/4	PF 1 3/4	11	2.3091	1.479	0.32	53.746	52.267	50.788
G 2	PF 2	11	2.3091	1.479	0.32	59.614	58.135	56.656
G 2 1/4	PF 2 1/4	11	2.3091	1.479	0.32	65.710	64.231	62.752
G 2 1/2	PF 2 1/2	11	2.3091	1.479	0.32	75.184	73.705	72.226
G 2 3/4	PF 2 3/4	11	2.3091	1.479	0.32	81.534	80.055	78.576
G 3	PF 3	11	2.3091	1.479	0.32	87.884	86.405	84.926
G 3 1/2	PF 3 1/2	11	2.3091	1.479	0.32	100.330	98.851	97.372
G 4	PF 4	11	2.3091	1.479	0.32	113.030	111.551	110.072
G 4 1/2	PF 4 1/2	11	2.3091	1.479	0.32	125.730	124.251	122.772
G 5	PF 5	11	2.3091	1.479	0.32	138.430	136.951	135.472
G 5 1/2	PF 5 1/2	11	2.3091	1.479	0.32	151.130	149.651	148.172
G 6	PF 6	11	2.3091	1.479	0.32	163.830	162.351	160.872
	PF 7	11	2.3091	1.479	0.32	189.230	187.751	186.272
	PF 8	11	2.3091	1.479	0.32	214.630	213.151	211.672
	PF 9	11	2.3091	1.479	0.32	240.030	238.551	237.072
	PF 10	11	2.3091	1.479	0.32	265.430	263.951	262.472
	PF 12	11	2.3091	1.479	0.32	316.230	314.751	313.272

注 1) ねじの呼びに，記号 G が付いているものは，「ISO 228-1：1994」による管用ねじと一致する. 記号 PF が付いているものは，ISO 規格に規定されていない（次回改正時に廃止年限を明示する）.

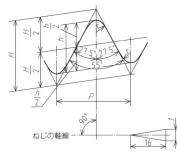

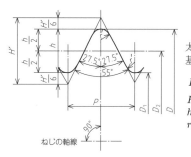

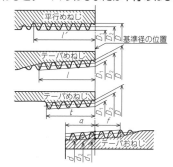

3. 管用テーパねじ（JIS B 0203：1999（2019 確認））（抜粋）

● テーパおねじおよびテーパめねじに対して適用する基準山形

太い実線は，基準山形を示す．

$$P = \frac{25.4}{n}$$
$$H = 0.960237P$$
$$h = 0.640327P$$
$$r = 0.137278P$$

ねじの軸線

● 平行めねじに対して適用する基準山形

太い実線は，基準山形を示す．

$$P = \frac{25.4}{n}$$
$$H' = 0.960491P$$
$$h' = 0.640327P$$
$$r' = 0.137329P$$

ねじの軸線

● テーパおねじとテーパめねじまたは平行めねじとのはめあい

単位　mm

ねじの呼び		ねじ山				基準径			基準径の位置			平行めねじの D, D_2 および D_1 の許容差	有効ねじ部の長さ（最小）				配管用炭素鋼鋼管の寸法（参考）	
						おねじ			おねじ		めねじ		おねじ	めねじ				
		ねじ山数（25.4 mm）につき n	ピッチ P（参考）	山の高さ h	丸み r または r'	外径 d	有効径 d_2	谷の径 d_1	管端から	軸線方向の許容差	管端部 軸線方向の許容差		基準径の位置から大径側に向かって	不完全ねじ部がある場合		不完全ねじ部がない場合		
						めねじ			基準の長さ a	b	c	f	基準径の位置から小径側に向かって l	テーパめねじ 基準径の位置から l	平行めねじ 管または管継手端から l'	テーパめねじ，平行めねじ 基準径または管・管継手端から t	外径	厚さ
						谷の径 D	有効径 D_2	内径 D_1										
R 1/16		28	0.9071	0.581	0.12	7.723	7.142	6.561	3.97	0.91	1.13	0.071	2.5	6.2	7.4	4.4	–	–
R 1/8	PT 1/8	28	0.9071	0.581	0.12	9.728	9.147	8.566	3.97	0.91	1.13	0.071	2.5	6.2	7.4	4.4	10.5	2.0
R 1/4	PT 1/4	19	1.3368	0.856	0.18	13.157	12.301	11.445	6.01	1.34	1.67	0.104	3.7	9.4	11.0	6.7	13.8	2.3
R 3/8	PT 3/8	19	1.3368	0.856	0.18	16.662	15.806	14.950	6.35	1.34	1.67	0.104	3.7	9.7	11.4	7.0	17.3	2.3
R 1/2	PT 1/2	14	1.8143	1.162	0.25	20.955	19.793	18.631	8.16	1.81	2.27	0.142	5.0	12.7	15.0	9.1	21.7	2.8
R 3/4	PT 3/4	14	1.8143	1.162	0.25	26.441	25.279	24.117	9.53	1.81	2.27	0.142	5.0	14.1	16.3	10.2	27.2	2.8
R 1	PT 1	11	2.3091	1.479	0.32	33.249	31.770	30.291	10.39	2.31	2.89	0.181	6.4	16.2	19.1	11.6	34	3.2
R 1 1/4	PT 1 1/4	11	2.3091	1.479	0.32	41.910	40.431	38.952	12.70	2.31	2.89	0.181	6.4	18.5	21.4	13.4	42.7	3.5
R 1 1/2	PT 1 1/2	11	2.3091	1.479	0.32	47.803	46.324	44.845	12.70	2.31	2.89	0.181	6.4	18.5	21.4	13.4	48.6	3.5
R 2	PT 2	11	2.3091	1.479	0.32	59.614	58.135	56.656	15.88	2.31	2.89	0.181	7.5	22.8	25.7	16.9	60.5	3.8
R 2 1/2	PT 2 1/2	11	2.3091	1.479	0.32	75.184	73.705	72.226	17.46	3.46	3.46	0.216	9.2	26.7	30.1	18.6	76.3	4.2
R 3	PT 3	11	2.3091	1.479	0.32	87.884	86.405	84.926	20.64	3.46	3.46	0.216	9.2	29.8	33.3	21.1	89.1	4.2
	PT 3 1/2	11	2.3091	1.479	0.32	100.330	98.851	97.372	22.23	3.46	3.46	0.216	9.2	31.4	34.9	22.4	101.6	4.2
R 4	PT 4	11	2.3091	1.479	0.32	113.030	111.551	110.072	25.40	3.46	3.46	0.216	10.4	35.8	39.3	25.9	114.3	4.5
R 5	PT 5	11	2.3091	1.479	0.32	138.430	136.951	135.472	28.58	3.46	3.46	0.216	11.5	40.1	43.5	29.3	139.8	4.5
R 6	PT 6	11	2.3091	1.479	0.32	163.830	162.351	160.872	28.58	3.46	3.46	0.216	11.5	40.1	43.5	29.3	165.2	5.0
	PT 7	11	2.3091	1.479	0.32	189.230	187.751	186.272	34.93	5.08	5.08	0.318	14.0	48.9	54.0	35.1	190.7	5.3
	PT 8	11	2.3091	1.479	0.32	214.630	213.151	211.672	38.10	5.08	5.08	0.318	14.0	52.1	57.2	37.6	216.3	5.8
	PT 9	11	2.3091	1.479	0.32	240.030	238.551	237.072	38.10	5.08	5.08	0.318	14.0	52.1	57.2	37.6	241.8	6.2
	PT 10	11	2.3091	1.479	0.32	265.430	263.951	262.472	41.28	5.08	5.08	0.318	14.0	55.3	60.4	40.2	267.4	6.6
	PT 12	11	2.3091	1.479	0.32	316.230	314.751	313.272	41.28	6.35	6.35	0.397	17.5	58.8	65.1	41.9	318.5	6.9

注 1) ねじの呼びに，記号 R が付いているものは，「ISO 7-1：1994」による管用ねじと一致する．記号 PT が付いているものは，ISO 規格に規定されていない（次回改正時に廃止年限を明示する）．

2) ねじの呼び R は，テーパおねじに対するもので，テーパめねじおよび平行めねじの場合は，R の記号を R_c または R_p とする．

3) ねじの呼び PT は，テーパおねじおよびテーパめねじに対するもので，テーパおねじとはまりあう平行めねじの場合は，PT の記号を PS とする．

4) 管用ねじを表す記号（PT，PS）は，必要に応じて省略してもよい．

5) ねじ山は中心軸線に直角とし，ピッチは中心軸線に沿って測る．

6) 有効ねじ部の長さとは，完全なねじ山が切られたねじ部の長さで，最後の数山だけは，その頂に管または管継手の面が残っていてもよい．また，管または管継手の末端に面取りがしてあっても，この部分を有効ねじ部の長さに含める．

7) a，f または t がこの表の数値によりがたい場合は，別に定める部品の規格による．

4. メートル台形ねじ（JIS B 0216：2013（2018 確認））（抜粋）

● メートル台形ねじの設計山形

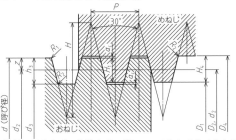

P ：ピッチ
D ：おねじの谷の径（めねじの呼び径）
d ：おねじの外径（おねじの呼び径）
D_1 ：めねじの内径
d_1 ：基準山形におけるおねじの谷の径
D_2 ：めねじの有効径
d_2 ：おねじの有効径
d_3 ：おねじの谷の径
D_4 ：めねじの谷の径

H ：とがり山の高さ
H_1 ：（基準の）ひっかかりの高さ
h_3 ：おねじのねじ山高さ
H_4 ：めねじのねじ山高さ
a_c ：めねじまたはおねじの谷底のすきま

$H = 1.866P$
$H_1 = 0.5P$
$h_3 = H_1 + a_c = 0.5P + a_c$
$z = 0.25P = H_1/2$
$d_3 = d - 2h_3$
$d_2 = D_2 = d - 2z = d - 0.5P$
$D_1 = d - 2H_1 = d - P$
$D_4 = d + 2a_c$
R_1 最大 $= 0.5a_c$
R_2 最大 $= a_c$

備考）設計山形：基準山形に対して，めねじまたはおねじの谷底のすきまを考慮して規定した山形.

● メートル台形ねじの基準寸法

単位 mm

ねじの呼び Tr $D(d) \times P$	ピッチ P	ひっかかりの高さ H_1	有効径 $d_2 = D_2$	めねじの谷の径 D_4	おねじの谷の径 d_3	めねじの内径 D_1	ねじの呼び Tr $D(d) \times P$	ピッチ P	ひっかかりの高さ H_1	有効径 $d_2 = D_2$	めねじの谷の径 D_4	おねじの谷の径 d_3	めねじの内径 D_1
Tr 8 × 1.5	1.5	0.75	7.250	8.300	6.200	6.500	Tr 32 × 6	6	3	29.000	33.000	25.000	26.000
Tr 9 × 1.5	1.5	0.75	8.250	9.300	7.200	7.500	Tr 32 × 10	10	5	27.000	33.000	21.000	22.000
Tr 9 × 2	2	1	8.000	9.500	6.500	7.000	Tr 34 × 3	3	1.5	32.500	34.500	30.500	31.000
Tr 10 × 1.5	1.5	0.75	9.250	10.300	8.200	8.500	Tr 34 × 6	6	3	31.000	35.000	27.000	28.000
Tr 10 × 2	2	1	9.000	10.500	7.500	8.000	Tr 34 × 10	10	5	29.000	35.000	23.000	24.000
Tr 11 × 2	2	1	10.000	11.500	8.500	9.000	Tr 36 × 3	3	1.5	34.500	36.500	32.500	33.000
Tr 11 × 3	3	1.5	9.500	11.500	7.500	8.000	Tr 36 × 6	6	3	33.000	37.000	29.000	30.000
Tr 12 × 2	2	1	11.000	12.500	9.500	10.000	Tr 36 × 10	10	5	31.000	37.000	25.000	26.000
Tr 12 × 3	3	1.5	10.500	12.500	8.500	9.000	Tr 38 × 3	3	1.5	36.500	38.500	34.500	35.000
Tr 14 × 2	2	1	13.000	14.500	11.500	12.000	Tr 38 × 7	7	3.5	34.500	39.000	30.000	31.000
Tr 14 × 3	3	1.5	12.500	14.500	10.500	11.000	Tr 38 × 10	10	5	33.000	39.000	27.000	28.000
Tr 16 × 2	2	1	15.000	16.500	13.500	14.000	Tr 40 × 3	3	1.5	38.500	40.500	36.500	37.000
Tr 16 × 4	4	2	14.000	16.500	11.500	12.000	Tr 40 × 7	7	3.5	36.500	41.000	32.000	33.000
Tr 18 × 2	2	1	17.000	18.500	15.500	16.000	Tr 40 × 10	10	5	35.000	41.000	29.000	30.000
Tr 18 × 4	4	2	16.000	18.500	13.500	14.000	Tr 42 × 3	3	1.5	40.500	42.500	38.500	39.000
Tr 20 × 2	2	1	19.000	20.500	17.500	18.000	Tr 42 × 7	7	3.5	38.500	43.000	34.000	35.000
Tr 20 × 4	4	2	18.000	20.500	15.500	16.000	Tr 42 × 10	10	5	37.000	43.000	31.000	32.000
Tr 22 × 3	3	1.5	20.500	22.500	18.500	19.000	Tr 44 × 3	3	1.5	42.500	44.500	40.500	41.000
Tr 22 × 5	5	2.5	19.500	22.500	16.500	17.000	Tr 44 × 7	7	3.5	40.500	45.000	36.000	37.000
Tr 22 × 8	8	4	18.000	23.000	13.000	14.000	Tr 44 × 12	12	6	38.000	45.000	31.000	32.000
Tr 24 × 3	3	1.5	22.500	24.500	20.500	21.000	Tr 46 × 3	3	1.5	44.500	46.500	42.500	43.000
Tr 24 × 5	5	2.5	21.500	24.500	18.500	19.000	Tr 46 × 8	8	4	42.000	47.000	37.000	38.000
Tr 24 × 8	8	4	20.000	25.000	15.000	16.000	Tr 46 × 12	12	6	40.000	47.000	33.000	34.000
Tr 26 × 3	3	1.5	24.500	26.500	22.500	23.000	Tr 48 × 3	3	1.5	46.500	48.500	44.500	45.000
Tr 26 × 5	5	2.5	23.500	26.500	20.500	21.000	Tr 48 × 8	8	4	44.000	49.000	39.000	40.000
Tr 26 × 8	8	4	22.000	27.000	17.000	18.000	Tr 48 × 12	12	6	42.000	49.000	35.000	36.000
Tr 28 × 3	3	1.5	26.500	28.500	24.500	25.000	Tr 50 × 3	3	1.5	48.500	50.500	46.500	47.000
Tr 28 × 5	5	2.5	25.500	28.500	22.500	23.000	Tr 50 × 8	8	4	46.000	51.000	41.000	42.000
Tr 28 × 8	8	4	24.000	29.000	19.000	20.000	Tr 50 × 12	12	6	44.000	51.000	37.000	38.000
Tr 30 × 3	3	1.5	28.500	30.500	26.500	27.000	Tr 52 × 3	3	1.5	50.500	52.500	48.500	49.000
Tr 30 × 6	6	3	27.000	31.000	23.000	24.000	Tr 52 × 8	8	4	48.000	53.000	43.000	44.000
Tr 30 × 10	10	5	25.000	31.000	19.000	20.000	Tr 52 × 12	12	6	46.000	53.000	39.000	40.000
Tr 32 × 3	3	1.5	30.500	32.500	28.500	29.000							

機械製図法　① 図面　② 図面　③ 部品・材料資料　5 六角ボルト

5. 六角ボルト（JIS B 1180：2014（2019 確認））（抜粋）

●5.1　呼び径六角ボルト-並目ねじ-部品等級 A，B，C

● 部品等級 A および B　　　　　　　　　　　　　　単位　mm　　● 部品等級 C　　　　　　　　単位　mm

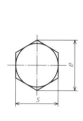 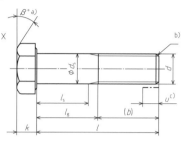 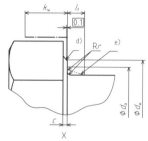  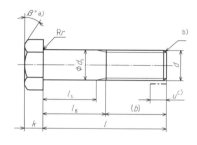 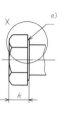 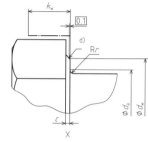

注a) $\beta = 15 \sim 30°$　b) ねじ先は，面取り先とする．ただし，M4 以下は，あら先でもよい（JIS B 1003 参照）．
c) ねじ先の不完全ねじ部長さ $u \leq 2P$　d) d_w に対する基準位置．　e) 首下丸み部最大．

注a) $\beta = 15 \sim 30°$　b) ねじ先は，特に規定しない．　c) ねじ先の不完全ねじ部長さ $u \leq 2P$
d) d_w に対する基準位置．　e) 座付きとしてもよい．

(1) 形状・寸法

単位　mm

ねじの呼び d		等級	M1.6	M2	M2.5	M3	M3.5*	M4	M5	M6	M8	M10	M12	M14*	M16
ねじのピッチ P			0.35	0.4	0.45	0.5	0.6	0.7	0.8	1	1.25	1.5	1.75	2	2
b (参考)	$l_{nom} \leq 125$ mm		9	10	11	12	13	14	16	18	22	26	30	34	38
	125 mm $< l_{nom} \leq 200$ mm		15	16	17	18	19	20	22	24	28	32	36	40	44
	200 mm $< l_{nom}$		28	29	30	31	32	33	35	37	41	45	49	53	57
c	最大/最小	A,B	0.25/0.10	0.25/0.10	0.25/0.10	0.40/0.15	0.40/0.15	0.40/0.15	0.50/0.15	0.50/0.15	0.60/0.15	0.60/0.15	0.60/0.15	0.60/0.15	0.8/0.2
	最大	C							0.5	0.5	0.6	0.6	0.6	0.6	
d_a	最大	A,B	2	2.6	3.1	3.6	4.1	4.7	5.7	6.8	9.2	11.2	13.7	15.7	17.7
	最大	C							6	7.2	10.2	12.2	14.7	16.7	18.7
d_s	基準寸法=最大	A,B	1.60	2.00	2.50	3.00	3.50	4.00	5.00	6.00	8.00	10.00	12.00	14.00	16.00
	最大/最小	C							5.48/4.52	6.48/5.52	8.58/7.42	10.58/9.42	12.7/11.3	14.7/13.3	16.7/15.3
d_w	最小	A	2.27	3.07	4.07	4.57	5.07	5.88	6.88	8.88	11.63	14.63	16.63	19.64	22.49
		B	2.30	2.95	3.95	4.45	4.95	5.74	6.74	8.74	11.47	14.47	16.47	19.15	22
		C							6.74	8.74	11.47	14.47	16.47	19.15	22
e	最小	A	3.41	4.32	5.45	6.01	6.58	7.66	8.79	11.05	14.38	17.77	20.03	23.36	26.75
		B	3.28	4.18	5.31	5.88	6.44	7.50	8.63	10.89	14.20	17.59	19.85	22.78	26.17
		C							8.63	10.89	14.2	17.59	19.85	22.78	26.17
l_f	最大	A,B	0.6	0.8	1	1	1	1.2	1.2	1.4	2	2	3	3	3
k	基準寸法	A,B,C	1.1	1.4	1.7	2	2.4	2.8	3.5	4	5.3	6.4	7.5	8.8	10
k_w a)	最小	A	0.68	0.89	1.10	1.31	1.59	1.87	2.35	2.70	3.61	4.35	5.12	6.03	6.87
		B	0.63	0.84	1.05	1.26	1.54	1.82	2.28	2.63	3.54	4.28	5.05	5.96	6.8
		C							2.19	2.54	3.45	4.17	4.94	5.85	6.48
r	最小	A,B,C	0.1	0.1	0.1	0.1	0.1	0.2	0.2	0.25	0.4	0.4	0.6	0.6	0.6
s	基準寸法=最大	A,B	3.20	4.00	5.00	5.50	6.00	7.00	8.00	10.00	13.00	16.00	18.00	21.00	24.00
		C							8.00	10.00	13.00	16.00	18.00	21.00	24.00

推奨する呼び長さ　l（呼び）/ l_s（最小）/ l_g（最大）b,c

M1.6	M2	M2.5	M3	M3.5*	M4	M5	M6	M8	M10	M12	M14*	M16
12/1.2/3 16/5.2/7	16/4/6 20/8/10	16/2.75/5 20/6.75/9 25/11.75/14	20/5.5/8 25/10.5/13 30/15.5/18	20/4/7 25/9/12 30/14/17 35/19/22	25/7.5/11 30/12.5/16 35/17.5/21 40/22.5/26	25/5/9 30/10/14 35/15/19 40/20/24 45/25/29 50/30/34	30/7/12 35/12/17 40/17/22 45/22/27 50/27/32 55/32/37 60/37/42	40/11.75/18 45/16.75/23 50/21.75/28 55/26.75/33 60/31.75/38 65/36.75/43 70/41.75/48 80/51.75/58	45/11.5/19 50/16.5/24 55/21.5/29 60/26.5/34 65/31.5/39 70/36.5/44 80/46.5/54 90/56.5/64 100/66.5/74	50/11.25/20 55/16.25/25 60/21.25/30 65/26.25/35 70/31.25/40 80/41.25/50 90/51.25/60 100/61.25/70 110/71.25/80 120/81.25/90	60/16/26 65/21/31 70/26/36 80/36/46 90/46/56 100/56/66 110/66/76 120/76/86 130/80/90 140/90/100 150/96/106	65/17/27 70/22/32 80/32/42 90/42/52 100/52/62 110/62/72 120/72/82 130/76/86 140/86/96 150/96/106
A	A	A	A	A	A	A	A,C	A,C	A,C	A,C	A,C	A,C B,C：160/106/116

注
1) ねじの呼びに，＊印が付いていないものは第1選択，付いているものは第2選択である．
a) $k_{w,min} = 0.7\,k_{min}$
k_w：頭部の有効高さ（JIS B 1021：2003）
b) $l_{g,max} = l_{nom} - b$，$l_{s,min} = l_{g,max} - 5P$
c) l がこれより短いボルトは，③ 5.3 節「全ねじ六角ボルト-並目ねじ」（p.123） の表によるのがよい．

《つづき》

単位　mm

ねじの呼び d		部品等級	M18*	M20	M22*	M24	M27*	M30	M36	M39*	M42	M45*	M48
ねじのピッチ P			2.5	2.5	2.5	3	3	3.5	4	4	4.5	4.5	5
b（参考）	$l_{nom} \leqq 125$ mm		42	46	50	54	60	66	–	–	–	–	–
	125 mm < $l_{nom} \leqq$ 200 mm		48	52	56	60	66	72	84	90	96	102	108
	200 mm < l_{nom}		61	65	69	73	79	85	97	103	109	115	121
c	最大 / 最小	A, B	0.8/0.2	0.8/0.2	0.8/0.2	0.8/0.2	0.8/0.2	0.8/0.2	0.8/0.2	1/0.3	1/0.3	1/0.3	1/0.3
	最大	C	0.8	0.8	0.8	0.8	0.8	0.8	0.8	1	1	1	1
d_a	最大	A, B	20.2	22.4	24.4	26.4	30.4	33.4	39.4	42.4	45.6	48.6	52.6
		C	21.2	24.4	26.4	28.4	32.4	35.4	42.4	45.4	48.6	52.6	56.6
d_s	基準寸法＝最大	A, B	18.00	20.00	22.00	24.00	27.00	30.00	36.00	39.00	42.00	45.00	48.00
	最大 / 最小	C	18.7/17.3	20.84/19.16	22.84/21.16	24.84/23.16	27.84/26.16	30.84/29.16	37/35	40/38	43/41	46/44	49/47
d_w	最小	A	25.34	28.19	31.71	33.61							
		B	24.85	27.7	31.35	33.25	38	42.75	51.11	55.86	59.95	64.7	69.45
		C	24.85	27.7	31.35	33.25	38	42.75	51.11	55.86	59.95	64.7	69.45
e	最小	A	30.14	33.53	37.72	39.98							
		B	29.56	32.95	37.29	39.55	45.2	50.85	60.79	66.44	71.3	76.95	82.6
		C	29.56	32.95	37.29	39.55	45.2	50.85	60.79	66.44	71.3	76.95	82.6
l_f	最大	A, B	3	4	4	4	6	6	6	6	8	8	10
k	基準寸法	A, B, C	11.5	12.5	14	15	17	18.7	22.5	25	26	28	30
k_w [a]	最小	A	7.9	8.6	9.65	10.35							
		B	7.81	8.51	9.56	10.26	11.66	12.8	15.46	17.21	17.91	19.31	20.71
		C	7.42	8.12	9.17	9.87	11.27	12.36	15.02	16.77	17.47	18.87	20.27
r	最小	A, B, C	0.6	0.8	0.8	0.8	1	1	1	1	1.2	1.2	1.6
s	基準寸法＝最大	A, B	27.00	30.00	34.00	36.00	41	46	55.0	60.0	65.0	70.0	75.0
		C	27.00	30.00	34	36	41	46	55.0	60.0	65.0	70.0	75.0
推奨する呼び長さ l（呼び）/ l_s（最小）/ l_g（最大）[b][c]			A·C 70/15.5/28 80/25.5/38 90/35.5/48 100/45.5/58 110/55.5/68 120/65.5/78 130/69.5/82 140/79.5/92 150/89.5/102 B·C 160/99.5/112 180/119.5/132	A·C 80/21.5/34 90/31.5/44 100/41.5/54 110/51.5/64 120/61.5/74 130/65.5/78 150/85.5/98 B·C 160/95.5/108 180/115.5/128 200/135.5/148	A·C 90/27.5/40 100/37.5/50 110/47.5/60 120/57.5/70 130/61.5/74 140/71.5/84 B·C 160/91.5/104 180/111.5/124 200/131.5/144 220/138.5/151	A·C 90/21/36 100/31/46 110/41/56 120/51/66 130/55/70 140/65/80 150/75/90 B·C 160/85/100 180/105/120 200/125/140 220/132/147 240/152/167	B·C 100/25/40 110/35/50 120/45/60 130/49/64 140/59/74 150/69/84 160/79/94 180/99/114 200/119/134 220/126/141 240/146/161 260/166/181	B·C 110/26.5/44 120/36.5/54 130/40.5/58 140/50.5/68 150/60.5/78 160/70.5/88 180/90.5/108 200/110.5/128 220/117.5/135 240/137.5/155 260/157.5/175 280/177.5/195 300/197.5/215	B·C 140/36/56 150/46/66 160/56/76 180/76/96 200/96/116 220/103/123 240/123/143 260/143/163 280/163/183 300/183/203 320/203/223 340/223/243 360/243/263	B·C 150/40/60 160/50/70 180/70/90 200/90/110 220/97/117 240/117/137 260/137/157 280/157/177 300/177/197 320/197/217 340/217/237 360/237/257 380/257/277 400/277/297	B·C 160/41.5/64 180/61.5/84 200/81.5/104 220/88.5/111 240/108.5/131 260/128.5/151 280/148.5/171 300/168.5/191 320/188.5/211 340/208.5/231 360/228.5/251 380/248.5/271 400/268.5/291 420/288.5/311 440/308.5/331	B·C 180/55.5/78 200/75.5/98 220/82.5/105 240/102.5/125 260/122.5/145 280/142.5/165 300/162.5/185 320/182.5/205 340/202.5/225 360/222.5/245 380/242.5/265 400/262.5/285 420/282.5/305 440/302.5/325	B·C 180/47/72 200/67/92 220/74/99 240/94/119 260/114/139 280/134/159 300/154/179 320/174/199 340/194/219 360/214/239 380/234/259 400/254/279 420/274/299 440/294/319 460/314/339 480/334/359

注1）ねじの呼びに，＊印が付いていないものは第1選択，付いているものは第2選択である．

a）$k_{w,min} = 0.7\,k_{min}$

b）$l_{g,max} = l_{nom} - b$，$l_{s,min} = l_{g,max} - 5P$

c）l がこれより短いボルトは，③5.3節「全ねじ六角ボルト−並目ねじ」（p.123）の表によるのがよい．

(2) 製品仕様

材料	部品等級 A および B			部品等級 C
	鋼	ステンレス鋼	非鉄金属	鋼
一般要求事項	JIS B 1099			
ねじ 公差域クラス	6 g（JIS B 0205-4, JIS B 0209-1）			8 g（JIS B 0205-4, JIS B 0209-1）
機械的性質 強度区分	$d < 3$ mm, $d > 39$ mm：受渡当事者間の協定による. 3 mm $\leq d \leq 39$ mm：5.6, 8.8, 10.9（JIS B 1051）	$d \leq 24$ mm：A2-70, A4-70（JIS B 1054-1） 24 mm $< d \leq 39$ mm：A2-50, A4-50（JIS B 1054-1） $d > 39$ mm：受渡当事者間の協定による.	JIS B 1057	$d \leq 39$ mm：4.6, 4.8（JIS B 1051） $d > 39$ mm：受渡当事者間の協定による.
公差 部品等級	$d \leq 24$ mm で $l \leq 10\,d$ または $l \leq 150$ mm[a)]：A（JIS B 1021） $d > 24$ mm または $l > 10\,d$ もしくは $l > 150$ mm[a)]：B（JIS B 1021）			C（JIS B 1021）
仕上げ	製造された状態			

注a) いずれか短いほうを適用する.

(3) 呼び方の例

【製品】ねじの呼び M12, 呼び長さ 80, 強度区分 8.8, 部品等級 A の呼び径六角ボルト

→（呼び方）呼び径六角ボルト－JIS B 1180－ISO 4014－M12 × 80－8.8－部品等級 A

【製品】ねじの呼び M12, 呼び長さ 80, 強度区分 4.6, 部品等級 C の呼び径六角ボルト

→（呼び方）呼び径六角ボルト－JIS B 1180－ISO 4016－M12 × 80－4.6－部品等級 C

●5.2 呼び径六角ボルト－細目ねじ－部品等級 A, B

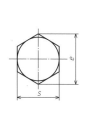
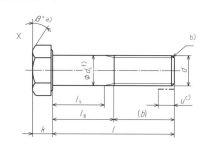
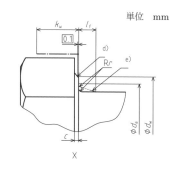

単位 mm

注a) $\beta = 15 \sim 30°$

b) ねじ先は，面取り先とする（JIS B 1003 参照）.

c) ねじ先の不完全ねじ部長さ $u \leq 2P$

d) d_w に対する基準位置.

e) 首下丸み部最大.

f) d_s は $l_{s,min}$ の値が指定された場合に適用する.

(1) 形状・寸法

単位 mm

ねじの呼び $d \times P$			M8 × 1	M10 × 1	M10 × 1.25*	M12 × 1.25*	M12 × 1.5	M14 × 1.5*	M16 × 1.5	M18 × 1.5*	M20 × 1.5	M20 × 2*	M22 × 1.5*	M24 × 2
b（参考）	$l_{nom} \leq 125$ mm		22	26		30		34	38	42	46		50	54
	125 mm $< l_{nom} \leq 200$ mm		28	32		36		40	44	48	52		56	60
	200 mm $< l_{nom}$		41	45		49		57	57	61	65		69	73
c	最大／最小	A, B	0.60/0.15	0.60/0.15		0.60/0.15		0.60/0.15	0.8/0.2	0.8/0.2	0.8/0.2		0.8/0.2	0.8/0.2
d_a	最大	A, B	9.2	11.2		13.7		15.7	17.7	20.2	22.4		24.4	26.4
d_s	基準寸法＝最大	A, B	8.00	10.00		12.00		14.00	16.00	18.00	20.00		22.00	24.00
d_w	最小	A	11.63	14.63		16.63		19.64	22.49	25.34	28.19		31.71	33.61
		B	11.47	14.47		16.47		19.15	22	24.85	27.7		31.35	33.25
e	最小	A	14.38	17.77		20.03		23.36	26.75	30.14	33.53		37.72	39.98
		B	14.2	17.59		19.85		22.78	26.17	29.56	32.95		37.29	39.55
l_f	最大	A, B	2	2		3		3	3	3	4		4	4
k	基準寸法	A, B	5.3	6.4		7.5		8.8	10	11.5	12.5		14	15
k_w[a)]	最小	A	3.61	4.35		5.12		6.03	6.87	7.9	8.6		9.65	10.35
		B	3.54	4.28		5.05		5.96	6.8	7.81	8.51		9.56	10.26
r	最小	A, B	0.4	0.4		0.6		0.6	0.6	0.6	0.8		0.8	0.8
s	基準寸法＝最大	A, B	13.00	16.00		18.00		21.00	24.00	27.00	30.00		34.00	36.00

推奨する呼び長さ l（呼び）/ l_s（最小）/ l_g（最大）[b), c)]

M8 × 1	M10 × 1, M10 × 1.25*	M12 × 1.25*, M12 × 1.5	M14 × 1.5*	M16 × 1.5	M18 × 1.5*	M20 × 1.5, M20 × 2*	M22 × 1.5*	M24 × 2
40/11.75/18	45/11.5/19	50/11.25/20	60/16/26	65/17/27	70/15.5/28	80/21.5/34	90/27.5/40	100/31/46
45/16.75/23	50/16.5/24	55/16.25/25	65/21/31	70/22/32	80/25.5/38	90/31.5/44	100/37.5/50	110/41/56
50/21.75/28	55/21.5/29	60/21.25/30	70/26/36	80/32/42	90/31.5/44	100/41.5/54	110/47.5/60	120/51/66
55/26.75/33	60/26.5/34	65/26.25/35	80/36/46	90/42/52	100/41.5/58	110/51.5/64	120/57.5/70	130/55/70
60/31.75/38	65/31.5/39	70/31.25/40	90/46/56	100/45.5/58	110/55.5/68	120/61.5/74	130/61.5/74	140/65/80
65/36.75/43	70/36.5/44	80/41.25/50	100/56/66	110/62/72	120/65.5/78	130/65.5/78	140/71.5/84	160/75/90
70/41.75/48	80/46.5/54	90/51.25/60	110/66/76	120/72/82	130/69.5/82	140/75.5/88	150/81.5/94	160/85/100
80/51.75/58	90/56.5/64	100/61.25/70	120/76/86	130/76/86	140/79.5/92	150/85.5/98		180/105/120
	100/66.5/74	110/71.25/80	130/80/90	140/86/96	150/89.5/102	160/95.5/108	160/91.5/104	200/125/140
		120/81.25/90	140/90/100	150/96/106	a180/115.5/128	180/111.5/124	180/105/124	220/132/147
				B160/106/116	180/119.5/132	B200/135.5/148	200/131.5/144	240/152/167
							200/138.5/151	

注1) ねじの呼びに，＊印が付いていないものは第1選択，付いているものは第2選択である.

a) $k_{w,min} = 0.7\,k_{min}$

b) $l_{g,max} = l_{nom} - b$, $l_{s,min} = l_{g,max} - 5\,P$

c) l がこれより短いボルトは，3 5.4 節「全ねじ六角ボルト－細目ねじ」（p.126）の表によるのがよい.

（2）製品仕様

材　料	鋼	ステンレス鋼	非鉄金属
一般要求事項		JIS B 1099	
ねじ　公差域クラス		6 g（JIS B 0205-4, JIS B 0209-1）	
機械的性質　強度区分	$d \leqq 39$ mm：5.6, 8.8, 10.9 （JIS B 1051） $d > 39$ mm：受渡当事者間の協定による．	$d \leqq 24$ mm：A2-70, A4-70 （JIS B 1054-1） 24 mm $< d \leqq 39$ mm：A2-50, A4-50 （JIS B 1054-1） $d > 39$ mm：受渡当事者間の協定による．	JIS B 1057
公差　部品等級		$d \leqq 24$ mm で $l \leqq 10\,d$ または $l \leqq 150$ mm[a]：A（JIS B 1021） $d > 24$ mm または $l > 10\,d$ もしくは $l > 150$ mm[a]：B（JIS B 1021）	
仕上げ		製造された状態	

注 a) いずれか短いほうを適用する．

（3）呼び方の例

【製品】ねじの呼び M12 × 1.5，呼び長さ 80，強度区分 8.8，部品等級 A の呼び径六角ボルト
→（呼び方）呼び径六角ボルト－JIS B 1180－ISO 8765－M12 × 1.5 × 80－8.8－部品等級 A

●5.3　全ねじ六角ボルト－並目ねじ－部品等級 A，B，C

● 部品等級 A および B　　　　　　　　　　　　　　　　　　　　単位　mm

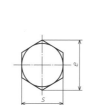
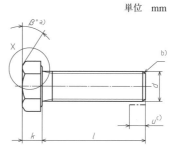
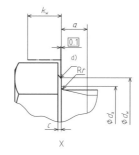
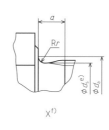

注 a) $\beta = 15 \sim 30°$
b) ねじ先は，面取り先とする．ただし，M4 以下は，あら先でもよい（JIS B 1003 参照）．
c) ねじ先の不完全ねじ部長さ $u \leqq 2P$
d) d_w に対する基準位置．
e) d_s は，ほぼねじの有効径．
f) この形状でもよい．

● 部品等級 C　　　　　　　　　　　　　　　　　　　　　　　　単位　mm

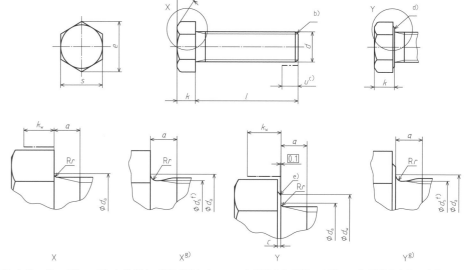

注 a) $\beta = 15 \sim 30°$　　b) ねじ先は，特に規定しない．　　c) 不完全ねじ部 $u \leqq 2P$　　d) 座付きとしてもよい．
e) d_w に対する基準位置．　　f) d_s は，ほぼねじの有効径．　　g) この形状でもよい．

(1) 形状・寸法

単位　mm

ねじの呼び d		部品等級	M1.6	M2	M2.5	M3	M3.5*	M4	M5	M6	M8	M10	M12	M14*	M16	M18*	M20	M22*	M24
ピッチ P			0.35	0.4	0.45	0.5	0.6	0.7	0.8	1	1.25	1.5	1.75	2	2	2.5	2.5	2.5	3
a	最大/最小	A, B, C	1.05/0.35	1.2/0.4	1.35/0.45	1.5/0.5	1.8/0.6	2.1/0.7	2.4/0.8	3/1	4/1.25	4.5/1.5	5.3/1.75	6/2	6/2	7.5/2.5	7.5/2.5	7.5/2.5	9/3
c	最大/最小	A, B	0.25/0.10	0.25/0.10	0.25/0.10	0.40/0.15	0.40/0.15	0.40/0.15	0.50/0.15	0.50/0.15	0.60/0.15	0.60/0.15	0.60/0.15	0.60/0.15	0.8/0.2	0.8/0.2	0.8/0.2	0.8/0.2	0.8/0.2
	最大	C							0.5	0.5	0.6	0.6	0.6	0.6	0.8	0.8	0.8	0.8	0.8
d_a	最大	A, B	2	2.6	3.1	3.6	4.1	4.7	5.7	6.8	9.2	11.2	13.7	15.7	17.7	20.2	22.4	24.4	26.4
		C							6	7.2	10.2	12.2	14.7	16.7	18.7	21.2	24.4	26.4	28.4
d_w	最小	A	2.27	3.07	4.07	4.57	5.07	5.88	6.88	8.88	11.63	14.63	16.63	19.64	22.49	25.34	28.19	31.71	33.61
		B	2.30	2.95	3.95	4.45	4.95	5.74	6.74	8.74	11.47	14.47	16.47	19.15	22	24.85	27.7	31.35	33.25
		C							6.74	8.74	11.47	14.47	16.47	19.15	22	24.85	27.7	31.35	33.25
e	最小	A	3.41	4.32	5.45	6.01	6.58	7.66	8.79	11.05	14.38	17.77	20.03	23.36	26.75	30.14	33.53	37.72	39.98
		B	3.28	4.18	5.31	5.88	6.44	7.50	8.63	10.89	14.20	17.59	19.85	22.78	26.17	29.56	32.95	37.29	39.55
		C							8.63	10.89	14.2	17.59	19.85	22.78	26.17	29.56	32.95	37.29	39.55
k	基準寸法	A, B, C	1.1	1.4	1.7	2	2.4	2.8	3.5	4	5.3	6.4	7.5	8.8	10	11.5	12.5	14	15
k_w a)	最小	A	0.68	0.89	1.10	1.31	1.59	1.87	2.35	2.70	3.61	4.35	5.12	6.03	6.87	7.9	8.6	9.65	10.35
		B	0.63	0.84	1.05	1.26	1.54	1.82	2.28	2.63	3.54	4.28	5.05	5.96	6.8	7.81	8.51	9.56	10.26
		C							2.19	2.54	3.45	4.17	4.94	5.85	6.48	7.42	8.12	9.17	9.87
r	最小	A, B, C	0.1	0.1	0.1	0.1	0.1	0.2	0.2	0.25	0.4	0.4	0.6	0.6	0.6	0.6	0.8	0.8	0.8
s	基準寸法＝最大	A, B	3.20	4.00	5.00	5.50	6.00	7.00	8.00	10.00	13.00	16.00	18.00	21.00	24.00	27.00	30.00	34.00	36.00
		C							8.00	10.00	13.00	16.00	18.00	21.00	24.00	27.00	30.00	34	36
l	推奨する呼び長さ	A	2/3/4/5/6/8/10/12/16	2/3/4/5/6/8/10/12/16	5/6/8/10/12/16/20/25	6/8/10/12/16/20/25/30	8/10/12/16/20/25/30/35	8/10/12/16/20/25/30/35/40	10/12/16/20/25/30/35/40/45/50	12/16/20/25/30/35/40/45/50/55/60	16/20/25/30/35/40/45/50/60/65/70/80	20/25/30/35/40/45/50/60/65/70/80/90/100	25/30/35/40/45/50/60/65/70/80/90/100/110/120	30/35/40/45/50/55/60/65/70/80/90/100/110/120/130/140	30/35/40/45/50/55/60/65/70/80/90/100/110/120/130/140/150	35/40/45/50/55/60/65/70/80/90/100/110/120/130/140/150	40/45/50/55/60/65/70/80/90/100/110/120/130/140/150	45/50/55/60/65/70/80/90/100/110/120/130/140/150	50/55/60/65/70/80/90/100/110/120/130/140/150
		B	–	–	–	–	–	–	–	–	–	–	–	160/180/200	160/180/200	160/180/200	160/180/200	160/180/200	160/180/200
		C							10/12/16/20/25/30/35/40/45/50	12/16/20/25/30/35/40/45/50/55/60	16/20/25/30/35/40/45/50/60/65/70/80	20/25/30/35/40/45/50/60/65/70/80/90/100	25/30/35/40/45/50/60/65/70/80/90/100/110/120	30/35/40/45/50/55/60/65/70/80/90/100/110/120/130/140/150/160	35/40/45/50/55/60/65/70/80/90/100/110/120/130/140/150/160/180	40/45/50/55/60/65/70/80/90/100/110/120/130/140/150/160/180	45/50/55/60/65/70/80/90/100/110/120/130/140/150/160/180/200	45/50/55/60/65/70/80/90/100/110/120/130/140/150/160/180/200	50/55/60/65/70/80/90/100/110/120/130/140/150/160/180/200/220/240

注 1）ねじの呼びに，＊印が付いていないものは第 1 選択，付いているものは第 2 選択である．
　　a）$k_{w,min} = 0.7\,k_{min}$

〈つづき〉

単位　mm

ねじの呼び d				M27*	M30	M33*	M36	M39*	M42	M45*	M48
ピッチ P				3	3.5	3.5	4	4	4.5	4.5	5
a	最大 / 最小	部品等級	B，C	9/3	10.5/3.5	10.5/3.5	12/4	12/4	13.5/4.5	13.5/4.5	15/5
c	最大 / 最小		B	0.8/0.2	0.8/0.2	0.8/0.2	0.8/0.2	1/0.3	1/0.3	1/0.3	1/0.3
	最　大		C	0.8	0.8	0.8	0.8	1	1	1	1
d_a	最　大		B	30.4	33.4	36.4	39.4	42.4	45.6	48.6	52.6
			C	32.4	35.4	38.4	42.4	45.4	48.6	52.6	56.6
d_w	最　小		B	38	42.75	46.55	51.11	55.86	59.95	64.7	69.45
			C	38	42.75	46.55	51.11	55.86	59.95	64.7	69.45
e	最　小		B	45.2	50.85	55.37	60.79	66.44	71.3	76.95	82.6
			C	45.2	50.85	55.37	60.79	66.44	71.3	76.95	82.6
k	基準寸法		B，C	17	18.7	21	22.5	25	26	28	30
k_w a)	最　小		B	11.66	12.8	14.41	15.46	17.21	17.91	19.31	20.71
			C	11.27	12.36	13.97	15.02	16.77	17.47	18.87	20.27
r	最　小		B，C	1	1	1	1	1	1.2	1.2	1.6
s	基準寸法＝最大		B	41.00	46	50	55.0	60.0	65.0	70.0	75.0
			C	41	46	50	55.0	60.0	65.0	70.0	75.0
l	推奨する呼び長さ		B	55/60/65/70/80/90/100/110/120/130/140/150/160/180/200	60/65/70/80/90/100/110/120/130/140/150/160/180/200	65/70/80/90/100/110/120/130/140/150/160/180/200	70/80/90/100/110/120/130/140/150/160/180/200	80/90/100/110/120/130/140/150/160/180/200	80/90/100/110/120/130/140/150/160/180/200	90/100/110/120/130/140/150/160/180/200	100/110/120/130/140/150/160/180/200
			C	55/60/65/70/80/90/100/110/120/130/140/150/160/180/200/220/240/260/280	60/65/70/80/90/100/110/120/130/140/150/160/180/200/220/240/260/280/300	65/70/80/90/100/110/120/130/140/150/160/180/200/220/240/260/280/300/320/340/360	70/80/90/100/110/120/130/140/150/160/180/200/220/240/260/280/300/320/340/360	80/90/100/110/120/130/140/150/160/180/200/220/240/260/280/300/320/340/360/380/400	80/90/100/110/120/130/140/150/160/180/200/220/240/260/280/300/320/340/360/380/400/420	90/100/110/120/130/140/150/160/180/200/220/240/260/280/300/320/340/360/380/400/420/440	100/110/120/130/140/150/160/180/200/220/240/260/280/300/320/340/360/380/400/420/440/460/480

(2) 製品仕様

		部品等級 A および B			部品等級 C
材　料		鋼	ステンレス鋼	非鉄金属	鋼
一般要求事項		JIS B 1099			
ねじ	公差域クラス	6 g（JIS B 0205−4，JIS B 0209−1）			8 g（JIS B 0205−4，JIS B 0209−1）
機械的性質	強度区分	d < 3 mm，d > 39 mm：受渡当事者間の協定による．3 mm ≦ d ≦ 39 mm：5.6, 8.8, 9.8, 10.9（JIS B 1051）	d ≦ 24 mm：A2 − 70, A4 − 70（JIS B 1054−1） 24 mm < d ≦ 39 mm：A2 − 50, A4 − 50（JIS B 1054−1） d > 39 mm：受渡当事者間の協定による．	JIS B 1057	d ≦ 39 mm：4.6, 4.8（JIS B 1051） d > 39 mm：受渡当事者間の協定による．
公差	部品等級	d ≦ 24 mm で l ≦ 10 d または 150 mm a)：A（JIS B 1021） d > 24 mm または l > 10 d もしくは 150 mm a)：B（JIS B 1021）			C（JIS B 1021）
仕上げ		製造された状態			

注 a）いずれか短いほうを適用する．

(3) 呼び方の例

【製品】ねじの呼び M12，呼び長さ 80，強度区分 8.8，部品等級 A の全ねじ六角ボルト
→（呼び方）全ねじ六角ボルト − JIS B 1180 − ISO 4017 − M12 × 80 − 8.8 − 部品等級 A
【製品】ねじの呼び M12，呼び長さ 80，強度区分 4.6，部品等級 C の全ねじ六角ボルト
→（呼び方）全ねじ六角ボルト − JIS B 1180 − ISO 4018 − M12 × 80 − 4.6 − 部品等級 C

●5.4　全ねじ六角ボルト−細目ねじ−部品等級 A，B

単位　mm

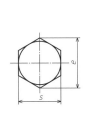
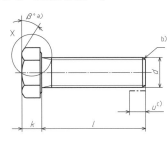
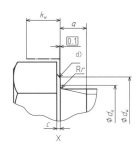
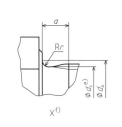

注a）β ＝ 15 〜 30°
b）ねじ先は，面取り先とする（JIS B 1003 参照）．
c）ねじ先の不完全ねじ部長さ $u \leqq 2P$
d）d_w に対する基準位置．
e）d_s は，ほぼねじの有効径．
f）この形状でもよい．

(1) 形状・寸法

単位　mm

ねじの呼び $d \times P$		部品等級	M8×1	M10×1	M10×1.25*	M12×1.25*	M12×1.5	M14×1.5*	M16×1.5	M18×1.5*	M20×1.5	M20×2*	M22×1.5*	M24×2
a	最大/最小	A, B	3/1	3/1	4/1.25	4/1.25	4.5/1.5	4.5/1.5	4.5/1.5	4.5/1.5	4.5/1.5	6/2	4.5/1.5	6/2
c	最大/最小	A, B	0.60/0.15	0.60/0.15	0.60/0.15	0.60/0.15	0.60/0.15	0.60/0.15	0.8/0.2	0.8/0.2	0.8/0.2	0.8/0.2	0.8/0.2	0.8/0.2
d_a	最大	A, B	9.2	11.2	11.2	13.7	13.7	15.7	17.7	20.2	22.4	22.4	24.4	26.4
d_w	最小	A	11.63	14.63	14.63	16.63	16.63	19.64	22.49	25.34	28.19	28.19	31.71	33.61
d_w	最小	B	11.47	14.47	14.47	16.47	16.47	19.15	22	24.85	27.7	27.7	31.35	33.25
e	最小	A	14.38	17.77	17.77	20.03	20.03	23.36	26.75	30.14	33.53	33.53	37.72	39.98
e	最小	B	14.20	17.59	17.59	19.85	19.85	22.78	26.17	29.56	32.95	32.95	37.29	39.59
k	基準寸法	A, B	5.3	6.4	6.4	7.5	7.5	8.8	10	11.5	12.5	12.5	14	15
k_w a)	最小	A	3.61	4.35	4.35	5.12	5.12	6.03	6.87	7.9	8.6	8.6	9.65	10.35
k_w a)	最小	B	3.54	4.28	4.28	5.05	5.05	5.96	6.8	7.81	8.51	8.51	9.56	10.26
r	最小	A, B	0.4	0.4	0.4	0.6	0.6	0.6	0.6	0.6	0.8	0.8	0.8	0.8
s	基準寸法＝最大	A, B	13.00	16.00	16.00	18.00	18.00	21.00	24.00	27.00	30.00	30.00	34.00	36.00
l 推奨する呼び長さ		A	16/20/25/30/35/40/45/50/55/60/65/70/80	20/25/30/35/40/45/50/55/60/65/70/80/90/100	25/30/35/40/45/50/55/60/65/70/80/90/100/110/120	25/30/35/40/45/50/55/60/65/70/80/90/100/110/120	25/30/35/40/45/50/55/60/65/70/80/90/100/110/120	30/35/40/45/50/55/60/65/70/80/90/100/110/120/130/140	30/35/40/45/50/55/60/65/70/80/90/100/110/120/130/140/150	35/40/45/50/55/60/65/70/80/90/100/110/120/130/140/150	40/45/50/55/60/65/70/80/90/100/110/120/130/140/150	40/45/50/55/60/65/70/80/90/100/110/120/130/140/150	45/50/55/60/65/70/80/90/100/110/120/130/140/150	40/45/50/55/60/65/70/80/90/100/110/120/130/140/150
		B	−	−	−	−	−	−	160	160/180	160/180/200	160/180/200	160/180/200/220	160/180/200

ねじの呼び $d \times P$		部品等級	M27×2*	M30×2	M33×2*	M36×3	M39×3*	M42×3	M45×3*	M48×3
a	最大/最小	B	6/2	6/2	6/2	9/3	9/3	9/3	9/3	9/3
c	最大/最小	B	0.8/0.2	0.8/0.2	0.8/0.2	0.8/0.2	1/0.3	1.0/0.3	1/0.3	1.0/0.3
d_a	最大	B	30.4	33.4	36.4	39.4	42.4	45.6	48.6	52.6
d_w	最小	B	38	42.75	46.55	51.11	55.86	59.95	64.7	69.45
e	最小	B	45.2	50.85	55.37	60.79	66.44	71.3	76.95	82.6
k	基準寸法	B	17	18.7	21	22.5	25	26	28	30
k_w a)	最小	B	11.66	12.8	14.41	15.46	17.21	17.91	19.31	20.71
r	最小	B	1	1	1	1	1	1.2	1.2	1.6
s	基準寸法＝最大	B	41.00	46	50	55.0	60.0	65.0	70.0	75.0
l 推奨する呼び長さ		B	55/60/65/70/80/90/100/110/120/130/140/150/160/180/200/220/240/260	40/45/50/55/60/65/70/80/90/100/110/120/130/140/150/160/180/200	65/70/80/90/100/110/120/130/140/150/160/180/200/220/240/260/280/300/320/340/360	40/45/50/55/60/65/70/80/90/100/110/120/130/140/150/160/180/200	80/90/100/110/120/130/140/150/160/180/200/220/240/260/280/300/320/340/360/380	90/100/110/120/130/140/150/160/180/200/220/240/260/280/300/320/340/360/380/400/420	90/100/110/120/130/140/150/160/180/200/220/240/260/280/300/320/340/360/380/400/420/440	100/110/120/130/140/150/160/180/200/220/240/260/280/300/320/340/360/380/400/420/440/460/480

注1）ねじの呼びに，＊印が付いていないものは第1選択，付いているものは第2選択である．
　　a）$k_{w,min} = 0.7 \, k_{min}$

(2) 製品仕様

③ 5.2 節(2)の表を参照．

(3) 呼び方の例

【製品】ねじの呼び M12×1.5，呼び長さ80，強度区分8.8，部品等級A の全ねじ六角ボルト

→（呼び方）全ねじ六角ボルト−JIS B 1180−ISO 8676−M12×1.5×80−8.8−部品等級A

●5.5 有効径六角ボルト−並目ねじ−部品等級 B

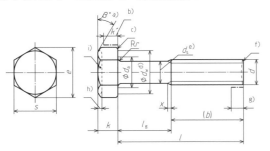

注a) $\beta = 15 \sim 30°$
b) 頭部の最小有効高さ $k' = 0.7\,k_{min}$
c) 座付きとしてもよい.
d) 二面幅 < 21 mm の場合：$d_{w,min} = s_{min} - \mathrm{IT}16$
二面幅 ≧ 21 mm の場合：$d_{w,min} = 0.95\,s_{min}$
e) 円筒部の径 d_s は，ほぼねじの有効径とする．ただし，
座面から $0.5\,d$ までの範囲は，ねじの呼び径まで許容する．
f) 先端の形状は任意.
g) 不完全ねじ部：最大 $2P$.
h) $0.2\,k_{nom}$ 以下
i) くぼみの有無およびその形状は，使用者から特に指定
がない限り製造業者の任意とする.

(1) 形状・寸法

単位 mm

ねじの呼び d		M3	M4	M5	M6	M8	M10	M12	(M14)	M16	M20
ピッチ P		0.5	0.7	0.8	1	1.25	1.5	1.75	2	2	2.5
b (参考)	$l_{nom} \leqq 125$ mm	12	14	16	18	22	26	30	34	38	46
	125 mm $< l_{nom} \leqq 200$ mm	–	–	–	–	28	32	36	40	44	52
d_a	最大	3.6	4.7	5.7	6.8	9.2	11.2	13.7	15.7	17.7	22.4
d_s	(約)	2.6	3.5	4.4	5.3	7.1	8.9	10.7	12.5	14.5	18.2
d_w	最小	4.4	5.7	6.7	8.7	11.4	14.4	16.4	19.2	22	27.7
e	最小	5.98	7.50	8.63	10.89	14.20	17.59	19.85	22.78	26.17	32.95
k	基準寸法	2	2.8	3.5	4	5.3	6.4	7.5	8.8	10	12.5
k'	最小	1.3	1.8	2.3	2.6	3.5	4.3	5.1	6	6.8	8.5
r	最小	0.1	0.2	0.2	0.25	0.4	0.4	0.6	0.6	0.6	0.8
s	最大 / 最小	5.5/5.20	7/6.64	8/7.64	10/9.64	13/12.57	16/15.57	18/17.57	21/20.16	24/23.16	30/29.16
x	最大	1.25	1.75	2	2.5	3.2	3.8	4.3	5	5	6.3
推奨する呼び長さ l (呼び) / l_g (最小) / l_g (最大) a)		20/7/8 25/12/13 30/17/18	20/4.6/6 25/9.6/11 30/14.6/16 35/19.6/21 40/24.6/26	25/7.4/9 30/12.4/14 35/17.4/19 40/22.4/24 45/27.4/29 50/32.4/34	25/5/7 30/10/12 35/15/17 40/20/22 45/25/27 50/30/32	30/5.5/8 35/10.5/13 40/15.5/18 45/20.5/23 50/25.5/28 55/30.5/33 60/35.5/38 65/40.5/43 70/45.5/48 80/55.5/58	40/11/14 45/16/19 50/21/24 55/26/29 60/31/34 65/36/39 70/41/44 80/51/54 90/61/64 100/71/74	45/11.5/15 50/16.5/20 55/21.5/25 60/26.5/30 65/31.5/35 70/36.5/40 80/46.5/50 90/56.5/60 100/66.5/70 110/76.5/80 120/86.5/90	50/12/16 55/17/21 60/22/26 70/32/36 80/42/46 90/52/56 100/62/66 110/72/76 120/82/86 130/86/90 140/96/100	55/13/17 60/18/22 65/23/27 70/28/32 80/38/42 90/48/52 100/58/62 110/68/72 120/78/82 130/82/86 140/92/96 150/102/106	65/14/19 70/19/24 80/29/34 90/39/44 100/49/54 110/59/64 120/69/74 130/73/78 140/83/88 150/93/98

注1) ねじの呼びに，括弧が付いているものはできるだけ用いない.
a) $l_{g,max} = l_{nom} - b$（参考），$l_{s,min} = l_{g,max} - 2P$

(2) 製品仕様

材　料	鋼	ステンレス鋼	非鉄金属
一般要求事項	JIS B 1099		
ねじ　公差域クラス	6 g（JIS B 0205-4，JIS B 0209-1）		
機械的性質　強度区分	5.8, 6.8, 8.8（JIS B 1051）	A2-70（JIS B 1054-1）	JIS B 1057
公差　部品等級	B（JIS B 1021）		
仕上げ	製造された状態		

(3) 呼び方の例

【製品】ねじの呼び M12，呼び長さ 80，強度区分 8.8，部品等級 B の有効径六角ボルト
→（呼び方）有効径六角ボルト − JIS B 1180 − ISO 4015 − M12 × 80 − 8.8 − 部品等級 B

6. 六角ナット（JIS B 1181：2014（2019 確認））（抜粋）

●6.1　六角ナット–スタイル 1–並目ねじおよび細目ねじ

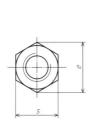
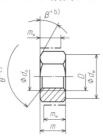
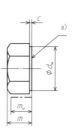

注a）特別な指定がない限り，ナット
　　　は，座付きとしない.
　b）$\beta = 15 \sim 30°$
　c）$\theta = 90 \sim 120°$

（1）形状・寸法

単位　mm

ねじの呼びD	（並目）	M1.6	M2	M2.5	M3	M3.5*	M4	M5	M6	M8	M10	M12	M14*	M16	M18*
ねじのピッチP	（並目）	0.35	0.4	0.45	0.5	0.6	0.7	0.8	1	1.25	1.5	1.75	2	2	2.5
ねじの呼びD×P	（細目）									M8×1	M10×1 M10×1.25*	M12×1.5 M12×1.25*	M14×1.5*	M16×1.5	M18×1.5*
c	最　大 最　小	0.20 0.10	0.20 0.10	0.30 0.10	0.40 0.15	0.40 0.15	0.40 0.15	0.50 0.15	0.50 0.15	0.60 0.15	0.60 0.15	0.60 0.15	0.60 0.15	0.80 0.20	0.80 0.20
d_a	最　大 最　小	1.84 1.60	2.30 2.00	2.90 2.50	3.45 3.00	4.00 3.50	4.60 4.00	5.75 5.00	6.75 6.00	8.75 8.00	10.80 10.00	13.00 12.00	15.10 14.00	17.30 16.00	19.50 18.00
d_w	最小（並目） 　　（細目）	2.40	3.10	4.10	4.60	5.00	5.90	6.90	8.90	11.60 11.63	14.60 14.63	16.60 16.63	19.60 19.64	22.50 22.49	24.90 24.85
e	最　小	3.41	4.32	5.45	6.01	6.58	7.66	8.79	11.05	14.38	17.77	20.03	23.36	26.75	29.56
m	最　大 最　小	1.30 1.05	1.60 1.35	2.00 1.75	2.40 2.15	2.80 2.55	3.20 2.90	4.70 4.40	5.20 4.90	6.80 6.44	8.40 8.04	10.80 10.37	12.80 12.10	14.80 14.10	15.80 15.10
m_w a)	最小（並目） 　　（細目）	0.80	1.10	1.40	1.70	2.10	2.30	3.50	3.90	5.20 5.15	6.40 6.43	8.30 8.30	9.70 9.68	11.30 11.28	12.10 12.08
s	基準寸法＝最大	3.20	4.00	5.00	5.50	6.00	7.00	8.00	10.00	13.00	16.00	18.00	21.00	24.00	27.00

ねじの呼びD	（並目）	M20	M22*	M24	M27*	M30	M33*	M36	M39*	M42	M45*	M48
ねじのピッチP	（並目）	2.5	2.5	3	3	3.5	3.5	4	4	4.5	4.5	5
ねじの呼びD×P	（細目）	M20×1.5 M20×2*	M22×1.5*	M24×2	M27×2*	M30×2	M33×2*	M36×3	M39×3*	M42×3	M45×3*	M48×3
c	最　大 最　小	0.80 0.20	0.80 0.20	0.80 0.20	0.80 0.20	0.80 0.20	0.80 0.20	0.80 0.20	1.00 0.30	1.00 0.30	1.00 0.30	1.00 0.30
d_a	最　大 最　小	21.60 20.00	23.70 22.00	25.90 24.00	29.10 27.00	32.40 30.00	35.60 33.00	38.90 36.00	42.10 39.00	45.40 42.00	48.60 45.00	51.80 48.00
d_w	最小（並目） 　　（細目）	27.70 27.70	31.40 31.35	33.30 33.25	38.00 38.00	42.80 42.75	46.60 46.55	51.10 51.11	55.90 55.86	60.00 59.95	64.70 64.70	69.50 69.45
e	最　小	32.95	37.29	39.55	45.20	50.85	55.37	60.79	66.44	71.30	76.95	82.60
m	最　大 最　小	18.00 16.90	19.40 18.10	21.50 20.20	23.80 22.50	25.60 24.30	28.70 27.40	31.00 29.40	33.40 31.80	34.00 32.40	36.00 34.40	38.00 36.40
m_w a)	最小（並目） 　　（細目）	13.50 13.52	14.50 14.48	16.20 16.16	18.00 18.00	19.40 19.44	21.90 21.92	23.50 23.52	25.40 25.44	25.90 25.92	27.50 27.52	29.10 29.12
s	基準寸法＝最大	30.00	34.00	36.00	41.00	46.00	50.00	55.00	60.00	65.00	70.00	75.00

注1）ねじの呼びに，＊印が付いていないものは第1選択，付いているものは第2選択である.
　a）m_w：ナットの有効高さ（JIS B 1021：2003）

(2) 製品仕様

● 並目ねじ

材　料		鋼		ステンレス鋼	非鉄金属
一般要求事項		JIS B 1099			
ねじ	公差域クラス	6H（JIS B 0205-4，JIS B 0209-1）			
機械的性質	強度区分	$D < $ M5，$D > $ M39：受渡当事者間の協定による．M5 ≦ D ≦ M39：6，8，10（JIS B 1052-2）		D ≦ M24：A2-70，A4-70（JIS B 1054-2）M24 < D ≦ M39：A2-50，A4-50（JIS B 1054-2）$D > $ M39：受渡当事者間の協定による．	JIS B 1057
公差	部品等級	D ≦ M16：A，$D > $ M16：B（JIS B 1021）			
仕上げ		製造された状態			

● 細目ねじ

材　料		鋼		ステンレス鋼	非鉄金属
一般要求事項		JIS B 1099			
ねじ	公差域クラス	6H（JIS B 0205-4，JIS B 0209-1）			
機械的性質	強度区分	D ≦ 39 mm：6，8（JIS B 1052-6）D ≦ 16 mm：10（JIS B 1052-6）$D > $ 39 mm：受渡当事者間の協定による．		D ≦ 24 mm：A2-70，A4-70（JIS B 1054-2）24 mm < D ≦ 39 mm：A2-50，A4-70（JIS B 1054-2）$D > $ 39 mm：受渡当事者間の協定による．	（JIS B 1057）
公差	部品等級	D ≦ 16 mm：A，$D > $ 16 mm：B（JIS B 1021）			
仕上げ		製造された状態			

(3) 呼び方の例

【製品】ねじの呼び M12，強度区分 8，スタイル 1 の六角ナット
→（呼び方）六角ナット-スタイル 1　JIS B 1181-ISO 4032-M12-8

【製品】ねじの呼び M16 × 1.5，強度区分 8，スタイル 1 の六角ナット
→（呼び方）六角ナット-スタイル 1　JIS B 1181-ISO 8673-M16 × 1.5-8

● 6.2　六角ナット-スタイル 2-並目ねじおよび細目ねじ

(1) 形状・寸法

単位　mm

ねじの呼び D	（並目）	M5	M6	M8	M10	M12	(M14)	M16	－	M20	－	M24	－	M30	－	M36
ねじのピッチ P	（並目）	0.8	1	1.25	1.5	1.75	2	2	－	2.5	－	3	－	3.5	－	4
ねじの呼び $D \times P$	（細目）			M8×1	M10×1 M10×1.25*	M12×1.5 M12×1.25*	M14×1.5*	M16×1.5	M18×1.5*	M20×1.5 M20×2*	M22×1.5*	M24×2	M27×2*	M30×2	M33×2*	M36×3
c	最大（並目）	0.50	0.50	0.60	0.60	0.60	0.60	0.80		0.80		0.80		0.80		0.80
	（細目）			0.60	0.60	0.60	0.60	0.60	0.80	0.80	0.80	0.80	0.80	0.80	0.80	0.80
	最小（細目）			0.15	0.15	0.15	0.15	0.20	0.20	0.20	0.20	0.20	0.20	0.20	0.20	0.20
d_a	最　大	5.75	6.75	8.75	10.80	13.00	15.10	17.30	19.50	21.60	23.70	25.90	29.10	32.40	35.60	38.90
	最　小	5.00	6.00	8.00	10.00	12.00	14.00	16.00	18.00	20.00	22.00	24.00	27.00	30.00	33.00	36.00
d_w	最小（並目）	6.90	8.90	11.60	14.60	16.60	19.60	22.50		27.70		33.20		42.70		51.10
	（細目）			11.63	14.63	16.63	19.64	22.49	24.85	27.70	31.35	33.25	38.00	42.75	46.55	51.11
e	最　小	8.79	11.05	14.38	17.77	20.03	23.36	26.75	29.56	32.95	37.29	39.55	45.20	50.85	55.37	60.79
m	最大（並目）（細目）	5.10	5.70	7.50 7.50	9.30 9.30	12.00 12.00	14.10 14.10	16.40 16.40	17.60	20.30 20.30	21.80	23.90 23.90	26.70	28.60 28.60	32.50	34.70 34.70
	最小（細目）	4.80	5.40	7.14	8.94	11.57	13.40	15.70	16.90	19.00	20.50	22.60	25.40	27.30	30.90	33.10
m_w	最小（並目）（細目）	3.84	4.32	5.71 5.71	7.15 7.15	9.26 9.26	10.70 10.72	12.60 12.56	13.52	15.20 15.20	16.40	18.10 18.08	20.32	21.80 21.84	24.72	26.50 26.48
s	基準寸法＝最大	8.00	10.00	13.00	16.00	18.00	21.00	24.00	27.00	30.00	34.00	36.00	41.00	46.00	50.00	55.00

注 1) ねじの呼びに，括弧が付いているものはできるだけ用いない．
　 2) ねじの呼びに，＊印が付いていないものは第 1 選択，付いているものは第 2 選択である．

(2) 製品仕様

材　料		並目ねじ	細目ねじ
		鋼	
一般要求事項		JIS B 1099	
ねじ	公差域クラス	6H（JIS B 0205-4，JIS B 0209-1）	
機械的性質	強度区分	8，9，10 および 12（JIS B 1052-2）	D ≦ 16 mm：8，12，D ≦ 36 mm：10（JIS B 1052-2）
公差	部品等級	D ≦ M16：A，$D > $ M16：B（JIS B 1021）	D ≦ 16 mm：A，$D > $ 16 mm：B（JIS B 1021）
仕上げ		製造された状態	

(3) 呼び方の例

【製品】ねじの呼び M12，強度区分 9，スタイル 2 の六角ナット
→（呼び方）六角ナット-スタイル 2　JIS B 1181-ISO 4033-M12-9

【製品】ねじの呼び M16 × 1.5，強度区分 12，スタイル 2 の六角ナット
→（呼び方）六角ナット-スタイル 2　JIS B 1181-ISO 8674-M16 × 1.5-12

左欄：機械製図法　１　２ 図面　３ 部品・材料資料　６ 六角ナット

● 6.3　六角ナット–C–並目ねじ

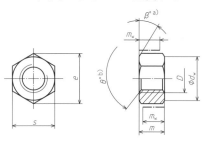

注a）$\beta = 15 \sim 30°$
　b）$\theta = 90 \sim 120°$

（1）形状・寸法

単位　mm

ねじの呼び D		M5	M6	M8	M10	M12	M14*	M16	M18*	M20	M22*	M24	M27*	M30	M33*	M36	M39*	M42	M45*	M48
ねじのピッチ P		0.8	1	1.25	1.5	1.75	2	2	2.5	2.5	2.5	3	3	3.5	3.5	4	4	4.5	4.5	5
d_w	最小	6.70	8.70	11.50	14.50	16.50	19.20	22.00	24.90	27.70	31.40	33.30	38.00	42.80	46.60	51.10	55.90	60.00	64.70	69.50
e	最小	8.63	10.89	14.20	17.59	19.85	22.78	26.17	29.56	32.95	37.29	39.55	45.2	50.85	55.37	60.79	66.44	71.30	76.95	82.60
m	最大	5.60	6.40	7.90	9.50	12.20	13.90	15.90	16.90	19.00	20.20	22.30	24.70	26.40	29.50	31.90	34.90		36.90	38.90
	最小	4.40	4.90	6.40	8.00	10.40	12.10	14.10	15.10	16.90	18.10	20.20	22.60	24.30	27.40	29.40	31.80	32.40	34.40	36.40
m_w	最小	3.50	3.70	5.10	6.40	8.30	9.70	11.30	12.10	13.50	14.50	16.20	18.10	19.40	21.90	23.20	25.40	25.90	27.50	29.10
s	基準寸法＝最大	8.00	10.00	13.00	16.00	18.00	21.00	24.00	27.00	30.00	34.00	36.00	41.00	46.00	50.00	55.00	60.00	65.00	70.00	75.00

注1）ねじの呼びに，*印が付いていないものは第1選択，付いているものは第2選択である.

（2）製品仕様

材　料	鋼
一般要求事項	JIS B 1099
ねじ　公差域クラス	7H（JIS B 0205-4，JIS B 0209-1）
機械的性質　強度区分	$M5 < D \le M39$：5（JIS B 1052-2）　$D > M39$：受渡当事者間の協定による.
公差　部品等級	C（JIS B 1021）
仕上げ	製造された状態

（3）呼び方の例

【製品】ねじの呼び M12，強度区分 5，部品等級 C の六角ナット-C
→（呼び方）：六角ナット-C　JIS B 1181 – ISO 4034 – M12 – 5

● 6.4　六角低ナット–両面取り–並目ねじおよび細目ねじ

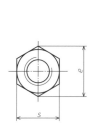 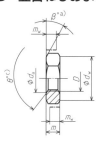

注a）$\beta = 15 \sim 30°$
　b）$\theta = 110 \sim 120°$（並目ねじ）
　　$\theta = 90 \sim 120°$（細目ねじ）

（1）形状・寸法

単位　mm

ねじの呼び D		M1.6	M2	M2.5	M3	M3.5*	M4	M5	M6	M8	M10	M12	M14*	M16	M18*	M20	M22*	M24	M27*	M30	M33*	M36	M39*	M42	M45*	M48
ねじのピッチ P（並目）		0.35	0.4	0.45	0.5	0.6	0.7	0.8	1	1.25	1.5	1.75	2	2	2.5	2.5	2.5	3	3	3.5	3.5	4	4	4.5	4.5	5
ねじの呼び D×P（細目）										M8×1	M10×1 / M10×1.25*	M12×1.25* / M12×1.5	M14×1.5*	M16×1.5	M18×1.5*	M20×1.5 / M20×2*	M22×1.5*	M24×2	M27×2*	M30×2	M33×2*	M36×3	M39×3*	M42×3	M45×3*	M48×3
d_a	最大	1.84	2.30	2.90	3.45	4.00	4.60	5.75	6.75	8.75	10.80	13.00	15.10	17.30	19.50	21.60	23.70	25.90	29.10	32.40	35.60	38.90	42.10	45.40	48.60	51.80
	最小	1.60	2.00	2.50	3.00	3.50	4.00	5.00	6.00	8.00	10.00	12.00	14.00	16.00	18.00	20.00	22.00	24.00	27.00	30.00	33.00	36.00	39.00	42.00	45.00	48.00
d_w　最小	（並目）	2.40	3.10	4.10	4.60	5.10	5.90	6.90	8.90	11.60	14.60	16.60	19.60	22.50	24.90	27.70	31.40	33.20	38.00	42.80	46.60	51.10	55.90	60.00	64.70	69.50
	（細目）									11.63	14.63	16.63	19.64	22.49	24.85	27.70	31.35	33.25	38.00	42.75	46.55	51.11	55.86	59.95	64.70	69.45
e	最小	3.41	4.32	5.45	6.01	6.58	7.66	8.79	11.05	14.38	17.77	20.03	23.36	26.75	29.56	32.95	37.29	39.55	45.20	50.85	55.37	60.79	66.44	71.30	76.95	82.60
m	最大	1.00	1.20	1.60	1.80	2.00	2.20	2.70	3.20	4.00	5.00	6.00	7.00	8.00	9.00	10.00	11.00	12.00	13.50	15.00	16.50	18.00	19.50	21.00	22.50	24.00
	最小	0.75	0.95	1.35	1.55	1.75	1.95	2.45	2.90	3.70	4.70	5.70	6.42	7.42	8.42	9.10	9.90	10.90	12.40	13.90	15.40	16.90	18.20	19.70	21.20	22.70
m_w　最小	（並目）	0.60	0.80	1.10	1.20	1.40	1.60	2.00	2.3	3.0	3.80	4.60	5.10	5.90	6.70	7.30	7.90	8.70	9.90	11.10	12.30	13.50	14.60	15.80	17.00	18.20
	（細目）									2.96	3.76	4.56	5.14	5.94	6.74	7.28	7.92	8.72	9.92	11.12	12.32	13.52	14.56	15.76	16.96	18.16
s	基準寸法＝最大	3.20	4.00	5.00	5.50	6.00	7.00	8.00	10.00	13.00	16.00	18.00	21.00	24.00	27.00	30.00	34.00	36.00	41.00	46.00	50.00	55.00	60.00	65.00	70.00	75.00

注1）ねじの呼びに，*印が付いていないものは第1選択，付いているものは第2選択である.

(2) 製品仕様

● 並目ねじ

材　料	鋼	ステンレス鋼	非鉄金属
一般要求事項	JIS B 1099		
ねじ　公差域クラス	6H（JIS B 0205-4，JIS B 0209-1）		
機械的性質　強度区分	$D<$ M5，$D>$ M39：受渡当事者間の協定による． M5 $\leq D \leq$ M39：04，05（JIS B 1052-2）	$D \leq$ M24：A2-035，A4-035（JIS B 1054-2） M24 $< D \leq$ M39：A2-025，A4-025（JIS B 1054-2） $D>$ M39：受渡当事者間の協定による．	JIS B 1057
公差　部品等級	$D \leq$ M16：A，$D>$ M16：B（JIS B 1021）		
仕上げ	製造された状態		

● 細目ねじ

材　料	鋼	ステンレス鋼	非鉄金属
一般要求事項	JIS B 1099		
ねじ　公差域クラス	6H（JIS B 0205-4，JIS B 0209-1）		
機械的性質　強度区分	$D \leq$ 39 mm：04，05（JIS B 1052-6） $D>$ 39 mm：受渡当事者間の協定による．	$D \leq$ 24 mm：A2-035，A4-035（JIS B 1054-2） 24 mm $< D \leq$ 39 mm：A2-025，A4-025（JIS B 1054-2） $D>$ 39 mm：受渡当事者間の協定による．	JIS B 1057
公差　部品等級	$D \leq$ 16 mm：A，$D>$ 16 mm：B（JIS B 1021）		
仕上げ	製造された状態		

(3) 呼び方の例

【製品】ねじの呼び M12，強度区分 05，両面取りの六角低ナット
→（呼び方）六角ナット-両面取り　JIS B 1181-ISO 4035-M12-05
【製品】ねじの呼び M16×1.5，強度区分 05，両面取りの六角低ナット
→（呼び方）六角低ナット-両面取り　JIS B 1181-ISO 8675-M16×1.5-05

●6.5 六角低ナット-面取りなし-並目ねじ

(1) 形状・寸法

単位 mm

ねじの呼び D	M1.6	M2	M2.5	M3	(M3.5)	M4	M5	M6	M8	M10
ねじのピッチ P	0.35	0.4	0.45	0.5	0.6	0.7	0.8	1	1.25	1.5
e 最小	3.28	4.18	5.31	5.88	6.44	7.50	8.63	10.89	14.20	17.59
m 最大	1.00	1.20	1.60	1.80	2.00	2.20	2.70	3.20	4.00	5.00
m 最小	0.75	0.95	1.35	1.55	1.75	1.95	2.45	2.90	3.70	4.70
s 基準寸法＝最大	3.20	4.00	5.00	5.50	6.00	7.00	8.00	10.00	13.00	16.00

注1) ねじの呼びに，括弧が付いているものはできるだけ用いない．

(2) 製品仕様

材　料	鋼	非鉄金属
一般要求事項	JIS B 1099	
ねじ　公差域クラス	6H（JIS B 0205-4，JIS B 0209-1）	
機械的性質　硬さ（最小）	110HV30	JIS B 1057
公差　部品等級	B（JIS B 1021）	
仕上げ	製造された状態	

(3) 呼び方の例

【製品】ねじの呼び M6，最小硬さ 110HV30（St），面取りなしの鋼製六角低ナット
→（呼び方）六角低ナット-面取りなし　JIS B 1181-ISO 4036-M6-St

7. 溝付き六角ナット（JIS B 1170：2011（2021 確認））（抜粋）

(1) 種類と等級

種　類	s/d	形状の区分	形式	呼び径の範囲	仕上げ程度	ねじの等級
溝付き六角ナット	1.45 以上 a)	1種，3種	高形 低形	4～39 mm 10～39 mm	上，中	6H，7H
		2種，4種	高形 低形	12～100 mm 14～100 mm		
小形溝付き六角ナット	1.45 未満 b)	1種，3種	高形，低形	8～24 mm	上，中	6H，7H
		2種，4種	高形，低形	12～24 mm		

注 a) 呼び径 76～95 mm の溝付きナットは例外で，その s/d は 1.45 未満である．
　　b) 呼び径 8 mm の溝付きナットは例外で，その s/d は 1.45 以上である．

(2) 材　料

種　類	材料	形式	ねじの呼び径 d	機械的性質
溝付き六角ナット	鋼	高形	39 mm 以下 42 mm 以上	4T，5T，6T，8T，10T 受渡当事者間の協定による．
		低形	-	受渡当事者間の協定による．
	ステンレス鋼	高形，低形	-	受渡当事者間の協定による．
小形溝付き六角ナット	鋼	高形	-	4T，5T，6T，8T
		低形	-	受渡当事者間の協定による．
	ステンレス鋼	高形，低形	-	受渡当事者間の協定による．

(3) 呼び方の例

【製品】ねじの呼び M16，ねじの公差域クラス 6H，形状 2種，形式高形，強度区分 8T，仕上げ程度上の溝付き六角ナット
→（呼び方）溝付き六角ナット　JIS B 1170-M16-6H-2種-高形-8T-上
【製品】ねじの呼び M8，ねじの公差域クラス 6H，形状 1種，形式低形，材料 SUS305，仕上げ程度上の小形溝付き六角ナット
→（呼び方）小形溝付き六角ナット　JIS B 1170-M8-6H-1種-低形-SUS305-上

（4）形状・寸法

● 1種 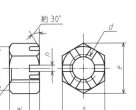　● 2種 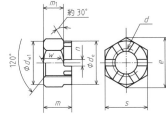　● 3種 　● 4種

● 溝付き六角ナット

単位　mm

ねじの呼び d 並目	細目	高形 形状の区分	高形 m 基準寸法	高形 w 基準寸法	高形 m1 約	低形 形状の区分	低形 m 基準寸法	低形 w 基準寸法	低形 m1 約	二面幅 s 基準寸法	e 約	dw1 約	de 約	n 基準寸法	dw2 最小	c 約	溝の数	(参考) 割ピンの寸法
M4	—	—	5	3.2	—	—	—	—	—	7	8.1	6.8	—	1.2	—		6	1 × 12
(M4.5)	—	—	6	4	—	—	—	—	—	8	9.2	7.8	—	1.2	—		6	1 × 12
M5	—	—	6	4	—	—	—	—	—	8	9.2	7.8	—	1.4	7.2		6	1.2 × 12
M6	—	—	7.5	5	—	—	—	—	—	10	11.5	9.8	—	2	9		6	1.6 × 16
(M7)	—	—	8	5.5	—	—	—	—	—	11	12.7	10.8	—	2	10	0.4	6	1.6 × 16
M8	M8 × 1	—	9.5	6.5	—	—	—	—	—	13	15	12.5	—	2.5	11.7		6	2 × 18
M10	M10 × 1.25	—	12	8	—	—	8	4.5	—	17	19.6	16.5	—	2.8	15.8		6	2.5 × 25
M12	M12 × 1.25	1種および3種	15	10	10	—	10	6	—	19	21.9	18	17	3.5	17.6		6	3.2 × 25
(M14)	(M14 × 1.5)		16	11	11	1種および3種	11	7	7	22	25.4	21	19	3.5	20.4		6	3.2 × 28
M16	M16 × 1.5		19	13	13		13	8	8	24	27.7	23	22	4.5	22.3		6	4 × 32
(M18)	(M18 × 1.5)		21	15	15		13	8	8	27	31.2	26	25	4.5	25.6	0.6	6	4 × 36
M20	M20 × 1.5		22	16	16		13	8	8	30	34.6	29	28	4.5	28.5		6	4 × 40
(M22)	(M22 × 1.5)		26	18	18		13	8	8	32	37	31	30	5.5	30.4		6	5 × 40
M24	M24 × 2		27	19	19		14	9	9	36	41.6	34	34	5.5	34.2		6	5 × 45
(M27)	(M27 × 2)	2種および4種	30	22	22	2種および4種	16	10	10	41	47.3	39	38	7	—		6	5 × 50
M30	M30 × 2		33	24	24		18	11	11	46	53.1	44	42	7			6	6.3 × 56
(M33)	(M33 × 2)		35	26	26		20	13	13	50	57.7	48	46	7			6	6.3 × 63
M36	M36 × 3		38	29	29		21	14	14	55	63.5	53	50	7			6	6.3 × 71
(M39)	(M39 × 3)		40	31	31		23	15	15	60	69.3	57	55	7			6	6.3 × 71
M42	—		46	34	34	—	—	—	—	65	75	62	58	9	—		8	8 × 71
(M45)	—		48	36	36		—	—	—	70	80.8	67	62	9			8	8 × 80
M48	—		50	38	38		—	—	—	75	86.5	72	65	9			8	8 × 80

注1）ねじの呼びに，括弧が付いているものはできるだけ用いない．

● 小形溝付き六角ナット

単位　mm

ねじの呼び d 並目	細目	高形 形状の区分	高形 m 基準寸法	高形 w 基準寸法	高形 m1 約	低形 形状の区分	低形 m 基準寸法	低形 w 基準寸法	低形 m1 約	二面幅 s 基準寸法	e 約	dw1 約	de 約	n 基準寸法	dw2 最小	c 約	溝の数	(参考) 割ピンの寸法
M8	M8 × 1	—	9.5	6.5	—	—	—	—	—	12	13.9	11.5	—	2.5	10.8	0.4	6	2 × 18
M10	M10 × 1.25	—	12	8	—	—	—	—	—	14	16.2	12.6	—	2.8	12.6		6	2.5 × 20
M12	M12 × 1.25	1種および3種	15	10	10	2種および4種	10	6	—	17	19.6	16.5	16	3.5	15.8		6	3.2 × 25
(M14)	(M14 × 1.5)		16	11	11		11	7	7	19	21.9	18	17	3.5	17.6		6	3.2 × 25
M16	M16 × 1.5		19	13	13		13	8	8	22	25.4	21	19	4.5	20.4		6	4 × 28
(M18)	(M18 × 1.5)		21	15	15		13	8	8	24	27.7	23	22	4.5	22.3	0.6	6	4 × 32
M20	M20 × 1.5		22	16	16		13	8	8	27	31.2	26	25	4.5	25.6		6	4 × 36
(M22)	(M22 × 1.5)		26	18	18		13	8	8	30	34.6	29	28	5.5	28.5		6	5 × 40
M24	M24 × 2		27	19	19		14	9	9	32	37	31	30	5.5	30.4		6	5 × 45

注1）ねじの呼びに，括弧が付いているものはできるだけ用いない．

8. 六角穴付きボルト （JIS B 1176：2015（2020 確認））（抜粋）

● 六角穴付きボルト

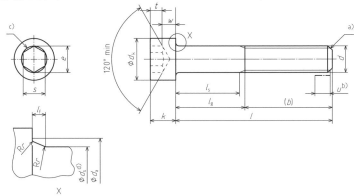

首下丸みの最大値　$l_{f,\,max} = 1.7\, r_{max}$

$$r_{max} = \frac{\phi d_{a,\,max} - \phi d_{s,\,max}}{2}$$

r_{min} は，p.133 の (1) の表による．

● 六角穴の底の形状の一例

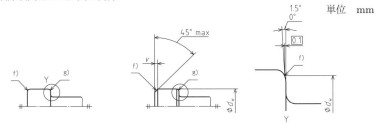

● 頭部頂面および座面の各部

単位　mm

注 a）ねじ先は，JIS B 1003 に規定する面取り先とする．ただし，M4 以下は，あら先でもよい．
b）ねじ先の不完全ねじ部長さ $u \leqq 2P$
c）六角穴の口元には，わずかな丸みまたは面取りがあってもよい．
d）d_s は，l_s の最小値が規定されているものに適用する．
e）平らな部分に刻印してもよい．
f）頭部頂面の角部は，丸みまたは面取りとし，その選択は製造業者の任意とする．
g）頭部座面の角部は，d_w までの丸みまたは面取りとし，ばり，かえりなどがあってはならない．
h）d_w を測定する位置を示す．

(1) 形状・寸法

単位 mm

並目ねじ	ねじの呼び d	M1.6	M2	M2.5	M3	M4	M5	M6	M8	M10	M12
並目ねじ	ねじのピッチ P	0.35	0.4	0.45	0.5	0.7	0.8	1	1.25	1.5	1.75
細目ねじ	ねじの呼び $d×P$								M8×1	M10×1 (M10×1.25)	M12×1.5 (M12×1.25)
b a)	参考	15	16	17	18	20	22	24	28	32	36
d_k	最大 b)/最大 c) 最小	3.00/3.14 2.86	3.80/3.98 3.62	4.50/4.68 4.32	5.50/5.68 5.32	7.00/7.22 6.78	8.50/8.72 8.28	10.00/10.22 9.78	13.00/13.27 12.73	16.00/16.27 15.73	18.00/18.27 17.73
d_a	最大	2	2.6	3.1	3.6	4.7	5.7	6.8	9.2	11.2	13.7
d_s	最大/最小	1.60/1.46	2.00/1.86	2.50/2.36	3.00/2.86	4.00/3.82	5.00/4.82	6.00/5.82	8.00/7.78	10.00/9.78	12.00/11.73
e d)	最小	1.733	1.733	2.303	2.873	3.443	4.583	5.723	6.863	9.149	11.429
l_f	最大	0.34	0.51	0.51	0.51	0.6	0.6	0.68	1.02	1.02	1.45
k	最大/最小	1.60/1.46	2.00/1.86	2.50/2.36	3.00/2.86	4.00/3.82	5.00/4.82	6.0/5.7	8.00/7.64	10.00/9.64	12.00/11.57
r	最小	0.1	0.1	0.1	0.1	0.2	0.2	0.25	0.4	0.4	0.6
s	呼び 最大/最小	1.5 1.58/1.52	1.5 1.58/1.52	2 2.08/2.02	2.5 2.58/2.52	3 3.08/3.02	4 4.095/4.020	5 5.14/5.02	6 6.14/6.02	8 8.175/8.025	10 10.175/10.025
t	最小	0.7	1	1.1	1.3	2	2.5	3	4	5	6
v	最大	0.16	0.2	0.25	0.3	0.4	0.5	0.6	0.8	1	1.2
d_w	最小	2.72	3.48	4.18	5.07	6.53	8.03	9.38	12.33	15.33	17.23
w	最小	0.55	0.55	0.85	1.15	1.4	1.9	2.3	3.3	4	4.8
l (呼び) e)		2.5, 3, 4, 5, 6, 8, 10, 12, 16	3, 4, 5, 6, 8, 10, 12, 16	4, 5, 6, 8, 10, 12, 16, 20	5, 6, 8, 10, 12, 16, 20	6, 8, 10, 12, 16, 20, 25	8, 10, 12, 16, 20, 25	10, 12, 16, 20, 25, 30	12, 16, 20, 25, 30, 35	16[f], 20, 25, 30, 35, 40	20, 25, 30, 35, 40, 45, 50
l (呼び)/l_s (最小)/l_g (最大) g)			20/2/4	25/5.75/8	25/4.5/7 30/9.5/12	30/6.5/10 35/11.5/15 40/16.5/20	30/4/8 35/9/13 40/14/18 45/19/23 50/24/28	35/6/11 40/11/16 45/16/21 50/21/26 55/26/31 60/31/36	40/5.75/12 45/10.75/17 50/15.75/22 55/20.75/27 60/25.75/32 65/30.75/37 70/35.75/42 80/45.75/52	45/5.5/13 50/10.5/18 55/15.5/23 60/20.5/28 65/25.5/33 70/30.5/38 80/40.5/48 90/50.5/58 100/60.5/68	55/10.25/19 60/15.25/24 65/20.25/29 70/25.25/34 80/35.25/44 90/45.25/54 100/55.25/64 110/65.25/74 120/75.25/84

並目ねじ	ねじの呼び d	(M14)	M16	M20	M24	M30	M36	M42	M48	M56	M64
並目ねじ	ねじのピッチ P	2	2	2.5	3	3.5	4	4.5	5	5.5	6
細目ねじ	ねじの呼び $d×P$	(M14×1.5)	M16×1.5	M20×1.5 (M20×2)	M24×2	M30×2	M36×3				
b a)	参考	40	44	52	60	72	84	96	108	124	140
d_k	最大 b)/最小 最大 c)	21.00/21.33 20.67	24.00/24.33 23.67	30.00/30.33 29.67	36.00/36.39 35.61	45.00/45.39 44.61	54.00/54.46 53.54	63.00/63.46 62.54	72.00/72.46 71.54	84.00/84.54 83.46	96.00/96.54 95.46
d_a	最大	15.7	17.7	22.4	26.4	33.4	39.4	45.6	52.6	63	71
d_s	最大/最小	14.00/13.73	16.00/15.73	20.00/19.67	24.00/23.67	30.00/29.67	36.00/35.61	42.00/41.61	48.00/47.61	56.00/55.54	64.00/63.54
e d)	最小	13.716	15.996	19.437	21.734	25.154	30.854	36.571	41.111	46.831	52.531
l_f	最大	1.45	1.45	2.04	2.04	2.89	2.89	3.06	3.91	5.95	5.95
k	最大/最小	14.00/13.57	16.00/15.57	20.00/19.48	24.00/23.48	30.00/29.48	36.00/35.38	42.00/41.38	48.00/47.38	56.00/55.26	64.00/63.26
r	最小	0.6	0.6	0.8	0.8	1	1	1.2	1.6	2	2
s	呼び 最大/最小	12 12.212/12.032	14 14.212/14.032	17 17.23/17.05	19 19.275/19.065	22 22.275/22.065	27 27.275/27.065	32 32.33/32.08	36 36.33/36.08	41 41.33/41.08	46 46.33/46.08
t	最小	7	8	10	12	15.5	19	24	28	34	38
v	最大	1.4	1.6	2	2.4	3	3.6	4.2	4.8	5.6	6.4
d_w	最小	20.17	23.17	28.87	34.81	43.61	52.54	61.34	70.34	82.26	94.26
w	最小	5.8	6.8	8.6	10.4	13.1	15.3	16.3	17.5	19	22
l (呼び) e)		25, 30, 35, 40, 45, 50, 55	25, 30, 35, 40, 45, 50, 55, 60	30, 35, 40, 45, 50, 55, 60, 65, 70	40, 45, 50, 55, 60, 65, 70, 80, 90, 100	45, 50, 55, 60, 65, 70, 80, 90, 100, 110	55, 60, 65, 70, 80, 90, 100, 110	60, 65, 70, 80, 90, 100, 110, 120, 130	70, 80, 90, 100, 110, 120, 130, 140, 150	80, 90, 100, 110, 120, 130, 140, 150, 160	90, 100, 110, 120, 130, 140, 150, 160, 180
l (呼び)/l_s (最小)/l_g (最大) g)		60/10/20 65/15/25 70/20/30 80/30/40 90/40/50 100/50/60 110/60/70 120/70/80 130/80/90 140/90/100	65/11/21 70/16/26 80/26/36 90/36/46 100/46/56 110/56/66 120/66/76 130/76/86 140/86/96 150/96/106 160/106/116	80/15.5/28 90/25.5/38 100/35.5/48 110/45.5/58 120/55.5/68 130/65.5/78 140/75.5/88 150/85.5/98 160/95.5/108 180/115.5/128 200/135.5/148	90/15.5/30 100/25/40 110/35/50 120/45/60 130/55/70 140/65/80 150/75/90 160/85/100 180/105/120 200/125/140	110/20.5/38 120/30.5/48 130/40.5/58 140/50.5/68 150/60.5/78 160/70.5/88 180/90.5/108 200/110.5/128	130/26/46 140/36/56 150/46/66 160/56/76 180/76/96 200/96/116	140/21.5/44 150/31.5/54 160/41.5/64 180/61.5/84 200/81.5/104 220/101.5/124 240/121.5/144 260/141.5/164 280/161.5/184 300/181.5/204	160/27/52 180/47/72 200/67/92 220/87/112 240/107/132 260/127/152 280/147/172 300/167/192	180/28.5/56 200/48.5/76 220/68.5/96 240/88.5/116 260/108.5/136 280/128.5/156 300/148.5/176	200/30/60 220/50/80 240/70/100 260/90/120 280/110/140 300/130/160

注1) ねじの呼びに，括弧が付いているものはできるだけ用いない．

a) $l_{s, min}$, $l_{g, max}$ が指定されているものに適用する． b) ローレットがない頭部に適用する． c) ローレットがある頭部に適用する．

d) e の最小値は s の最小値の 1.14 倍である． e) 全ねじで，首下部の不完全ねじ部の長さは $3P$ 以内とする． f) 並目ねじのみ．

g) $l_{g, max} = l_{nom} - b$, $l_{s, min} = l_{g, max} - 5P$

(2) 製品仕様

● 六角穴付きボルト（並目ねじ）

材 料		鋼	ステンレス鋼	非鉄金属
一般要求事項		JIS B 1099		
ねじ	公差域 クラス	強度区分 12.9 は 5 g（有効径）6 g（外径），他の強度区分は 6 g （JIS B 0205-2，JIS B 0209-2，JIS B 0209-3）		
機械的 性質	強度 区分	$d < 3$ mm, $d > 39$ mm： 受渡当事者間の協定による． 3 mm $\leq d \leq$ 39 mm：8.8, 10.9, 12.9（JIS B 1051）	$d \leq 24$ mm：A2-70, A3-70, A4-70, A5-70 24 mm $< d \leq$ 39 mm：A2-50, A3-50, A4-50, A5-50 （JIS B 1054-1） $d > 39$ mm：受渡当事者間の協定による．	受渡当事 者間の協 定による．
公差	部品 等級	A（JIS B 1021）		
仕上げ		製造された状態		

● 六角穴付きボルト（細目ねじ）

材 料		鋼	ステンレス鋼	非鉄金属
一般要求事項		JIS B 1099		
ねじ	公差域 クラス	強度区分 12.9 は 5 g（有効径）6 g（外径），他の強度区分は 6 g （JIS B 0205-2，JIS B 0209-2，JIS B 0209-3）		
機械的 性質	強度 区分	8 mm $\leq d \leq$ 36 mm：8.8, 10.9, 12.9（JIS B 1051）	$d < 24$ mm：A2-70, A3-70, A4-70, A5-70 （JIS B 1054-1） 24 mm $\leq d \leq$ 36 mm：A2-50, A3-50, A4-50, A5-50 （JIS B 1054-1）	受渡当事 者間の協 定による．
公差	部品 等級	A（JIS B 1021）		
仕上げ		製造された状態		

(3) 呼び方の例

【製品】ねじの呼び M5，呼び長さ 20，強度区分 12.9 の六角穴付きボルト
→（呼び方）六角穴付きボルト−JIS B 1176−ISO 4762−M5 × 20−12.9

【製品】ねじの呼び M12 × 1.5，呼び長さ 80，強度区分 12.9 の六角穴付きボルト
→（呼び方）六角穴付きボルト−JIS B 1176−ISO 12474−M12 × 1.5 × 80−12.9

9. 締結用部品－メートルねじをもつおねじ部品のねじ先

（JIS B 1003：2014（2019 確認））（抜粋）

● あら先（RL）　● 面取り先（CH）　● 丸先（RN）　● 平先（FL）

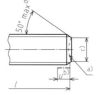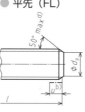

$r_e ≒ 1.4\,d$

● 半棒先（SD）　● 棒先（LD）　● 全とがり先（CN）　● ねじ付きとがり先（CA）

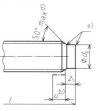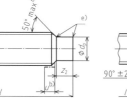

● とがり先（TC）　● くぼみ先（CP）　● 切り刃先（SC）

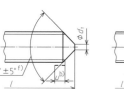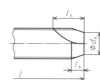

$d_r = 0.5\,d ± 0.5\ mm$　$l_n ≦ 5P$　$d_n = d − 1.6P$
$l_k ≦ 3P$　$l_n − l_k ≧ 2P$

P：ねじのピッチ
l：呼び長さ

注 a）端面は，くぼんでもよい．
　 b）ねじ先の不完全ねじ部長さ $u ≦ 2P$
　 c）この径の最大は，ねじの谷の径とする．
　 d）この径は，ねじの谷の径から下の傾斜部だけに適用する．
　 e）わずかな丸み．
　 f）呼び長さが短いものに対しては，$120° ± 2°$ としてもよい（製品規格を参照．例　JIS B 1177）．
　 g）この先端は，わずかな丸みを付けるなどして，鋭くとがっていないようにする．

単位　mm

ねじの呼び径 d	d_p 基準寸法	d_p 許容差：h14	d_t 基準寸法	d_t 許容差：h16	d_z 基準寸法	d_z 許容差：h14	z_1 基準寸法	z_1 許容差：+IT14 / 0	z_2 基準寸法	z_2 許容差：+IT14 / 0
1.6	0.8		−		0.8		0.4		0.8	
1.8	0.9		−		0.9		0.45		0.9	
2	1		−		1		0.5		1	
2.2	1.2		−		1.1		0.55		1.1	
2.5	1.5	0 / −0.25	−	−	1.2	0 / −0.25	0.63		1.25	+0.25 / 0
3	2		−		1.4		0.75		1.5	
3.5	2.2		−		1.7		0.88		1.75	
4	2.5		−		2		1		2	
4.5	3		−		2.2		1.12	+0.25 / 0	2.25	
5	3.5		−		2.5		1.25		2.5	
6	4	0 / −0.3	1.5		3		1.5		3	
7	5		2		4		1.75		3.5	+0.3 / 0
8	5.5		2	0 / −0.6	5	0 / −0.3	2		4	
10	7	0 / −0.36	2.5		6		2.5		5	
12	8.5		3		8		3		6	
14	10		4		8.5		3.5		7	
16	12		4		10	0 / −0.36	4		8	+0.36 / 0
18	13	0 / −0.43	5		11		4.5	+0.3 / 0	9	
20	15		5	0 / −0.75	14		5		10	
22	17		6		15	0 / −0.43	5.5		11	
24	18		6		16		6		12	
27	21		8		−		6.7		13.5	+0.43 / 0
30	23		8	0 / −0.9	−		7.5	+0.36 / 0	15	
33	26	0 / −0.52	10		−		8.2		16.5	
36	28		10		−		9		18	
39	30		12		−	−	9.7		19.5	
42	32		12		−		10.5		21	+0.52 / 0
45	35	0 / −0.62	14	0 / −1.1	−		11.2	+0.43 / 0	22.5	
48	38		14		−		12		24	
52	42		16		−		13		26	

10. 植込みボルト（JIS B 1173：2015（2020 確認））（抜粋）

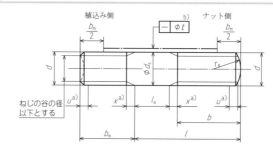

植込み側　　　ナット側
$\dfrac{b_m}{2}$　　　$\dfrac{b_m}{2}$
$−\ ∅ t$

ねじの谷の径
以下とする

注1）植込み側の先は面取り先，ナット側の
　　ねじ先は丸先とし，その形状・寸法は，
　　JIS B 1003 を参照．
　 a）x および u は，不完全ねじ部の長さで，
　　2 ピッチ以下とする．
　 b）真直度．

（1）形状・寸法

単位　mm

ねじの呼び径 d				4	5	6	8	10
ピッチ P		並目ねじ		0.7	0.8	1	1.25	1.5
		細目ねじ		–	–	–	–	1.25
d_s		最大（基準寸法）		4	5	6	8	10
		最小		3.82	4.82	5.82	7.78	9.78
b	$l \le 125\,\mathrm{mm}$ のもの	最小（基準寸法）		14	16	18	22	26
		最大	並目ねじ	15.4	17.6	20	24.5	29
			細目ねじ	–	–	–	–	28.5
	$l > 125\,\mathrm{mm}$ のもの	最小（基準寸法）		–	–	–	–	–
		最大	並目ねじ	–	–	–	–	–
			細目ねじ	–	–	–	–	–
b_m a)	1種	最小 / 最大		–	–	–	–	12/13.1
	2種	最小 / 最大		6/6.75	7/7.9	8/8.9	11/12.1	15/16.1
	3種	最小 / 最大		8/8.9	10/10.9	12/13.1	16/17.1	20/21.3
r_e		（約）		5.6	7	8.4	11	14
呼び長さ l				12 b), 14 b), 16 b), 18, 20, 22, 25, 28, 30, 32, 35, 38, 40	12 b), 14 b), 16 b), 18, 20, 22, 25, 28, 30, 32, 35, 38, 40, 45	12 b), 14 b), 16 b), 20 b), 22, 25, 28, 30, 32, 35, 38, 40, 45, 50	16 b), 18 b), 20 b), 22 b), 25 b), 28, 30, 32, 35, 38, 40, 45, 50, 55	20 b), 22 b), 25 b), 30 b), 32, 35, 38, 40, 45, 50, 55, 60, 65, 70, 80, 90, 100

ねじの呼び径 d				12	(14)	16	(18) a)	20
ピッチ P		並目ねじ		1.75	2	2	2.5	2.5
		細目ねじ		1.25	1.5	1.5	1.5	1.5
d_s		最大（基準寸法）		12	14	16	18	20
		最小		11.73	13.73	15.73	17.73	19.67
b	$l \le 125\,\mathrm{mm}$ のもの	最小（基準寸法）		30	34	38	42	46
		最大	並目ねじ	33.5	38	42	47	51
			細目ねじ	32.5	37	41	45	49
	$l > 125\,\mathrm{mm}$ のもの	最小（基準寸法）		–	–	–	48	52
		最大	並目ねじ	–	–	–	53	57
			細目ねじ	–	–	–	51	55
b_m a)	1種	最小 / 最大		15/16.1	18/19.1	20/21.3	22/23.3	25/26.3
	2種	最小 / 最大		18/19.1	21/22.3	24/25.3	27/28.3	30/31.3
	3種	最小 / 最大		24/25.3	28/29.3	32/33.6	36/37.6	40/41.6
r_e		（約）		17	20	22	25	28
呼び長さ l				22 b), 25 b), 28 b), 30 b), 32 b), 35 b), 38, 40, 45, 50, 55, 60, 65, 70, 80	25 b), 28 b), 30 b), 32 b), 35 b), 38 b), 40 b), 45, 50, 55, 60, 65, 70, 80, 90, 100	32 b), 35 b), 38 b), 40 b), 45, 50, 55, 60, 65, 70, 80, 90, 100	32 b), 35 b), 38 b), 40 b), 45 b), 50, 55, 60, 70, 80, 90, 100, 110, 120, 140, 160	35 b), 38 b), 40 b), 45 b), 50 b), 55, 60, 70, 80, 90, 100, 110, 120, 140, 160

注1）ねじの呼びに，括弧が付いているものはできるだけ用いない．

 a）植込み側のねじ部長さ（b_m）は，1種，2種，3種のうち，いずれかを指定する．1種は $1.25d$，2種は $1.5d$，3種は $2d$ に等しいかこれに近く，1種および2種は鋼または鋳鉄に，3種は軽合金に植え込むものを対象としている．

 b）呼び長さが短いため規定のねじ部長さを確保することができないので，ナット側ねじ部長さを表の b の最小値より小さくしてもよいが，下表に示す $d + 2P$（d はねじの呼び径，P はピッチで，並目の値を用いる）の値より小さくなってはならない．また，これらの円筒部長さは，通常，下表の l_a 以上とする．

ねじの呼び径 d	4	5	6	8	10	12	14	16	18	20
$d + 2P$（$= b$）	5.4	6.6	8	10.5	13	14	18	20	23	25
l_a		1		2		2.5		3		4

単位　mm

ねじの呼び径 d		4	5	6	8	10	12	14	16	18	20
l の区分		真直度 t									
超え	以下										
–	18	0.02	0.03	0.03	0.04	0.05	–	–	–	–	–
18	30	0.03	0.03	0.04	0.05	0.05	0.06	0.07	0.08	0.08	0.08
30	50	0.06	0.06	0.06	0.07	0.07	0.08	0.08	0.09	0.10	0.10
50	80	–	–	–	0.15	0.15	0.15	0.16	0.16	0.16	0.17
80	120	–	–	–	–	0.32	0.33	0.33	0.33	0.33	0.33
120	160	–	–	–	–	–	–	–	–	0.63	0.63

（2）製品仕様

材　料		JIS B 1051 による.
ね　じ		植込み側のねじは，メートル並目ねじまたはメートル細目ねじ（JIS B 0205-3）とする．ナット側のねじは，メートル並目ねじまたはメートル細目ねじ（JIS B 0205-3）とし，その公差域クラスは 6g（JIS B 0209-3）とする.
機械的性質	強度区分	4.8, 8.8, 9.8, 10.9（JIS B 1051）とする.

（3）呼び方の例

【製品】ねじの呼び M4，呼び長さ 20，強度区分 4.8，b_m：1種の植込みボルト
→（呼び方）植込みボルト　JIS B 1173 - M4 × 20 - 並 - 並 - 1種 - 4.8

【製品】ねじの呼び M10（植込み側：左細目ねじ，ナット側：細目ねじ），呼び長さ 50，強度区分 8.8，b_m：2種の植込みボルト
→（呼び方）植込みボルト　JIS B 1173 - M10 × 1.25 - LH × 50 - 細 - 細 - 2種 - 8.8

【製品】ねじの呼び M12（植込み側：並目ねじ，ナット側：細目ねじ），呼び長さ 60，強度区分 8.8，b_m：2種，JIS B 1044 による電気めっき（A2K）の植込みボルト
→（呼び方）植込みボルト　JIS B 1173 - M12 × 60 - 並 - 細 - 2種 - 8.8 - A2K

11．アイボルト（JIS B 1168：1994（2019 確認））（抜粋）

（1）材　料

JIS G 3101 の SS400 または JIS G 4051 の S17C または S20C とする．

（2）呼び方の例

規格番号または規格名称，ねじの呼びおよび指定事項による．

【製品】：ねじの呼び M16 のアイボルト
→（呼び方）JIS B 1168　M16

【製品】：ねじの呼び M12，指定事項 Ep-Fe/Zn 5CM2（めっき）のアイボルト
→（呼び方）アイボルト　M12　Ep-Fe/Zn 5CM2

（3）形状・寸法およびねじ

アイボルトの形状・寸法は，次ページの形状・寸法の表によるのを原則とする．ただし，ねじは下表による．

●ねじ

ねじの呼び	ねじの種類	ねじの精度
M8 ～ M64	JIS B 0205 のメートル並目ねじ	JIS B 0209 の 6g または 2級
M80 × 6 ～ M100 × 6	JIS B 0207 のメートル細目ねじ	JIS B 0211 の 6g または 2級

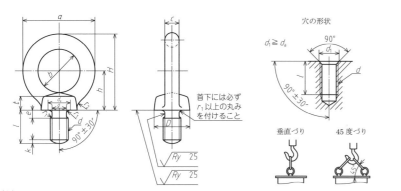

首下には必ず r_1 以上の丸みを付けること

穴の形状

$d_1 \geqq d_a$

垂直づり　45度づり

● 形状・寸法

単位　mm

ねじの呼び (d)	a	b	c	D	t	h	H (参考)	l	e	g 最小	r₁ 最小	r₂ 約	k 約	dₐ 最大	使用荷重 (kN) 垂直づり	使用荷重 (kN) 45度づり (2個につき)
M 8	32.6	20	6.3	16	5	17	33.3	15	3	6	1	4	1.2	9.2	0.785	
M10	41	25	8	20	7	21	41.5	18	4	7.7	1.2	4	1.5	11.2	1.47	
M12	50	30	10	25	9	26	51	22	5	9.4	1.4	6	2	14.2	2.16	
M16	60	35	12.5	30	11	30	60	27	5	13	1.6	6	2	18.2	4.41	
M20	72	40	16	35	13	35	71	30	6	16.4	2	8	2.5	22.4	6.18	
M24	90	50	20	45	18	45	90	38	8	19.6	2.5	12	3	26.4	9.32	
M30	110	60	25	60	22	55	110	45	8	25	3	15	3.5	33.4	14.7	
M36	133	70	31.5	70	26	65	131.5	55	10	30.3	3	18	4	39.4	22.6	
M42	151	80	35.5	80	30	75	150.5	65	12	35.6	3.5	20	4.5	45.6	33.3	
M48	170	90	40	90	35	85	170	70	12	41	4	22	5	52.6	44.1	
M64	210	110	50	110	42	105	210	90	14	55.7	5	25	6	71	88.3	
M80×6	266	140	63	130	50	130	263	105	14	71	5	35	6	87	147	
(M90×6)	302	160	71	150	55	150	301	120	14	81	5	35	6	97	177	
M100×6	340	180	80	170	60	165	335	130	14	91	5	40	6	108	196	

注1) ねじの呼びに，括弧が付いているものはできるだけ用いない．
　2) l は，アイボルトを取り付けるめねじの部分が，鋳鉄または鋼である場合に適用する寸法である．
　3) a, b, c, D, t および h の許容差は JIS B 0415 の並級，l および c の許容差は JIS B 0405 の粗級とする．

12. すりわり付き小ねじ （JIS B 1101：2017（2021 確認））（抜粋）

(1) 製品仕様

材料		鋼	ステンレス鋼	非鉄金属
ねじ	公差域クラス	6 g（JIS B 0205-2，JIS B 0209-2）		
機械的性質	区分	強度区分 4.8，5.8 （JIS B 1051）	鋼種区分・強度区分 A2-50，A2-70 （JIS B 1054-1）	JIS B 1057
公差	部品等級	A（JIS B 1021）		
仕上げ・皮膜		表面処理なし		
適用規格		JIS B 1044 JIS B 1046	JIS B 1047	JIS B 1044

(2) 呼び方の例

【製品】ねじの呼び M5，呼び長さ l = 20 mm，強度区分が 4.8 のすりわり付きなべ小ねじ
→（呼び方）すりわり付きなべ小ねじ　JIS B 1101-ISO 1580-M5 × 20-4.8

【製品】ねじの呼び M5，呼び長さ l = 20 mm，強度区分が 4.8 のすりわり付き皿小ねじ
→（呼び方）すりわり付き皿小ねじ　JIS B 1101-ISO 2009-M5 × 16-4.8

【製品】ねじの呼び M5，呼び長さ l = 20 mm，強度区分が 4.8 のすりわり付き丸皿小ねじ
→（呼び方）すりわり付き丸皿小ねじ　JIS B 1101-ISO 2010-M5 × 20-4.8

(3) 形状・寸法

● すりわり付きチーズ小ねじ

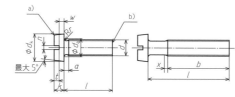

● すりわり付きなべ小ねじ

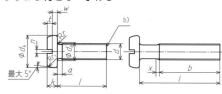

● すりわり付き皿小ねじ

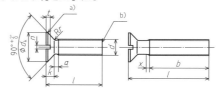

● すりわり付き丸皿小ねじ

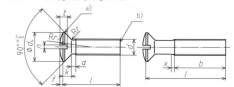

注 a) かど部は，平らでも丸みでもよい．
　　b) ねじ先は，JIS B 1003 によるあら先（RL）とする．

単位　mm

ねじの呼び d	ピッチ P	a 最大	b 最小	dₖ 皿, 丸皿 最大	dₖ チーズ 最大	dₖ なべ 最大	dₐ チーズ, なべ 最大	f 丸皿 (約)	k 皿, 丸皿 最大	k チーズ 最大	k なべ 最大	n 呼び	r 皿, 丸皿 最大	r チーズ 最小	r なべ 最小
M1.6	0.35	0.7	25	3.00	3.00	3.20	2.0	0.4	1	1.10	1.10	0.4	0.4	0.10	0.10
M2	0.4	0.8	25	3.80	3.80	4.00	2.6	0.5	1.2	1.40	1.30	0.5	0.5	0.10	0.10
M2.5	0.45	0.9	25	4.70	4.50	5.00	3.1	0.6	1.5	1.80	1.50	0.6	0.6	0.10	0.10
M3	0.5	1.0	25	5.50	5.50	5.60	3.6	0.7	1.65	2.00	1.80	0.8	0.8	0.10	0.10
(M3.5)	0.6	1.2	38	7.30	6.00	7.00	4.1	0.8	2.35	2.40	2.10	1	0.9	0.10	0.10
M4	0.7	1.4	38	8.40	7.00	8.00	4.7	1	2.7	2.60	2.40	1.2	1	0.20	0.20
M5	0.8	1.6	38	9.30	8.50	9.50	5.7	1.2	2.7	3.30	3.00	1.2	1.3	0.20	0.20
M6	1	2.0	38	11.30	10.00	12.00	6.8	1.4	3.3	3.9	3.6	1.6	1.5	0.25	0.25
M8	1.25	2.5	38	15.80	13.00	16.00	9.2	2	4.65	5.0	4.8	2	2	0.40	0.40
M10	1.5	3.0	38	18.30	16.00	20.00	11.2	2.5	5	6.0	6.0	2.5	2.5	0.40	0.40

ねじの呼び d	r_f なべ 参考	r_f 丸皿 約	t チーズ	t なべ	t 皿	t 丸皿	w チーズ	w なべ	x チーズ	x なべ, 皿, 丸皿	l チーズ	l なべ	l 皿, 丸皿
	参考	約			最小			最小		最大		（呼び長さ）	
M1.6	0.5	3	0.45	0.35	0.32	0.64	0.4	0.3	0.90		2～16	2～16	2.5～20
M2	0.6	4	0.6	0.50	0.4	0.8	0.5	0.4	1.00		3～20	2.5～20	3～20
M2.5	0.7	5	0.7	0.60	0.5	1	0.7	0.5	1.10		3～25	3～25	4～25
M3	0.9	6	0.85	0.70	0.6	1.2	0.75	0.7	1.25		4～30	4～30	5～30
(M3.5)	1	8.5	1	0.80	0.9	1.4	1	0.8	1.50		5～35	5～35	6～35
M4	1.2	9.5	1.1	1.00	1	1.6	1.1	1	1.75		5～45	5～40	6～40
M5	1.5	9.5	1.3	1.20	1.1	2	1.3	1.2	2.00		6～50	6～50	8～50
M6	1.8	12	1.6	1.40	1.2	2.4	1.6	1.4	2.50		8～60	8～60	8～60
M8	2.4	16.5	2	1.90	1.8	3.2	2	1.9	3.20		10～80	10～80	10～80
M10	3	19.5	2.4	2.40	2	3.8	2.4	2.4	3.80		12～80	12～80	12～80

注1) 呼び長さ l は，次の数値からとるものとする．
　　 2.5, 3, 4, 5, 6, 8, 10, 12, 14, 16, 20, 25, 30, 35, 40, 45, 50, 55, 60, 65, 70, 75, 80
　2) ねじの呼びに，括弧が付いているものはできるだけ用いない．
　3) ねじ先の形状は，ねじ転造の場合はあら先，ねじ切削の場合は面取り先とし，その他のねじ先を必要とする場合は，注文者が指定する．ただし，ねじ先の形状・寸法は，JIS B 1003 による．

13. すりわり付き止めねじ（JIS B 1117：2010（2020確認））（抜粋）

(1) 形状・寸法

● 平先

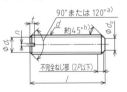

● とがり先

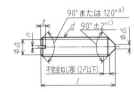

● 棒先

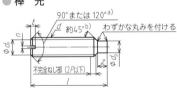

● くぼみ先

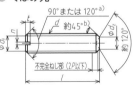

注a) l が下表の破線より短いものは，120°の面取りとする.
　b) 45°の角度は，おねじの谷の径（d_f）より下の傾斜部に適用する.
　c) 90°の角度は，l が下表の破線より長い止めねじの谷の径（d_f）より下の傾斜部に適用する. l が下表の破線より短いものに対しては，120°±2°の角度を適用する.

単位　mm

ねじの呼び d		M1.2	M1.6	M2	M2.5	M3	(M3.5)	M4	M5	M6	M8	M10	M12
ピッチ P		0.25	0.35	0.4	0.45	0.5	0.6	0.7	0.8	1	1.25	1.5	1.75
d_f	約	おねじの谷の径											
d_p	最小	0.35	0.55	0.75	1.25	1.75	1.95	2.25	3.2	3.7	5.2	6.64	8.14
	最大（基準寸法）	0.6	0.8	1	1.5	2	2.2	2.5	3.5	4	5.5	7	8.5
d_t	最大	0.12	0.16	0.2	0.25	0.3	0.35	0.4	0.5	1.5	2	2.5	3
d_z	最小	–	0.55	0.75	0.95	1.15	1.45	1.74	2.25	2.75	4.7	5.7	7.64
	最大（基準寸法）	–	0.8	1	1.2	1.4	1.7	2	2.5	3	5	6	8
z	最小（基準寸法）	–	0.8	1	1.25	1.5	1.75	2	2.5	3	4	5	6
	最大	–	1.05	1.25	1.5	1.75	2	2.25	2.75	3.25	4.3	5.3	6.3
n	呼び	0.2	0.25	0.25	0.4	0.4	0.5	0.6	0.8	1	1.2	1.6	2
	最小	0.26	0.31	0.31	0.46	0.46	0.56	0.66	0.86	1.06	1.26	1.66	2.06
	最大	0.4	0.45	0.45	0.6	0.6	0.7	0.8	1	1.2	1.51	1.91	2.31
t	最小	0.4	0.56	0.64	0.72	0.8	0.96	1.12	1.28	1.6	2	2.4	2.8
	最大	0.52	0.74	0.84	0.95	1.05	1.21	1.42	1.63	2	2.5	3	3.6

l（推奨呼び長さ，基準寸法）：2, 2.5, 3, 4, 5, 6, 8, 10, 12, (14), 16, 20, 25, 30, 35, 40, 45, 50, 55, 60　各呼び径について，平先・とがり先・棒先・くぼみ先の適用範囲が格子で示されている.

注1）ねじの呼びに，括弧が付いているものはできるだけ用いない.
　2）l に括弧が付いているものはできるだけ用いない

(2) 製品仕様

	材料	鋼	ステンレス鋼	非鉄金属
	一般要求事項	JIS B 1099		
ねじ	公差域クラス	6g（JIS B 0205-3，JIS B 0209-3）		
機械的性質	強度区分	14H，22H（JIS B 1053）	A1-12H（JIS B 1054-3）	受渡当事者間の協定（JIS B 1057）
公差	部品等級	A（JIS B 1021）		
	仕上げ	製造された状態	生地の状態	

(3) 呼び方の例

【製品】ねじの呼び M6，呼び長さ 12，ねじ先形状平先，強度区分 14H のすりわり付き鋼止めねじ

→（呼び方）すりわり付き止めねじ－平先－JIS B 1117－ISO 4766－M6×12－14H

【製品】ねじの呼び M6，呼び長さ 12，ねじ先形状とがり先，強度区分 14H のすりわり付き鋼止めねじ

→（呼び方）すりわり付き止めねじ－とがり先－JIS B 1117－ISO 7434－M6×12－14H

【製品】ねじの呼び M6，呼び長さ 12，ねじ先形状棒先，強度区分 14H のすりわり付き鋼止めねじ

→（呼び方）すりわり付き止めねじ－棒先－JIS B 1117－ISO 7435－M6×12－14H

【製品】ねじの呼び M6，呼び長さ 12，ねじ先形状くぼみ先，強度区分 14H のすりわり付き鋼止めねじ

→（呼び方）すりわり付き止めねじ－くぼみ先－JIS B 1117－ISO 7436－M6×12－14H

14. ボルト穴径及びざぐり径 （JIS B 1001：1985（2019 確認））（抜粋）

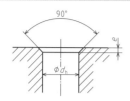
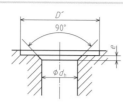

単位　mm

ねじの呼び径	ボルト穴径 d_h				面取り e	ざぐり径 D'	ねじの呼び径	ボルト穴径 d_h				面取り e	ざぐり径 D'
	1級	2級	3級	4級				1級	2級	3級	4級		
1	1.1	1.2	1.3	–	0.2	3	16	17	17.5	18.5	*20	1.1	35
1.2	1.3	1.4	1.5	–	0.2	4	18	19	20	21	*22	1.1	39
1.4	1.5	1.6	1.8	–	0.2	4	20	21	22	24	*25	1.2	43
1.6	1.7	1.8	2	–	0.2	5	22	23	24	26	*27	1.2	46
* 1.7	* 1.8	* 2	* 2.1	–	0.2	5	24	25	26	28	*29	1.7	50
1.8	2	2.1	2.2	–	0.2	5	27	28	30	32	*33	1.7	55
2	* 2.2	2.4	2.6	–	0.3	7	30	31	33	35	*36	1.7	62
* 2.2	* 2.4	* 2.6	* 2.8	–	0.3	8	33	34	36	38	*40	1.7	66
* 2.3	* 2.5	* 2.7	* 2.9	–	0.3	8	36	37	39	42	*43	1.7	72
2.5	2.7	2.9	3.1	–	0.3	8	39	40	42	45	*46	1.7	76
* 2.6	* 2.8	* 3	* 3.2	–	0.3	8	42	43	45	48	–	1.8	82
3	3.2	3.4	3.6	–	0.3	9	45	46	48	52	–	1.8	87
3.5	3.7	3.9	4.2	–	0.3	10	48	50	52	56	–	2.3	93
4	4.3	4.5	4.8	* 5.5	0.3	11	52	54	56	62	–	2.3	100
4.5	4.8	5	5.3	* 6	0.4	13	56	58	62	66	–	3.5	110
5	5.3	5.5	5.8	* 6.5	0.4	13	60	62	66	70	–	3.5	115
6	6.4	6.6	7	* 7.8	0.4	15	64	66	70	74	–	3.5	122
7	7.4	7.6	8	–	0.4	18	68	70	74	78	–	3.5	127
8	8.4	9	10	*10	0.6	20	72	74	78	82	–	3.5	133
10	10.5	11	12	*13	0.6	24							
12	13	13.5	14.5	*15	1.1	28	(参考) d_h の許容差	H12	H13	H14			
14	15	15.5	16.5	*17	1.1	32							

注 1）4 級は，主として鋳抜き穴に適用する.
2）参考にある許容差の記号に対する数値は，JIS B 0401（寸法公差及びはめあい）†による.
3）ねじの呼び径に，＊印が付いているものは ISO に規定されていない.
4）穴の面取りは，必要に応じて行い，その角度は 90° を原則とする.
5）あるねじの呼び径に対して上表のざぐり径よりも小さいもの，または大きいものを必要とする場合は，できるだけ上表のざぐり径系列から数値を選ぶのがよい.
6）ざぐり面は，穴の中心線に対して直角となるようにし，ざぐりの深さは，一般に黒皮のとれる程度とする.

† JIS B 0401-1, -2：2016「サイズ公差及びはめあい」に改正.

15. ねじ下穴径 （JIS B 1004：2009（2018 確認））（抜粋）

(1) 下穴径の系列

ひっかかり率（%）	100	95	90	85	80	75	70	65
下穴径の系列	100	95	90	85	80	75	70	65

$$ひっかかり率\ P_{te} = \frac{d - D_{hs}}{2 \times H_1} \times 100\,(\%)$$

d：ねじの呼び径（mm）　　D_{hs}：下穴径（mm）
H_1：基準のひっかかりの高さ（mm）

(2) 下穴径の形状・寸法

● メートル並目ねじ

単位　mm

ねじ			下穴径 [a]									めねじ内径（参考）		
			系列								最小許容寸法	最大許容寸法		
ねじの呼び径 d	ピッチ P	基準のひっかかりの高さ H_1	100	95	90	85	80	75	70	65		4H（M1.4 以下）5H（M1.6 以上）	5H（M1.4 以下）6H（M1.6 以上）	7H
1	0.25	0.135	0.73	0.74	0.76	0.77	0.78	0.80	0.81	0.82	0.729	0.774	0.785	–
1.1	0.25	0.135	0.83	0.84	0.86	0.87	0.88	0.90	0.91	0.92	0.829	0.874	0.885	–
1.2	0.25	0.135	0.93	0.94	0.96	0.97	0.98	1.00	1.01	1.02	0.929	0.974	0.985	–
1.4	0.3	0.162	1.08	1.09	1.11	1.12	1.14	1.16	1.17	1.19	1.075	1.128	1.142	–
1.6	0.35	0.189	1.22	1.24	1.26	1.28	1.30	1.32	1.33	1.35	1.221	1.301	1.321	–
1.8	0.35	0.189	1.42	1.44	1.46	1.48	1.50	1.52	1.53	1.55	1.421	1.501	1.521	–
2	0.4	0.217	1.57	1.59	1.61	1.63	1.65	1.68	1.70	1.72	1.567	1.657	1.679	–
2.2	0.45	0.244	1.71	1.74	1.76	1.79	1.81	1.83	1.86	1.88	1.713	1.813	1.838	–
2.5	0.45	0.244	2.01	2.04	2.06	2.09	2.11	2.13	2.16	2.18	2.013	2.113	2.138	–
3	0.5	0.271	2.46	2.49	2.51	2.54	2.57	2.59	2.62	2.65	2.459	2.571	2.599	2.639
3.5	0.6	0.325	2.85	2.88	2.92	2.95	2.98	3.01	3.05	3.08	2.850	2.975	3.010	3.050
4	0.7	0.379	3.24	3.28	3.32	3.36	3.39	3.43	3.47	3.51	3.242	3.382	3.422	3.466
4.5	0.75	0.406	3.69	3.73	3.77	3.81	3.85	3.89	3.93	3.97	3.688	3.838	3.878	3.924
5	0.8	0.433	4.13	4.18	4.22	4.26	4.31	4.35	4.39	4.44	4.134	4.294	4.334	4.384
6	1	0.541	4.92	4.97	5.03	5.08	5.13	5.19	5.24	5.30	4.917	5.107	5.153	5.217
7	1	0.541	5.92	5.97	6.03	6.08	6.13	6.19	6.24	6.30	5.917	6.107	6.153	6.217
8	1.25	0.677	6.65	6.71	6.78	6.85	6.92	6.99	7.05	7.12	6.647	6.859	6.912	6.982
9	1.25	0.677	7.65	7.71	7.78	7.85	7.92	7.99	8.05	8.12	7.647	7.859	7.912	7.982
10	1.5	0.812	8.38	8.46	8.54	8.62	8.70	8.78	8.86	8.94	8.376	8.612	8.676	8.751
11	1.5	0.812	9.38	9.46	9.54	9.62	9.70	9.78	9.86	9.94	9.376	9.612	9.676	9.751
12	1.75	0.947	10.1	10.2	10.3	10.4	10.5	10.6	10.7	10.8	10.106	10.371	10.441	10.531
14	2	1.083	11.8	11.9	12.1	12.2	12.3	12.4	12.5	12.6	11.835	12.135	12.210	12.310
16	2	1.083	13.8	13.9	14.1	14.2	14.3	14.4	14.5	14.6	13.835	14.135	14.210	14.310
18	2.5	1.353	15.3	15.4	15.6	15.7	15.8	16.0	16.1	16.2	15.294	15.649	15.744	15.854
20	2.5	1.353	17.3	17.4	17.6	17.7	17.8	18.0	18.1	18.2	17.294	17.649	17.744	17.854
22	2.5	1.353	19.3	19.4	19.6	19.7	19.8	20.0	20.1	20.2	19.294	19.649	19.744	19.854
24	3	1.624	20.8	20.9	21.1	21.2	21.4	21.6	21.7	21.9	20.752	21.152	21.252	21.382
27	3	1.624	23.8	23.9	24.1	24.2	24.4	24.6	24.7	24.9	23.752	24.152	24.252	24.382
30	3.5	1.894	26.2	26.4	26.6	26.8	27.0	27.2	27.3	27.5	26.211	26.661	26.771	26.921
33	3.5	1.894	29.2	29.4	29.6	29.8	30.0	30.2	30.3	30.5	29.211	29.661	29.771	29.921
36	4	2.165	31.7	31.9	32.1	32.3	32.5	32.8	33.0	33.2	31.670	32.145	32.270	32.420
39	4	2.165	34.7	34.9	35.1	35.3	35.5	35.8	36.0	36.2	34.670	35.145	35.270	35.420

注 1）———から左側の太字のものは 4H（M1.4 以下）または 5H（M1.6 以上）のめねじ内径の許容限界寸法内にあることを示す．同様に，———から左側の太字のものは 5H（M1.4 以下）または 6H（M1.6 以上）のめねじ内径の許容限界寸法内にあることを示す．また，———から左側の太字のものは 7H のめねじ内径の許容限界寸法内にあることを示す.
a）下穴径 $D_{hs} = d - 2 \times H_1(P_{te}/100)$（mm）　$H_1 = 5H/8 = 0.541265877P$　とがり山の高さ $H = \sqrt{3}P/2 = 0.866025404P$

● メートル細目ねじ

単位 mm

ねじの呼び径 d	ピッチ P	基準のひっかかりの高さ H₁	下穴径 a) 系列 100	95	90	85	80	75	70	65	めねじ内径（参考）最小許容寸法	最大許容寸法 4H(M1.8×0.2以下) 5H(M2×0.25以上)	6H	7H
1	0.2	0.108	0.78	0.79	0.81	0.82	0.83	0.84	0.85	0.86	0.783	0.821	–	–
1.1	0.2	0.108	0.88	0.89	0.91	0.92	0.93	0.94	0.95	0.96	0.883	0.921	–	–
1.2	0.2	0.108	0.98	0.99	1.01	1.02	1.03	1.04	1.05	1.06	0.983	1.021	–	–
1.4	0.2	0.108	1.18	1.19	1.21	1.22	1.23	1.24	1.25	1.26	1.183	1.221	–	–
1.6	0.2	0.108	1.38	1.39	1.41	1.42	1.43	1.44	1.45	1.46	1.383	1.421	–	–
1.8	0.2	0.108	1.58	1.59	1.61	1.62	1.63	1.64	1.65	1.66	1.583	1.621	–	–
2	0.25	0.135	1.73	1.74	1.76	1.77	1.78	1.80	1.81	1.82	1.729	1.785	–	–
2.2	0.25	0.135	1.93	1.94	1.96	1.97	1.98	2.00	2.01	2.02	1.929	1.985	–	–
2.5	0.35	0.189	2.12	2.14	2.16	2.18	2.20	2.22	2.24	2.25	2.121	2.201	2.221	–
3	0.35	0.189	2.62	2.64	2.66	2.68	2.70	2.72	2.74	2.75	2.621	2.701	2.721	–
3.5	0.35	0.189	3.12	3.14	3.16	3.18	3.20	3.22	3.24	3.25	3.121	3.201	3.221	–
4	0.5	0.271	3.46	3.49	3.51	3.54	3.57	3.59	3.62	3.65	3.459	3.571	3.599	3.639
4.5	0.5	0.271	3.96	3.99	4.01	4.04	4.07	4.09	4.12	4.15	3.959	4.071	4.099	4.139
5	0.5	0.271	4.46	4.49	4.51	4.54	4.57	4.59	4.62	4.65	4.459	4.571	4.599	4.639
5.5	0.5	0.271	4.96	4.99	5.01	5.04	5.07	5.09	5.12	5.15	4.959	5.071	5.099	5.139
6	0.75	0.406	5.19	5.23	5.27	5.31	5.35	5.39	5.43	5.47	5.188	5.338	5.378	5.424
7	0.75	0.406	6.19	6.23	6.27	6.31	6.35	6.39	6.43	6.47	6.188	6.338	6.378	6.424
8	1	0.541	6.92	6.97	7.03	7.08	7.13	7.19	7.24	7.30	6.917	7.107	7.153	7.217
8	0.75	0.406	7.19	7.23	7.27	7.31	7.35	7.39	7.43	7.47	7.188	7.338	7.378	7.424
9	1	0.541	7.92	7.97	8.03	8.08	8.13	8.19	8.24	8.30	7.917	8.107	8.153	8.217
9	0.75	0.406	8.19	8.23	8.27	8.31	8.35	8.39	8.43	8.47	8.188	8.338	8.378	8.424
10	1.25	0.677	8.65	8.71	8.78	8.85	8.92	8.99	9.05	9.12	8.647	8.859	8.912	8.982
10	1	0.541	8.92	8.97	9.03	9.08	9.13	9.19	9.24	9.30	8.917	9.107	9.153	9.217
10	0.75	0.406	9.19	9.23	9.27	9.31	9.35	9.39	9.43	9.47	9.188	9.338	9.378	9.424
11	1	0.541	9.92	9.97	10.03	10.08	10.13	10.19	10.24	10.30	9.917	10.107	10.153	10.217
11	0.75	0.406	10.19	10.23	10.27	10.31	10.35	10.39	10.43	10.47	10.188	10.338	10.378	10.424
12	1.5	0.812	10.38	10.46	10.54	10.62	10.70	10.78	10.86	10.94	10.376	10.612	10.676	10.751
12	1.25	0.677	10.65	10.71	10.78	10.85	10.92	10.99	11.05	11.12	10.647	10.859	10.912	10.982
12	1	0.541	10.92	10.97	11.03	11.08	11.13	11.19	11.24	11.30	10.917	11.107	11.153	11.217
14	1.5	0.812	12.38	12.46	12.54	12.62	12.70	12.78	12.86	12.94	12.376	12.612	12.676	12.751
14	1.25	0.677	12.65	12.71	12.78	12.85	12.92	12.99	13.05	13.12	12.647	12.859	12.912	12.982
14	1	0.541	12.92	12.97	13.03	13.08	13.13	13.19	13.24	13.30	12.917	13.107	13.153	13.217
15	1.5	0.812	13.38	13.46	13.54	13.62	13.70	13.78	13.86	13.94	13.376	13.612	13.676	13.751
15	1	0.541	13.92	13.97	14.03	14.08	14.13	14.19	14.24	14.30	13.917	14.107	14.153	14.217
16	1.5	0.812	14.38	14.46	14.54	14.62	14.70	14.78	14.86	14.94	14.376	14.612	14.676	14.751
16	1	0.541	14.92	14.97	15.03	15.08	15.13	15.19	15.24	15.30	14.917	15.107	15.153	15.217
17	1.5	0.812	15.38	15.46	15.54	15.62	15.70	15.78	15.86	15.94	15.376	15.612	15.676	15.751
17	1	0.541	15.92	15.97	16.03	16.08	16.13	16.19	16.24	16.30	15.917	16.107	16.153	16.217
18	2	1.083	15.8	15.9	16.1	16.2	16.3	16.4	16.5	16.6	15.835	16.135	16.210	16.310
18	1.5	0.812	16.38	16.46	16.54	16.62	16.70	16.78	16.86	16.94	16.376	16.612	16.676	16.751
18	1	0.541	16.92	16.97	17.03	17.08	17.13	17.19	17.24	17.30	16.917	17.107	17.153	17.217
20	2	1.083	17.8	17.9	18.1	18.2	18.3	18.4	18.5	18.6	17.835	18.135	18.210	18.310
20	1.5	0.812	18.38	18.46	18.54	18.62	18.70	18.78	18.86	18.94	18.376	18.612	18.676	18.751
20	1	0.541	18.92	18.97	19.03	19.08	19.13	19.19	19.24	19.30	18.917	19.107	19.153	19.217
22	2	1.083	19.8	19.9	20.1	20.2	20.3	20.4	20.5	20.6	19.835	20.135	20.210	20.310
22	1.5	0.812	20.38	20.46	20.54	20.62	20.70	20.78	20.86	20.94	20.376	20.612	20.676	20.751
22	1	0.541	20.92	20.97	21.03	21.08	21.13	21.19	21.24	21.30	20.917	21.107	21.153	21.217
24	2	1.083	21.8	21.9	22.1	22.2	22.3	22.4	22.5	22.6	21.835	22.135	22.210	22.310
24	1.5	0.812	22.38	22.46	22.54	22.62	22.70	22.78	22.86	22.94	22.376	22.612	22.676	22.751
24	1	0.541	22.92	22.97	23.03	23.08	23.13	23.19	23.24	23.30	22.917	23.107	23.153	23.217
25	2	1.083	22.8	22.9	23.1	23.2	23.3	23.4	23.5	23.6	22.835	23.135	23.210	23.310
25	1.5	0.812	23.38	23.46	23.54	23.62	23.70	23.78	23.86	23.94	23.376	23.612	23.676	23.751
25	1	0.541	23.92	23.97	24.03	24.08	24.13	24.19	24.24	24.30	23.917	24.107	24.153	24.217
26	1.5	0.812	24.38	24.46	24.54	24.62	24.70	24.78	24.86	24.94	24.376	24.612	24.676	24.751
27	2	1.083	24.8	24.9	25.1	25.2	25.3	25.4	25.5	25.6	24.835	25.135	25.210	25.310
27	1.5	0.812	25.38	25.46	25.54	25.62	25.70	25.78	25.86	25.94	25.376	25.612	25.676	25.751
27	1	0.541	25.92	25.97	26.03	26.08	26.13	26.19	26.24	26.30	25.917	26.107	26.153	26.217
28	2	1.083	25.8	25.9	26.1	26.2	26.3	26.4	26.5	26.6	25.835	26.135	26.210	26.310
28	1.5	0.812	26.38	26.46	26.54	26.62	26.70	26.78	26.86	26.94	26.376	26.612	26.676	26.751
28	1	0.541	26.92	26.97	27.03	27.08	27.13	27.19	27.24	27.30	26.917	27.107	27.153	27.217
30	3	1.624	26.8	26.9	27.1	27.2	27.4	27.6	27.7	27.9	26.752	27.152	27.252	27.382
30	2	1.083	27.8	27.9	28.1	28.2	28.3	28.4	28.5	28.6	27.835	28.135	28.210	28.310
30	1.5	0.812	28.38	28.46	28.54	28.62	28.70	28.78	28.86	28.94	28.376	28.612	28.676	28.751
30	1	0.541	28.92	28.97	29.03	29.08	29.13	29.19	29.24	29.30	28.917	29.107	29.153	29.217
32	2	1.083	29.8	29.9	30.1	30.2	30.3	30.4	30.5	30.6	29.835	30.135	30.210	30.310
32	1.5	0.812	30.38	30.46	30.54	30.62	30.70	30.78	30.86	30.94	30.376	30.612	30.676	30.751
33	3	1.624	29.8	29.9	30.1	30.2	30.4	30.6	30.7	30.9	29.752	30.152	30.252	30.382
33	2	1.083	30.8	30.9	31.1	31.2	31.3	31.4	31.5	31.6	30.835	31.135	31.210	31.310
33	1.5	0.812	31.38	31.46	31.54	31.62	31.70	31.78	31.86	31.94	31.376	31.612	31.676	31.751
36	3	1.624	32.8	32.9	33.1	33.2	33.4	33.6	33.7	33.9	32.752	33.152	33.252	33.382
36	2	1.083	33.8	33.9	34.1	34.2	34.3	34.4	34.5	34.6	33.835	34.135	34.210	34.310
36	1.5	0.812	34.38	34.46	34.54	34.62	34.70	34.78	34.86	34.94	34.376	34.612	34.676	34.751
38	1.5	0.812	36.38	36.46	36.54	36.62	36.70	36.78	36.86	36.94	36.376	36.612	36.676	36.751
39	3	1.624	35.8	35.9	36.1	36.2	36.4	36.6	36.7	36.9	35.752	36.152	36.252	36.382
39	2	1.083	36.8	36.9	37.1	37.2	37.3	37.4	37.5	37.6	36.835	37.135	37.210	37.310
39	1.5	0.812	37.38	37.46	37.54	37.62	37.70	37.78	37.86	37.94	37.376	37.612	37.676	37.751

注1) ── から左側の太字のものは 4H（M1.8×0.2 以下）または 5H（M2×0.25 以上）のめねじ内径の許容限界寸法内にあることを示す．同様に，── および ── から左側の太字のものは，それぞれ 6H および 7H のめねじ内径の許容限界寸法内にあることを示す．

a) 下穴径 $D_{hs} = d - 2 \times H_1(P_{te}/100)$ (mm)　$H_1 = 5H/8 = 0.541265877P$　とがり山の高さ $H = \sqrt{3}P/2 = 0.866025404P$

1 機械製図法　2 図面　3 部品・材料資料　15 ねじ下穴径

16. 平座金 （JIS B 1256：2008（2022 確認））（抜粋）

（1）形状・寸法

● −小形−部品等級 A

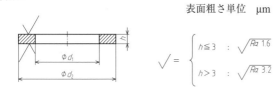

表面粗さ単位　µm

$$\sqrt{} = \begin{cases} h \leqq 3 & : \sqrt{Ra\ 1.6} \\ h > 3 & : \sqrt{Ra\ 3.2} \end{cases}$$

● −並形−部品等級 A，−大形−部品等級 A

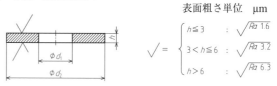

表面粗さ単位　µm

$$\sqrt{} = \begin{cases} h \leqq 3 & : \sqrt{Ra\ 1.6} \\ 3 < h \leqq 6 & : \sqrt{Ra\ 3.2} \\ h > 6 & : \sqrt{Ra\ 6.3} \end{cases}$$

● −並形面取り−部品等級 A

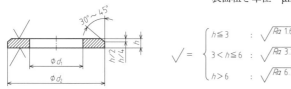

表面粗さ単位　µm

$$\sqrt{} = \begin{cases} h \leqq 3 & : \sqrt{Ra\ 1.6} \\ 3 < h \leqq 6 & : \sqrt{Ra\ 3.2} \\ h > 6 & : \sqrt{Ra\ 6.3} \end{cases}$$

● −並形−部品等級 C，−大形−部品等級 C，−特大形−部品等級 C

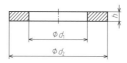

単位　mm

平座金の呼び径（ねじの呼び径 d）	−小形−部品等級 A，−並形−部品等級 A，−並形面取り−部品等級 A																−並形−部品等級 C					
	内径 d_1		外径 d_2						厚さ h									内径 d_1		外径 d_2		厚さ h		
	基準寸法（最小）	最大	基準寸法（最大）			最小			基準寸法			最大			最小			基準寸法（最小）	最大	基準寸法（最大）	最小	基準寸法	最大	最小
			小	並A	並面	小	並A	並面	小	並A	並面	小	並A	並面	小	並A	並面							
1.6	1.70	1.84	3.5	4.00		3.2	3.7		0.3	0.3		0.35	0.35		0.25	0.25		1.80	2.05	4.00	3.25	0.3	0.4	0.2
2	2.20	2.34	4.5	5.00		4.2	4.7		0.3	0.3		0.35	0.35		0.25	0.25		2.40	2.65	5.00	4.25	0.3	0.4	0.2
2.5	2.70	2.84	5.0	6.00		4.7	5.7		0.5	0.5		0.55	0.55		0.45	0.45		2.90	3.15	6.00	5.25	0.5	0.6	0.4
3	3.20	3.38	6.0	7.00		5.7	6.64		0.5	0.5		0.55	0.55		0.45	0.45		3.4	3.7	7.0	6.1	0.5	0.6	0.4
3.5*	3.70	3.88	7.00	8.00		6.64	7.64		0.5	0.5		0.55	0.55		0.45	0.45		3.9	4.2	8.0	7.1	0.5	0.6	0.4
4	4.30	4.48	8.00	9.00	10.00	7.64	8.64		0.5	0.8	1	0.55	0.9	1.1	0.45	0.7	0.9	4.5	4.8	9.0	8.1	0.8	1.0	0.6
5	5.30	5.48	9.00	10.00	10.00	9.64	9.64	9.64	1	1	1	1.1	1.1	1.1	0.9	0.9	0.9	5.5	5.8	10.0	9.1	1	1.2	0.8
6	6.40	6.62	11.00	12.00	12.00	10.57	11.57	11.57	1.6	1.6	1.6	1.8	1.8	1.8	1.4	1.4	1.4	6.60	6.96	12.0	10.9	1.6	1.9	1.3
8	8.40	8.62	15.00	16.00	16.00	14.57	15.57	15.57	1.6	1.6	1.6	1.8	1.8	1.8	1.4	1.4	1.4	9.00	9.36	16.0	14.9	1.6	1.9	1.3
10	10.50	10.77	18.00	20.00	20.00	17.57	19.48	19.48	1.6	2	2	1.8	2.2	2.2	1.4	1.8	1.8	11.00	11.43	20.0	18.7	2	2.3	1.7
12	13.00	13.27	20.00	24.00	24.00	19.48	23.48	23.48	2	2.5	2.5	2.2	2.7	2.7	1.8	2.3	2.3	13.50	13.93	24.0	22.7	2.5	2.8	2.2
14*	15.00	15.27	24.00	28.00	28.00	23.48	27.48	27.48	2.5	2.5	2.5	2.7	2.7	2.7	2.3	2.3	2.3	15.50	15.93	28.0	26.7	2.5	2.8	2.2
16	17.00	17.27	28.00	30.00	30.00	27.48	29.48	29.48	2.5	3	3	2.7	3.3	3.3	2.3	2.7	2.7	17.50	17.93	30.0	28.7	3	3.6	2.4
18*	19.00	19.33	30.00	34.00	34.00	29.48	33.38	33.38	3	3	3	3.3	3.3	3.3	2.7	2.7	2.7	20.00	20.52	34.0	32.4	3	3.6	2.4
20	21.00	21.33	34.00	37.00	37.00	33.38	36.38	36.38	3	3	3	3.3	3.3	3.3	2.7	2.7	2.7	22.00	22.52	37.0	35.4	3	3.6	2.4
22*	23.00	23.33	37.00	39.00	39.00	36.38	38.38	38.38	3	3	3	3.3	3.3	3.3	2.7	2.7	2.7	24.00	24.52	39.0	37.4	3	3.6	2.4
24	25.00	25.33	39.00	44.00	44.00	38.38	43.38	43.38	4	4	4	4.3	4.3	4.3	3.7	3.7	3.7	26.00	26.52	44.0	42.4	4	4.6	3.4
27*	28.00	28.33	44.00	50.00	50.00	43.38	49.38	49.38	4	4	4	4.3	4.3	4.3	3.7	3.7	3.7	30.00	30.52	50.0	48.4	4	4.6	3.4
30	31.00	31.39	50.00	56.00	56.00	49.38	55.26	55.26	4	4	4	4.3	4.3	4.3	3.7	3.7	3.7	33.00	33.62	56.0	54.1	4	4.6	3.4
33*	34.00	34.62	56.0	60.0	60.0	54.8	58.8	58.8	5	5	5	5.6	5.6	5.6	4.4	4.4	4.4	36	37	60.0	58.1	5	6	4
36	37.00	37.62	60.0	66.0	66.0	58.8	64.8	64.8	5	5	5	5.6	5.6	5.6	4.4	4.4	4.4	39	40	66.0	64.1	5	6	4
39*	42.00	42.62		72.0	72.0		70.8	70.8		6	6		6.6	6.6		5.4	5.4	42	43	72.0	70.1	6	7	5
42	45.00	45.62		78.0	78.0		76.8	76.8		8	8		9	9		7	7	45	46	78.0	76.1	8	9.2	6.8
45*	48.00	48.62		85.0	85.0		83.6	83.6		8	8		9	9		7	7	48	49	85.0	82.8	8	9.2	6.8
48	52.00	52.74		92.0	92.0		90.6	90.6		8	8		9	9		7	7	52.0	53.2	92.0	89.8	8	9.2	6.8
52*	56.00	56.74		98.0	98.0		96.6	96.6		8	8		9	9		7	7	56.0	57.2	98.0	95.8	8	9.2	6.8
56	62.00	62.74		105.0	105.0		103.6	103.6		10	10		11	11		9	9	62.0	63.2	105.0	102.8	10	11.2	8.8
60*	66.00	66.74		110.0	110.0		108.6	108.6		10	10		11	11		9	9	66.0	67.2	110.0	107.8	10	11.2	8.8
64	70.00	70.74		115.0	115.0		113.6	113.6		10	10		11	11		9	9	70.0	71.2	115.0	112.8	10	11.2	8.8

注1）ねじの呼びに，＊印が付いていないものは第1選択，付いているものは第2選択である．

〈つづき〉　　　単位　mm

平座金の呼び径 (ねじの呼び径 d)	大形-部品等級A 内径d_1 基準寸法(最小)	最大	外径d_2 基準寸法(最大)	最小	厚さh 基準寸法	最大	最小	大形-部品等級C 内径d_1 基準寸法(最小)	最大	外径d_2 基準寸法(最大)	最小	厚さh 基準寸法	最大	最小	特大形-部品等級C 内径d_1 基準寸法(最小)	最大	外径d_2 基準寸法(最大)	最小	厚さh 基準寸法	最大	最小
1.6																					
2																					
2.5																					
3	3.20	3.38	9.00	8.64	0.8	0.9	0.7	3.4	3.7	9.0	8.1	0.8	1.0	0.6							
3.5*	3.70	3.88	11.00	10.57	0.8	0.9	0.7	3.9	4.2	11.0	9.9	0.8	1.0	0.6							
4	4.30	4.48	12.00	11.57	1	1.1	0.9	4.5	4.8	12.0	10.9	1	1.2	0.8							
5	5.30	5.48	15.00	14.57	1	1.1	0.9	5.5	5.8	15.0	13.9	1	1.2	0.8	5.5	5.8	18.0	16.9	2	2.3	1.7
6	6.40	6.62	18.00	17.57	1.6	1.8	1.4	6.60	6.96	18.0	16.9	1.6	1.9	1.3	6.60	6.96	22.0	20.7	2	2.3	1.7
8	8.40	8.62	24.00	23.48	2	2.2	1.8	9.00	9.36	24.0	22.7	2	2.3	1.7	9.00	9.36	28.0	26.7	3	3.6	2.4
10	10.50	10.77	30.00	29.48	2.5	2.7	2.3	11.00	11.43	30.0	28.7	2.5	2.8	2.2	11.00	11.43	34.0	32.4	3	3.6	2.4
12	13.00	13.27	37.00	36.38	3	3.3	2.7	13.50	13.93	37.0	35.4	3	3.6	2.4	13.50	13.93	44.0	42.4	4	4.6	3.4
14*	15.00	15.27	44.00	43.38	3	3.3	2.7	15.50	15.93	44.0	42.4	3	3.6	2.4	15.50	15.93	50.0	48.4	4	4.6	3.4
16	17.00	17.27	50.00	49.38	3	3.3	2.7	17.50	17.93	50.0	48.4	3	3.6	2.4	17.5	18.2	56.0	54.1	5	6	4
18*	19.00	19.33	56.00	55.26	4	4.3	3.7	20.00	20.52	56.0	54.1	4	4.6	3.4	20.00	20.84	60.0	58.1	5	6	4
20	21.00	21.33	60.00	59.26	4	4.3	3.7	22.00	22.52	60.0	58.1	4	4.6	3.4	22.00	22.84	72.0	70.1	6	7	5
22*	23.00	23.52	66.0	64.8	5	5.6	4.4	24.00	24.84	66.0	64.1	5	6	4	24.00	24.84	80.0	78.1	6	7	5
24	25.00	25.52	72.0	70.8	5	5.6	4.4	26.00	26.84	72.0	70.1	5	6	4	26.00	26.84	85.0	82.8	6	7	5
27*	30.00	30.52	85.0	83.6	6	6.6	5.4	30.00	30.84	85.0	82.8	6	7	5	30.00	30.84	98.0	95.8	6	7	5
30	33.00	33.62	92.0	90.6	6	6.6	5.4	33	34	92.0	89.8	6	7	5	33	34	105.0	102.8	6	7	5
33*	36.00	36.62	105.0	103.6	6	6.6	5.4	36	37	105.0	102.8	6	7	5	36	37	115.0	112.8	8	9.2	6.8
36	39.00	39.62	110.0	108.6	8	9	7	39	40	110.0	107.8	8	9.2	6.8	39	40	125.0	122.5	8	9.2	6.8

注1) ねじの呼びに，＊印が付いていないものは第1選択，付いているものは第2選択である．

(2) 製品仕様

● -小形-部品等級A，-並形-部品等級A，-並形面取-部品等級A，-大形-部品等級A

材　料		鋼		ステンレス鋼
材　料	鋼種区分	-		A2 A4 F1 C1 C4（JIS B 1054-1）
機械的性質	硬さ区分	200 HV	300 HV	200 HV
機械的性質	硬さ範囲	200 HV ～ 300 HV	300 HV ～ 370 HV	200 HV ～ 300 HV
公　差	部品等級	A（JIS B 1022）		
	表面仕上げ	生地のままで供給する．		生地のままで供給する．

(3) 呼び方の例

【製品】呼び径 d=8 mm，硬さ区分 200HV の小形系列，部品等級 A の鋼製平座金
→（呼び方）平座金・小形 - JIS B 1256 - ISO 7092 - 8 - 200HV - 部品等級 A

【製品】呼び径 d=8 mm，硬さ区分 200HV の小形系列，部品等級 A の鋼種区分 A2 のステンレス鋼製平座金
→（呼び方）平座金・小形 - JIS B 1256 - ISO 7092 - 8 - 200HV - A2 - 部品等級 A

【製品】呼び径 d=8 mm，硬さ区分 200HV の並形系列，部品等級 A の鋼製平座金
→（呼び方）平座金・並形 - JIS B 1256 - ISO 7089 - 8 - 200HV - 部品等級 A

【製品】呼び径 d=8 mm，硬さ区分 200HV の並形系列，部品等級 A の鋼種区分 A2 のステンレス鋼製平座金
→（呼び方）平座金・並形 - JIS B 1256 - ISO 7089 - 8 - 200HV - A2 - 部品等級 A

【製品】呼び径 d=8 mm，硬さ区分 200HV の並形系列，部品等級 A の鋼製面取り平座金
→（呼び方）平座金・並形面取り - JIS B 1256 - ISO 7090 - 8 - 200HV - 部品等級 A

【製品】呼び径 d=8 mm，硬さ区分 200HV の並形系列，部品等級 A の鋼種区分 A2 のステンレス鋼製面取り平座金
→（呼び方）平座金・並形面取り - JIS B 1256 - ISO 7090 - 8 - 200HV - A2 - 部品等級 A

【製品】呼び径 d=8 mm，硬さ区分 100HV の並形系列，部品等級 C の鋼製平座金
→（呼び方）平座金・並形 - JIS B 1256 - ISO 7091 - 8 - 100HV - 部品等級 C

【製品】呼び径 d=8 mm，硬さ区分 200HV の大形系列，部品等級 A の鋼製平座金
→（呼び方）平座金・大形 - JIS B 1256 - ISO 7093-1 - 8 - 200HV - 部品等級 A

【製品】呼び径 d=8 mm，硬さ区分 200HV の大形系列，部品等級 A の鋼種区分 A2 のステンレス鋼製平座金
→（呼び方）平座金・大形 - JIS B 1256 - ISO 7093-1 - 8 - 200HV - A2 - 部品等級 A

【製品】呼び径 d=8 mm，硬さ区分 100HV の大形系列，部品等級 C の鋼製平座金
→（呼び方）平座金・大形 - JIS B 1256 - ISO 7093-2 - 8 - 100HV - 部品等級 C

【製品】呼び径 d=8 mm，硬さ区分 100HV の特大形系列，部品等級 C の鋼製平座金
→（呼び方）平座金・特大形 - JIS B 1256 - ISO 7094 - 8 - 100HV - 部品等級 C

17. ばね座金 （JIS B 1251：2018）（抜粋）

(1) 製品・種類　ばね座金（略号 SW），皿ばね座金（CW），歯付き座金（TW），波形ばね座金（WW）とする．また，SW の種類は 2 号（一般用）と 3 号（重負荷用（重荷重用））とする．

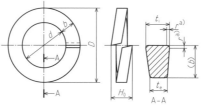

注a)　r は面取り量または丸み量．r ≒ t/4

(2) ばね座金の材料　鋼は JIS G 3506「硬鋼線材」の SWRH57・62・67・72・77（A・B）と JIS G 3521「硬鋼線」の SW（-A・-B・-C），ステンレス鋼は JIS G 4308「ステンレス鋼線材」の SUS304, 305, 316，りん青銅は JIS H 3270「ベリリウム銅，りん青銅及び洋白の棒並びに線」の C5191W とする．

(3) 呼び方の例　規格番号，種類の記号または名称，用途もしくは形状の名称またはそれらの記号，呼び，材料の記号（鋼は S，ステンレス鋼は SUS，りん青銅は PB）および指定事項による．

【製品】一般用，呼び 8，鋼製，指定事項 Ep-Fe/Zn5/CM2 のばね座金
　→（呼び方）JIS B 1251　SW　一般用　8　S　Ep-Fe/Zn5/CM2
【製品】種類 2 号，呼び 12，ステンレス鋼製のばね座金
　→（呼び方）ばね座金 2 号 12SUS

● ばね座金（SW）の寸法

単位　mm

呼び	内径 d 基準寸法	断面寸法（最小）幅 b×厚さ t[a] 2号	3号	外径 D（最大）2号	3号	自由高さ H_0（約 2t）2号	3号	圧縮試験後の自由高さ H_f（最小）2号（鋼製）	3号（鋼製）	試験力（荷重）(kN)
2	2.1	0.9 × 0.5	–	4.4	–	1.0	–	0.85	–	0.42
2.5	2.6	1.0 × 0.6	–	5.2	–	1.2	–	1.00	–	0.69
3	3.1	1.1 × 0.7	–	5.9	–	1.4	–	1.20	–	1.03
(3.5)	3.6	1.2 × 0.8	–	6.6	–	1.6	–	1.35	–	1.37
4	4.1	1.4 × 1.0	–	7.6	–	2.0	–	1.70	–	1.77
(4.5)	4.6	1.5 × 1.2	–	8.3	–	2.4	–	2.00	–	2.26
5	5.1	1.7 × 1.3	–	9.2	–	2.6	–	2.20	–	2.94
6	6.1	2.7 × 1.5	2.7 × 1.9	12.2	12.2	3.0	3.8	2.50	3.2	4.12
(7)	7.1	2.8 × 1.6	2.8 × 2.0	13.4	13.4	3.2	4.0	2.70	3.4	5.88
8	8.2	3.2 × 2.0	3.3 × 2.5	15.4	15.6	4.0	5.0	3.35	4.2	7.45
10	10.2	3.7 × 2.5	3.9 × 3.0	18.4	18.8	5.0	6.0	4.20	5.0	11.8
12	12.2	4.2 × 3.0	4.4 × 3.6	21.5	21.9	6.0	7.2	5.00	6.0	17.7
(14)	14.2	4.7 × 3.5	4.8 × 4.2	24.5	24.7	7.0	8.4	5.85	7.0	23.5
16	16.2	5.2 × 4.0	5.3 × 4.8	28.0	28.2	8.0	9.6	6.70	8.0	32.4
(18)	18.2	5.7 × 4.6	5.9 × 5.4	31.0	31.4	9.2	10.8	7.70	9.0	39.2
20	20.2	6.1 × 5.1	6.4 × 6.0	33.8	34.4	10.2	12.0	8.50	10.0	49.0
(22)	22.5	6.8 × 5.6	7.1 × 6.8	37.7	38.3	11.2	13.6	9.35	11.3	61.8
24	24.5	7.1 × 5.9	7.6 × 7.2	40.3	41.3	11.8	14.4	9.85	12.0	71.6
(27)	27.5	7.9 × 6.8	8.6 × 8.3	45.3	46.7	13.6	16.6	11.3	13.8	93.2
30	30.5	8.7 × 7.5	–	49.9	–	15.0	–	12.5	–	118
(33)	33.5	9.5 × 8.2	–	54.7	–	16.4	–	13.7	–	147
36	36.5	10.2 × 9.0	–	59.1	–	18.0	–	15.0	–	167
(39)	39.5	10.7 × 9.5	–	63.1	–	19.0	–	15.8	–	197

注1)　呼びに，括弧が付いているものは，使用しないのが望ましい．
　a)　$t = (t_e + t_i)/2$　この場合，$t_i - t_e$ は，0.064 b 以下とし，b はこの表で規定する最小値とする．

18. 割りピン （JIS B 1351：1987（2018 確認））（抜粋）

(1) 材料

区 分	材 料
鋼ピン	JIS G 3505 の SWRM6 ～ 17，JIS G 3539 の SWCH6R ～ 17R
黄銅ピン	JIS H 3260 の C 2600W，C 2700W
ステンレスピン	JIS G 4315

(2) 呼び方の例　規格番号または規格名称，種類，呼び径×長さ（l）および材料による．ただし，特に指定事項のあるときは，その後に付け加える．

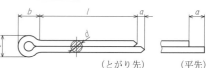

（とがり先）　　　　（平先）

【製品】呼び径 2，長さ 20，SWRM10 製の割りピン　→（呼び方）JIS B 1351　2 × 20　SWRM10
【製品】呼び径 2，長さ 20，黄銅製，とがり先の割りピン　→（呼び方）割りピン　2 × 20　黄銅　とがり先

(3) 形状・寸法

単位　mm

呼び径	0.6	0.8	1	1.2	1.6	2	2.5	3.2	4	5	6.3	8	10	13	16	20
d	0.5	0.7	0.9	1	1.4	1.8	2.3	2.9	3.7	4.6	5.9	7.5	9.5	12.4	15.4	19.3
c	1	1.4	1.8	2	2.8	3.6	4.6	5.8	7.4	9.2	11.8	15	19	24.8	30.8	38.6
b 約	2	2.4	3	3	3.2	4	5	6.4	8	10	12.6	16	20	26	32	40
a 約	1.6	1.6	1.6	2.5	2.5	2.5	2.5	3.2	4	4	4	4	6.3	6.3	6.3	6.3
ピン穴径（参考）	0.6	0.8	1	1.2	1.6	2	2.5	3.2	4	5	6.3	8	10	13	16	20
l	4 ～ 12	5 ～ 16	6 ～ 20	8 ～ 25	8 ～ 32	10 ～ 40	12 ～ 50	14 ～ 63	18 ～ 80	22 ～ 100	32 ～ 125	40 ～ 160	45 ～ 200	71 ～ 250	112 ～ 280	160 ～ 280

注1)　長さ l は次の数値からとるものとする．
　4, 5, 6, 8, 10, 12, 14, 16, 18, 20, 22, 25, 28, 32, 36, 40, 45, 50, 56, 63, 71, 80, 90, 100, 112, 125, 140, 160, 180, 200, 224, 250, 280

19. 平行ピン （JIS B 1354：2012（2022 確認））（抜粋）

(1) 形状・寸法

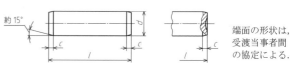

端面の形状は，受渡当事者間の協定による．

単位　mm

呼び径 d[a]	0.6	0.8	1	1.2	1.5	2	2.5	3	4	5
c（約）	0.12	0.16	0.2	0.25	0.3	0.35	0.4	0.5	0.63	0.8
呼び長さ l（推奨する範囲）[b,c]	2 ～ 6	2 ～ 8	4 ～ 10	4 ～ 12	4 ～ 16	6 ～ 20	6 ～ 24	8 ～ 30	8 ～ 40	10 ～ 50

呼び径 d[a]	6	8	10	12	16	20	25	30	40	50
c（約）	1.2	1.6	2	2.5	3	3.5	4	5	6.3	8
呼び長さ l（推奨する範囲）[b,c]	12 ～ 60	14 ～ 80	18 ～ 95	22 ～ 140	26 ～ 180	35 ～ 200	50 ～ 200	60 ～ 200	80 ～ 200	95 ～ 200

注a)　公差域クラス m6 および h8 は，JIS B 0401-2 による．
　b)　l は次の数値からとるものとする：2, 3, 4, 5, 6, 8, 10, 12, 14, 16, 18, 20, 22, 24, 26, 28, 30, 32, 35, 40, 45, 50, 55, 60, 65, 70, 75, 80, 85, 90, 95, 100, 120, 140, 160, 180, 200.
　c)　200 mm を超える呼び長さは 20 mm とびとする．

(2) 製品仕様

材　料	鋼（St）		オーステナイト系ステンレス鋼（A1）
	硬化処理を施さないピン 硬さ 125HV30 ～ 245HV30	焼入焼戻しを施すピン JIS G 4051 の S43C ～ S50C 硬さ 255HV30 ～ 327HV30	JIS B 1054-1 の A1 硬さ 210HV30 ～ 280HV30
表面粗さ	公差域クラス m6 のピン：Ra ≦ 0.8 µm 公差域クラス h8 のピン：Ra ≦ 1.6 µm		

(3) 呼び方の例

【製品】呼び径 6，公差域クラス m6，呼び長さ 30 の硬化処理を施さない鋼製の平行ピン
→（呼び方）平行ピン　JIS B 1354 - ISO 2338 - 6 m6 × 30 - St

【製品】呼び径 6，公差域クラス m6，呼び長さ 30 の焼入れ焼戻しを施した S45C 鋼製の平行ピン
→（呼び方）平行ピン　JIS B 1354 - 6 m6 × 30 - St - S45C - Q

【製品】呼び径 6，公差域クラス m6，呼び長さ 30 の硬化処理を施さない鋼種区分 A1 オーステナイト系ステンレス鋼製の平行ピン
→（呼び方）平行ピン　JIS B 1354 - ISO 2338 - 6 m6 × 30 - A1

20. ローレット目 （JIS B 0951：1962（2019 確認））（抜粋）

(1) 種　類　平目，アヤ目とする.

(2) 形状・寸法　ローレットの形状は，加工物の直径が無限大となったと仮定した場合の溝直角断面について規定する.

(3) 呼び方の例　種類およびモジュールによる.

【製品】モジュール 0.5，平目のローレット目
→（呼び方）JIS B 0951　平目 m 0.3

【製品】モジュール 0.5，アヤ目のローレット目
→（呼び方）JIS B 0951　アヤ目 m 0.5

● 平目　　● アヤ目

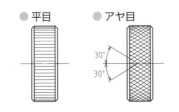

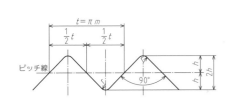

単位　mm

モジュール m	ピッチ t	r	h
0.2	0.628	0.06	0.132
0.3	0.942	0.09	0.198
0.5	1.571	0.16	0.326

21. キー及びキー溝 （JIS B 1301：2009（2018 確認））（抜粋）

(1) 種　類　右表のとおり.

(2) 材　料　キーの引張強さは 600 N/mm² 以上とする. JIS G 4051 の S 45C，S 55C.

形　状		記号
平行キー	ねじ用穴なし	P
	ねじ用穴付き	PS
こう配キー	頭なし	T
	頭付き	TG
半月キー	丸　底	WA
	平　底	WB

(3) 形状・寸法　p.144，145 の形状・寸法の表による. ただし，平行キーの端部の形状は下図に示す. なお，指定がない場合には，両角形とする.

● 両丸形（記号 A）　　● 両角形（記号 B）　　● 片丸形（記号 C）

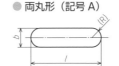 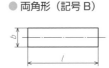 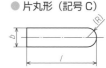

注 1）丸形の端部は，受渡当事者間の協定によって大きい面取りとしてもよい.
　　2）平行キー，こう配キーの長さ l は，次の数値からとるものとする. l の寸法許容差は，h12 とする.
　　　6，8，10，12，14，16，18，20，22，25，28，32，36，40，45，50，56，63，70，80，90，100，110，125，
　　　140，160，180，200，220，250，280，320，360，400
　　3）45° 面取り（c）の代わりに丸み（r）でもよい.

(4) キーと軸・ハブとの関係　キーは，軸およびハブのキー溝の寸法許容差の選択により，3 種類の結合に用いる.

キーによる軸・ハブの結合

形　式	説　明	適用するキー
滑動形	軸とハブとが相対的に軸方向に滑動できる結合	平行キー
普通形	軸に固定されたキーにハブをはめ込む結合 a)	平行キー，半月キー
締込み形	軸に固定されたキーにハブを締め込む結合 a)，または組み付けられた軸とハブとの間にキーを打ち込む結合	平行キー，こう配キー，半月キー

注 a）選択はめあいが必要である.

(5) 呼び方の例　規格番号，種類（またはその記号），呼び寸法×長さによる. ただし，ねじ用穴なし平行キーおよび頭なしこう配キーの種類は，単に"平行キー"，"こう配キー"と記してもよい. なお，平行キーの端部の形状を示す必要がある場合には，種類の後にその形状（または短線をはさんでその記号）を記す.

【製品】両丸形，呼び寸法 25 × 14，長さ 90 のねじ用穴なし平行キー
→（呼び方）JIS B 1301　ねじ用穴なし平行キー　両丸形　25 × 14 × 90
　　　　　または　JIS B 1301　P-A　25 × 14 × 90

【製品】呼び寸法 20 × 12，長さ 70 の頭付きこう配キー
→（呼び方）JIS B 1301　頭付きこう配キー　20 × 12 × 70　または　JIS B 1301　TG　20 × 12 × 70

1 機械製図法　2 図面　3 部品・材料資料　21 キー及びキー溝

● 形状・寸法（平行キーおよびキー溝）　　　　　　　　　　　　　　　　　　　　　　　　単位　mm

キーの呼び寸法 b×h	キー本体 b 基準寸法	キー本体 b 許容差(h9)	キー本体 h 基準寸法	キー本体 h 許容差（上段 h9／下段 h11）	c	l	ねじ用穴 ねじの呼び d1	d2	d3	g	b1・b2 の基準寸法	キー溝 滑動形 b1 許容差(H9)	キー溝 滑動形 b2 許容差(D10)	キー溝 普通形 b1 許容差(N9)	キー溝 普通形 b2 許容差(Js9)	キー溝 締込み形 b1およびb2 許容差(P9)	r1 および r2	t1 の基準寸法	t2 の基準寸法	t1・t2 の許容差	参考 適応する軸径 d
2×2	2	0 / −0.025	2	0 / −0.025	0.16～0.25	6～20	–	–	–	–	2	+0.025 / 0	+0.060 / +0.020	−0.004 / −0.029	±0.0125	−0.006 / −0.031	0.08～0.16	1.2	1.0	+0.1 / 0	6～8
3×3	3	0 / −0.025	3	0 / −0.025	0.16～0.25	6～36	–	–	–	–	3	+0.025 / 0	+0.060 / +0.020	−0.004 / −0.029	±0.0125	−0.006 / −0.031	0.08～0.16	1.8	1.4	+0.1 / 0	8～10
4×4	4	0 / −0.030	4	0 / −0.030	0.16～0.25	8～45	–	–	–	–	4	+0.030 / 0	+0.078 / +0.030	0 / −0.030	±0.0150	−0.012 / −0.042	0.08～0.16	2.5	1.8	+0.1 / 0	10～12
5×5	5	0 / −0.030	5	0 / −0.030	0.16～0.25	10～56	–	–	–	–	5	+0.030 / 0	+0.078 / +0.030	0 / −0.030	±0.0150	−0.012 / −0.042	0.08～0.16	3.0	2.3	+0.1 / 0	12～17
6×6	6	0 / −0.030	6	0 / −0.030	0.25～0.40	14～70	–	–	–	–	6	+0.030 / 0	+0.078 / +0.030	0 / −0.030	±0.0150	−0.012 / −0.042	0.16～0.25	3.5	2.8	+0.1 / 0	17～22
(7×7)	7	0 / −0.036	7	0 / −0.036	0.25～0.40	16～80	–	–	–	–	7	+0.036 / 0	+0.098 / +0.040	0 / −0.036	±0.0180	−0.015 / −0.051	0.16～0.25	4.0	3.3	+0.2 / 0	20～25
8×7	8	0 / −0.036	7	0 / −0.036	0.25～0.40	18～90	M3	6.0	3.4	2.3	8	+0.036 / 0	+0.098 / +0.040	0 / −0.036	±0.0180	−0.015 / −0.051	0.16～0.25	4.0	3.3	+0.2 / 0	22～30
10×8	10	0 / −0.043	8	0 / −0.090	0.25～0.40	22～110	M3	6.0	3.4	2.3	10	+0.043 / 0	+0.120 / +0.050	0 / −0.043	±0.0215	−0.018 / −0.061	0.16～0.25	5.0	3.3	+0.2 / 0	30～38
12×8	12	0 / −0.043	8	0 / −0.090	0.25～0.40	28～140	M4	8.0	4.5	3.0	12	+0.043 / 0	+0.120 / +0.050	0 / −0.043	±0.0215	−0.018 / −0.061	0.25～0.40	5.0	3.3	+0.2 / 0	38～44
14×9	14	0 / −0.043	9	0 / −0.090	0.40～0.60	36～160	M5	10.0	5.5	3.7	14	+0.043 / 0	+0.120 / +0.050	0 / −0.043	±0.0215	−0.018 / −0.061	0.25～0.40	5.5	3.8	+0.2 / 0	44～50
(15×10)	15	0 / −0.043	10	0 / −0.090	0.40～0.60	40～180	M5	10.0	5.5	3.7	15	+0.043 / 0	+0.120 / +0.050	0 / −0.043	±0.0215	−0.018 / −0.061	0.25～0.40	5.0	5.3	+0.2 / 0	50～55
16×10	16	0 / −0.043	10	0 / −0.090	0.40～0.60	45～180	M5	10.0	5.5	3.7	16	+0.043 / 0	+0.120 / +0.050	0 / −0.043	±0.0215	−0.018 / −0.061	0.25～0.40	6.0	4.3	+0.2 / 0	50～58
18×11	18	0 / −0.043	11	0 / −0.090	0.40～0.60	50～200	M6	11.5	6.6	4.3	18	+0.043 / 0	+0.120 / +0.050	0 / −0.043	±0.0215	−0.018 / −0.061	0.25～0.40	7.0	4.4	+0.2 / 0	58～65
20×12	20	0 / −0.052	12	0 / −0.110	0.40～0.60	56～220	M6	11.5	6.6	4.3	20	+0.052 / 0	+0.149 / +0.065	0 / −0.052	±0.0260	−0.022 / −0.074	0.40～0.60	7.5	4.9	+0.2 / 0	65～75
22×14	22	0 / −0.052	14	0 / −0.110	0.60～0.80	63～250	M6	11.5	6.6	4.3	22	+0.052 / 0	+0.149 / +0.065	0 / −0.052	±0.0260	−0.022 / −0.074	0.40～0.60	9.0	5.4	+0.2 / 0	75～85
(24×16)	24	0 / −0.052	16	0 / −0.110	0.60～0.80	70～280	M8	15.0	9.0	5.7	24	+0.052 / 0	+0.149 / +0.065	0 / −0.052	±0.0260	−0.022 / −0.074	0.40～0.60	8.0	8.4	+0.2 / 0	80～90
25×14	25	0 / −0.052	14	0 / −0.110	0.60～0.80	70～280	M8	15.0	9.0	5.7	25	+0.052 / 0	+0.149 / +0.065	0 / −0.052	±0.0260	−0.022 / −0.074	0.40～0.60	9.0	5.4	+0.2 / 0	85～95
28×16	28	0 / −0.052	16	0 / −0.110	0.60～0.80	80～320	M10	17.5	11.0	10.8	28	+0.052 / 0	+0.149 / +0.065	0 / −0.052	±0.0260	−0.022 / −0.074	0.40～0.60	10.0	6.4	+0.2 / 0	95～110
32×18	32	0 / −0.062	18	0 / −0.130	0.60～0.80	90～360	M10	17.5	11.0	10.8	32	+0.062 / 0	+0.180 / +0.080	0 / −0.062	±0.0310	−0.026 / −0.088	0.40～0.60	11.0	7.4	+0.2 / 0	110～130
(35×22)	35	0 / −0.062	22	0 / −0.130	1.00～1.20	100～400	M10	17.5	11.0	10.8	35	+0.062 / 0	+0.180 / +0.080	0 / −0.062	±0.0310	−0.026 / −0.088	0.70～1.00	11.0	11.4	+0.2 / 0	125～140
36×20	36	0 / −0.062	20	0 / −0.130	1.00～1.20	–	M10	17.5	11.0	10.8	36	+0.062 / 0	+0.180 / +0.080	0 / −0.062	±0.0310	−0.026 / −0.088	0.70～1.00	12.0	8.4	+0.2 / 0	130～150
(38×24)	38	0 / −0.062	24	0 / −0.130	1.00～1.20	–	M12	20.0	14.0	13.0	38	+0.062 / 0	+0.180 / +0.080	0 / −0.062	±0.0310	−0.026 / −0.088	0.70～1.00	12.0	12.4	+0.2 / 0	140～160
40×22	40	0 / −0.062	22	0 / −0.130	1.00～1.20	–	M10	17.5	11.0	10.8	40	+0.062 / 0	+0.180 / +0.080	0 / −0.062	±0.0310	−0.026 / −0.088	0.70～1.00	13.0	9.4	+0.2 / 0	150～170
(42×26)	42	0 / −0.062	26	0 / −0.130	1.00～1.20	–	M12	20.0	14.0	13.0	42	+0.062 / 0	+0.180 / +0.080	0 / −0.062	±0.0310	−0.026 / −0.088	0.70～1.00	13.0	13.4	+0.2 / 0	160～180
45×25	45	0 / −0.062	25	0 / −0.130	1.00～1.20	–	M12	20.0	14.0	13.0	45	+0.062 / 0	+0.180 / +0.080	0 / −0.062	±0.0310	−0.026 / −0.088	0.70～1.00	15.0	10.4	+0.2 / 0	170～200
50×28	50	0 / −0.062	28	0 / −0.130	1.00～1.20	–	M12	20.0	14.0	13.0	50	+0.062 / 0	+0.180 / +0.080	0 / −0.062	±0.0310	−0.026 / −0.088	0.70～1.00	17.0	11.4	+0.3 / 0	200～230
56×32	56	0 / −0.074	32	0 / −0.160	1.60～2.00	–	M12	20.0	14.0	13.0	56	+0.074 / 0	+0.220 / +0.100	0 / −0.074	±0.0370	−0.032 / −0.106	1.20～1.60	20.0	12.4	+0.3 / 0	230～260
63×32	63	0 / −0.074	32	0 / −0.160	1.60～2.00	–	M12	20.0	14.0	13.0	63	+0.074 / 0	+0.220 / +0.100	0 / −0.074	±0.0370	−0.032 / −0.106	1.20～1.60	20.0	12.4	+0.3 / 0	260～290
70×36	70	0 / −0.074	36	0 / −0.160	1.60～2.00	–	M16	26.0	18.0	17.5	70	+0.074 / 0	+0.220 / +0.100	0 / −0.074	±0.0370	−0.032 / −0.106	1.20～1.60	22.0	14.4	+0.3 / 0	290～330
80×40	80	0 / −0.074	40	0 / −0.160	1.60～2.00	–	M16	26.0	18.0	17.5	80	+0.074 / 0	+0.220 / +0.100	0 / −0.074	±0.0370	−0.032 / −0.106	1.20～1.60	25.0	15.4	+0.3 / 0	330～380
90×45	90	0 / −0.087	45	0 / −0.160	2.50～3.00	–	M20	32.0	22.0	21.5	90	+0.087 / 0	+0.260 / +0.120	0 / −0.087	±0.0435	−0.037 / −0.124	2.00～2.50	28.0	17.4	+0.3 / 0	380～440
100×50	100	0 / −0.087	50	0 / −0.160	2.50～3.00	–	M20	32.0	22.0	21.5	100	+0.087 / 0	+0.260 / +0.120	0 / −0.087	±0.0435	−0.037 / −0.124	2.00～2.50	31.0	19.5	+0.3 / 0	440～500

注1）キーの呼び寸法に，括弧が付いているものは新設計には用いない.

● 形状・寸法（こう配キーおよびキー溝）　　　　　　　　　　　　　　　　　　　　　　単位　mm

キーの呼び寸法 b×h	b 基準寸法	b 許容差(h9)	h 基準寸法	h 許容差	h1	C	l	b1・b2 基準寸法	b1・b2 許容差(D10)	r1・r2	t1 基準寸法	t2 基準寸法	t1・t2 許容差	適応する軸径 d
2×2	2	0 / −0.025	2	0 / −0.025 (h9)	–	0.16~0.25	6~30	2	+0.060 / +0.020	0.08~0.16	1.2	0.5	+0.05 / 0	6~8
3×3	3	0 / −0.025	3	0 / −0.025 (h9)	–	0.16~0.25	6~36	3	+0.060 / +0.020	0.08~0.16	1.8	0.9	+0.05 / 0	8~10
4×4	4	0 / −0.030	4	0 / −0.030 (h9)	7	0.25~0.40	8~45	4	+0.078 / +0.030	0.08~0.16	2.5	1.2	+0.1 / 0	10~12
5×5	5	0 / −0.030	5	0 / −0.030 (h9)	8	0.25~0.40	10~56	5	+0.078 / +0.030	0.08~0.16	3.0	1.7	+0.1 / 0	12~17
6×6	6	0 / −0.030	6	0 / −0.030 (h9)	10	0.25~0.40	14~70	6	+0.078 / +0.030	0.08~0.16	3.5	2.2	+0.1 / 0	17~22
(7×7)	7	0 / −0.036	7.2	0 / −0.036 (h9)	10	0.25~0.40	16~80	7	+0.098 / +0.040	0.16~0.25	4.0	3.0	+0.1 / 0	20~25
8×7	8	0 / −0.036	7	0 / −0.036 (h9)	11	0.40~0.60	18~90	8	+0.098 / +0.040	0.16~0.25	4.0	2.4	+0.1 / 0	22~30
10×8	10	0 / −0.043	8	0 / −0.090 (h11)	12	0.40~0.60	22~110	10	+0.120 / +0.050	0.16~0.25	5.0	2.4	+0.2 / 0	30~38
12×8	12	0 / −0.043	8	0 / −0.090 (h11)	12	0.40~0.60	28~140	12	+0.120 / +0.050	0.16~0.25	5.0	2.4	+0.2 / 0	38~44
14×9	14	0 / −0.043	9	0 / −0.090 (h11)	14	0.40~0.60	36~160	14	+0.120 / +0.050	0.16~0.25	5.5	2.9	+0.2 / 0	44~50
(15×10)	15	0 / −0.043	10.2	0 / −0.070 (h10)	15	0.60~0.80	40~180	15	+0.120 / +0.050	0.25~0.40	5.0	5.0	+0.1 / 0	50~55
16×10	16	0 / −0.043	10	0 / −0.090 (h11)	16	0.60~0.80	45~180	16	+0.120 / +0.050	0.25~0.40	6.0	3.4	+0.1 / 0	50~58
18×11	18	0 / −0.043	11	0 / −0.110 (h11)	18	0.60~0.80	50~200	18	+0.120 / +0.050	0.25~0.40	7.0	3.4	+0.2 / 0	58~65
20×12	20	0 / −0.052	12	0 / −0.110 (h11)	20	0.60~0.80	56~220	20	+0.149 / +0.065	0.25~0.40	7.5	3.9	+0.2 / 0	65~75
22×14	22	0 / −0.052	14	0 / −0.110 (h11)	22	0.60~0.80	63~250	22	+0.149 / +0.065	0.25~0.40	9.0	4.4	+0.2 / 0	75~85
(24×16)	24	0 / −0.052	16.2	0 / −0.070 (h10)	24	0.60~0.80	70~280	24	+0.149 / +0.065	0.40~0.60	8.0	8.0	+0.1 / 0	80~90
25×14	25	0 / −0.052	14	0 / −0.110 (h11)	22	0.60~0.80	70~280	25	+0.149 / +0.065	0.40~0.60	9.0	4.4	+0.1 / 0	85~95
28×16	28	0 / −0.052	16	0 / −0.110 (h11)	25	1.00~1.20	80~320	28	+0.149 / +0.065	0.40~0.60	10.0	5.4	+0.2 / 0	95~110
32×18	32	0 / −0.062	18	0 / −0.110 (h11)	28	1.00~1.20	90~360	32	+0.180 / +0.080	0.40~0.60	11.0	6.4	+0.2 / 0	110~130
(35×22)	35	0 / −0.062	22.3	0 / −0.084 (h10)	32	1.00~1.20	100~400	35	+0.180 / +0.080	0.70~1.00	11.0	11.0	+0.15 / 0	125~140
36×20	36	0 / −0.062	20	0 / −0.130 (h11)	32	1.00~1.20	–	36	+0.180 / +0.080	0.70~1.00	12.0	7.1	+0.3 / 0	130~150
(38×24)	38	0 / −0.062	24.3	0 / −0.084 (h10)	36	1.00~1.20	–	38	+0.180 / +0.080	0.70~1.00	12.0	12.0	+0.15 / 0	140~160
40×22	40	0 / −0.062	22	0 / −0.130 (h11)	36	1.00~1.20	–	40	+0.180 / +0.080	0.70~1.00	13.0	8.1	+0.3 / 0	150~170
(42×26)	42	0 / −0.062	26.3	0 / −0.084 (h10)	40	1.00~1.20	–	42	+0.180 / +0.080	0.70~1.00	13.0	13.0	+0.15 / 0	160~180
45×25	45	0 / −0.062	25	0 / −0.130 (h11)	40	1.00~1.20	–	45	+0.180 / +0.080	0.70~1.00	15.0	9.1	+0.3 / 0	170~200
50×28	50	0 / −0.062	28	0 / −0.130 (h11)	45	1.00~1.20	–	50	+0.180 / +0.080	0.70~1.00	17.0	10.1	+0.3 / 0	200~230
56×32	56	0 / −0.074	32	0 / −0.160 (h11)	50	1.60~2.00	–	56	+0.220 / +0.100	1.20~1.60	20.0	11.1	+0.3 / 0	230~260
63×32	63	0 / −0.074	32	0 / −0.160 (h11)	50	1.60~2.00	–	63	+0.220 / +0.100	1.20~1.60	20.0	11.1	+0.3 / 0	260~290
70×36	70	0 / −0.074	36	0 / −0.160 (h11)	56	1.60~2.00	–	70	+0.220 / +0.100	1.20~1.60	22.0	13.1	+0.3 / 0	290~330
80×40	80	0 / −0.074	40	0 / −0.160 (h11)	63	2.50~3.00	–	80	+0.260 / +0.120	2.00~2.50	25.0	14.1	+0.3 / 0	330~380
90×45	90	0 / −0.087	45	0 / −0.160 (h11)	70	2.50~3.00	–	90	+0.260 / +0.120	2.00~2.50	28.0	16.1	+0.3 / 0	380~440
100×50	100	0 / −0.087	50	0 / −0.160 (h11)	–	2.50~3.00	–	100	+0.260 / +0.120	2.00~2.50	31.0	18.1	+0.3 / 0	440~500

注1）キーの呼び寸法に，括弧が付いているものは新設計には用いない．
　　2）ハブの溝には，1/100 のこう配を付ける．

● 平行キー

$S_1 = b$ の公差 $\times \dfrac{1}{2}$

$S_2 = h$ の公差 $\times \dfrac{1}{2}$

● ねじ用穴（穴A：固定ねじ用穴　穴B：抜きねじ用穴）

$l \leqq 4b$　　$4b < l \leqq 8b$　　$8b < l$

穴A　穴B　A–A（拡大図）　$f = l - 2b$

● 頭なしこう配キー（記号T）

こう配 $\dfrac{1}{100} \pm \dfrac{1}{1000}$

$S_1 = b$ の公差 $\times \dfrac{1}{2}$

$S_2 = h$ の公差 $\times \dfrac{1}{2}$

● 頭付きこう配キー（記号TG）

こう配 $\dfrac{1}{100} \pm \dfrac{1}{1000}$

A–A（拡大図）

$h_2 = h,\ f = h,\ e \fallingdotseq b$

● 平行キー用のキー溝

キー溝の断面

● こう配キー用のキー溝

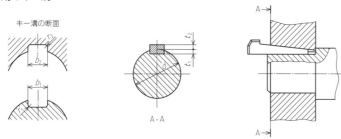

22. Ｖブロック（JIS B 7540：1972（2020 確認））（抜粋）

(1) 種　類　鋼製および鋳鉄製による.

(2) 材　料　鋼製は JIS G 4401 の SK3, 鋳鉄製は JIS G 5501 の FC20 で, いずれもこれと同等以上の品質のものを用いる.

(3) 等　級　精度により 1 級および 2 級とする.

(4) 仕上げ　Ｖ面の表面粗さは 1.6S, 底面の表面粗さは 3.2S とする.

(5) 呼び方の例　規格番号または規格名称, 種類, 呼び, 等級による.

【製品】鋳鉄製, 呼び 150, 等級 2 級のＶブロック
→（呼び方）JIS B 7540　鋳鉄製　150　2 級

(6) 形状・寸法および精度

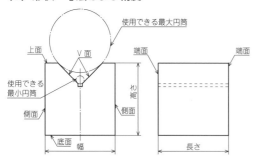

● 形状・寸法　　　　　　単位　mm

呼び	使用できる円筒		幅	高さ	長さ
	最大径	最小径			
38	38	5	38	38	50
50	50	5	50	50	50
75	75	5	75	75	50
100	100	8	100	100	65
150	150	8	150	150	65

注1) 必要によって, クランプ用の溝またはねじ穴を設けることができる.
　2) 呼び 100 以上のものは端面および底面に逃げを設けることができる.

● 精　度　　　　　　単位　μm

番号	項　目		許容値		番号	項　目		許容値	
			1 級	2 級				1 級	2 級
1	底面の平面度 a)	呼び 100 未満	10	20	4	Ｖ溝の底面に対する倒れ	呼び 100 未満	10	20
		呼び 100 以上	15	30			呼び 100 以上	15	30
2	Ｖ面の平面度	呼び 100 未満	10	20	5	側面とＶ面上の円筒との平行度	呼び 100 未満	20	40
		呼び 100 以上	15	30			呼び 100 以上	30	60
3	底面とＶ面上の円筒との平行度	呼び 100 未満	10	20	6	一対のＶブロックにおけるＶ面の高さの相互差	呼び 100 未満	10	20
		呼び 100 以上	15	30			呼び 100 以上	15	30

注a) 中高を許さない.

23. 両口板はさみゲージ（限界プレーンゲージ JIS B 7420：1997（2021 確認））（抜粋）

(1) 材　料　JIS G 4401 の SK 4 または機械的性質がこれと同等以上のものとする.

(2) 表面粗さ　ゲージ面の表面粗さは, ゲージ公差の 10% を超えないものとし, 最大で 0.2 μmR_a とする.

(3) 呼び方の例　規格番号または規格名称, 限界ゲージの種類, 呼び寸法, 公差域の位置・等級を表す数値および通り側, 止り側の別とする.

【製品】両口板はさみゲージ, 公差域の位置・等級 20h7 の限界プレーンゲージ
→（呼び方）限界プレーンゲージ　両口はさみゲージ　20h7

(4) 形状・寸法

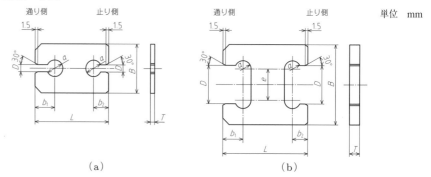

（a）　　　　　　　　　　　（b）

単位　mm

呼び寸法 D		B	L	T	b_1	b_2	a	e	図番号
を超え	以下								
1 以上	3	25	50	3	11	8	8		(a)
3	6	30	50		14	10	11		
6	10	36	60		16	12	12	─	
10	14	50	70	4	18	14	18		
14	18	60	80		21	17	13	14	
18	24	65	80				14	15	
24	30	75	90		23	18	18	19	(b)
30	40	90	110	5	28	20	23	24	
40	50	110	120		32	22	30	31	

注1) 図は通り側および止り側が一体となっているが, どちらか一方でもかまわない.

24. スパナ （JIS B 4630：1998（2018 確認））（抜粋）

(1) **種類・等級**　右表による．

(2) **呼び方の例**　規格番号または規格名称，種類，等級および呼びによる．

【製品】丸形両口，強力級，呼び 8 × 10 のスパナ
→（呼び方）JIS B 4630　丸形両口　スパナ　強力級　8 × 10

種類		等級	等級を表す記号
頭部の形状	口の数の種類		
丸形	片口	普通級	N
		強力級	H
	両口	普通級	N
		強力級	H
やり形	片口	－	S
	両口		

(3) **形状・寸法**　丸形両口スパナのみ示す．

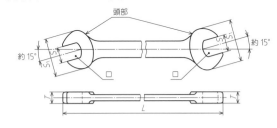

単位　mm

呼び	二面幅 S				外幅 S₁		厚さ T	全長 L	
	小さいほう		大きいほう		小さいほう	大きいほう			
	基準寸法	許容差	基準寸法	許容差	最大	最大	最大	基準寸法	許容差
5.5 × 7	5.5	+0.12 +0.02	7	+0.15 +0.03	17	20	4	100	
6 × 7	6		7		18	20	4	100	
7 × 8	7	+0.15 +0.03	8		20	22	4.5	105	
8 × 10	8		10	+0.19 +0.04	22	26	5	120	
10 × 13	10	+0.19 +0.04	13	+0.24 +0.04	26	33	6.5	135	
13 × 16	13	+0.24 +0.04	16	+0.27 +0.05	33	39	8	160	
16 × 18	16	+0.27 +0.05	18	+0.30 +0.05	39	43	8.5	170	±6%
18 × 21	18	+0.30 +0.05	21	+0.36 +0.06	43	50	10	200	
21 × 24	21	+0.36 +0.06	24		50	56	11	220	
24 × 27	24		27	+0.48 +0.08	56	62	12	245	
27 × 30	27	+0.48 +0.08	30		62	68	13	270	
30 × 32	30		32		68	73	14	285	
32 × 36	32		36		73	81	15	320	
36 × 41	36		41	+0.60 +0.10	81	91	17	360	
41 × 46	41	+0.60 +0.10	46		91	102	19	400	
46 × 50	46		50		102	110	20	430	

25. 一般用 V プーリ （JIS B 1854：1987（2021 確認）） および一般用 V ベルト

（JIS K 6323：2008（2022 確認））（抜粋）

(1) **V プーリの種類**　対応する V ベルトの種類および溝の数により，下表のとおりとする．

	溝の数	1	2	3	4	5	6
V ベルトの種類							
A		A1	A2	A3			
B		B1	B2	B3	B4	B5	
C				C3	C4	C5	C6

ただし，V ベルトに定めた M 形，D 形のベルトを用いるものについては，溝部の形状と寸法だけを規定する．

(2) **V プーリの材料**　JIS G 5501 の 3 種（FC200），またはこれと同等以上のもの．

(3) **V プーリの呼び方の例**　規格番号または規格名称，呼び径，種類およびボスの位置の区別（1 形～ 5 形）による．なお，軸穴加工を指定する場合は，穴の基準寸法，種類および等級を示す．

【製品】呼び径 250，種類 A1，2 形の一般用 V プーリ
→（呼び方）JIS B 1854　250A1 - 2 形
【製品】呼び径 250，種類 B3，2 形，軸穴加工の基準寸法 40，等級 H8 の一般用 V プーリ
→（呼び方）一般用 V プーリ　250B3 - 2 形 - 40H8

(4) **V ベルトおよび V プーリ溝部の形状・寸法**

● V ベルト 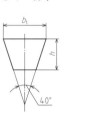　　　● V プーリ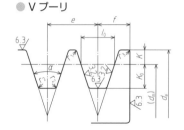

単位　mm

V ベルト			V プーリ溝部									
種類	b_t	h	呼び径 d_m	α（°）	l_0	k	k_0	e	f	r_1	r_2	r_3
M	10.0	5.5	50 ～ 71 / 71 ～ 90 / 90 ～	34 / 36 / 38	8.0	2.7	6.3	—[1]	9.5		0.5 ～ 1.0	1 ～ 2
A	12.5	9.0	71 ～ 100 / 100 ～ 125 / 125 ～	34 / 36 / 38	9.2	4.5	8.0	15.0	10.0	0.2 ～ 0.5	0.5 ～ 1.0	1 ～ 2
B	16.5	11.0	125 ～ 160 / 160 ～ 200 / 200 ～	34 / 36 / 38	12.5	5.5	9.5	19.0	12.5		0.5 ～ 1.0	1 ～ 2
C	22.0	14.0	200 ～ 250 / 250 ～ 315 / 315 ～	34 / 36 / 38	16.9	7.0	12.0	25.5	17.0		1.0 ～ 1.6	2 ～ 3
D	31.5	19.0	355 ～ 450 / 450 ～	36 / 38	24.6	9.5	15.5	37.0	24.0		1.6 ～ 2.0	3 ～ 4

注 1） M 形は，原則として 1 本掛けとする．

● Vプーリ3形　（平板形）／（アーム形）

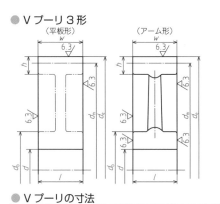

● Vプーリ4形　（平板形）／（アーム形）

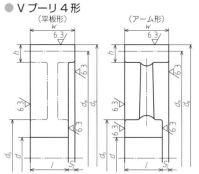

● Vプーリ5形　（平板形）／（アーム形）

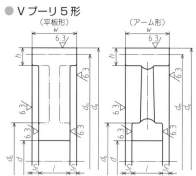

● Vプーリの寸法　　　　　　　　　　　　　　　　　　　　単位　mm

種類	呼び径	d (最大)	d_e	d_b (最小)	w	l	1形 s_1	2形 s_1	s_2	3形 s_1,s_2	4形 s_1,s_2	5形 s_2	h (最小)	(参考) 適用する軸径
B3	500	43.0	511	112	63	71	8	—	—	—	—	—	21.0	45〜63
	560	43.0	571	112	63	71	8	—	—	—	—	—	21.0	45〜63
	630	43.0	641	112	63	71	8	—	—	—	—	—	21.0	45〜63
	710	43.0	721	112	63	71	8	—	—	—	—	—	21.0	45〜63
	800	48.0	811	125	63	80	17	—	—	—	—	—	21.0	50〜71
	900	48.0	911	125	63	80	17	—	—	—	—	—	21.0	50〜71
B4	125	20.4	136	71	82	50	—	—	—	—	32	—	20.5	22〜40
	132	20.4	143	71	82	50	—	—	—	—	32	—	20.5	22〜40
	140	26.0	151	80	82	56	—	—	—	—	26	13.0	20.5	28〜45
	150	26.0	161	80	82	56	—	—	—	—	26	13.0	20.5	28〜45
	160	26.0	171	80	82	56	—	—	—	—	26	13.0	20.5	28〜45
	170	29.5	181	90	82	63	—	—	—	—	—	9.5	20.5	32〜50
	180	29.5	191	90	82	63	—	—	—	—	—	9.5	20.5	32〜50
	200	29.5	211	90	82	63	—	—	—	—	—	9.5	20.5	32〜50
	224	33.5	235	100	82	71	—	—	—	—	—	5.5	21.0	35〜56
	250	33.5	261	100	82	71	—	—	—	—	—	5.5	21.0	35〜56
	280	33.5	291	100	82	71	—	—	—	—	—	5.5	21.0	35〜56
	300	33.5	311	100	82	71	—	—	—	—	—	5.5	21.0	35〜56
	315	33.5	326	100	82	71	—	—	—	—	—	5.5	21.0	35〜56
	355	33.5	366	100	82	71	—	—	—	—	—	5.5	21.0	35〜56
	400	43.0	411	112	82	71	—	—	—	—	—	5.5	21.0	45〜63
	450	43.0	461	112	82	71	—	—	—	—	—	5.5	21.0	45〜63
	500	43.0	511	112	82	71	—	—	—	—	—	5.5	21.0	45〜63
	560	43.0	571	112	82	71	—	—	—	—	—	5.5	21.0	45〜63
	630	48.0	641	125	82	82	—	—	—	0	—	—	21.5	50〜71
	710	48.0	721	125	82	82	—	—	—	0	—	—	21.5	50〜71
	800	48.0	811	125	82	82	—	—	—	0	—	—	21.5	50〜71
	900	48.0	911	125	82	82	—	—	—	0	—	—	21.5	50〜71
B5	125	26.0	136	80	101	56	—	—	—	—	45	22.5	21.0	28〜45
	132	26.0	143	80	101	56	—	—	—	—	45	22.5	21.0	28〜45
	140	26.0	151	80	101	56	—	—	—	—	45	22.5	21.0	28〜45
	150	26.0	161	80	101	56	—	—	—	—	45	22.5	21.0	28〜45
	160	29.5	171	90	101	63	—	—	—	—	38	19.0	21.0	32〜50
	170	29.5	181	90	101	63	—	—	—	—	38	19.0	21.0	32〜50
	180	29.5	191	90	101	63	—	—	—	—	38	19.0	21.0	32〜50
	200	33.5	211	100	101	71	—	—	—	—	—	15.0	21.5	35〜56
	224	33.5	235	100	101	71	—	—	—	—	—	15.0	21.5	35〜56
	250	33.5	261	100	101	71	—	—	—	—	—	15.0	21.5	35〜56
	280	33.5	291	100	101	71	—	—	—	—	—	15.0	21.5	35〜56
	300	33.5	311	100	101	71	—	—	—	—	—	15.0	21.5	35〜56
	315	43.0	326	112	101	71	—	—	—	—	—	15.0	21.5	45〜63
	355	43.0	366	112	101	71	—	—	—	—	—	15.0	21.5	45〜63
	400	43.0	411	112	101	71	—	—	—	—	—	15.0	21.5	45〜63
	450	43.0	461	112	101	71	—	—	—	—	—	15.0	21.5	45〜63
	500	48.0	511	125	101	80	—	—	—	—	—	10.5	22.0	50〜71
	560	48.0	571	125	101	80	—	—	—	—	—	10.5	22.0	50〜71
	630	48.0	641	125	101	80	—	—	—	—	—	10.5	22.0	50〜71
	710	48.0	721	125	101	80	—	—	—	—	—	10.5	22.0	50〜71
	800	54.0	811	140	101	90	—	—	—	—	—	5.5	22.0	56〜80
	900	54.0	911	140	101	90	—	—	—	—	—	5.5	22.0	56〜80

注 1) d の寸法は，下穴直径を示す．　2) 軸穴直径は，受渡当事者間の協議による．
　3) s_1：ハブのプーリ側面からの突出し長さ．　s_2：ハブ側面からの引込み長さ．

(5) Vプーリのアームの寸法　　Vプーリ車のアームの形状および寸法，数ならびに位置を参考として次に示す（B系列のみを示す）．

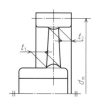
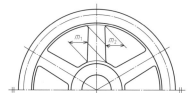

単位　mm

種類	呼び径	m_1	m_2	t_1	t_2	アームの数 (本)
B3	140	30	22	11	10	4
	150	30	22	11	10	4
	160	30	22	11	10	4
	170	32	23	12	11	4
	180	32	23	12	11	4
	200	32	23	12	11	4
	224	34	25	13	12	4
	250	34	25	13	12	4
	280	34	25	13	12	4
	300	34	25	13	12	4
	315	36	27	14	13	4
	355	36	27	14	13	4
	400	36	27	14	13	4
	450	36	27	14	13	4
	500	40	30	15	14	4
	560	40	30	15	14	4
	630	40	30	15	14	5
	710	40	30	15	14	5
	800	45	35	18	17	6
	900	45	35	18	17	6
B4	140	33	24	13	12	4
	150	33	24	13	12	4
	160	33	24	13	12	4
	170	35	26	14	13	4
	180	35	26	14	13	4
	200	37	27	15	14	4
	224	37	27	15	14	4
	250	37	27	15	14	4
	280	37	27	15	14	4
	300	37	27	15	14	4

種類	呼び径	m_1	m_2	t_1	t_2	アームの数 (本)
B4	315	36	27	14	13	4
	355	36	27	14	13	4
	400	41	31	17	16	4
	450	41	31	17	16	4
	500	41	31	17	16	4
	560	41	31	17	16	4
	630	46	34	19	18	5
	710	46	34	19	18	5
	800	46	34	19	18	6
	900	46	34	19	18	6
B5	140	32	23	12	11	4
	150	32	23	12	11	4
	160	32	23	12	11	4
	170	33	24	13	12	4
	180	33	24	13	12	4
	200	33	24	13	12	4
	224	36	27	14	13	4
	250	36	27	14	13	4
	280	36	27	14	13	4
	300	36	27	14	13	4
	315	40	30	17	16	4
	355	40	30	17	16	4
	400	40	30	17	16	4
	450	40	30	17	16	4
	500	46	34	20	18	4
	560	46	34	20	18	4
	630	46	34	20	18	5
	710	46	34	20	18	5
	800	50	38	23	21	6
	900	50	38	23	21	6

26. フランジ形固定軸継手 （JIS B 1451:1991（2021 確認））（抜粋）

(1) 材 料　右表による.

(2) 呼び方の例　規格番号（または名

称），継手外径×軸穴直径[a]および本体材

料による．はめ込み部がある場合は，出っ

張り側およびへこみ側に，それぞれ記号 M および F を付記する．

継手本体	JIS G 5501 の FC200，JIS G 5101 の SC410，JIS G 3201 の SF 440A または JIS G 4051 の S25C
ボルト，ナット	JIS G 3101 の SS400
ばね座金	JIS G 3506 の SWRH62（A, B）

注 a） 軸穴直径が異なる場合は，それぞれの直径を示す．

例　JIS B 1451　140 × 35　（FC200）
フランジ形固定軸継手　200 × 56MF　（SF440A）
フランジ形固定軸継手　160 × 45M × 40F　（SC410）

(3) 品 質　(1) 軸穴中心に対する継手外径の振れおよび外径付近における継手面の振れの公

差は，0.03 mm とする．(2) 継手を組み合わせた場合，一方の軸穴中心に対する他方の軸穴の振れ

の公差は，0.05 mm とする．

(4) 形状・寸法

● フランジ形固定軸継手

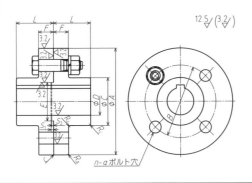

備考　ボルト穴の配置は，キー溝に対しておおむね振分けとする．

単位　mm

継手外径 A	D 最大軸穴直径	D （参考）最小軸穴直径	L	C	B	F	n （個）	a	はめ込み部 E	はめ込み部 S2	はめ込み部 S1	参考 RC （約）	参考 RA （約）	c （約）	ボルト抜きしろ
112	28	16	40	50	75	16	4	10	40	2	3	2	1	1	70
125	32	18	45	56	85	18	4	14	45	2	3	2	1	1	81
140	38	20	50	71	100	18	6	14	56	2	3	2	1	1	81
160	45	25	56	80	115	18	8	14	71	2	3	3	1	1	81
180	50	28	63	90	132	18	8	14	80	2	3	3	1	1	81
200	56	32	71	100	145	22.4	8	16	90	3	4	3	2	1	103
224	63	35	80	112	170	22.4	8	16	100	3	4	3	2	1	103
250	71	40	90	125	180	28	8	20	112	3	4	4	2	1	126
280	80	50	100	140	200	28	8	20	125	3	4	4	2	1	126
315	90	63	112	160	236	28	10	20	140	3	4	4	2	1	126
355	100	71	125	180	260	35.5	8	25	160	3	4	5	2	1	157

備考　1）ボルト抜きしろは，軸端からの寸法を示す．
　　　2）継手を軸から抜きやすくするためのねじ穴は，適宜設けて差し支えない．

● フランジ形固定軸継手用継手ボルト

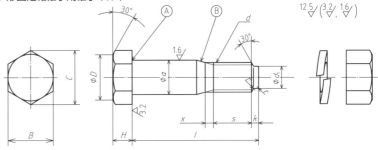

単位　mm

呼び a × l	ねじの呼び d	a	d1	s	k	l	r （約）	H	B	C （約）	D （約）
10 × 46	M10	10	7	14	2	46	0.5	7	17	19.6	16.5
14 × 53	M12	14	9	16	3	53	0.6	8	19	21.9	18
16 × 67	M16	16	12	20	4	67	0.8	10	24	27.7	23
20 × 82	M20	20	15	25	4	82	1	13	30	34.6	29
25 × 102	M24	25	18	27	5	102	1	15	36	41.6	34

備考　1）六角ナットは，JIS B 1181 のスタイル 1（部品等級 A）で，強度区分 6，ねじ精度 6H とする．
　　　2）ばね座金は，JIS B 1251 の 2 号 S による．
　　　3）二面幅の寸法は，JIS B 1002 による．
　　　4）ねじ先の形状・寸法は，JIS B 1003 の半棒先によっている．
　　　5）ねじ部の精度は，JIS B 0209 の 6g による．
　　　6）Ⓐ部には研削用逃げを施してもよい．Ⓑ部はテーパでも段付きでもよい．
　　　7）x は，不完全ねじ部でもねじ切り用逃げでもよい．ただし，不完全ねじ部のときは，その長さを約 2 山とする．

● 継手各部の寸法公差

継手軸穴	H7	—
継手外径	—	g7
はめ込み部（参考）	(H7)	g7)
ボルト穴とボルト	H7	h7

備考　表中の H7，g7，h7 は，JIS B 0401 による．

27. フランジ形たわみ軸継手 （JIS B 1452：1991 （2021 確認）） （抜粋）

(1) 材 料　右表による.

(2) 呼び方の例　規格番号（または名称），継手外径×軸穴直径[a]および本体材料による. ただし，軸穴直径が異なる場合はボルトを取り付ける側に M を付記する.

継手本体	JIS G 5501 の FC 200，JIS G 5101 の SC 410，JIS G 3201 の SF 440A，または JIS G 4051 の S 25C
継手ボルト ナット座金	JIS G 3101 の SS 400
ばね座金	JIS G 3506 SWRH 62 （A，B）
ブシュ	JIS K 6386 の B(12)-J₁a₁ [Hₛ(JIS A)＝70]（耐油性の加硫ゴム）

注 a) 軸穴直径が異なる場合は，それぞれの直径を示す.

【製品】継手外径 125，軸穴直径 28（ボルト取り付け側）および 25，FC200 製のフランジ形たわみ軸継手 → （呼び方）JIS B 1452　125 × 28M × 25（FC200）

【製品】継手外径 250，軸穴直径 71（ボルト取り付け側）および 63，S25C 製のフランジ形たわみ軸継手 → （呼び方）フランジ形たわみ軸継手　250 × 71M × 63（S25C）

(3) 品 質　(1) 軸穴の中心に対する継手外径の振れおよび外径付近における継手面の振れの公差は，0.03 mm とする. (2) ボルト穴ピッチ円の直径およびブシュ挿入穴ピッチ円直径の許容差，ピッチの許容差ならびに軸穴中心に対する振れの公差は，原則として下表による.

単位　mm

ピッチ円直径	ピッチ円直径およびピッチの許容差	ピッチ円直径振れの公差
60, 67, 75	± 0.16	0.12
85, 100, 115, 132, 145	± 0.20	0.14
170, 180, 200, 236	± 0.26	0.18
260, 300, 355, 450, 530	± 0.32	0.22

単位　mm

継手外径 A	D 最大軸穴直径 D_1 D_2	D （最考）最小軸穴直径	L	C C_1	C C_2	B	F F_1	F F_2	n（個）	a	M	t	R_C（約）	R_A（約）	c（約）	ボルト抜きしろ
90	20	–	28	35.5		60	14		4	8	19	3	2	1	1	50
100	25	–	35.5	42.5		67	16		4	10	23	3	2	1	1	56
112	28	16	40	50		75	16		4	10	23	3	2	1	1	56
125	32　28	18	45	56	50	85	18		4	14	32	3	2	1	1	64
140	38　35	20	50	71	63	100	18		6	14	32	3	2	1	1	64
160	45	25	56	80		115	18		8	14	32	3	3	1	1	64
180	50	28	63	90		132	18		8	14	32	3	3	1	1	64
200	56	32	71	100		145	22.4		8	20	41	4	3	2	1	85
224	63	35	80	112		170	22.4		8	20	41	4	3	2	1	85
250	71	40	90	125		180	28		8	25	51	4	3	2	1	100
280	80	50	100	140		200	28	40	8	28	57	4	4	2	1	116
315	90	63	112	160		236	28	40	10	28	57	4	4	2	1	116
355	100	71	125	180		260	35.5	56	8	35.5	72	5	5	2	1	150
400	110	80	125	200		300	35.5	56	10	35.5	72	5	5	2	1	150
450	125	90	140	224		355	35.5	56	12	35.5	72	5	5	2	1	150
560	140	100	160	250		450	35.5	56	14	35.5	72	6	6	2	1	150
630	160	110	180	280		560	35.5	56	18	35.5	72	5	6	2	1	150

注1) n はブシュ穴またはボルト穴の数をいう.
　2) t は組み立てたときの継手本体のすきまであって，継手ボルトの座金の厚さに相当する.
　3) ボルト抜きしろは，軸端からの寸法を示す.
　4) 継手を軸から抜きやすくするためのねじ穴は，適宜設けて差し支えない.

● フランジ形たわみ軸継手用継手ボルト

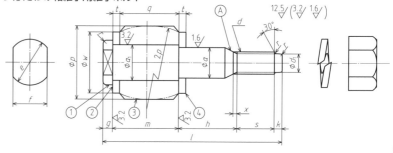

単位　mm

呼び $a \times l$	ねじの呼び d	①ボルト a_1	a	d_1	e	f	g	m	h	s	k	l	r（約）	②座金 a_1	w	③ブシュ a_1	p	q	④座金 a	w	t
8 × 50	M 8	9	8	5.5	12	10	4	17	15	12	2	50	0.4	9	14	3	9	22	16	8	14	3
10 × 56	M10	12	10	7	16	13	4	19	17	14	2	56	0.5	12	18	3	12	22	16	10	18	3
14 × 64	M12	16	14	9	19	17	5	21	19	16	3	64	0.6	16	25	3	16	28	18	14	25	3
20 × 85	M20	22.4	20	15	24	25	6	26.4	24.6	25	4	85	1	22.4	32	4	22.4	50	22.4	20	32	4
25 × 100	M24	28	25	18	34	30	6	32	30	27	5	100	1	28	40	4	28	50	25	25	40	4
28 × 116	M24	31.5	28	18	38	32	6	44	30	31	5	116	1	31.5	45	4	31.5	56	25	28	45	4
35.5 × 150	M30	40	35.5	22	48	41	8	61	38.5	36.5	5	150	1.2	40	56	5	40	71	28	35.5	56	5

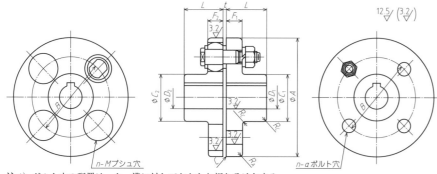

注1) ボルト穴の配置は，キー溝に対しておおむね振り分けとする.

注1) 六角ナットは，JIS B 1181 のスタイル 1（部品等級 A）のもので，強度区分は 6，ねじ精度は 6H とする.
　2) ばね座金は，JIS B 1251 の 2 号 S による.
　3) 二面幅の寸法は，JIS B 1002 による.
　4) ねじ先の形状・寸法は，JIS B 1003 の半棒先による.
　5) ねじ部の精度は，JIS B 0209 の 6g による.
　6) Ⓐ部はテーパでも段付きでもよい.
　7) x は，不完全ねじ部でもねじ切り用逃げでもよい. ただし，不完全ねじ部のときは，その長さを約 2 山とする.
　8) ブシュは，円筒形でも球形でもよい. 円筒形の場合には，原則として外周の両端部に面取りを施す.
　9) ブシュは，金属ライナをもったものでもよい.

● 継手各部の寸法の公差および許容差　単位 mm

項目	公差	
継手軸穴 D	H7	–
継手外径 A	–	g7
ボルト穴とボルト a	H7	g7
④座金内径 a) a	–	+0.4 / 0
ブシュ内径，②座金内径およびボルトのブシュ挿入部の直径 a_1	+0.4 / 0	e9
ブシュ挿入穴 M	H8	–
ブシュ外径 p	–	0 / –0.4
ボルトのブシュ挿入部の長さ m	–	k12

単位 mm

ブシュ幅 q		②座金厚さ t	
基準寸法	許容差	基準寸法	許容差
14, 16, 18	±0.3	3	+0.03 / –0.43
22.4, 28, 40	+0.1 / –0.5	4	±0.29
56	+0.2 / –0.6	5	±0.40

注1）表中の H7, H8, g7, e9, k12 は，JIS B 0401 による．数値で示した寸法公差の単位は，mm とする．

a）基準寸法が8のものは，+0.2 / 0 とする．

28. 滑り軸受－ブシュ（JIS B 1582：2017（2022 確認））（抜粋）

(1) 種類および記号

種類	構造	記号
1種	軸受合金鋳物によってつくられたもの	1A
2種	鋼管を裏金として軸受合金を付けたもの	2B
3種	軸受合金板を巻いたもの	3A
4種	鋼板を裏金として軸受合金を付けて巻いたもの	4B

注1）内径仕上げ済みのものを記号 F，および内径仕上げしろ付きのものを記号 S で表す．

(2) 形状・寸法

1種および2種は次表または当事者間の協定による．ブシュの幅の許容差は 0.5 mm とする．ただし，3種および4種については JIS B 1584-1 による．

● 1種

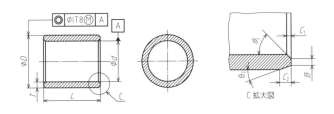

● 2種

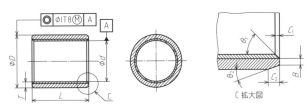

単位 mm

内径の呼び寸法 d	内径仕上げ済み品（ブシュF）の内径の許容差（E6）	内径仕上げ済み品（ブシュF）の内径に対する外径の同軸度（IT8）	肉厚 T 2.0（参考）外径寸法 D	許容差	3.0 外径寸法 D	許容差	5.0 外径寸法 D	許容差	7.5 外径寸法 D	許容差	10.0 外径寸法 D	許容差	内径面取り幅 C_1（最大）$\theta_1=45\pm5°$	外径面取り幅 C_2（最大）$\theta_2=15\pm5°$
20	+0.053 / +0.040	0.033	24*	+0.048 / +0.035	26*	+0.048 / +0.035							0.5	2
22			26*	+0.048 / +0.035	28*	+0.048 / +0.035								
24			28*	+0.048 / +0.035	30*	+0.048 / +0.035								
25			29	+0.048 / +0.035	31	+0.059 / +0.043								
27			31	+0.059 / +0.043	33	+0.059 / +0.043								
28			32*	+0.059 / +0.043	34*	+0.059 / +0.043								
30			34*	+0.059 / +0.043	36*	+0.059 / +0.043								
32	+0.066 / +0.050	0.039	36*	+0.059 / +0.043	38*	+0.059 / +0.043							0.8	3
33			37*	+0.059 / +0.043	39	+0.059 / +0.043								
35			39*	+0.059 / +0.043	41*	+0.059 / +0.043	45*	+0.059 / +0.043						
36			40*	+0.059 / +0.043	42*	+0.059 / +0.043	46*	+0.059 / +0.043						
38			42*	+0.059 / +0.043	44	+0.059 / +0.043	48*	+0.059 / +0.043						
40			44*	+0.059 / +0.043	46	+0.059 / +0.043	50*	+0.059 / +0.043						
42			46*	+0.059 / +0.043	48	+0.059 / +0.043	52*	+0.072 / +0.053						
45					51	+0.072 / +0.053	55*	+0.072 / +0.053						
48					54	+0.072 / +0.053	58*	+0.072 / +0.053						
50					56	+0.072 / +0.053	60*	+0.072 / +0.053						
55	+0.079 / +0.060	0.046			61	+0.072 / +0.053	65*	+0.072 / +0.053						
60					66	+0.078 / +0.059	70*	+0.078 / +0.059	75*	+0.078 / +0.059				
65					71	+0.078 / +0.059	75*	+0.078 / +0.059	80*	+0.078 / +0.059				
70					76	+0.078 / +0.059	80*	+0.078 / +0.059	85*	+0.093 / +0.071				
75					81	+0.093 / +0.071	85*	+0.093 / +0.071	90*	+0.093 / +0.071				
80					86	+0.093 / +0.071	90*	+0.093 / +0.071	95*	+0.093 / +0.071				
85	+0.094 / +0.072	0.054			91	+0.093 / +0.071	95*	+0.093 / +0.071	100*	+0.093 / +0.071			1	4
90					96	+0.093 / +0.071	100*	+0.093 / +0.071	105*	+0.101 / +0.079	110*	+0.101 / +0.079		
95					101	+0.101 / +0.079	105*	+0.101 / +0.079	110*	+0.101 / +0.079	115*	+0.101 / +0.079		
100					106	+0.101 / +0.079	110*	+0.101 / +0.079	115*	+0.101 / +0.079	120*	+0.101 / +0.079		
105					111	+0.101 / +0.079	115*	+0.101 / +0.079	120*	+0.101 / +0.079	125*	+0.088 / +0.063		
110							120*	+0.101 / +0.079	125*	+0.088 / +0.063	130*	+0.088 / +0.063		
120							130*	+0.088 / +0.063	135*	+0.088 / +0.063	140*	+0.088 / +0.063		
130	+0.110 / +0.085	0.063					140*	+0.088 / +0.063	145*	+0.090 / +0.065	150*	+0.090 / +0.065	2	5
140							150*	+0.090 / +0.065	155*	+0.090 / +0.065	160*	+0.090 / +0.065		

注1）＊印の付いた外径の基準寸法は，ISO 4379 と一致している．
　2）内径の基準寸法 18 mm 以下の寸法は，ブシュ2種には適用しない．
　3）B 寸法は，0.3 mm 以上または肉厚 T の 1/4 以上とする．
　4）外径面取りは受渡当事者間の協定によって，θ_2 を 45±5° として内径面取りと同じ寸法とすることができる．
　5）内径仕上げしろ付きブシュ（ブシュS）の内径許容差および同軸度は，受渡当事者間の協定による．
　6）内径仕上げ済み品（ブシュF）の内径に対する外径の同軸度は，内径の呼び寸法を基準寸法としたときの公差等級 IT8 を適用する．

(3) 1種および2種の粗さパラメータ

単位 μm

表示位置	Ra	備考
ブシュ内径面	1.6 以下	内径仕上げしろ付きのブシュの場合は受渡当事者間の協定による．
ブシュ外径面	1.6 以下	研削仕上げをしない場合は 3.2 以下とする．
端面	6.3 以下	端面加工をしない場合は受渡当事者間の協定による．

3種，4種の粗さパラメータは，JIS B 1584-1 による．

29. 転がり軸受－プランマブロック軸受箱 （JIS B 1551：2009（2018 確認））（抜粋）

● ボルト形軸受箱（軸受箱系列 SN5，SN6，SN30 および SN31）

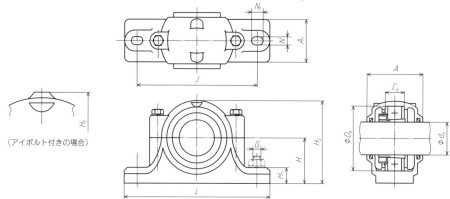

（アイボルト付きの場合）

A：軸受箱の総幅　　d_a：適用する軸径　　H_2：軸受箱の高さ　　N_1：取付ボルト穴の長さ
A_1：軸受箱底面の幅　G：取付ボルトのねじの呼び　J：取付ボルト穴の中心間距離（長さ方向）
C_a：軸受座の幅　　H：中心高さ　　L：軸受箱底面の長さ
D_a：軸受座の内径　　H_1：取付座の高さ　　N：取付ボルト穴の幅

（1）形　式

形　式	口　径	適用軸受内径形状
SN 形	同口径	テーパ穴，円筒穴
SNK 形	異口径	円筒穴
SD 形	同口径	テーパ穴

（2）材　料

FC200（JIS G 5501），FCD450（JIS G 5502），SC450（JIS G 5101）またはこれらと同等以上の強度をもつ鋳造品，S35C（JIS G 4051）またはこれと同等以上の強度をもつ鍛造品とする.

（3）呼び番号および寸法　　軸受箱系列 SN5，SN6 を示す.

単位　mm

呼び番号	d_a	D_a	H	J	N	N_1 最小	A 最大	L 最大	A_1	H_1 最大	H_2 最大	C_a	G	適用軸受 自動調心玉軸受	適用軸受 自動調心ころ軸受	適用アダプタ	位置決め輪 呼び番号	位置決め輪 個数
SN 505	20	52	40	130	15	15	72	170	46	22	75	25	M12	1205K	—	H 205X	SR 52 × 5	2
														2205K	22205K	H 305X	SR 52 × 7	1
SN 605	20	62	50	150	15	15	82	190	52	22	90	34	M12	1305K	—	H 305X	SR 62 × 8.5	2
														2305K	—	H2 305X	SR 62 × 10	1
SN 506	25	62	50	150	15	15	82	190	52	22	90	30	M12	1206K	—	H 206X	SR 62 × 7	2
														2206K	22206K	H 306X	SR 62 × 10	1
SN 606	25	72	50	150	15	15	85	190	52	22	95	37	M12	1306K	—	H 306X	SR 72 × 9	2
														2306K	—	H2 306X	SR 72 × 10	1
SN 507	30	72	50	150	15	15	85	190	52	22	95	33	M12	1207K	—	H 207X	SR 72 × 10	2
														2207K	22207K	H 307X	SR 72 × 10	1
SN 607	30	80	60	170	15	15	92	210	60	25	110	41	M12	1307K	—	H 307X	SR 80 × 10	2
														2307K	—	H2 307X	SR 80 × 10	1
SN 508	35	80	60	170	15	15	92	210	60	25	110	33	M12	1208K	—	H 208X	SR 80 × 7.5	2
														2208K	22208K	H 308X	SR 80 × 10	1
SN 608	35	90	60	170	15	15	100	210	60	25	115	43	M12	1308K	21308K	H 308X	SR 90 × 10	2
														2308K	22308K	H2 308X	SR 90 × 10	1
SN 509	40	85	60	170	15	15	92	210	60	25	112	31	M12	1209K	—	H 209X	SR 85 × 6	2
														2209K	22209K	H 309X	SR 85 × 8	1
SN 609	40	100	70	210	18	18	105	270	70	28	130	46	M16	1309K	21309K	H 309X	SR 100 × 10.5	2
														2309K	22309K	H2 309X	SR 100 × 10	1
SN 510	45	90	60	170	15	15	100	210	60	25	115	33	M12	1210K	—	H 210X	SR 90 × 6.5	2
														2210K	22210K	H 310X	SR 90 × 10	1
SN 610	45	110	70	210	18	18	115	270	70	30	135	50	M16	1310K	21310K	H 310X	SR 110 × 11.5	2
														2310K	22310K	H2 310X	SR 110 × 10	1
SN 511	50	100	70	210	18	18	105	270	70	30	130	32	M16	1211K	—	H 211X	SR 100 × 6	2
														2211K	22211K	H 311X	SR 100 × 8	1
SN 611	50	120	80	230	18	18	120	290	80	30	150	53	M16	1311K	21311K	H 311X	SR 120 × 12	2
														2311K	22311K	H2 311X	SR 120 × 10	1
SN 512	55	110	70	210	18	18	115	270	70	30	135	38	M16	1212K	—	H 212X	SR 110 × 8	2
														2212K	22212K	H 312X	SR 110 × 10	1
SN 612	55	130	80	230	18	18	125	290	80	30	155	56	M16	1312K	21312K	H 312X	SR 130 × 12.5	2
														2312K	22312K	H2 312X	SR 130 × 10	1
SN 513	60	120	80	230	18	18	120	290	80	30	150	43	M16	1213K	—	H 213X	SR 120 × 10	2
														2213K	22213K	H 313X	SR 120 × 12	1
SN 613	60	140	95	260	22	22	135	330	90	32	175	58	M20	1313K	21313K	H 313X	SR 140 × 12.5	2
														2313K	22313K	H2 313X	SR 140 × 10	1
SN 514	60	125	80	230	18	18	120	290	80	30	155	44	M16	—	22214K	H 314X	SR 125 × 13	1
SN 614	60	150	95	260	22	22	140	330	90	32	185	61	M20	—	21314K	H 314X	SR 150 × 13	2
															22314K	H2 314X	SR 150 × 10	1
SN 515	65	130	80	230	18	18	125	290	80	30	155	41	M16	1215K	—	H 215X	SR 130 × 8	2
														2215K	22215K	H 315X	SR 130 × 10	1
SN 615	65	160	100	290	22	22	145	360	100	35	195	65	M20	1315K	21315K	H 315X	SR 160 × 14	2
														2315K	22315K	H2 315X	SR 160 × 10	1
SN 516	70	140	95	260	22	22	135	330	90	32	175	43	M20	1216K	—	H 216X	SR 140 × 8.5	2
														2216K	22216K	H 316X	SR 140 × 10	1
SN 616	70	170	112	290	22	22	150	360	100	35	212	68	M20	1316K	21316K	H 316X	SR 170 × 14.5	2
														2316K	22316K	H2 316X	SR 170 × 10	1

30. 転がり軸受−座金 （JIS B 1554：2016（2021 確認））（抜粋）

（1）材料　座金の材料は，JIS G 3101，JIS G 3141 または品質がこれと同等以上の合金鋼鋼材とする.

（2）呼び方の例　規格番号または規格名称，呼び番号，材料によるとよい.

【製品】呼び番号 AW06，SS400 製の転がり軸受用座金
→（呼び方）JIS B 1554　AW06　SS400

（3）形状・寸法　曲げ舌付き座金（系列 AW）を示す.

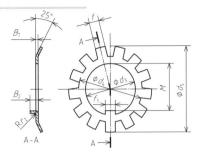

単位　mm

呼び番号 区分A	呼び番号 区分B	d_3	d_4	d_5(約)	f_1(最大)	M	f a)	B_7(約)	歯の数 N b)(最小)	B_2 区分A	B_2 区分B	r_2 区分A	Δd_{3S}	Δf_{1S}	ΔM_S	S の許容値
—	AW 00B	10	13.5	21	3	8.5	3	1	9	—	3	—	+1 / +0.5	0 / −0.4	+0.3 / 0	0.04
—	AW 01B	12	17	25	3	10.5	3	1	11	—	3	—				
AW 02	AW 02B	15	21	28	4	13.5	4	1	11	3.5	4	1				
AW 03	AW 03B	17	24	32	4	15.5	4	1	11	3.5	4	1				
AW 04	AW 04B	20	26	36	4	18.5	4	1	11	3.5	4	1				
AW/22	AW/22B	22	28	38	4	20.5	4	1	11	3.5	4	1				
AW 05	AW 05B	25	32	42	5	23	5	1.25	13	3.75	4	1				
AW/28	AW/28B	28	36	46	5	26	5	1.25	13	3.75	4	1				
AW 06	AW 06B	30	38	49	5	27.5	5	1.25	13	3.75	4	1				
AW/32	AW/32B	32	40	52	5	29.5	5	1.25	13	3.75	4	1				
AW 07	AW 07B	35	44	57	6	32.5	6	1.25	13	3.75	4	1				
AW 08	AW 08B	40	50	62	6	37.5	6	1.25	13	3.75	5	1				
AW 09	AW 09B	45	56	69	6	42.5	6	1.25	13	3.75	5	1				
AW 10	AW 10B	50	61	74	6	47.5	6	1.25	13	3.75	5	1				
AW 11	AW 11B	55	67	81	8	52.5	7	1.5	17	5.5	5	1	+1 / +0.5	0 / −1	+0.3 / 0	
AW 12	AW 12B	60	73	86	8	57.5	7	1.5	17	5.5	6	1.2				
AW 13	AW 13B	65	79	92	8	62.5	7	1.5	17	5.5	6	1.2				
AW 14	AW 14B	70	85	98	8	66.5	8	1.5	17	5.5	6	1.2				
AW 15	AW 15B	75	90	104	8	71.5	8	1.5	17	5.5	6	1.2				
AW 16	AW 16B	80	95	112	10	76.5	8	1.5	17	5.8	6	1.2				
AW 17	AW 17B	85	102	119	10	81.5	8	1.8	17	5.8	6	1.2	+1.8 / +1	0 / −1.4	+0.5 / 0	0.05
AW 18	AW 18B	90	108	126	10	86.5	10	1.8	17	5.8	6	1.2				
AW 19	AW 19B	95	113	133	10	91.5	10	1.8	17	5.8	6	1.2				
AW 20	AW 20B	100	120	142	12	96.5	10	1.8	17	7.8	6	1.2				
AW 21	AW 21B	105	126	145	12	100.5	12	1.8	17	7.8	10	1.2				
AW 22	AW 22B	110	133	154	12	105.5	12	1.8	17	7.8	10	1.2				
AW 23	AW 23B	115	137	159	12	110.5	12	2	17	8	10	1.5				
AW 24	AW 24B	120	138	164	14	115	12	2	17	8	10	1.5				
AW 25	AW 25B	125	148	170	14	120	12	2	17	8	10	1.5				
AW 26	AW 26B	130	149	175	14	125	12	2	17	8	10	1.5				
AW 27	AW 27B	135	160	185	14	130	14	2	17	8	10	1.5				
AW 28	—	140	160	192	16	135	14	2	17	10	—	1.5				
AW 29	—	145	171	202	16	140	14	2	17	10	—	1.5				
AW 30	—	150	171	205	16	145	14	2	17	10	—	1.5				
AW 31	AW 31B	155	182	212	16	147.5	16	2.5	19	10.5	12	1.5	+2.8 / +1.5	0 / −2	+0.5 / 0	0.06
AW 32	AW 32B	160	182	217	16	154	16	2.5	19	10.5	12	1.5				
AW 33	AW 33B	165	193	222	18	157.5	16	2.5	19	10.5	12	1.5				
AW 34	AW 34B	170	193	232	18	164	16	2.5	19	10.5	12	1.5				
AW 36	AW 36B	180	203	242	20	174	18	2.5	19	10.5	12	1.5				
AW 38	AW 38B	190	214	252	20	184	18	2.5	19	10.5	12	1.5				
AW 40	AW 40B	200	226	262	20	194	18	2.5	19	10.5	12	1.5				

注a) f はロックナットの切欠き幅 b より小さくなければならない.
b) ロックナットは 4 切欠き形であるため，N は奇数とする.
c) Δd_{3S} は d_3 の，Δf_{1S} は f_1 の，ΔM_S は M の寸法公差である（上段：上の許容差，下段：下の許容差）.

---

31. 転がり軸受−ロックナット （JIS B 1554：2016（2021 確認））（抜粋）

（1）材料　JIS G 3101，JIS G 4051，JIS G 4804

（2）呼び方の例　規格番号または規格名称，呼び番号，材料によるとよい.

【製品】呼び番号 AN06，S30C 製の転がり軸受用ロックナット
→（呼び方）JIS B 1554　AN06　S30C

● 座金使用アダプタスリーブおよび取外しスリーブ用

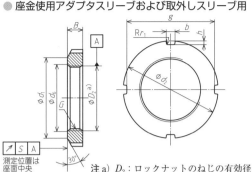

測定位置は座面中央
注a) D_2：ロックナットのねじの有効径

（3）形状・寸法　4 切欠き形ロックナットの系列 AN のものを示す.

単位　mm

呼び番号	ねじの呼び G	d	d_1	d_2	B	b	h	参考 d_6	参考 g	参考 r_1(最大)	座金の呼び番号	S の許容値
AN 00	M 10 × 0.75	10	13.5	18	4	3	2	10.5	14	0.4	AW 00	0.04
AN 01	M 12 × 1	12	17	22	4	3	2	12.5	18	0.4	AW 01	
AN 02	M 15 × 1	15	21	25	5	4	2	15.5	21	0.4	AW 02	
AN 03	M 17 × 1	17	24	28	5	4	2	17.5	24	0.4	AW 03	
AN 04	M 20 × 1	20	26	32	6	4	2	20.5	28	0.4	AW 04	
AN/22	M 22 × 1	22	28	34	6	4	2	22.5	30	0.4	AW/22	
AN 05	M 25 × 1.5	25	32	38	7	5	2	25.8	34	0.4	AW 05	
AN/28	M 28 × 1.5	28	36	42	7	5	2	28.8	38	0.4	AW/28	
AN 06	M 30 × 1.5	30	38	45	7	5	2	30.8	41	0.4	AW 06	
AN/32	M 32 × 1.5	32	40	48	8	5	2	32.8	44	0.4	AW/32	
AN 07	M 35 × 1.5	35	44	52	8	5	2	35.8	48	0.4	AW 07	
AN 08	M 40 × 1.5	40	50	58	9	6	2.5	40.8	53	0.5	AW 08	
AN 09	M 45 × 1.5	45	56	65	10	6	2.5	45.8	60	0.5	AW 09	
AN 10	M 50 × 1.5	50	61	70	11	6	2.5	50.8	65	0.5	AW 10	
AN 11	M 55 × 2	55	67	75	11	7	3	56	69	0.5	AW 11	0.05
AN 12	M 60 × 2	60	73	80	11	7	3	61	74	0.5	AW 12	
AN 13	M 65 × 2	65	79	85	12	7	3	66	79	0.5	AW 13	
AN 14	M 70 × 2	70	85	92	12	8	3.5	71	85	0.5	AW 14	
AN 15	M 75 × 2	75	90	98	13	8	3.5	76	91	0.5	AW 15	
AN 16	M 80 × 2	80	95	105	15	8	3.5	81	98	0.6	AW 16	
AN 17	M 85 × 2	85	102	110	16	8	3.5	86	103	0.6	AW 17	
AN 18	M 90 × 2	90	108	120	16	10	4	91	112	0.6	AW 18	
AN 19	M 95 × 2	95	113	125	17	10	4	96	117	0.6	AW 19	
AN 20	M 100 × 2	100	120	130	18	10	4	101	122	0.6	AW 20	
AN 21	M 105 × 2	105	126	140	18	12	5	106	130	0.7	AW 21	
AN 22	M 110 × 2	110	133	145	19	12	5	111	135	0.7	AW 22	
AN 23	M 115 × 2	115	137	150	19	12	5	116	140	0.7	AW 23	
AN 24	M 120 × 2	120	138	155	20	12	5	121	145	0.7	AW 24	
AN 25	M 125 × 2	125	148	160	21	12	5	126	150	0.7	AW 25	0.06
AN 26	M 130 × 2	130	149	165	21	12	5	131	155	0.7	AW 26	
AN 27	M 135 × 2	135	160	175	22	14	6	136	163	0.7	AW 27	
AN 28	M 140 × 2	140	160	180	22	14	6	141	168	0.7	AW 28	
AN 29	M 145 × 2	145	171	190	24	14	6	146	178	0.7	AW 29	
AN 30	M 150 × 2	150	171	195	24	14	6	151	183	0.7	AW 30	
AN 31	M 155 × 3	155	182	200	25	16	7	156.5	186	0.7	AW 31	
AN 32	M 160 × 3	160	182	210	25	16	7	161.5	196	0.7	AW 32	

注1) この系列のロックナットは，座金使用のアダプタースリーブおよび取外しスリーブに用いる.
2) S：ロックナットのねじの有効径に対する座面の円周振れ.
3) S は，ロックナット座面中央［半径が $(d_1 + d_6)/4$ となる位置］での測定値とする.

32. 転がり軸受−アダプタ及び取外しスリーブ（JIS B 1552：2012（2022 確認））（抜粋）

例として，アダプタ系列 H3 の形状，寸法を示す.

● 座金を用いるアダプタ

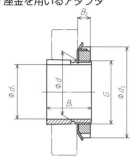

● 座金を用いる狭割形アダプタスリーブ

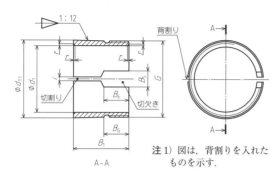

注1）図は，背割りを入れたものを示す.

単位 mm

アダプタの呼び番号	アダプタの寸法					組み合わせる部品の呼び番号			狭割形アダプタスリーブの寸法						
	d_1	B_2	d_2	B_1	G	ロックナット	座金	狭割形アダプタスリーブ	d	B_5	d_{T1}	B_G	B_6	i	r
H302X	12	6	25	22	M15 × 1	AN02	AW02X	A302X	15	5	16.33	10	10	2	0.2
H303X	14	6	28	24	M17 × 1	AN03	AW03X	A303X	17	5	18.50	10	10	2	0.2
H304X	17	7	32	28	M20 × 1	AN04	AW04X	A304X	20	5	21.75	11	11	2	0.2
H305X	20	8	38	29	M25 × 1.5	AN05	AW05X	A305X	25	6	26.75	12	12	2	0.3
H306X	25	8	45	31	M30 × 1.5	AN06	AW06X	A306X	30	6	31.92	12	12	2	0.3
H307X	30	9	52	35	M35 × 1.5	AN07	AW07X	A307X	35	8	37.17	13	13	2	0.3
H308X	35	10	58	36	M40 × 1.5	AN08	AW08X	A308X	40	8	42.17	14	14	2	0.3
H309X	40	11	65	39	M45 × 1.5	AN09	AW09X	A309X	45	8	47.33	15	15	2	0.3
H310X	45	12	70	42	M50 × 1.5	AN10	AW10X	A310X	50	8	52.50	16	16	2	0.3
H311X	50	12	75	45	M55 × 2	AN11	AW11X	A311X	55	10	57.75	17	17	3	0.3

33. 玉軸受（深溝玉軸受（JIS B 1521：2012（2022 確認）），アンギュラ玉軸受（JIS B 1522：2012（2022 確認）），自動調心玉軸受（JIS B 1523：2012（2022 確認）），平面座スラスト玉軸受（JIS B 1532：2012（2022 確認）））（抜粋）

(1) 形状・寸法

● 深溝玉軸受（抜粋）　参考欄の基本動定格荷重，基本静定格荷重は，日本精工株式会社「産業機械用転がり軸受」カタログ（CAT. No. 1103）による.

● 基本形　　● 開放形　　● 片シール付き[a]　　● 両シール付き[a]　　● 片シールド付き　　● 両シールド付き

注a）シールには，接触式と非接触式がある.

● 寸法系列 10

呼び番号	主要寸法 (mm)				参考		密封形式 (参考)	
	d	D	B	$r_{s min}$	基本動定格荷重 (kN)	基本静定格荷重 (kN)	シール	シールド
607	7	19	6	0.3	2.34	0.885	○	○
608	8	22	7	0.3	3.30	1.37	○	○
609	9	24	7	0.3	3.35	1.43	○	○
6000	10	26	8	0.3	4.55	1.97	○	○
6001	12	28	8	0.3	5.10	2.37	○	○
6002	15	32	9	0.3	5.60	2.83	○	○
6003	17	35	10	0.3	6.00	3.25	○	○
6004	20	42	12	0.6	9.40	5.00	○	○
60/22	22	44	12	0.6	9.40	5.05	○	○
6005	25	47	12	0.6	10.1	5.85	○	○
60/28	28	52	12	0.6	12.5	7.40	○	○
6006	30	55	13	1	13.2	8.30	○	○

● 寸法系列 02

呼び番号	主要寸法 (mm)				参考		密封形式 (参考)	
	d	D	B	$r_{s min}$	基本動定格荷重 (kN)	基本静定格荷重 (kN)	シール	シールド
6200	10	30	9	0.6	5.10	2.39	○	○
6201	12	32	10	0.6	6.80	3.05	○	○
6202	15	35	11	0.6	7.65	3.75	○	○
6203	17	40	12	0.6	9.55	4.80	○	○
6204	20	47	14	1	12.8	6.60	○	○
62/22	22	50	14	1	12.9	6.80	○	○
6205	25	52	15	1	14.0	7.85	○	○
62/28	28	58	16	1	16.6	9.50	○	○
6206	30	62	16	1	19.5	11.3	○	○
62/32	32	65	17	1	20.7	11.6	○	○
6207	35	72	17	1.1	25.7	15.3	○	○
6208	40	80	18	1.1	29.1	17.9	○	○
6209	45	85	19	1.1	31.5	20.4	○	○

● 寸法系列 03

呼び番号	主要寸法 (mm)				参考		密封形式 (参考)	
	d	D	B	$r_{s min}$	基本動定格荷重 (kN)	基本静定格荷重 (kN)	シール	シールド
6300	10	35	11	0.6	8.10	3.45	○	○
6301	12	37	12	1	9.70	4.20	○	○
6302	15	42	13	1	11.4	5.45	○	○
6303	17	47	14	1	13.6	6.65	○	○
6304	20	52	15	1.1	15.9	7.90	○	○
63/22	22	56	16	1.1	18.4	9.25	○	○
6305	25	62	17	1.1	20.6	11.2	○	○
63/28	28	68	18	1.1	26.7	14.0	○	○
6306	30	72	19	1.1	26.7	15.0	○	○
63/32	32	75	17	1.1	29.9	17.0	○	○
6307	35	80	21	1.5	33.5	19.2	○	○
6308	40	90	23	1.5	40.5	24.0	○	○
6309	45	100	25	1.5	53.0	32.0	○	○
6310	50	110	27	2	62.0	38.5	○	○

● アンギュラ玉軸受（抜粋）

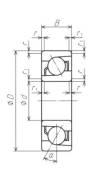

● 寸法系列03

呼び番号	主要寸法（mm）					参　考	
$32° < \alpha \leqq 45°$	d	D	B	$r_{s\,min}$	$r_{1s\,min}$（参考）	基本動定格荷重（kN）	基本静定格荷重（kN）
7303B	17	47	14	1	0.6	14.8	8.00
7304B	20	52	15	1.1	0.6	17.3	9.65
7305B	25	62	17	1.1	0.6	24.4	14.6
7306B	30	72	19	1.1	0.6	31.0	19.3
7307B	35	80	21	1.5	1	–	–
7308B	40	90	23	1.5	1	–	–
7309B	45	100	25	1.5	1	–	–
7310B	50	110	27	2	1	–	–
7311B	55	120	29	2	1	–	–
7312B	60	130	31	2.1	1.1	–	–

● 自動調心玉軸受（抜粋）

円筒穴軸受

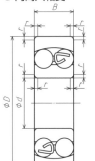

● 寸法系列02

呼び番号		主要寸法（mm）				参　考	
円筒穴軸受	テーパ穴軸受	d	D	B	$r_{s\,min}$	基本動定格荷重（kN）	基本静定格荷重（kN）
1200	–	10	30	9	0.6	5.55	1.19
1201	–	12	32	10	0.6	5.70	1.27
1202	–	15	35	11	0.6	7.60	1.75
1203	–	17	40	12	0.6	8.00	2.01
1204	1204K	20	47	14	1	10.0	2.61
1205	1205K	25	52	15	1	12.2	3.30
1206	1206K	30	62	16	1	15.8	4.65
1207	1207K	35	72	17	1.1	15.9	5.10
1208	1208K	40	80	18	1.1	19.3	6.50
1209	1209K	45	85	19	1.1	22.0	7.35
1210	1210K	50	90	20	1.1	22.8	8.10

● テーパ穴軸受

● 寸法系列03

呼び番号		主要寸法（mm）				参　考	
円筒穴軸受	テーパ穴軸受	d	D	B	$r_{s\,min}$	基本動定格荷重（kN）	基本静定格荷重（kN）
1306	1306K	30	72	19	1.1	21.4	6.30
1307	1307K	35	80	21	1.5	25.3	7.85
1308	1308K	40	90	23	1.5	29.8	9.70
1309	1309K	45	100	25	1.5	38.5	12.7
1310	1310K	50	110	27	2	43.5	14.1
1311	1311K	55	120	29	2	51.5	17.9
1312	1312K	60	130	31	2.1	57.5	20.8
1313	1313K	65	140	33	2.1	62.5	22.9
1314	–	70	150	35	2.1	75.0	27.7
1315	1315K	75	160	37	2.1	80.0	30.0

● 複式平面座スラスト玉軸受（抜粋）

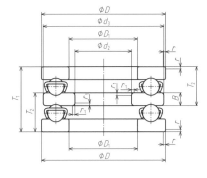

● 寸法系列23

呼び番号	主要寸法（mm）									参　考	
	d_2	D	T_1	T_2（参考）	B	$d_{3s\,max}$	$D_{1s\,min}$	$r_{s\,min}$	$r_{1s\,min}$	基本動定格荷重（kN）	基本静定格荷重（kN）
52305	20	52	34	21	8	52	27	1	0.3	36.0	61.5
52306	25	60	38	23.5	9	60	32	1	0.3	43.0	78.5
52307	30	68	44	27	10	68	37	1	0.3	56.0	105
52308	30	78	49	30.5	12	78	42	1	0.6	70.0	135
52309	35	85	52	32	12	85	47	1	0.6	80.5	163
52310	40	95	58	36	14	95	52	1.1	0.6	97.5	202
52311	45	105	64	39.5	15	105	57	1.1	0.6	115	244
52312	50	110	64	39.5	15	110	62	1.1	0.6	119	263
52313	55	115	65	40	15	115	67	1.1	0.6	123	282
52314	55	125	72	44	16	125	72	1.1	1	137	315
52315	60	135	79	48.5	18	135	77	1.5	1	159	365
52316	65	140	79	48.5	18	140	82	1.5	1	164	395

34. 横万力（角胴形）（JIS B 4620：1995（2019 確認））（抜粋）

（1）材　料　右表のとおり.

（2）呼び方の例　規格番号または規格名称および呼び寸法による.

【製品】呼び寸法100の横万力（角胴形）

→（呼び方）JIS B 4620　横万力（角胴形）100 mm

部品名称	材　料
本体	JIS G 5501 の FC 200
可動体	JIS G 5501 の FC 200
締付めねじ	JIS G 5501 の FC 200
締付おねじ	JIS G 4051 の S 45C
口金	JIS G 4401 の SK 5 または JIS G 4051 の S 15CK
ハンドル	JIS G 4051 の S 35C

（3）形状・寸法

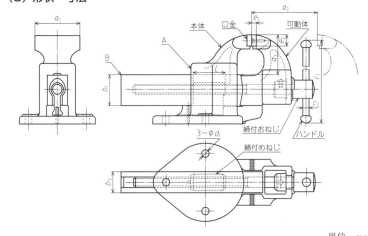

単位　mm

呼び寸法	本　体			可動体		ハンドル		締付ねじ		口　金	取付穴	
	a_1（最小）	a_2 a)（最小）	a_3（最小）	b_1（最小）	b_2（最小）	c_1（最小）	c_2（最小）	l（最小）	e_1（最小）	e_2（最小）	d_1	許容差
75	75	90	60	50	40	180	12	40	9	18	11	± 0.5
100	100	100	65	60	45	225	13	50	12	21	11	
125	125	125	85	65	60	255	15	55	14	24	14	
150	150	150	95	75	65	295	16	60	15	28	14	

注a）口の開き a_2 は，口のある反対側において，本体の端面（A）と可動体の端面（B）とが一致するときの寸法を示す.

35. 青銅弁 （JIS B 2011：2013（2018 確認））（抜粋）

(1) 形状・寸法

● ねじ込み形玉形弁

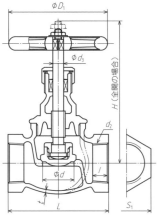

● ねじ込み形玉形弁 10K の寸法　　　　単位　mm

呼び径 A	呼び径 B	口径および弁座口径 d	面間寸法 L	弁箱肉厚 t（最小）	ふたボルト（参考）d_1	ふたボルト（参考）数	接続ねじ 呼び d_2	接続ねじ 有効ねじ部の長さ I	接続ねじ 二面幅 S_1	ソルダ形接続部 d_0（最大）	ソルダ形接続部 d_0（最小）	ソルダ形接続部 G（最小）	弁棒径 d_3（パッキンと接触する部分）（最小）	全開高さ H（参考）	ハンドル径 D_1（参考）
8	(1/4)	10	50	2.5	–	–	Rc 1/4	8	21	–	–	–	8.5	90	50
10	(3/8)	12	55	2.5	–	–	Rc 3/8	10	24	–	–	–	8.5	95	63
15	(1/2)	15	65	3	–	–	Rc 1/2	12	29	16.03	15.93	12.7	8.5	110	63
20	(3/4)	20	80	3	–	–	Rc 3/4	14	35	22.38	22.28	19.1	10	125	80
25	(1)	25	90	3	–	–	Rc 1	16	44	28.75	28.65	23.1	11	140	100
32	(1 1/4)	32	105	3.5	–	–	Rc 1 1/4	18	54	35.10	35.00	24.6	13	170	125
40	(1 1/2)	40	120	4	–	–	Rc 1 1/2	19	60	41.48	41.35	27.7	13	180	125
50	(2)	50	140	4.5	–	–	Rc 2	21	74	54.18	54.05	34.0	15	205	140
65	(2 1/2)	65	180	5.5	–	–	Rc 2 1/2	24	90	–	–	–	16	240	180
80	(3)	80	200	6	M12	8	Rc 3	26	105	–	–	–	18	275	200
100	(4)	100	260	7	M16	8	Rc 4	30	135	–	–	–	22	340	250

(2) 材料

● 玉形弁

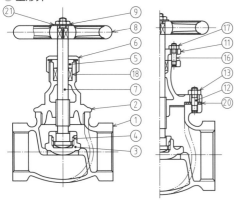

● 玉形弁の材料

部品番号	部品名称	材料
1	弁箱	CAC406, CAC901, CAC902, CAC903B, CAC911 （JIS H 5120），青銅鋳物系鉛フリー銅合金材料
2	ふた	C3771 （JIS H 3250），CAC406, CAC901, CAC902, CAC903B, CAC911 （JIS H 5120），鉛フリー銅合金材料
3	弁体	CAC406, CAC901, CAC902, CAC903B, CAC911 （JIS H 5120），CAC406C, CAC901C, CAC902C, CAC903C, CAC911C （JIS H 5121），鉛フリー銅合金材料，耐脱亜鉛黄銅材料
4	弁押さえ	
5	パッキン押さえ輪	C3604, C3771 （JIS H 3250），CAC406, CAC 901, CAC902, CAC903B, CAC911 （JIS H 5120），CAC406C, CAC901C, CAC902C, CAC903C, CAC911C （JIS H 5121），鉛フリー銅合金材料
6	パッキン押さえナット	
7	弁棒	CAC406C, CAC901C, CAC902C, CAC903C, CAC911C （JIS H 5121），鉛フリー銅合金材料，耐脱亜鉛黄銅材料

部品番号	部品名称	材料
8	ハンドル車	SPCD （JIS G 3141），FC200 （JIS G 5501），ZDC1, ZDC2 （JIS H 5301），ADC12 （JIS H 5302）
9	六角ナット	C3604 （JIS H 3250），鉛フリー銅合金材料
11	パッキン押さえ	CAC406, CAC901, CAC902, CAC903B, CAC911 （JIS H 5120），鉛フリー銅合金材料
12	ふたボルト	強度区分 4.6 以上 （JIS B 1051 表2）
13	六角ナット	C3604 （JIS H 3250），鉛フリー銅合金材料
16	パッキン押さえボルト	強度区分 4.6 以上 （JIS B 1051 表2）
17	六角ナット	C3604 （JIS H 3250），鉛フリー銅合金材料
18	パッキン	用途によって選定する
20	ガスケット	
21	銘板	使用上十分な耐久性をもつもの

(3) 呼び方の例　　規格番号または"青銅"，および種類による．

【製品】呼び圧力 5K，呼び径 1/2，メタルシートねじ込み形玉形弁

→ （呼び方）JIS B 2011-5K-1/2　ねじ込み形玉形弁（メタルシート）または青銅-5K-1/2　ねじ込み形玉形弁（メタルシート）

36. ねじ込み式鋼管製管継手 （JIS B 2302：2013（2018 確認））（抜粋）

(1) 種 類 ソケット，バレルニップル，クローズニップル，ロングニップルがある．

(2) 材 料 JIS G 3452 に規定する鋼管，またはこれと同等以上の品質のものとする．

(3) 呼び方の例 規格番号または規格名称，種類および大きさの呼びによる．ただし，表面の状態による種類は，無めっきを黒，めっきを白と呼んでもよい．

【製品】ソケット，無めっき，呼び 3/4 のねじ込み式鋼管製管継手
→（呼び方）JIS B 2302 ソケット 黒 3/4

(4) 形状・寸法（ソケット）

単位 mm

呼び	外径 D（最小）	長さ L（最小）	呼び	外径 D（最小）	長さ L（最小）	呼び	外径 D（最小）	長さ L（最小）
1/8	14	17	1	39.5	43	3	95	71
1/4	18.5	25	1 1/4	48.3	48	4	122	83
3/8	21.3	26	1 1/2	54.5	48	5	147	92
1/2	26.4	34	2	66.3	56	6	174	92
3/4	31.8	36	2 1/2	82	65			

注1) ねじ部端面は面取りを行う．
2) ソケットのねじは，JIS B 0203 の平行ねじとする．

37. 圧力容器用鏡板 （JIS B 8247：2016（2021 確認））（抜粋）

(1) 種 類 中央部の内半径 R および隅の丸み半径 r により分け，次表の 4 種類がある．

種 類	記号	R	r	断面形状（皿形鏡板を示す）
平鏡板	FH	−	3t 以上	
皿形鏡板	SD	1.0 D	0.1 D	
正半だ円体形鏡板	ED	−	−	注記）T.L. はタンジェントラインである．
近似半だ円体形鏡板	AD	0.9045 D	0.1727 D	

注1) フランジ部長さ l は，厚さ t の 3 倍とする．ただし，最小 20 mm とし，最大 38 mm を超える必要はない．

(2) 呼び径 D

単位 mm

−	−	−		300	350	400	450	500	550	600	650	700	750	800	850	900	950	1000
1050	1100	1150	1200	1250	1300	1350	1400	1450	1500	1550	1600	1650	1700	1750	1800	1850	1900	1950	2000
−	2100	−	2200	−	2300	−	2400	−	2500	−	2600	−	2700	−	2800	−	2900	−	3000
−	3100	−	3200	−	3300	−	3400	−	3500	−	3600	−	3700	−	3800	−	3900	−	4000
−	4100	−	4200	−	4300	−	4400	−	4500	−	4600	−	4700	−	4800	−	4900	−	5000
−	5100	−	5200	−	5300	−	5400	−	5500	−	5600	−	5700	−	5800	−	5900	−	6000

(3) 種 別 外周長さの許容差を基準とする鏡板を A 種，内径の許容差を基準とする鏡板を B 種とする．

(4) 呼び方の例 種類の記号，呼び径，厚さ，材料の種類の記号，その他必要な記号による．

【製品】皿形鏡板，呼び径 450，厚さ 6，SS400 製，B 種の圧力容器用鏡板
→（呼び方）JIS B 8247 SD450−6−SS400−B

38. 止め輪 （JIS B 2804：2010（2020 確認））（抜粋）

(1) 種 類 C 形軸用偏心止め輪（記号 CE-EX），C 形穴用偏心止め輪（記号 CE-IN），C 形軸用同心止め輪（記号 CC-EX），C 形穴用同心止め輪（記号 CC-IN），E 形止め輪（記号 ER），グリップ止め輪（GR）がある．

(2) 材 料

止め輪に用いる材料	C 形偏心止め輪	C 形同心止め輪	E 形止め輪	グリップ止め輪
S60CM，S65CM，S70CM，SK85M（JIS G 3311）	○	○	○	−
SWRH62（A・B），SWRH67（A・B），SWRH72（A・B），SWRH77（A・B），SWRH82（A・B）（JIS G 3506）	○	○	−	−
SW−B，SW−C（JIS G 3521）	−	○	○	−
SUS301−CSP，SUS304−CSP（JIS G 4313）	−	−	○	−
SK85（JIS G 4401）	○	−	−	−
S60C−CSP，S65C−CSP，S70C−CSP，SK85−CSP（JIS G 4802）	○	○	○	○

(3) 呼び方の例 規格番号または規格名称，種類または種類を表す記号，呼び，鋼種，指定事項の順序とする．

【製品】呼び 50 の C 形軸用偏心止め輪
→（呼び方）JIS B 2804 C 形軸用偏心止め輪−50 または JIS B 2804 CE-EX−50

(4) 形状・寸法

● C 形軸用偏心止め輪

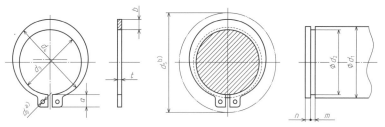

注a) 直径 d_0 の穴の位置は，止め輪を適用する軸に入れたとき，溝に隠れない位置とする．
b) d_5 は，止め輪の外部に干渉物がある場合の干渉物の最小内径である．

● C 形穴用偏心止め輪

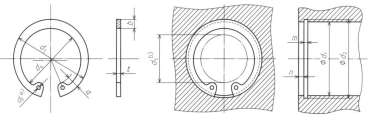

注a) 直径 d_0 の穴の位置は，止め輪を適用する穴に入れたとき，溝に隠れない位置とする．
b) d_5 は，止め輪の内部に干渉物がある場合の干渉物の最大外径である．

機械製図法 ① ② 図面 ③ 部品・材料資料 ③8 止め輪

● C形軸用偏心止め輪の寸法　　　　　　　　　　　　単位 mm

呼び径 1	呼び径 2	止め輪 d_3	止め輪 t	止め輪 b 約	止め輪 a 約	止め輪 d_0 最小	適用する軸(参考) d_5	適用する軸(参考) d_1	適用する軸(参考) d_2	m	n 最小
10		9.3	1	1.6	3.0	1.2	17	10	9.6	1.15	1.5
	11	10.2	1	1.8	3.1	1.2	18	11	10.5	1.15	1.5
12		11.1	1	1.8	3.2	1.5	19	12	11.5	1.15	1.5
14		12.9	1	2.0	3.4	1.7	22	14	13.4	1.15	1.5
15		13.8	1	2.1	3.5	1.7	23	15	14.3	1.15	1.5
16		14.7	1	2.2	3.6	1.7	24	16	15.2	1.15	1.5
17		15.7	1	2.2	3.7	1.7	25	17	16.2	1.15	1.5
18		16.5	1.2	2.6	3.8	1.7	26	18	17.0	1.35	1.5
	19	17.5	1.2	2.7	3.8	2	27	19	18.0	1.35	1.5
20		18.5	1.2	2.7	3.9	2	28	20	19.0	1.35	1.5
22		20.5	1.2	2.7	4.1	2	31	22	21.0	1.35	1.5
	24	22.2	1.2	3.1	4.2	2	33	24	22.9	1.35	1.5
25		23.2	1.2	3.1	4.3	2	34	25	23.9	1.35	1.5
	26	24.2	1.2	3.1	4.4	2	35	26	24.9	1.35	1.5
28		25.9	1.5	3.1	4.6	2	38	28	26.6	1.65	1.5
30		27.9	1.5	3.5	4.8	2	40	30	28.6	1.65	1.5
32		29.6	1.5	3.5	5.0	2.5	43	32	30.3	1.65	1.5
35		32.2	1.5	4.0	5.4	2.5	46	35	33.0	1.65	1.5
	36	33.2	1.75	4.0	5.4	2.5	47	36	34.0	1.90	2
	38	35.2	1.75	4.5	5.6	2.5	50	38	36.0	1.90	2
40		37.0	1.75	4.5	5.8	2.5	53	40	38.0	1.90	2
	42	38.5	1.75	4.5	6.2	2.5	55	42	39.5	1.90	2
45		41.5	1.75	4.8	6.3	2.5	58	45	42.5	1.90	2
	48	44.5	1.75	4.8	6.5	2.5	62	48	45.5	1.90	2
50		45.8	2	5.0	6.7	2.5	64	50	47.0	2.2	2
55		50.8	2	5.0	7.0	2.5	70	55	52.0	2.2	2
	56	51.8	2	5.0	7.0	2.5	71	56	53.0	2.2	2
60		55.8	2	5.5	7.2	2.5	75	60	57.0	2.2	2
65		60.8	2.5	6.4	7.4	2.5	81	65	62.0	2.7	2.5
70		65.5	2.5	6.4	7.8	2.5	86	70	67.0	2.7	2.5
75		70.5	2.5	7.0	7.9	2.5	92	75	72.0	2.7	2.5
80		74.5	2.5	7.4	8.2	2.5	97	80	76.5	2.7	2.5
85		79.5	3	8.0	8.4	3	103	85	81.5	3.2	3
90		84.5	3	8.0	8.7	3	108	90	86.5	3.2	3
95		89.5	3	8.6	9.1	3	114	95	91.5	3.2	3
100		94.5	3	9.0	9.5	3	119	100	96.5	3.2	3
	105	98.0	4	9.5	9.8	3	125	105	101.0	4.2	4
110		103.0	4	9.5	10.0	3	131	110	106.0	4.2	4
120		113.0	4	10.3	10.9	3	143	120	116.0	4.2	4

注1) 呼び径は，1欄のものを優先し，必要に応じて2欄とする.
2) 厚さ t の1.5は，受渡当事者間の協定によって1.6としてもよい．その場合 m は1.75とする.
3) 厚さ t の1.75は，受渡当事者間の協定によって1.8としてもよい．その場合 m は1.95とする.
4) 適用する軸の寸法は，推奨する寸法を参考として示したものである.
5) 止め輪円環部の最小幅は，厚さ t より大きいことが望ましい．また，d_4 は，$d_4 = d_3 + (1.4 \sim 1.5)b$ とすることが望ましい.

● C形穴用偏心止め輪の寸法　　　　　　　　　　　　単位 mm

呼び径 1	呼び径 2	止め輪 d_3	止め輪 t	止め輪 b 約	止め輪 a 約	止め輪 d_0 最小	適用する穴(参考) d_5	適用する穴(参考) d_1	適用する穴(参考) d_2	m	n 最小
10		10.7	1	1.8	3.1	1.2	3	10	10.4	1.15	1.5
11		11.8	1	1.8	3.2	1.2	4	11	11.4	1.15	1.5
12		13.0	1	1.8	3.3	1.5	5	12	12.5	1.15	1.5
	13	14.1	1	1.8	3.5	1.5	6	13	13.6	1.15	1.5
14		15.1	1	2.0	3.6	1.7	7	14	14.6	1.15	1.5
	15	16.2	1	2.0	3.6	1.7	8	15	15.7	1.15	1.5
16		17.3	1	2.0	3.7	1.7	8	16	16.8	1.15	1.5
	17	18.3	1	2.0	3.8	1.7	9	17	17.8	1.15	1.5
18		19.5	1	2.5	4.0	1.7	10	18	19.0	1.15	1.5
19		20.5	1	2.5	4.0	2	11	19	20.0	1.15	1.5
20		21.5	1	2.5	4.0	2	12	20	21.0	1.15	1.5
22		23.5	1	2.5	4.1	2	13	22	23.0	1.15	1.5
	24	25.9	1.2	2.5	4.3	2	15	24	25.2	1.35	1.5
25		26.9	1.2	3.0	4.4	2	16	25	26.2	1.35	1.5
	26	27.9	1.2	3.0	4.6	2	16	26	27.2	1.35	1.5
28		30.1	1.2	3.0	4.6	2	18	28	29.4	1.35	1.5
30		32.1	1.2	3.0	4.7	2	20	30	31.4	1.35	1.5
32		34.4	1.2	3.5	5.2	2.5	21	32	33.7	1.35	1.5
35		37.8	1.5	3.5	5.2	2.5	24	35	37.0	1.65	2
	36	38.8	1.5	3.5	5.2	2.5	25	36	38.0	1.65	2
37		39.8	1.5	3.5	5.2	2.5	26	37	39.0	1.65	2
	38	40.8	1.5	4.0	5.3	2.5	27	38	40.0	1.65	2
40		43.5	1.75	4.0	5.7	2.5	28	40	42.5	1.90	2
42		45.5	1.75	4.5	5.8	2.5	30	42	44.5	1.90	2
45		48.5	1.75	4.5	5.9	2.5	33	45	47.5	1.90	2
47		50.5	1.75	4.5	6.1	2.5	34	47	49.5	1.90	2
	48	51.5	1.75	4.5	6.2	2.5	35	48	50.5	1.90	2
50		54.2	2	4.5	6.5	2.5	37	50	53.0	2.2	2
52		56.2	2	5.1	6.5	2.5	39	52	55.0	2.2	2
55		59.2	2	5.1	6.5	2.5	41	55	58.0	2.2	2
	56	60.2	2	5.1	6.6	2.5	42	56	59.0	2.2	2
60		64.2	2	5.5	6.8	2.5	46	60	63.0	2.2	2
62		66.2	2	5.5	6.9	2.5	48	62	65.0	2.2	2
	63	67.2	2	5.5	6.9	2.5	49	63	66.0	2.2	2
	65	69.2	2.5	5.5	7.0	2.5	50	65	68.0	2.7	2.5
68		72.5	2.5	6.0	7.4	2.5	53	68	71.0	2.7	2.5
	70	74.5	2.5	6.0	7.4	2.5	55	70	73.0	2.7	2.5
72		76.5	2.5	6.6	7.4	2.5	57	72	75.0	2.7	2.5
75		79.5	2.5	6.6	7.8	2.5	60	75	78.0	2.7	2.5
80		85.5	2.5	7.0	8.0	2.5	64	80	83.5	2.7	2.5
85		90.5	3	7.0	8.0	3	69	85	88.5	3.2	3
90		95.5	3	7.6	8.3	3	73	90	93.5	3.2	3
95		100.5	3	8.0	8.5	3	77	95	98.5	3.2	3
100		105.5	3	8.3	8.8	3	82	100	103.5	3.2	3
	105	112.0	4	8.9	9.1	3	86	105	109.0	4.2	4
110		117.0	4	8.9	10.2	3	89	110	114.0	4.2	4
	112	119.0	4	8.9	10.2	3	90	112	116.0	4.2	4
	115	122.0	4	9.5	10.2	3	94	115	119.0	4.2	4
120		127.0	4	9.5	10.7	3	98	120	124.0	4.2	4
125		132.0	4	10.0	10.7	3.5	103	125	129.0	4.2	4

注1) 呼び径は，1欄のものを優先し，必要に応じて2欄とする.
2) 厚さ t の1.5は，受渡当事者間の協定によって1.6としてもよい．その場合 m は1.75とする.
3) 厚さ t の1.75は，受渡当事者間の協定によって1.8としてもよい．その場合 m は1.95とする.
4) 適用する穴の寸法は，推奨する寸法を参考として示したものである.
5) 止め輪円環部の最小幅は，厚さ t より大きいことが望ましい．また，d_4 は，$d_4 = d_3 - (1.4 \sim 1.5)b$ とすることが望ましい.

39. オイルシール（JIS B 2402-1：2013（2018 確認））（抜粋）

(1) 種類

● ばね入り

タイプ1	ばね入り外周ゴム
タイプ2	ばね入り外周金属
タイプ3	ばね入り組立形外周金属
タイプ4	ばね入り外周ゴム保護リップ付
タイプ5	ばね入り外周金属保護リップ付
タイプ6	ばね入り組立形外周金属保護リップ付

● ばねなし

タイプ1	ばねなし外周ゴム
タイプ2	ばねなし外周金属
タイプ3	ばねなし組立形外周金属

(2) 呼び寸法

単位　mm

d_1	D	b	d_1	D	b	d_1	D	b	d_1	D	b
6	16	7	25	40	7	45	62	8	120	150	12
6	22	7	25	47	7	45	65	8	130	160	12
7	22	7	25	52	7	50	68	8	140	170	15
8	22	7	28	40	7	50	72	8	150	180	15
8	24	7	28	47	7	55	72	8	160	190	15
9	22	7	28	52	7	55	80	8	170	200	15
10	22	7	30	42	7	60	80	8	180	210	15
10	25	7	30	47	7	60	85	8	190	220	15
12	24	7	30	52	8	65	85	10	200	230	15
12	25	7	32	45	8	65	90	10	220	250	15
12	30	7	32	47	8	70	90	10	240	270	15
15	26	7	32	52	8	70	95	10	260	300	20
15	30	7	35	50	8	75	95	10	280	320	20
15	35	7	35	52	8	75	100	10	300	340	20
16	30	7	35	55	8	80	100	10	320	360	20
18	30	7	38	55	8	80	110	10	340	380	20
18	35	7	38	58	8	85	110	12	360	400	20
20	35	7	38	62	8	85	120	12	380	420	20
20	40	7	40	55	8	90	120	12	400	440	20
22	35	7	40	62	8	95	120	12	450	500	25
22	40	7	42	55	8	100	125	12	480	530	25
22	47	7	42	62	8	110	140	12			

40. 油圧シリンダ取付方法（JIS B 8367-2：2009（2019 確認））（抜粋）

油圧シリンダ取付寸法−第2部:片ロッド−16MPa シリーズ−角カバー形−タイロッド締付式（内径 25 〜 200 mm）（JIS B 8367-2）の例を以下に示す.

(1) 基準寸法

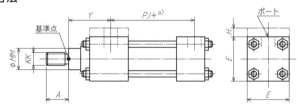

注 a）　＋記号はストロークを加算する箇所を示す.

単位　mm

内径	ロッド径		KK 公差域クラス 6g	A 最大	Y ±2	PJ+a) ±1.5	E	H 最大
	記号	MM						
25	C	12	M 10 × 1.25	14	50	53	40 ± 1.5	5
	B	14	M 12 × 1.25	16				
	A	18	M 10 × 1.25	14				
	A	18	M 14 × 1.5	18				
32	C	14	M 12 × 1.25	16	60	56	45 ± 1.5	5
	B	18	M 14 × 1.5	18				
	A	22	M 12 × 1.25	16				
	A	22	M 16 × 1.5	22				
40	C	18	M 14 × 1.5	18	62	73	63 ± 1.5	−
	B	22	M 16 × 1.5	22				
	A	28	M 14 × 1.5	18				
	A	28	M 20 × 1.5	28				
50	C	22	M 16 × 1.5	22	67	74	75 ± 1.5	−
	B	28	M 20 × 1.5	28				
	A	36	M 16 × 1.5	22				
	A	36	M 27 × 2	36				
63	C	28	M 20 × 1.5	28	71	80	90 ± 1.5	−
	B	36	M 27 × 2	36				
	A	45	M 20 × 1.5	28				
	A	45	M 33 × 2	45				
80	C	36	M 27 × 2	36	77	93	115 ± 1.5	−
	B	45	M 33 × 2	45				
	A	56	M 27 × 2	36				
	A	56	M 42 × 2	56				
100	C	45	M 33 × 2	45	82	101	130 ± 2	−
	B	56	M 42 × 2	56				
	A	70	M 33 × 2	45				
	A	70	M 48 × 2	63				
125	C	56	M 42 × 2	56	86	117	165 ± 2	−
	B	70	M 48 × 2	63				
	A	90	M 42 × 2	56				
	A	90	M 64 × 3	85				
160	C	70	M 48 × 2	63	86	130	205 ± 2	−
	B	90	M 64 × 3	85				
	A	110	M 48 × 2	63				
	A	110	M 80 × 3	95				
200	C	90	M 64 × 3	85	98	165	245 ± 2	−
	B	110	M 80 × 3	95				
	A	140	M 64 × 3	85				
	A	140	M 100 × 3	112				

注 a）　＋記号はストロークを加算する箇所を示す.

(2) ストローク

ストロークは次の数値（JIS B 8366-3）から選ぶのがよい:25, 50, 80, 100, 125, 160, 200, 250, 320, 400, 500.

(3) 呼び方の例

規格番号, シリンダ内径, ピストンロッド径, 取付形式記号（JIS B 8366-5）, ストロークの長さによる.

【製品】JIS B 8367-2, 内径 40, ピストンロッド径 22, キャップアイ取付形式, ストローク 80 の油圧シリンダ

→ （呼び方）JIS B 8367-2-40-22-MP3-80

41. Uパッキン

Uパッキンは油もれを防ぐ目的でシリンダの往復運動部およびロッド部に使用する.

(1) 材　料　　合成ゴム

(2) 形状・寸法例　　NOK 株式会社「ピストン・ロッドシール両用パッキン USI 型」カタログによる.

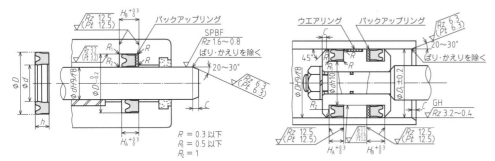

単位　mm

d	D	h	D_1	H_A	H_B	C
10	18	5	17			
12	20	5	19			
12.5	20	5	19			
14	22	5	21	5.7	7.7	2
16	24	5	23			
17	25	5	24			
18	26	5	25			
20	28	5	27			
20	30	6	29	7	9	
22	30	5	29			
22.4	30	5	29			
23.5	31.5	5	30.5	5.7	7.7	
24	32	5	31			
25	33	5	32			
25	35	6	34	7	9	
26	34	5	33			
27	35	5	34			
28	35.5	5	34.5	5.7	8.7	
28	36	5	35			
30	38	5	37			
30	40	6	39			
31.5	41.5	6	40.5			2.5
32	42	6	41			
33	43	6	42			
34	44	6	43			
35	45	6	44	7	10	
35.5	45	6	44			
35.5	45.5	6	44.5			
36	46	6	45			
38	48	6	47			
40	50	6	49			
45	55	6	54			
45	56	7	55	8	11	
46	56	6	55			
50	60	6	59	7	10	
53	63	6	62			

42. ダストワイパ

ダストワイパは外部から塵や異物が入ることを避けるために, シリンダのロッド部に使用する.

(1) 材　料　　合成ゴム

(2) 形状・寸法例　　NOK 株式会社「ダストシール LBH 型」カタログによる.

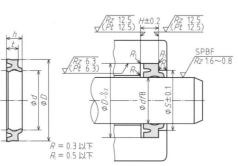

単位　mm

d	D	t	h	S	H	B
12	20			16.3		
12.5	20.5			16.8		
14	22			18.3		
16	24			20.3		
18	26			22.3		
20	28	4.5	6	24.3	5	
22	30			26.3		
22.4	30.4			26.7		
25	33			29.3		2
28	36			32.3		
30	38			34		
31.5	39.5			35.5		
32	40			36		
35	43			39		
35.5	43.5	5	6.5	39.5	6	
36	44			40		
40	48			44		
45	53			49		

43. Oリング（JIS B 2401-1, -2：2012（2021 確認））（抜粋）

(1) 種　類　　Oリングの種類と記号を次に示す.

運動用 Oリング（P）, 固定用 Oリング（G）, 真空フランジ用 Oリング（V）, ISO 一般工業用 Oリング（F）, ISO 精密機器用 Oリング（S）

(2) 材　料

材料の種類	識別記号	識別記号の意味	従来の識別記号（参考）
一般用ニトリルゴム	NBR-70-1	耐鉱物油用でタイプ A デュロメータ硬さ A70	1種 A または 1A
	NBR-90	耐鉱物油用でタイプ A デュロメータ硬さ A90	1種 B または 1B
燃料用ニトリルゴム	NBR-70-2	耐ガソリン用でタイプ A デュロメータ硬さ A70	2種 または 2
水素化ニトリルゴム	HNBR-70	耐鉱物油・耐熱用でタイプ A デュロメータ硬さ A70	－
	HNBR-90	耐鉱物油・耐熱用でタイプ A デュロメータ硬さ A90	－
ふっ素ゴム	FKM-70	耐熱用でタイプ A デュロメータ硬さ A70	4種 D または 4D
	FKM-90	耐熱用でタイプ A デュロメータ硬さ A90	
エチレンプロピレンゴム	EPDM-70	耐動植物用・ブレーキ油用でタイプ A デュロメータ硬さ A70	3種 または 3
	EPDM-90	耐動植物用・ブレーキ油用でタイプ A デュロメータ硬さ A90	
シリコーンゴム	VMQ-70	耐熱・耐寒用でタイプ A デュロメータ硬さ A70	4種 C または 4C
アクリルゴム	ACM-70	耐熱・耐鉱物油用でタイプ A デュロメータ硬さ A70	

注1）タイプ A デュロメータ硬さは JIS K 6253-3 による.

(3) 呼び方の例　　規格名称「Oリング」の略号である "OR" に続けて次のように表示する.

【製品】材料 NBR-70-1, 呼び番号 G80, 品質等級 N（JIS B 2401-3）の固定用 Oリング

→（呼び方）OR　NBR-70-1　G80-N

◀(4) 形状・寸法

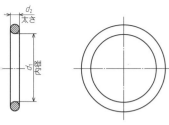

● 円筒面のハウジング形状

● 運動用

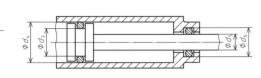

● 固定用（円筒面）

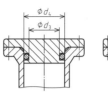

● 一体溝

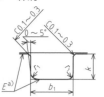

● 分割溝

● バックアップリングを使用する場合

バックアップリング1個のとき

バックアップリング2個のとき

注a) E は，寸法 K の最大値と最小値との差を意味し，同軸度の2倍となっている.

● 平面のハウジング形状

● 外圧用 b)

● 内圧用 b)

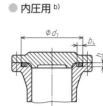

単位 mm

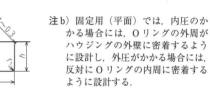

注b) 固定用（平面）では，内圧のかかる場合には，Oリングの外周がハウジングの外壁に密着するように設計し，外圧がかかる場合には，反対にOリングの内周に密着するように設計する.

● 運動用Oリング

単位 mm

Oリングの呼び番号	Oリングの寸法 内径 d_1	Oリングの寸法 太さ d_2	円筒面ハウジングの寸法 d_3, d_5	円筒面ハウジングの寸法 d_4, d_6	b_1 +0.25 0	b_2 +0.25 0	b_3 +0.25 0	r_1 (最大)	E (最大)	つぶししろ 最大/最小	平面ハウジングの寸法 d_8 (外圧用)	平面ハウジングの寸法 d_7 (内圧用)	b_4 +0.25 0	h ±0.05	r_1 (最大)	つぶししろ 最大/最小
P3	2.8 ± 0.14		3	6							3	6.2				
P4	3.8 ± 0.14		4	7							4	7.2				
P5	4.8 ± 0.15		5	8							5	8.2				
P6	5.8 ± 0.15	1.9 ± 0.08	6	9	2.5	3.9	5.4	0.4	0.05	0.48/0.27	6	9.2	2.5	1.4	0.4	0.63/0.37
P7	6.8 ± 0.16		7	10							7	10.2				
P8	7.8 ± 0.16		8	11							8	11.2				
P9	8.8 ± 0.17		9	12							9	12.2				
P10	9.8 ± 0.17		10	13							10	13.2				
P10A	9.8 ± 0.17		10	14							10	14				
P11	10.8 ± 0.18		11	15							11	15				
P11.2	11.0 ± 0.18		11.2	15.2							11.2	15.2				
P12	11.8 ± 0.19		12	16							12	16				
P12.5	12.3 ± 0.19		12.5	16.5							12.5	16.5				
P14	13.8 ± 0.19	2.4 ± 0.09	14	18	3.2	4.4	6.0	0.4	0.05	0.49/0.25	14	18	3.2	1.8	0.4	0.74/0.46
P15	14.8 ± 0.20		15	19							15	19				
P16	15.8 ± 0.20		16	20							16	20				
P18	17.8 ± 0.21		18	22							18	22				
P20	19.8 ± 0.22		20	24							20	24				
P21	20.8 ± 0.23		21	25							21	25				
P22	21.8 ± 0.24		22	26							22	26				
P22A	21.7 ± 0.24		22	28							22	28				
P22.4	22.1 ± 0.24		22.4	28.4							22.4	28.4				
P24	23.7 ± 0.24		24	30							24	30				
P25	24.7 ± 0.25		25	31							25	31				
P25.5	25.2 ± 0.25		25.5	31.5							25.5	31.5				
P26	25.7 ± 0.26	3.5 ± 0.10	26	32	4.7	6.0	7.8	0.8	0.08	0.60/0.32	26	32	4.7	2.7	0.8	0.95/0.65
P28	27.7 ± 0.28		28	34							28	34				
P29	28.7 ± 0.29		29	35							29	35				
P29.5	29.2 ± 0.29		29.5	35.5							29.5	35.5				
P30	29.7 ± 0.29		30	36							30	36				

161

1 機械製図法

2 図面

3 部品・材料資料

43 Oリング

● 運動用 O リング〈つづき〉　　　　　　　　　　　　　　　　　　　　単位　mm

Oリングの呼び番号	Oリングの寸法 内径 d_1	太さ d_2	円筒面ハウジングの寸法 d_3, d_5	d_4, d_6	b_1	b_2 +0.25 0	b_3	r_1（最大）	E（最大）	つぶししろ 最大/最小	平面ハウジングの寸法 d_8（外圧用）	d_7（内圧用）	b_4 +0.25 0	h ±0.05	r_1（最大）	つぶししろ 最大/最小
P31	30.7 ± 0.30		31	37							31	37				
P31.5	31.2 ± 0.31		31.5	37.5							31.5	37.5				
P32	31.7 ± 0.31		32	38							32	38				
P34	33.7 ± 0.33		34	40							34	40				
P35	34.7 ± 0.34		35	41							35	41				
P35.5	35.2 ± 0.34		35.5	41.5							35.5	41.5				
P36	35.7 ± 0.34		36	42							36	42				
P38	37.7 ± 0.37	3.5 ± 0.10	38	44							38	44				
P39	38.7 ± 0.37		39	45	0 −0.08	+0.08 0	4.7	6.0	7.8	0.8	0.08	0.60/0.32	39	45	4.7	2.7	0.8	0.95/0.65
P40	39.7 ± 0.37		40	46							40	46				
P41	40.7 ± 0.38		41	47							41	47				
P42	41.7 ± 0.39		42	48							42	48				
P44	43.7 ± 0.41		44	50							44	50				
P45	44.7 ± 0.41		45	51							45	51				
P46	45.7 ± 0.42		46	52							46	52				
P48	47.7 ± 0.44		48	54							48	54				
P49	48.7 ± 0.45		49	55							49	55				
P50	49.7 ± 0.45		50	56							50	56				
P48A	47.6 ± 0.44		48	58							48	58				
P50A	49.6 ± 0.45		50	60							50	60				
P52	51.6 ± 0.47		52	62							52	62				
P53	52.6 ± 0.48		53	63							53	63				
P55	54.6 ± 0.49		55	65							55	65				
P56	55.6 ± 0.50	5.7 ± 0.13	56	66							56	66				
P58	57.6 ± 0.52		58	68	0 −0.10	+0.10 0	7.5	9.0	11.5	0.8	0.10	0.83/0.47	58	68	7.5	4.6	0.8	1.28/0.92
P60	59.6 ± 0.53		60	70							60	70				
P62	61.6 ± 0.55		62	72							62	72				
P63	62.6 ± 0.56		63	73							63	73				
P65	64.6 ± 0.57		65	75							65	75				
P67	66.6 ± 0.59		67	77							67	77				
P70	69.6 ± 0.61		70	80							70	80				
P71	70.6 ± 0.62		71	81							71	81				
P75	74.6 ± 0.65		75	85							75	85				
P80	79.6 ± 0.69		80	90							80	90				
P85	84.6 ± 0.73		85	95							85	95				
P90	89.6 ± 0.77		90	100							90	100				
P95	94.6 ± 0.81		95	105							95	105				
P100	99.6 ± 0.84		100	110							100	110				
P102	101.6 ± 0.85		102	112							102	112				
P105	104.6 ± 0.87		105	115							105	115				
P110	109.6 ± 0.91	5.7 ± 0.13	110	120	0 −0.10	+0.10 0	7.5	9.0	11.5	0.8	0.10	0.83/0.47	110	120	7.5	4.6	0.8	1.28/0.92
P112	111.6 ± 0.92		112	122							112	122				
P115	114.6 ± 0.94		115	125							115	125				
P120	119.6 ± 0.98		120	130							120	130				
P125	124.6 ± 1.01		125	135							125	135				
P130	129.6 ± 1.05		130	140							130	140				
P132	131.6 ± 1.06		132	142							132	142				
P135	134.6 ± 1.09		135	145							135	145				
P140	139.6 ± 1.12		140	150							140	150				
P145	144.6 ± 1.16		145	155							145	155				
P150	149.6 ± 1.19		150	160							150	160				
P150A	149.5 ± 1.19		150	165							150	165				
P155	154.5 ± 1.23		155	170							155	170				
P160	159.5 ± 1.26		160	175							160	175				
P165	164.5 ± 1.30		165	180							165	180				
P170	169.5 ± 1.33	8.4 ± 0.15	170	185	0 −0.10	+0.10 0	11.0	13.0	17.0	1.2	0.12	1.05/0.65	170	185	11.0	6.9	1.2	1.7/1.3
P175	174.5 ± 1.37		175	190							175	190				
P180	179.5 ± 1.40		180	195							180	195				
P185	184.5 ± 1.44		185	200							185	200				
P190	189.5 ± 1.48		190	205							190	205				
P195	194.5 ± 1.51		195	210							195	210				

● 運動用 O リング〈つづき〉

単位 mm

O リングの 呼び番号	O リングの寸法 内径 d_1	O リングの寸法 太さ d_2	円筒面ハウジングの寸法 d_3, d_5	円筒面ハウジングの寸法 d_4, d_6	b_1 +0.25 0	b_2 +0.25 0	b_3 +0.25 0	r_1 (最大)	E (最大)	つぶししろ 最大/最小	平面ハウジングの寸法 d_8 (外圧用)	平面ハウジングの寸法 d_7 (内圧用)	b_4 +0.25 0	h ±0.05	r_1 (最大)	つぶししろ 最大/最小
P200	199.5 ± 1.55		200	215							200	215				
P205	204.5 ± 1.58		205	220							205	220				
P209	208.5 ± 1.61		209	224							209	224				
P210	209.5 ± 1.62		210	225							210	225				
P215	214.5 ± 1.65		215	230							215	230				
P220	219.5 ± 1.68		220	235							220	235				
P225	224.5 ± 1.71		225	240							225	240				
P230	229.5 ± 1.75		230	245							230	245				
P235	234.5 ± 1.78		235	250							235	250				
P240	239.5 ± 1.81		240	255							240	255				
P245	244.5 ± 1.84		245	260							245	260				
P250	249.5 ± 1.88		250	265							250	265				
P255	254.5 ± 1.91		255	270							255	270				
P260	259.5 ± 1.94		260	275							260	275				
P265	264.5 ± 1.97		265	280							265	280				
P270	269.5 ± 2.01	8.4 ± 0.15	270 0 −0.10	285 +0.10 0	11.0	13.0	17.0	1.2	0.12	1.05/0.65	270	285	11.0	6.9	1.2	1.7/1.3
P275	274.5 ± 2.04		275	290							275	290				
P280	279.5 ± 2.07		280	295							280	295				
P285	284.5 ± 2.10		285	300							285	300				
P290	289.5 ± 2.14		290	305							290	305				
P295	294.5 ± 2.17		295	310							295	310				
P300	299.5 ± 2.20		300	315							300	315				
P315	314.5 ± 2.30		315	330							315	330				
P320	319.5 ± 2.33		320	335							320	335				
P335	334.5 ± 2.42		335	350							335	350				
P340	339.5 ± 2.45		340	355							340	355				
P355	354.5 ± 2.54		355	370							355	370				
P360	359.5 ± 2.57		360	375							360	375				
P375	374.5 ± 2.67		375	390							375	390				
P385	384.5 ± 2.73		385	400							385	400				
P400	399.5 ± 2.83		400	415							400	415				

● 固定用 O リング

単位 mm

O リングの 呼び番号	O リングの寸法 内径 d_1	O リングの寸法 太さ d_2	円筒面ハウジングの寸法 d_3, d_5	円筒面ハウジングの寸法 d_4, d_6	b_1 +0.25 0	b_2 +0.25 0	b_3 +0.25 0	r_1 (最大)	E (最大)	つぶししろ 最大/最小	平面ハウジングの寸法 d_8 (外圧用)	平面ハウジングの寸法 d_7 (内圧用)	b_4 +0.25 0	h ±0.05	r_1 (最大)	つぶししろ 最大/最小
G25	24.4 ± 0.25		25	30							25	30				
G30	29.4 ± 0.29		30	35							30	35				
G35	34.4 ± 0.33		35	40							35	40				
G40	39.4 ± 0.37		40	45							40	45				
G45	44.4 ± 0.41		45	50							45	50				
G50	49.4 ± 0.45		50	55							50	55				
G55	54.4 ± 0.49		55	60							55	60				
G60	59.4 ± 0.53		60	65							60	65				
G65	64.4 ± 0.57		65	70							65	70				
G70	69.4 ± 0.61	3.1 ± 0.10	70 0 −0.10	75 +0.10 0	4.1	5.6	7.2	0.7	0.08	0.70/0.40	70	75	4.1	2.4	0.7	0.85/0.55
G75	74.4 ± 0.65		75	80							75	80				
G80	79.4 ± 0.69		80	85							80	85				
G85	84.4 ± 0.73		85	90							85	90				
G90	89.4 ± 0.77		90	95							90	95				
G95	94.4 ± 0.81		95	100							95	100				
G100	99.4 ± 0.85		100	105							100	105				
G105	104.4 ± 0.87		105	110							105	110				
G110	109.4 ± 0.91		110	115							110	115				
G115	114.4 ± 0.94		115	120							115	120				
G120	119.4 ± 0.98		120	125							120	125				

機械製図法　図面　部品・材料資料　44 スクロールチャック

● 固定用Oリング〈つづき〉　　　　　　　　　　　　　　　　　　　　　　　　単位　mm

Oリングの呼び番号	Oリングの寸法		円筒面ハウジングの寸法								平面ハウジングの寸法					
	内径 d_1	太さ d_2	d_3, d_5	d_4, d_6	b_1	b_2 +0.25 0	b_3	r_1(最大)	E(最大)	つぶししろ 最大/最小	d_8(外圧用)	d_7(内圧用)	b_4 +0.25 0	h ±0.05	r_1(最大)	つぶししろ 最大/最小
G125	124.4 ± 1.01		125	130							125	130				
G130	129.4 ± 1.05		130	135							130	135				
G135	134.4 ± 1.08	3.1 ± 0.10	135	140	4.1	5.6	7.2	0.7	0.08	0.70/0.40	135	140	4.1	2.4	0.7	0.85/0.55
G140	139.4 ± 1.12		140	145							140	145				
G145	144.4 ± 1.16		145	150							145	150				
G150	149.3 ± 1.19		150	160							150	160				
G155	154.3 ± 1.23		155	165							155	165				
G160	159.3 ± 1.26		160	170							160	170				
G165	164.3 ± 1.30		165	175							165	175				
G170	169.3 ± 1.33		170	180							170	180				
G175	174.3 ± 1.37		175	185							175	185				
G180	179.3 ± 1.40		180	190							180	190				
G185	184.3 ± 1.44		185	195							185	195				
G190	189.3 ± 1.47		190	200							190	200				
G195	194.3 ± 1.51		195	205							195	205				
G200	199.3 ± 1.55	5.7 ± 0.13	200 0 −0.10	210 +0.10 0	7.5	9.0	11.5	0.8	0.10	0.83/0.47	200	210	7.5	4.6	0.8	1.28/0.92
G210	209.3 ± 1.61		210	220							210	220				
G220	219.3 ± 1.68		220	230							220	230				
G230	229.3 ± 1.73		230	240							230	240				
G240	239.3 ± 1.81		240	250							240	250				
G250	249.3 ± 1.88		250	260							250	260				
G260	259.3 ± 1.94		260	270							260	270				
G270	269.3 ± 2.01		270	280							270	280				
G280	279.3 ± 2.07		280	290							280	290				
G290	289.3 ± 2.14		290	300							290	300				
G300	299.3 ± 2.20		300	310							300	310				

44. スクロールチャック（JIS B 6151：2015（2019 確認））（抜粋）

スクロールチャック用ハンドルの形状，寸法を以下に示す.

単位　mm

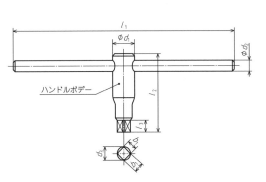

呼び径	l_1（最小）	l_2（最小）	l_3（最小）	ϕd_1（最小）	ϕd_2（最小）	d_3 基準寸法	d_3 許容差	b_1 基準寸法	b_1 許容差
80	110	65	10	15	8	7.8		6	
(85)	110	65	10	15	8	9.2		7	
100, (110)	140	70	11	17	8	10.5	−0.10 −0.30	8	0 −0.10
125	170	75	11	18	8	11.8		9	
130	170	75	11	18	8	10.5		8	
160, (165)	210	85	13	20	10	13.1		10	
(190), 200	240	90	14	22	11	14.4	−0.15 −0.40	11	0 −0.15
230, 250	290	105	15	26	12	15.7		12	
270	330	105	15	26	12	15.7		12	
310, 315	390	115	17	30	16	18.3		14	
400	420	115	17	30	16	22.0		17	
500	460	150	20	35	18	25.0		19	
630	500	170	22	40	20	25.0	−0.20 −0.50	19	0 −0.20
800	700	320	31	50	24	29.0		22	
1000	700	320	31	50	24	29.0		22	

注1) 呼び径に括弧を付けたものは，できるだけ用いない.

45. JIS 材料表 (14)（抜粋）

● 材料記号-規格番号早見表

材料記号	規格番号
A1050P	
A2017P	H4000：2022
A5052P	
A7050P	
A7075P	
ADC1	
ADC12	H5302：2006
ADC14	
ADC5	
C1100BD-1/2 H	
C1100BD-H	
C1100BD-O	H3250：2021
C1100BE-F	
C1100BF-F	
C2600BD-1/2 H	
C2600BD-H	
C2600BD-O	
C2600BE-F	
C2600W-1/2 H	
C2600W-1/4 H	
C2600W-1/8 H	
C2600W-3/4 H	H3260：2018
C2600W-EH	
C2600W-H	
C2600W-O	
C2700BD-1/2 H	
C2700BD-H	H3250：2021
C2700BD-O	
C2700BE-F	
C2700W-1/2 H	
C2700W-1/4 H	
C2700W-1/8 H	
C2700W-3/4 H	H3260：2018
C2700W-EH	
C2700W-H	
C2700W-O	
C2800BD-1/2 H	
C2800BD-H	H3250：2021
C2800BD-O	
C2800BE-F	
C2801P-1/2 H	
C2801P-1/4 H	
C2801P-H	
C2801P-O	
C2801R-1/2 H	H3100：2018
C2801R-1/4 H	
C2801R-H	
C2801R-O	
C3601BD-1/2 H	
C3601BD-H	H3250：2021
C3601BD-O	
C3602BD-F	

材料記号	規格番号
C3602BE-F	
C3603BD-1/2 H	
C3603BD-H	
C3603BD-O	
C3604BD-F	
C3604BE-F	
C3605BD-F	H3250：2021
C3605BE-F	
C3712BD-F	
C3712BE-F	
C3771BD-F	
C3771BE-F	
C4622BD-F	
C4622BE-F	
C4641BD-F	
C4641BE-F	
C5191B-1/2 H	
C5191B-H	H3270：2018
C5191P-1/2 H	
C5191P-1/4 H	
C5191P-EH	
C5191P-H	
C5191P-O	H3110：2018
C5191R-1/2 H	
C5191R-1/4 H	
C5191R-EH	
C5191R-H	
C5191R-O	
C6161BD-F	
C6161BE-F	
C6161BF-F	
C6191BD-F	
C6191BE-F	
C6191BF-F	
C6241BD-F	H3250：2021
C6241BE-F	
C6241BF-F	
C6782BD-F	
C6782BE-F	
C6783BD-F	
C6783BE-F	
CAC 101	
CAC 102	
CAC 103	
CAC 201	
CAC 202	
CAC 203	H5120：2016
CAC 301	
CAC 302	
CAC 303	
CAC 304	
CAC 401	

材料記号	規格番号
CAC 402	
CAC 403	
CAC 406	
CAC 407	
CAC 502A	
CAC 502B	
CAC 503A	
CAC 503B	
CAC 602	
CAC 603	H5120：2016
CAC 604	
CAC 605	
CAC 701	
CAC 702	
CAC 703	
CAC 704	
CAC 901	
CAC 902	
CAC 903B	
CAC 911	

材料記号	従来（工学）単位	規格番号
FC100	FC10	
FC150	FC15	
FC200	FC20	G5501：1995
FC250	FC25	
FC300	FC30	
FC350	FC35	
FCD350-22		
FCD400-15		
FCD400-18		
FCD450-10		
FCD450-18		
FCD500-7		
FCD500-14		G5502：2022
FCD550-5		
FCD600-3		
FCD600-10		
FCD700-2		
FCD800-2		
FCD900-2		
SACM645	SACM1	G4053：2023
SC360	SC37	
SC410	SC42	G5101：1991
SC450	SC46	
SC480	SC49	
SCM415	SCM21	G4053：2023
SCM415M	SCM1M	G3311：2021
SCM420	SCM22	
SCM421	SCM23	G4053：2023
SCM430	SCM2	
SCM430M	SNC2M	G3311：2021
SCM435	SCM3	G4053：2023
SCM435M	SNC3M	G3311：2021
SCM440	SCM4	G4053：2023
SCM440M	SNC4M	G3311：2021
SCM445	SCM5	G4053：2023
SCr415	SCr21	
SCr420	SCr22	G4053：2023
SCr420M		G3311：2021
SCr430	SCr2	
SCr435	SCr3	G4053：2023
SCr435M		G3311：2021
SCr440	SCr4	G4053：2023
SCr440M		G3311：2021
SCr445	SCr5	G4053：2023
SCW410	SCW42	
SCW450	SCW46	
SCW480	SCW49	G5102：1991
SCW550	SCW56	
SCW620	SCW63	
SF340A	SF35A	
SF390A	SF40A	G3201：2008
SF440A	SF45A	

材料記号	従来（工学）単位	規格番号
SF490A	SF50A	
SF540A	SF55A	
SF540B	SF55B	G3201：2008
SF590A	SF60A	
SF590B	SF60B	
SF640B	SF65B	
SK105	SK3	
SK120	SK2	
SK140	SK1	
SK60		
SK65	SK7	
SK70		
SK75	SK6	G4401：2022
SK80		
SK85	SK5	
SK85-CSP	SK5-CSP	G4802：2019
SK90		G4401：2022
SK95	SK4	
SM400A	SM41A	
SM400B	SM41B	
SM400C	SM41C	
SM490A	SM50A	
SM490B	SM50B	
SM490C	SM50C	
SM490YA	SM50YA	
SM490YB	SM50YB	G3106：2022
SM520B	SM53B	
SM520C	SM53C	
SM570	SM58	
SMn420	SMn21	
SMn433	SMn1	
SMn438	SMn2	
SMn443	SMn3	G4053：2023
SMnC420	SMnC3	
SMnC443	SMnC21	
SNC236	SNC1	
SNC415	SNC21	
SNC415M	SNC2M	G3311：2021
SNC631	SNC2	G4053：2023
SNC631M	SNC3M	G3311：2021
SNC815	SNC22	
SNC836	SNC3	G4053：2023
SNC836M	SNC21M	G3311：2021
SNCM220	SNCM21	G4053：2023
SNCM220M	SNCM21M	G3311：2021
SNCM240	SNCM6	G4053：2023
SNCM415	SNCM22	
SNCM415M	SNCM22M	G3311：2021
SNCM420	SNCM23	
SNCM439	SNCM8	G4053：2023
SNCM447	SNCM9	
SNCM630	SNCM5	

材料記号	従来（工学）単位	規格番号
SNCM815		G4053：2023
SS330	SS34	
SS400	SS41	G3101：2022
SS490	SS50	
SS540	SS55	
STB340	STB35	
STB410	STB42	G3461：2019
STB510	STB52	
STC370		
STC440		
STC510A		
STC510B		G3473：2018
STC540		
STC590A		
STC590B		
STK290	STK30	
STK400	STK41	
STK490	STK50	
STK500	STK51	G3444：2021
STK540	STK55	
STKR400	STKR41	
STKR490	STKR50	G3466：2021
STPG370	STPG38	G3454：2019
STPG410	STPG42	
WJ1		
WJ10		
WJ2		
WJ2B		
WJ3		
WJ4		H5401：1958
WJ5		
WJ6		
WJ7		
WJ8		
WJ9		
ZDC1		H5301：2009
ZDC2		

材料記号	規格番号	材料記号	規格番号	材料記号	規格番号	材料記号	規格番号	材料記号	規格番号
S09CK		SKH2		STPA24	G3458:2020	SUP9A	G4801:2021	SWRH32	
S10C		SKH3		STPA25		SUP9M	G3311:2021	SWRH37	
S12C		SKH4		STPA26		SUS301-CSP	G4313:2011	SWRH42A,B	
S15C		SKH40		STPG370	G3454:2019	SUS302B-HR	G4312:2019	SWRH47A,B	
S15CK		SKH51		STPG410		SUS303	G4303:2021	SWRH52A,B	
S17C		SKH53	G4403:2022	SUH1	G4311:2019	SUS304		SWRH57A,B	
S20C	G4051:2023	SKH54		SUH11		SUS304-HR	G4311:2019	SWRH62A,B	G3506:2017
S20CK		SKH55		SUH21	G4312:2019	SUS304B-HR	G4312:2019	SWRH67A,B	
S22C		SKH56		SUH3	G4311:2019	SUS304-CSP	G4313:2011	SWRH72A,B	
S25C		SKH57		SUH309		SUS304-WSA		SWRH77A,B	
S28C		SKH58		SUH309	G4312:2019	SUS304-WSB	G4315:2013	SWRH82A,B	
S30C		SKH59		SUH31	G4311:2019	SUS305	G4308:2013	SWRM10	
S30CM	G3311:2021	SKS2		SUH310		SUS305-WSA		SWRM12	
S33C	G4051:2023	SKS3		SUH310	G4312:2019	SUS305-WSB	G4315:2013	SWRM15	
S35C		SKS31		SUH330	G4311:2019	SUS309S-HR	G4311:2019	SWRM17	
S35CM	G3311:2021	SKS5		SUH330	G4312:2019	SUS309S-HR	G4312:2019	SWRM20	G3505:2017
S38C		SKS51		SUH35		SUS310S-HR	G4311:2019	SWRM22	
S40C	G4051:2023	SKS7	G4404:2022	SUH36		SUS310S-HR	G4312:2019	SWRM6	
S43C		SKS8		SUH37		SUS316	G4308:2013	SWRM8	
S45C		SKS81		SUH38	G4311:2019	SUS316-HR	G4311:2019		
S45CM	G3311:2021	SKS93		SUH4		SUS316-HR	G4312:2019		
S48C	G4051:2023	SKS95		SUH409	G4312:2019	SUS316-WSA			
S50C		SKT4		SUH446	G4311:2019	SUS316-WSB	G4315:2013		
S50CM	G3311:2021	SPCC		SUH446	G4312:2019	SUS317-HR	G4311:2019		
S53C	G4051:2023	SPCD		SUH600		SUS317-HR	G4312:2019		
S55C		SPCE	G3141:2021	SUH616	G4311:2019	SUS321-HR	G4311:2019		
S55CM	G3311:2021	SPCF		SUH660		SUS321-HR	G4312:2019		
S58C	G4051:2023	SPCG		SUH660	G4312:2019	SUS329J1	G4303:2021		
S60C		SPHC		SUH661	G4311:2019	SUS347-HR	G4311:2019		
S60C-CSP	G4802:2019	SPHD	G3131:2018	SUH661	G4312:2019	SUS347-HR	G4312:2019		
S60CM	G3311:2021	SPHE		SUJ2		SUS403-HR	G4311:2019		
S65C	G4051:2023	STKM11A		SUJ3		SUS403-HR	G4312:2019		
S65C-CSP	G4802:2019	STKM12A		SUJ4	G4805:2019	SUS405-HR	G4311:2019		
S65CM	G3311:2021	STKM12B		SUJ5		SUS405-HR	G4312:2019		
S70C	G4051:2023	STKM12C		SUM21		SUS410	G4303:2021		
S70C-CSP	G4802:2019	STKM13A		SUM22		SUS410-HR	G4311:2019		
S70CM	G3311:2021	STKM13B		SUM22L		SUS410-HR	G4312:2019		
S75C	G4051:2023	STKM13C		SUM23		SUS410J1-HR	G4311:2019		
S75CM	G3311:2021	STKM14A		SUM23L		SUS410L-HR			
SCH13, 13A	G5122:2003	STKM14B		SUM24L		SUS410L-HR	G4312:2019		
SCH13X		STKM14C		SUM25	G4804:2021	SUS430	G4303:2021		
SGP	G3452:2019	STKM15A	G3445:2021	SUM31		SUS430-HR	G4311:2019		
SK105M		STKM15C		SUM31L		SUS430-HR	G4312:2019		
SK120M		STKM16A		SUM32		SUS431-HR	G4311:2019		
SK85M	G3311:2021	STKM16C		SUM41		SUS630	G4303:2021		
SK75M		STKM17A		SUM42		SUS630-HR			
SK65M		STKM17C		SUM43		SUS631-HR	G4311:2019		
SKD1		STKM18A		SUP10	G4801:2021	SUS631-HR	G4312:2019		
SKD10		STKM18B		SUP10M	G3311:2021	SUSXM15J1-HR	G4311:2019		
SKD11		STKM18C		SUP11A		SUSXM15J1-HR	G4312:2019		
SKD12		STKM19A		SUP12		SW-A			
SKD4	G4404:2022	STKM19C		SUP13	G4801:2021	SW-B	G3521:2018		
SKD61		STKM20A		SUP14		SW-C			
SKD62		STPA12		SUP6		SWP-A			
SKD7		STPA20	G3458:2020	SUP6M	G3311:2021	SWP-B	G3522:2014		
SKD8		STPA22		SUP7	G4801:2021	SWP-V			
SKH10	G4403:2022	STPA23		SUP9		SWRH27	G3506:2017		

● 規格番号一覧表

（単位）
引張強さ，降伏点，耐力，抗折力：N/mm² |kgf/mm²|
シャルピー衝撃値：J/cm² |kgf・m/cm²|
厚さ，径，対辺距離：mm
※| |内の数字は従来（工学）単位

〈金属記号の表し方〉

金属記号は，原則として次の三つの部分より構成される．
　①材質　②規格名または製品名　③種類

例：一般構造用圧延鋼材　S　S　400
　　　　　　　　　　　　①　②　③

　　合金種類
　　予備（すべて0）
　　合金種類の中の分類

ニッケルクロム鋼鋼材　S　NC　236
　　　　　　　　　　　①　②　③

青銅鋳物1種　B　C　1　または　CAC401
　　　　　　　①　②　③

Copper Alloy Castings
（胴および銅合金鋳物の記号）

規格番号	区分・種類	種類の記号		引張強さ	摘要
		SI単位	従来（工学）単位		
G3101:2020	一般構造用圧延鋼材	SS330	SS34	330~430 |34~44|	鋼板, 鋼帯, 平鋼, 棒鋼
		SS400	SS41	400~510 |41~52|	鋼板, 鋼帯, 形鋼, 平鋼, 棒鋼
		SS490	SS50	490~610 |50~62|	棒鋼
		SS540	SS55	540 |55| 以上	鋼板, 鋼帯, 形鋼, 平鋼（厚さ40以下）, 棒鋼（径, または対辺距離40以下）
G3106:2020	溶接構造用圧延鋼材	SM400A	SM41A	400~510 |41~52|	鋼板, 鋼帯, 形鋼, 平鋼（厚さ200以下）
		SM400B	SM41B		
		SM400C	SM41C		鋼板, 鋼帯, 形鋼（厚さ100以下）, 平鋼（厚さ50以下）
		SM490A	SM50A	490~610 |50~62|	鋼板, 鋼帯, 形鋼, 平鋼（厚さ200以下）
		SM490B	SM50B		
		SM490C	SM50C		鋼板, 鋼帯, 形鋼（厚さ100以下）, 平鋼（厚さ50以下）
		SM490YA	SM50YA		鋼板, 鋼帯, 形鋼, 平鋼（厚さ100以下）
		SM490YB	SM50YB		
		SM520B	SM53B	520~640 |53~65|	鋼板, 鋼帯, 形鋼, 平鋼（厚さ100以下）
		SM520C	SM53C		
		SM570	SM58	570~720 |58~73|	鋼板, 鋼帯, 形鋼（厚さ100以下）, 平鋼（厚さ40以下）
G3131:2018	熱間圧延軟鋼板および鋼帯	SPHC		270 |28| 以上	一般用
		SPHD			加工用
		SPHE			
G3141:2021	冷間圧延鋼板および鋼帯	SPCC		規定しない	一般用
		SPCD		270 |28| 以上	絞り用
		SPCE			深絞り用
		SPCF			非時効性深絞り用
		SPCG			非時効性超深絞り用
G3201:2008	炭素鋼鍛鋼品	SF340A	SF35A	焼なまし340~440	降伏点175以上 HB 90以上
		SF390A	SF40A	焼なまし390~490	降伏点195以上 HB 105以上
		SF440A	SF45A	焼なまし440~540	降伏点225以上 HB 121以上
		SF490A	SF50A	焼なまし490~590	降伏点245以上 HB 134以上

注）HB, HBW：ブリネル硬さ

規格番号	区分・種類	SI単位	従来(工学)単位	引張強さ	摘要
G3201:2008	炭素鋼鍛鋼品	SF540A	SF55A	焼なまし 540～640	降伏点 275 以上 HB 152 以上
		SF590A	SF60A	焼なまし 590～690	降伏点 295 以上 HB 167 以上
		SF540B	SF55B	焼入焼もどし 540～690	降伏点 295 以上 HB 152 以上
		SF590B	SF60B	焼入焼もどし 590～740	降伏点 325 以上 HB 167 以上
		SF640B	SF65B	焼入焼もどし 640～780	降伏点 345 以上 HB 183 以上
G3311:2021 みがき特殊帯鋼	炭素鋼	S30CM		HV160 以下	
		S35CM		HV170 以下	
		S45CM			
		S50CM		HV180 以下	
		S55CM			
		S60CM			
		S65CM		HV190 以下	
		S70CM			
		S75CM		HV200 以下	
	炭素工具鋼	SK120M		HV220 以下	
		SK105M			
		SK95M		HV210 以下	
		SK85M			
		SK75M		HV200 以下	
		SK65M			
	クロム鋼	SCr420M		HV180 以下	
		SCr435M		HV190 以下	
		SCr440M		HV200 以下	
	ニッケルクロム鋼	SNC415M	SNC2M	HV170 以下	
		SNC631M	SNC3M	HV180 以下	
		SNC836M	SNC21M	HV190 以下	
	ニッケルクロムモリブデン鋼	SNCM220M	SNCM21M	HV180 以下	
		SNCM415M	SNCM22M	HV170 以下	
	クロムモリブデン鋼	SCM415M	SCM1M	HV170 以下	
		SCM430M	SNC2M	HV180 以下	
		SCM435M	SNC3M	HV190 以下	
		SCM440M	SNC4M	HV200 以下	
	ばね鋼	SUP6M		HV210 以下	
		SUP9M			
		SUP10M		HV200 以下	
G3444:2021	一般構造用炭素鋼鋼管	STK290	STK30	290 |30| 以上	鉄塔, 足場, 支柱, 基本ぐい, 地滑り防止ぐいなどの土木, 建築の構造物用
		STK400	STK41	400 |41| 以上	
		STK490	STK50	490 |50| 以上	
		STK500	STK51	500 |51| 以上	
		STK540	STK55	540 |55| 以上	
G3445:2021	機械構造用炭素鋼鋼管 11種 A	STKM11A		290 |30| 以上	機械, 自動車, 自転車, 家具, 器具などの機械部品用
	12種 A	STKM12A		340 |35| 以上	
	12種 B	STKM12B		390 |40| 以上	
	12種 C	STKM12C		470 |48| 以上	
	13種 A	STKM13A		370 |38| 以上	
	13種 B	STKM13B		440 |45| 以上	
	13種 C	STKM13C		510 |52| 以上	
	14種 A	STKM14A		410 |42| 以上	

規格番号	区分・種類	SI単位	従来(工学)単位	引張強さ	摘要
G3445:2021	機械構造用炭素鋼鋼管 14種 B	STKM14B		500 |51| 以上	機械, 自動車, 自転車, 家具, 器具などの機械部品用
	14種 C	STKM14C		550 |56| 以上	
	15種 A	STKM15A		470 |48| 以上	
	15種 C	STKM15C		580 |59| 以上	
	16種 A	STKM16A		510 |52| 以上	
	16種 C	STKM16C		620 |63| 以上	
	17種 A	STKM17A		550 |56| 以上	
	17種 C	STKM17C		650 |66| 以上	
	18種 A	STKM18A		440 |45| 以上	
	18種 B	STKM18B		490 |50| 以上	
	18種 C	STKM18C		510 |52| 以上	
	19種 A	STKM19A		490 |50| 以上	
	19種 C	STKM19C		550 |56| 以上	
	20種 A	STKM20A		540 |55| 以上	
G3452:2019	配管用炭素鋼鋼管 黒管/白管(亜鉛めっき)	SGP		290 |30| 以上	使用圧力の比較的低い蒸気, 水(上水道用を除く), 油, ガス, 空気などの配管用
G3454:2019	圧力配管用炭素鋼鋼管	STPG370	STPG38	370 |38| 以上	350℃以下の圧力配管用
		STPG410	STPG42	410 |42| 以上	
G3458:2020	配管用合金鋼鋼管 モリブデン鋼鋼管	STPA12		380 |39| 以上	高温度の配管用
	クロムモリブデン鋼鋼管	STPA20		410 |42| 以上	
		STPA22			
		STPA23			
		STPA24			
		STPA25			
		STPA26			
G3461:2019	ボイラ・熱交換器用炭素鋼鋼管	STB340	STB35	340 |35| 以上	ボイラの水管, 煙管, 過熱管, 空気予熱管用化学工業, 石油工業の熱交換器管, コンデンサ管, 触媒管
		STB410	STB42	410 |42| 以上	
		STB510	STB52	510 |52| 以上	
G3466:2021	一般構造用角形鋼管	STKR400	STKR41	400 |41| 以上	土木, 建築などの構造物用
		STKR490	STKR50	490 |50| 以上	
G3473:2018	シリンダチューブ用炭素鋼鋼管	STC370		370 |38| 以上	切削用
		STC440		440 |45| 以上	ホーニング用
		STC510A		510 |52| 以上	切削用およびホーニング用
		STC510B			ホーニング用
		STC540		540 |55| 以上	切削用およびホーニング用
		STC590A		590 |60| 以上	ホーニング用
		STC590B			切削用
G3505:2017	軟鋼線材	SWRM6			鉄線, 亜鉛めっき鉄線などの製造用
		SWRM8			
		SWRM10			
		SWRM12			
		SWRM15			
		SWRM17			
		SWRM20			
		SWRM22			
G3506:2017	硬鋼線材	SWRH27			硬鋼線, オイルテンパー線, PC硬鋼線, 亜鉛めっき鋼より線, ワイヤロープなどの製造用
		SWRH32			
		SWRH37			
		SWRH42A, B			
		SWRH47A, B			
		SWRH52A, B			
		SWRH57A, B			

規格番号	区分・種類	SI単位	従来(工学)単位	引張強さ	摘要
G3506:2017	硬鋼線材	SWRH62A, B			硬鋼線, オイルテンパー線, PC硬鋼線, 亜鉛めっき鋼より線, ワイヤロープなどの製造用
		SWRH67A, B			
		SWRH72A, B			
		SWRH77A, B			
		SWRH82A, B			
G3521:2018	硬鋼線 A種	SW-A		(径 0.08～10)930～2450 |95～250|	主として静荷重を受けるばね用
	B種	SW-B		(径 0.08～13)1030～2790 |105～285|	
	C種	SW-C		(径 0.08～13)1230～3140 |125～320|	
G3522:2014	ピアノ線 A種	SWP-A		(径 0.08～10)1420～3190 |145～325|	主として動荷重を受けるばね用
	B種	SWP-B		(径 0.08～7)1620～3480 |165～355|	
	V種	SWP-V		(径 1～6)1520～2210 |150～226|	弁ばね用
G4051:2023	機械構造用炭素鋼鋼材	S10C			熱間圧延, 熱間鍛造など熱間加工によってつくられたもので, 通常さらに鍛造, 切削などの加工と熱処理を施して使用
		S12C			
		S15C			
		S17C			
		S20C			
		S22C			
		S25C			
		S28C			
		S30C			
		S33C			
		S35C			
		S38C			
		S40C			
		S43C			
		S45C			
		S48C			
		S50C			
		S53C			
		S55C			
		S58C			
		S60C [a]			
		S65C [a]			
		S70C [a]			
		S75C [a]			
		S09CK			
		S15CK			
		S20CK			
G4053:2023	機械構造用合金鋼鋼材 マンガン鋼	SMn420	SMn21		熱間圧延, 熱間鍛造し, 更に加工(鍛造, 切削など)および熱処理(焼入焼戻し, 焼ならし, 浸炭焼入れなど)して機械構造用に使用される合金鋼鋼材. 鋼板および鋼帯の場合, 厚さによって熱間圧延製造できない場合, 冷間圧延で製造してもよい
		SMn433	SMn1		
		SMn438	SMn2		
		SMn443	SMn3		
	マンガンクロム鋼	SMnC420	SMnC3		
		SMnC443	SMnC21		
	クロム鋼	SCr415	SCr21		
		SCr420	SCr22		

注) HV：ビッカース硬さ　注a) 鋼板および鋼帯だけに適用する.

機械製図法　図面　部品・材料資料　45　JIS材料表

表1（左欄）

規格番号	区分・種類	SI単位	従来(工学)単位	引張強さ	摘要
G4053:2023 機械構造用合金鋼鋼材	クロム鋼	SCr430	SCr2		熱間圧延, 熱間鍛造し, 更に加工(鍛造, 切削など)および熱処理(焼入焼戻し, 焼ならし, 浸炭焼入れなど)して機械構造用に使用される合金鋼鋼材, 鋼板および鋼帯の場合, 厚さによって熱間圧延製造できない場合, 冷間圧延で製造してもよい
		SCr435	SCr3		
		SCr440	SCr4		
		SCr445	SCr5		
	クロムモリブデン鋼	SCM415	SCM21		
		SCM420	SCM22		
		SCM421	SCM23		
		SCM430	SCM2		
		SCM435	SNC3		
		SCM440	SCM4		
		SCM445	SCM5		
	ニッケルクロム鋼	SNC236	SNC1		
		SNC415	SNC21		
		SNC631	SNC2		
		SNC815	SNC22		
		SNC836	SNC3		
	ニッケルクロムモリブデン鋼	SNCM220	SNCM21		
		SNCM240	SNCM6		
		SNCM415	SNCM22		
		SNCM420	SNCM23		
		SNCM439	SNCM8		
		SNCM447	SNCM9		
		SNCM630	SNCM5		
		SNCM815			
	アルミニウムクロムモリブデン鋼	SACM645	SACM1		
G4303:2021 (棒であることは記号Bで表す。例 SUS304-B) ステンレス鋼棒	オーステナイト系		SUS303	固溶化熱処理後 520以上	固溶化熱処理後 HV200以下
			SUS304		
	オーステナイト・フェライト系		SUS329J1	固溶化熱処理後 590以上	固溶化熱処理後 HV292以下
	フェライト系		SUS430	焼なまし後 450以上	焼なまし後 HV200以下
	マルテンサイト系		SUS410	焼入焼戻し後 540以上	焼入焼戻し後 HV166以上
	析出硬化系		SUS630	固溶化熱処理後析出硬化処理後 930～1310以上	固溶化熱処理後析出硬化処理後 HV292～396以上
G4308:2013 ステンレス鋼線材	オーステナイト系		SUS304		ステンレス鋼線材(溶接材料用ステンレス鋼線材には適用しない)
			SUS305		
			SUS316		
G4311:2019 耐熱鋼棒および線材	オーステナイト系		SUH31	固溶化熱処理後 740|75|以上	耐酸化, エンジン排気弁用
			SUH35	固溶化熱処理後 880|90|以上	高温強度を主としたエンジン排気弁用
			SUH36	固溶化熱処理後 880|90|以上	
			SUH37	固溶化熱処理後 780|80|以上	耐酸化, エンジン排気弁用, 耐熱ボルト用
			SUH38	固溶化熱処理後 880|90|以上	
			SUH309	固溶化熱処理後 560|57|以上	加熱炉部品, 重油バーナ用
			SUH310	固溶化熱処理後 590|60|以上	炉部品, ノズル, 燃焼室用

表2（中央欄）

規格番号	区分・種類	SI単位	従来(工学)単位	引張強さ	摘要
G4311:2019 耐熱鋼棒および線材	オーステナイト系		SUH330	固溶化熱処理後 560|57|以上	炉材, 石油分解装置用
			SUH660	固溶化熱処理後 900|92|以上	タービンロータ, ブレード, ボルト, シャフト用
			SUH661	固溶化熱処理後 690|70|以上	
	フェライト系		SUH446	焼なまし状態 510|52|以上	高温腐食に強い, 燃焼室用
	マルテンサイト系		SUH1	焼入焼もどし状態	耐酸化, エンジン吸気弁用
			SUH3	930|95|以上	ロケット部品, 予熱焼成用
			SUH4	焼入焼もどし状態 880|90|以上	耐磨耗性用, 吸・排気弁用
			SUH11	焼入焼もどし状態 880|90|以上	耐酸化, バーナノズル用
			SUH600	焼入焼もどし状態 830|85|以上	蒸気タービンブレード, ディスク, ロータ軸用
			SUH616	焼入焼もどし状態 880|90|以上	
G4312:2019 耐熱鋼棒および線材	オーステナイト系		SUS304-HR	520以上	はん用耐酸化鋼
			SUS309S-HR		耐酸化性用, 炉材用
			SUS310S-HR		炉材, 排ガス浄化装置用
			SUS316-HR		熱交部品, 高温耐食ボルト
			SUS316Ti-HR		熱交部品用
			SUS317-HR		熱交部品用
			SUS321-HR		400～900℃の耐食部品, 高温用溶接構造品
			SUS347-HR		
			SUSXM15J1-HR		自動車排ガス浄化装置用
	フェライト系		SUS405-HR	410以上	ガスタービンブレード用
			SUS410L-HR	360以上	ボイラ燃焼室, バーナ用
			SUS430-HR	450以上	放熱器, 炉部品, バーナ用
	マルテンサイト系		SUS403-HR	590以上	蒸気タービンノズル用
			SUS410-HR	540以上	800℃以下の耐酸化用
			SUS410J1-HR	690以上	高温高圧蒸気用機械部品
			SUS431-HR	780以上	シャフト, ボルト, ばね
	析出硬化系		SUS630-HR		ガスタービンブレード用
			SUS631-HR		高温ばね, ベローズ用
G4312:2019 耐熱鋼板	オーステナイト系		SUH309	固溶化熱処理後 560|57|以上	耐力 205|21|以上 HRBW 95以下
			SUH310	固溶化熱処理後 590|60|以上	耐力 205|21|以上 HRBW 95以下
			SUH330	固溶化熱処理後 560|57|以上	
			SUH660	固溶化熱処理後 730|74|以上	HRBW 91以下
			SUH661	固溶化熱処理後 690|70|以上	耐力 315|32|以上 HRBW 101以下
	フェライト系		SUH21	焼なまし状態 440|45|以上	耐力 245|25|以上 HRBW 95以下
			SUH409	焼なまし状態 360|37|以上	耐力 175|18|以上 HRBW 95以下
			SUH446	焼なまし状態 510|52|以上	耐力 275|28|以上 HRBW 95以下
	オーステナイト系		SUS302B-HR		自動車排ガス浄化装置用
			SUS304-HR	520以上	はん用耐酸化鋼
			SUS309S-HR		耐酸化性用, 炉材用

表3（右欄）

規格番号	区分・種類	SI単位	従来(工学)単位	引張強さ	摘要
G4312:2019 耐熱鋼板	オーステナイト系		SUS310S-HR	520以上	炉材, 排ガス浄化装置用
			SUS316-HR		熱交部品, 高温耐食ボルト
			SUS317-HR		熱交部品用
			SUS321-HR		400～900℃の耐食部品, 高温用溶接構造品
			SUS347-HR		
			SUSXM15J1-HR		自動車排ガス浄化装置用
	フェライト系		SUS405-HR	410以上	ガスタービンブレード用
			SUS410L-HR	360以上	ボイラー燃焼室, バーナ用
			SUS430-HR	420以上	放熱器, 炉部品, バーナ用
	マルテンサイト系		SUS403-HR		蒸気タービンノズル用
			SUS410-HR	440以上	800℃以下の耐酸化用
	析出硬化系		SUS630-HR		ガスタービンブレード用
			SUS631-HR		高温ばね, ベローズ用
G4313:2011 ばね用ステンレス鋼帯	オーステナイト系		SUS301-CSP	(調質の記号 1/2H)930以上, (3/4H)1130以上, (H)1320以上, (EH)1570以上, (SEH)1740以上	薄板ばね, ぜんまいばね
			SUS304-CSP	(調質の記号 1/2H)780以上, (3/4H)930以上, (H)1130以上	
G4315:2013 冷間圧造用ステンレス鋼線	オーステナイト系		SUS304-WSA	(線径0.80以上1.00未満)560～710, (2.00以上5.50以下)510～660	ねじ部品および各種機械部品を冷間圧造により製造する場合に使用する
			SUS304-WSB	(線径0.80以上1.00未満)580～760, (2.00以上17.0以下)530～710	
			SUS305-WSA	(線径0.80以上1.00未満)530～680, (2.00以上17.0以下)490～640	
			SUS305-WSB	(線径0.80以上1.00未満)560～740, (2.00以上17.0以下)510～690	
			SUS316-WSA	(線径0.80以上1.00未満)560～710, (2.00以上5.50以下)510～660	
			SUS316-WSB	(線径0.80以上1.00未満)580～760, (2.00以上17.0以下)530～710	
G4401:2022 炭素工具鋼鋼材		SK140	SK1	焼なまし硬さ HBW 217以下(鋼板, 鋼帯を除く)	刃やすり, 組やすり
		SK120	SK2		ドリル, 小形ポンチ, かみそり, 鉄工やすり, 刃物, ハクソー, ぜんまい

注) HRBW: ロックウェル硬さ

表1

規格番号	区分・種類	種類の記号 SI単位	従来(工学)単位	引張強さ	摘要
G4401 :2022	炭素工具鋼鋼材	SK105	SK3		焼なまし硬さHBW 212以下（鋼板，鋼帯を除く）	ハクソー，たがね，ゲージ，ぜんまい，プレス型，治工具，刃物
		SK95	SK4		木工用きり，おの，たがね，ぜんまい，ペン先，チゼル，スリッターナイフ，プレス型，ゲージ，メリヤス針
		SK90		焼なまし硬さHBW 207以下（鋼板，鋼帯を除く）	プレス型，ぜんまい，ゲージ，針
		SK85	SK5		刻印，プレス型，ぜんまい，帯のこ，治工具，刃物，丸のこ，ゲージ，針
		SK80			刻印，プレス型，ぜんまい
		SK75	SK6	焼なまし硬さHBW 192以下（鋼板，鋼帯を除く）	刻印，スナップ，丸のこ，ぜんまい，プレス型
		SK70			刻印，スナップ，ぜんまい，プレス型
		SK65	SK7	焼なまし硬さHBW 183以下（鋼板，鋼帯を除く）	刻印，スナップ，プレス型，ナイフ
		SK60			刻印，スナップ，プレス型
G4403 :2022	高速度工具鋼鋼材 タングステン系	SKH2		焼なまし硬さHBW 269以下	一般切削用，その他各種工具
		SKH3			高速切削用，その他各種工具
		SKH4		焼なまし硬さHBW 285以下	難削材切削用，その他各種工具
		SKH10			高難削材切削用，その他各種工具
	粉末冶金製造モリブデン系	SKH40		焼なまし硬さHBW 302以下	硬さ，じん性，耐摩耗性を必要とする一般切削用，その他各種工具
	モリブデン系	SKH51		焼なまし硬さHBW 262以下	じん性を必要とする一般切削用，その他各種工具
		SKH53		焼なまし硬さHBW 269以下	比較的じん性を必要とする高硬度材切削用，その他各種工具

表2

規格番号	区分・種類	種類の記号 SI単位	従来(工学)単位	引張強さ	摘要
G4403 :2022	高速度工具鋼鋼材 モリブデン系		SKH54		焼なまし硬さHBW 269以下	高難削材切削用，その他各種工具
			SKH55	焼なまし硬さHBW 269以下	比較的じん性を必要とする高速重切削用，その他各種工具
			SKH56	焼なまし硬さHBW 285以下	
			SKH57	焼なまし硬さHBW 293以下	高難削材切削用，その他各種工具
			SKH58	焼なまし硬さHBW 269以下	じん性を必要とする一般切削用，その他各種工具
			SKH59	焼なまし硬さHBW 277以下	比較的じん性を必要とする高速重切削用，その他各種工具
G4404 :2022	合金工具鋼鋼材 主として切削工具鋼用		SKS11	焼なまし硬さHBW 241以下	バイト，冷間引抜ダイス，センタドリル
			SKS2	焼なまし硬さHBW 217以下	タップ，ドリル，カッタ，プレス型，ねじ切りダイス
			SKS21		
			SKS5	焼なまし硬さHBW 207以下	丸のこ，帯のこ
			SKS51		
			SKS7	焼なまし硬さHBW 217以下	ハクソー
			SKS81	焼なまし硬さHBW 212以下	替刃，刃物，ハクソー
			SKS8	焼なまし硬さHBW 217以下	刃やすり，組やすり
	主として冷間金型用		SKS3		ゲージ，シャー刃，プレス型，ねじ切りダイス
			SKS31	焼なまし硬さHBW 217以下	ゲージ，プレス型，ねじ切りダイス
			SKS93		
			SKS95	焼なまし硬さHBW 212以下	シャー刃，ゲージ，プレス型

表3

規格番号	区分・種類	種類の記号 SI単位	従来(工学)単位	引張強さ	摘要
G4404 :2022	合金工具鋼鋼材 主として冷間金型用		SKD1		焼なまし硬さHBW 248以下	線引ダイス，プレス型，れんが型，粉末成形型
			SKD10	焼なまし硬さHBW 255以下	ゲージ，ねじ転造ダイス，金属刃物，ホーミングロール，プレス型
			SKD11		
			SKD12	焼なまし硬さHBW 241以下	
	主として熱間金型用		SKD4	焼なまし硬さHBW 235以下	プレス型，ダイカスト型，押出工具，シャーブレード
			SKD61	焼なまし硬さHBW 229以下	プレス型，押出工具
			SKD62		
			SKD7		
			SKD8	焼なまし硬さHBW 262以下	プレス型，ダイカスト型，押出
			SKT4	焼なまし硬さHBW 248以下	鍛造型，プレス型，押出工具
G4801 :2021	ばね鋼鋼材 シリコンマンガン鋼材		SUP6		主として重ね板ばね，コイルばね，トーションバー用
			SUP7		
	マンガンクロム鋼材		SUP9		
			SUP9A		
	クロムバナジウム鋼材		SUP10		主としてコイルばね，トーションバー用
	マンガンクロムボロン鋼材		SUP11A		主として大形の重ね板ばね，コイルばね，トーションバー用
	シリコンクロム鋼材		SUP12		主としてコイルばね用
	クロムモリブデン鋼材		SUP13		主として大形の重ね板ばね，コイルばね用
	クロムバナジウムボロン鋼材		SUP14		コイルばね，トーションバー用
G4802 :2019	ばね用冷間圧延鋼帯		S60C-CSP		薄板ばね，ぜんまいばね
			S65C-CSP		
			S70C-CSP		
		SK85-CSP	SK5-CSP		
G4804 :2021	硫黄および硫黄複合快削鋼鋼材		SUM21		被削性向上のために炭素鋼に硫黄を添加，または硫黄に複合してりんおよび／もしくは鉛を添加してつくられた快削鋼鋼材
			SUM22		
			SUM22L		
			SUM23		
			SUM23L		
			SUM24L		
			SUM25		

機械製図法　1　2 図面　3 部品・材料資料　45 JIS材料表

表1

規格番号	区分・種類	種類の記号 SI単位	種類の記号 従来(工学)単位	引張強さ	摘要
G4804:2021 硫黄および硫黄複合快削鋼鋼材		SUM31			被削性向上のために炭素鋼に硫黄を添加、または硫黄に複合してりんおよび/もしくは鉛を添加してつくられた快削鋼鋼材
		SUM31L			
		SUM32			
		SUM41			
G4805:2019	高炭素クロム軸受鋼鋼材	SUJ2		球状化焼なまし硬さ HBW 201以下、HRBW 94以下	転がり軸受用
		SUJ3		球状化焼なまし硬さ HBW 207以下、HRBW 95以下	
		SUJ4		球状化焼なまし硬さ HBW 201以下、HRBW 94以下	転がり軸受用
		SUJ5		球状化焼なまし硬さ HBW 207以下、HRBW 95以下	
G5101:1991 炭素鋼鋳鋼品		SC360	SC37	360 |37| 以上	降伏点 175 |18| 以上 一般構造用、電動機部品用
		SC410	SC42	410 |42| 以上	降伏点 205 |21| 以上
		SC450	SC46	450 |46| 以上	降伏点 225 |23| 以上 一般構造用
		SC480	SC49	480 |49| 以上	降伏点 245 |25| 以上
G5102:1991 溶接構造用鋳鋼品		SCW410	SCW42	410 |41| 以上	降伏点 235 |24| 以上
		SCW450	SCW46	450 |46| 以上	降伏点 255 |25| 以上
		SCW480	SCW49	480 |49| 以上	降伏点 275 |28| 以上 圧延鋼材、鍛鋼品または他の鋳鋼品との溶接構造用
		SCW550	SCW56	550 |56| 以上	降伏点 355 |36| 以上
		SCW620	SCW63	620 |63| 以上	降伏点 430 |44| 以上
G5122:2003 耐熱鋼および耐熱合金鋳造品			SCH13, 13A	490 |50| 以上	耐力 235 |24| 以上
			SCH13X	450 |46| 以上	耐力 220 |23| 以上
G5501:1995 ねずみ鋳鉄品		FC100	FC10	100 |10| 以上	HB 201 以下
		FC150	FC15	150 |15| 以上	HB 212 以下
		FC200	FC20	200 |20| 以上	HB 223 以下
		FC250	FC25	250 |25| 以上	HB 241 以下
		FC300	FC30	300 |31| 以上	HB 262 以下
		FC350	FC35	350 |36| 以上	HB 277 以下

表2

規格番号	区分・種類	種類の記号 SI単位	種類の記号 従来(工学)単位	引張強さ	摘要
G5502:2022	球状黒鉛鋳鉄品	FCD350-22	SGI	350以上	耐力 220 以上
		FCD400-18		400以上	耐力 250 以上
		FCD400-15			
		FCD450-10		450以上	耐力 280 以上
		FCD500-7		500以上	耐力 320 以上
		FCD550-5		550以上	耐力 350 以上
		FCD600-3		600以上	耐力 370 以上
		FCD700-2		700以上	耐力 420 以上
		FCD800-2		800以上	耐力 480 以上
		FCD900-2		900以上	耐力 600 以上
		FCD450-18	SSSGI	450以上	耐力 350 以上
		FCD500-14		500以上	耐力 400 以上
		FCD600-10		600以上	耐力 470 以上

表3

規格番号	種類		記号	引張強さ	摘要
H3100:2018	銅および銅合金の板および条（黄銅） 旧記号 BsP 3, BsR 3	板	C2801P-O	厚さ 0.3~30 | 325 |33|	強度が高く、展延性がある。打ち抜いたまま、あるいは折り曲げて用いる配線器具部品、ネームプレート、計器板など
		条	C2801R-O	厚さ 0.3~3	
		板	C2801P-1/4H	厚さ 0.3~30 | 355~440 |36~45|	
		条	C2801R-1/4H	厚さ 0.3~3	
		板	C2801P-1/2H	厚さ 0.3~20 | 410~490 |42~50|	
		条	C2801R-1/2H	厚さ 0.3~3	
		板	C2801P-H	厚さ 0.3~30 | 470 |48|	
		条	C2801R-H	厚さ 0.3~3	
H3110:2018	りん青銅および洋白の板および条（りん青銅） 旧記号 PBP 2, PBR 2	板	C5191P-O	厚さ 0.10~5.0 | 315 |32| 以上	展延性、耐疲労性、耐食性がよい。C5191、C5212はばね材に適す。ただし、特に高性能のばね性を要求するものは、ばね用りん青銅を用いることが望ましい。電子、電気機器用ばね、スイッチ、リードフレーム、コネクタ、ダイヤフラム、ベロー、ヒューズクリップ、しゅう動片、軸受、ブシュなど
		条	C5191R-O		
		板	C5191P-1/4H	390~510 |40~52|	
		条	C5191R-1/4H		
		板	C5191P-1/2H	490~610 |50~62|	
		条	C5191R-1/2H		
		板	C5191P-H	590~685 |60~70|	
		条	C5191R-H		
		板	C5191P-EH	635~720 |65~73|	
		条	C5191R-EH		
H3250:2021	銅および銅合金の棒 無酸素銅 旧記号 C1020B	押出(E)	C1020BE-F	径または最小対辺距離 6.0 以上 | 195以上	導電性・熱伝導性・展延性に優れ、溶接性・耐食性・耐候性がよい。還元性雰囲気中で高温に加熱しても水素ぜい化を起こすおそれがない。電気用、化学工業用など
		引抜(D)	C1020BD-O	同 2.0 以上 110 以下 | 195以上	
			C1020BDV-O	同 6.0 以上 110 以下 | 195以上	
			C1020BD-1/2H	同 2.0 以上 25 以下 | 245以上	
				同 25 を超え 50 以下 | 225以上	
				同 50 を超え 75 以下 | 215以上	
				同 75 を超え 110 以下 | 205以上	
			C1020BD-H	同 2.0 以上 25 以下 | 275以上	
				同 25 を超え 50 以下 | 245以上	
				同 50 を超え 75 以下 | 225以上	
				同 75 を超え 110 以下 | 215以上	
		鍛造(F)	C1020BF-F	同 100 以上 | 195以上	
	タフピッチ銅 旧記号 C1100B	押出(E)	C1100BE-F	同 6.0 以上 | 195以上	導電性・熱伝導性に優れ、展延性・耐食性・耐候性がよい。電気用、化学工業用など
		引抜(D)	C1100BD-O	同 2.0 以上 110 以下 | 195以上	
			C1100BDV-O	同 6.0 以上 110 以下 | 195以上	
			C1100BD-1/2H	同 2.0 以上 25 以下 | 245以上	
				同 25 を超え 50 以下 | 225以上	
				同 50 を超え 75 以下 | 215以上	
				同 75 を超え 110 以下 | 205以上	
			C1100BD-H	同 2.0 以上 25 以下 | 275以上	
				同 25 を超え 50 以下 | 245以上	
				同 50 を超え 75 以下 | 225以上	
				同 75 を超え 110 以下 | 215以上	
		鍛造(F)	C1100BF-F	同 100 以上 | 195以上	
	りん脱酸銅 旧記号 C1201B	押出(E)	C1201BE-F	同 6.0 以上 | 195以上	展延性・溶接性・耐食性・耐候性・熱伝導性がよい。C1220Bは、還元性雰囲気中で高温に加熱しても、水素ぜい化を起こすおそれがない。C1201Bは、C1220Bより導電性がよい。電気用、化学工業用など
		引抜(D)	C1201BD-O	同 2.0 以上 110 以下 | 195以上	
			C1201BDV-O	同 6.0 以上 110 以下 | 195以上	
			C1201BD-1/2H	同 2.0 以上 25 以下 | 245以上	
				同 25 を超え 50 以下 | 225以上	
				同 50 を超え 75 以下 | 215以上	
				同 75 を超え 110 以下 | 205以上	
			C1201BD-H	同 2.0 以上 25 以下 | 275以上	
				同 25 を超え 50 以下 | 245以上	
				同 50 を超え 75 以下 | 225以上	
				同 75 を超え 110 以下 | 215以上	

H3250：2021 銅および銅合金の棒

規格番号	種類	加工	記号	引張強さ（寸法）	引張強さ	摘要
H3250：2021 銅および銅合金の棒	りん脱酸銅 旧記号 C1220B	押出(E)	C1220BE-F	同6.0以上	195以上	展延性・溶接性・耐食性・耐候性・熱伝導性がよい．C1220Bは，還元性雰囲気中で高温に加熱しても，水素ぜい化を起こすおそれがない．C1201Bは，C1220Bより導電性がよい 電気用，化学工業用など
		引抜(D)	C1220BD-O	同2.0以上110以下	195以上	
			C1220BDV-O	同6.0以上110以下	195以上	
			C1220BD-1/2H	同2.0以上25以下	245以上	
				同25を超え50以下	225以上	
				同50を超え75以下	215以上	
				同75を超え110以下	205以上	
			C1220BD-H	同2.0以上25以下	275以上	
				同25を超え50以下	245以上	
				同50を超え75以下	225以上	
				同75を超え110以下	215以上	
	黄銅 旧記号 C2600B	押出(E)	C2600BE-F	同6.0以上	275以上	冷間鍛造性・転造性がよい 機械部品，電気用など
		引抜(D)	C2600BD-O	同2.0以上75以下	275以上	
			C2600BD-1/2H	同2.0以上75以下	355以上	
			C2600BD-H	同2.0以上20以下	410以上	
	旧記号 C2700B	押出(E)	C2700BE-F	同6.0以上	295以上	
		引抜(D)	C2700BD-O	同2.0以上75以下	295以上	
			C2700BD-1/2H	同2.0以上75以下	355以上	
			C2700BD-H	同2.0以上20以下	410以上	
	旧記号 C2800B	押出(E)	C2800BE-F	同6.0以上	315以上	熱間加工性がよい 機械部品，電気用など
		引抜(D)	C2800BD-O	同2.0以上75以下	315以上	
			C2800BD-1/2H	同2.0以上75以下	375以上	
			C2800BD-H	同2.0以上20以下	450以上	
	耐脱亜鉛腐食快削黄銅 旧記号 C3531B	押出(E)	C3531BE-F	同6.0以上	315以上	被削性・耐脱亜鉛腐食性に優れ，展延性もよい バルブ，水栓金具，継手，弁棒など
		引抜(D)	C3531BD-F	同2.0以上110以下	315以上	
	快削黄銅 旧記号 C3601B	引抜(D)	C3601BD-O	同1.0以上75以下	295以上	被削性に優れる．C3601BおよびC3602Bは，展延性もよい ボルト，ナット，小ねじ，スピンドル，歯車，バルブ，ライター，時計，カメラなど
			C3601BD-1/2H	同1.0以上50以下	345以上	
			C3601BD-H	同1.0以上50以下	450以上	
	旧記号 C3602B	押出(E)	C3602BE-F	同6.0以上	315以上	
		引抜(D)	C3602BD-F	同1.0以上110以下	315以上	
		鍛造(F)	C3602BF-F	同100以上	315以上	
	旧記号 C3603B	引抜(D)	C3603BD-F	同1.0以上50以下	315以上	
			C3603BD-1/2H	同1.0以上50以下	365以上	
			C3603BD-H	同1.0以上50以下	450以上	
	旧記号 C3604B	押出(E)	C3604BE-F	同6.0以上	335以上	
		引抜(D)	C3604BD-F	同1.0以上110以下	335以上	
		鍛造(F)	C3604BF-F	同100以上	335以上	
			C3604BDN-SR	同17, 22, 24, 26, 27, 29, 36	335以上	
	旧記号 C3605B	押出(E)	C3605BE-F	同6.0以上	335以上	
		引抜(D)	C3605BD-F	同1.0以上110以下	335以上	
	鍛造用黄銅 旧記号 C3712B	押出(E)	C3712BE-F	同6.0以上	315以上	熱間鍛造性がよく，精密鍛造に適する 機械部品など
		引抜(D)	C3712BD-F	同4.0以上	315以上	
		鍛造(F)	C3712BF-F	同100以上	315以上	
	旧記号 C3771B	押出(E)	C3771BE-F	同6.0以上	315以上	熱間鍛造性および被削性がよい バルブ，機械部品など
		引抜(D)	C3771BD-F	同4.0以上	315以上	
		鍛造(F)	C3771BF-F	同100以上	315以上	
			C3771BDN-SR	同17, 22, 24, 26, 27, 29, 36	315以上	
	ネーバル黄銅 旧記号 C4622B	押出(E)	C4622BE-F	同6.0以上	345以上	耐食性（特に耐海水性）がよい 船舶用部品，シャフトなど
		引抜(D)	C4622BD-F	同6.0以上110以下	365以上	
		鍛造(F)	C4622BF-F	同100以上	345以上	

規格番号	種類	加工	記号	引張強さ（寸法）	引張強さ	摘要
H3250：2021 銅および銅合金の棒	ネーバル黄銅 旧記号 C4641B	押出(E)	C4641BE-F	同6.0以上	345以上	耐食性（特に耐海水性）がよい 船舶用部品，シャフトなど
		引抜(D)	C4641BD-F	同2.0以上110以下	375以上	
		鍛造(F)	C4641BF-F	同100以上	345以上	
	アルミニウム青銅 旧記号 C6161B	押出(E)	C6161BE-F	同6.0以上50以下	590以上	強度が高く，耐摩耗性・耐食性がよい 車両用，機械用，化学工業用，船舶用などのギヤーピニオン，シャフト，ブシュなど
		鍛造(F)	C6161BF-F	同6.0以上270以下	590以上	
	旧記号 C6191B	押出(E)	C6191BE-F	同6.0以上120以下	685以上	
		鍛造(F)	C6191BF-F	同6.0以上270以下	685以上	
	旧記号 C6241B	押出(E)	C6241BE-F	同6.0以上50以下	685以上	
		鍛造(F)	C6241BF-F	同6.0以上100以下	685以上	
	高力黄銅 旧記号 C6782B	押出(E)	C6782BE-F	同6.0以上	460以上	強度が高く，熱間鍛造性・耐食性がよい 船舶用プロペラ軸，ポンプ軸など
		引抜(D)	C6782BD-F	同2.0以上110以下	490以上	
		鍛造(F)	C6782BF-F	同100以上	460以上	
	旧記号 C6783B	押出(E)	C6783BE-F	同6.0以上50以下	510以上	
		引抜(D)	C6783BD-F	同6.0以上50以下	540以上	
	ビスマス系鉛レスカドミウムレス快削黄銅 旧記号 C6801B	押出(E)	C6801BE-F	同6.0以上	315以上	被削性・熱間鍛造性に優れ，展延性もよい ボルト，ナット，小ねじ，スピンドル，歯車，ライター，時計，カメラなど
		引抜(D)	C6801BD-F	同1.0以上110以下	315以上	
	旧記号 C6802B	押出(E)	C6802BE-F	同6.0以上	315以上	
		鍛造(F)	C6802BF-F	同100以上	315以上	
	旧記号 C6803B	押出(E)	C6803BE-F	同6.0以上	315以上	
		引抜(D)	C6803BD-F	同1.0以上110以下	315以上	
	旧記号 C6804B	押出(E)	C6804BE-F	同6.0以上	315以上	
		引抜(D)	C6804BD-F	同1.0以上110以下	315以上	
	鉛レスカドミウムレス快削黄銅 旧記号 C6810B	押出(E)	C6810BE-F	同8.0以上110以下	335以上	被削性・熱間鍛造性に優れ，展延性もよい ボルト，ナット，小ねじ，スピンドル，歯車，バルブなど
		引抜(D)	C6810BD-F	同6.0以上75以下	335以上	
	旧記号 C6820B	押出(E)	C6820BE-F	同8.0以上110以下	315以上	
		引抜(D)	C6820BD-F	同6.0以上80以下	360以上	
			C6820BD-1/2H	同2.0以上40以下	430以上	
	けい素系鉛レスカドミウムレス快削黄銅 旧記号 C6931B	押出(E)	C6931BE-F	同6.0以上	450以上	強度が高く，被削性・熱間鍛造性に優れる ボルト，ナット，小ねじ，スピンドル，歯車，バルブ，ライター，時計，カメラなど
		引抜(D)	C6931BD-F	同1.0以上110以下	450以上	
	旧記号 C6932B	押出(E)	C6932BE-F	同6.0以上	450以上	
		引抜(D)	C6932BD-F	同1.0以上110以下	450以上	

H3260：2018 銅および銅合金の線

規格番号	種類	記号	引張強さ（寸法）	引張強さ	摘要
H3260：2018 銅および銅合金の線	黄銅（旧記号 BsW1） 線	C2600W-O		275 |28| 以上	径または最小対辺距離0.4以上20以下 展延性，冷間鍛造性，転造性がよい びょう，小ねじ，ピン，かぎ針，ばね，金網など
		C2600W-1/8 H		345～440 |35～45|	
		C2600W-1/4 H		390～510 |40～52|	
		C2600W-1/2 H		490～610 |50～62|	
		C2600W-3/4 H		590～705 |60～72|	
		C2600W-H		685～805 |70～82|	
		C2600W-EH		785 |80| 以上	
	黄銅（旧記号 BsW2） 線	C2700W-O		295 |30| 以上	
		C2700W-1/8 H		345～440 |35～45|	径または最小対辺距離0.4以上20以下 展延性，冷間鍛造性，転造性がよい びょう，小ねじ，ピン，かぎ針，ばね，金網など
		C2700W-1/4 H		390～510 |40～52|	
		C2700W-1/2 H		490～610 |50～62|	
		C2700W-3/4 H		590～705 |60～72|	
		C2700W-H		685～805 |70～82|	
		C2700W-EH		785 |80| 以上	

H3270：2018 ベリリウム銅，りん青銅および洋白の棒および線

規格番号	種類	記号	引張強さ（寸法）	引張強さ	摘要
H3270：2018 ベリリウム銅，りん青銅および洋白の棒および線	りん青銅（旧記号 PBB2） 棒	C5191B-1/2 H	径，対辺距離3.0以上6.0以下	510 |52| 以上	耐疲労性，耐食性，耐摩耗性がよい．C5341，C5441は切削性がよい 棒は歯車，カム，継手，軸，軸受，小ねじ，ボルト，ナット，しゅう動部品など，線はコイルばね，渦巻きばね，電機バインド用線，金網，ヘッダー材，ワッシャなど
			径，対辺距離6.0を超え13以下	460 |47| 以上	
			径，対辺距離13を超え25以下	430 |44| 以上	
			径，対辺距離25を超え50以下	410 |42| 以上	
			径，対辺距離50を超え100以下	390 |40| 以上	
		C5191B-H	径，対辺距離3.0以上6.0以下	635 |65| 以上	
			径，対辺距離6.0を超え13以下	590 |60| 以上	
			径，対辺距離13を超え25以下	540 |55| 以上	
			径，対辺距離25を超え50以下	490 |50| 以上	
			径，対辺距離50を超え100以下		

H4000：2022 アルミニウムおよびアルミニウム合金の板および条

規格番号	記号	質別記号・寸法	引張強さ	摘要
H4000：2022 アルミニウムおよびアルミニウム合金の板および条	A1050P	質別記号 H112(*) 厚さ4.0以上6.5以下	85以上	強度は低いが，成形性，溶接性，耐食性 反射板，照明器具，装飾品，化学工業用タンク，導電材など (*)加工硬化を加えずに機械的性質の保証されたもの
		厚さ6.5を超え13.0以下	80以上	
		厚さ13.0を超え25.0以下	70以上	
		厚さ25.0を超え50.0以下	65以上	
		厚さ50.0を超え75.0以下	65以上	
	A2017P	質別記号 T4(*) 厚さ0.4以上6.0以下	355以上	熱処理合金で強度が高く，切削加工性もよい 航空機用材，各種構造材など (*)熱処理したもの
	A5052P	質別記号 H112(*) 厚さ4.0以上13.0以下	195以上	中程度の強度をもった代表的な合金で，耐食性，成形性，溶接性がよい 船舶・車両・建築用材，飲料缶など (*)加工硬化を加えずに機械的性質の保証されたもの

1 機械製図法　2 図面　3 部品・材料資料　45 JIS材料表

規格番号	種類	記号	引張強さ	摘要
H4000:2022	アルミニウムおよびアルミニウム合金の板および条	A5052P	厚さ13.0を超え75.0以下 175以上	中程度の強度をもった代表的な合金で、耐食性、成形性、溶接性がよい 船舶・車両・建築用材、飲料缶など (*)加工硬化を加えずに機械的性質の保証されたもの
		A7050P	質別記号T7651(*) 厚さ6.3以上25.0以下 525以上	航空機、その他構造材など (*)溶体化処理後残留応力を除去し、さらに過時効処理したもの
			厚さ25.0を超え40.0以下 530以上	
			厚さ40.0を超え80.0以下 525以上	
		A7075P	質別記号T7651(*) 厚さ1.5以上6.0以下 500以上	アルミニウム合金中、高い強度をもつ合金の一つ 航空機用材、スキーなど (*)溶体化処理後残留応力を除去し、さらに過時効処理したもの
			厚さ6.0を超え12.5以下 490以上	
H5120:2016	銅鋳物 旧記号CuC1 1種	CAC 101	175[18]以上	羽口、冷却板、熱風弁、一般機械部品用
	旧記号CuC2 2種	CAC 102	155[17]以上	羽口、コンタクト、導体、一般電気部品など
	旧記号CuC3 3種	CAC 103	135[14]以上	転炉用ランスノズル、導体、一般電気部品など
	黄銅鋳物 旧記号YBsC1 1種	CAC 201	145[15]以上	ろう付けしやすいフランジ、電気部品用
	旧記号YBsC2 2種	CAC 202	195[20]以上	給排水金具、電気部品、一般機械部品用
	旧記号YBsC3 3種	CAC 203	245[25]以上	電気部品、ブシュ、パッキン押え、一般機械部品用
	高力黄銅鋳物 旧記号HBsC1 1種	CAC 301	430[44]以上	船用プロペラ、軸受保持器、弁座、弁棒、その他一般機械部品用軸受
	旧記号HBsC2 2種	CAC 302	490[50]以上	
	旧記号HBsC3 3種	CAC 303	635[65]以上	低速高荷重のしゅう動部品、橋りょう用支承板、軸受、ブシュ、ナット、バルブ、ウォームギヤなど
	旧記号HBsC4 4種	CAC 304	755[77]以上	
	青銅鋳物 旧記号BC1 1種	CAC 401	165[17]以上	湯流れ、被削性がよい 給排水用金具、ポンプ胴体、軸受、一般機械部品など
	旧記号BC2 2種	CAC 402	245[25]以上	軸受、スリーブ、ブシュ、ポンプ胴体、弁、歯車、電動機部品用
	旧記号BC3 3種	CAC 403	245[25]以上	一般用弁コック類、軸受、羽根車、ブシュ、機械部品用

規格番号	種類	記号	引張強さ	摘要
H5120:2016 銅および銅合金鋳物	青銅鋳物 旧記号BC6 6種	CAC 406	195[20]以上	軸受、バルブ、羽根車、ブシュ、一般機械部品用
	旧記号BC7 7種	CAC 407	215[22]以上	バルブ、軸受、小形ポンプ部品、ブシュ、羽根車、一般機械部品用
	りん青銅鋳物 旧記号PBC2 2種	CAC 502A	195[20]以上	歯車、ウォームギヤ、軸受、ブシュ、スリーブ、羽根車、一般機械部品用
	旧記号PBC2B 2種 B	CAC 502B	295[30]以上	
	—	CAC 503A	195[20]以上	しゅう動部品、スリーブ、歯車、油圧シリンダ、製紙用各種ロールなど
	旧記号PBC3B 3種 B	CAC 503B	265[27]以上	
	鉛青銅鋳物 旧記号LBC2 2種	CAC 602	195[20]以上	耐圧性、耐摩耗性がよく、中高速高荷重用の軸受、その他、シリンダ、バルブ用
	旧記号LBC3 3種	CAC 603	175[18]以上	なじみ性がよく、中高速高荷重用の軸受、ピストン用
	旧記号LBC4 4種	CAC 604	165[17]以上	なじみ性がよく、中高速高荷重用の軸受、車輌用軸受、裏金用
	旧記号LBC5 5種	CAC 605	145[15]以上	なじみ性がよく、中高速軽荷重用の軸受、エンジン用軸受
	アルミニウム青銅鋳物 旧記号AlBC1 1種	CAC 701	440[45]以上	耐酸部品、歯車、ブシュ
	旧記号AlBC2 2種	CAC 702	490[50]以上	船用小形プロペラ、歯車、軸受、ブシュ、ボルト、ナット、弁座、羽根車用
	旧記号AlBC3 3種	CAC 703	590[60]以上	船用プロペラ、スリーブ、歯車、化学用機器部品用
	旧記号AlBC4 4種	CAC 704		
	ビスマス青銅鋳物 1種	CAC 901	215以上	機械的性質、耐圧性はCAC902よりよく圧肉鋳物によいが被削性は劣る 給水装置器具・水道施設器具用各種部品(減圧弁、水道メータ、仕切弁など)、バルブ類、継手類など
	2種	CAC 902	195以上	CAC406Cと同等の機械的性質および耐圧性をもつが、被削性は若干劣る
	3種	CAC 903B	215以上	CAC406Cと同等の被削性、CAC406Cの金型鋳造と同等の機械的性質をもつ 給水装置器具・水道施設器具用各種部品(ふた類、ナットなど)

規格番号	種類	記号	引張強さ	摘要
H5120:2016	銅および銅合金鋳物 ビスマスセレン青銅鋳物 1種	CAC 911	195以上	CAC406Cと同等の機械的性質をもち、被削性はCAC902よりよい 給水装置器具・水道施設器具用各種部品(減圧弁、水道メータ、仕切弁など)、バルブ類、継手類など
H5301:2009	亜鉛合金ダイカスト 1種	ZDC1	325[33]	機械的性質、耐食性が優れている。自動車ブレーキピストン・シートベルト巻取金具キャンバスライヤー
	2種	ZDC2	285[29]	鋳造性、めっき性が優れている。自動車ラジエーターグリルモール・キ・キャブレター、VTRドラムベース・テープヘッドCPコネクター
H5302:2006	アルミニウム合金ダイカスト 1種	ADC1		耐食性、鋳造性がよいが耐力がいくぶん低い
	5種	ADC5		耐食性が最もよく、伸び・衝撃値が高いが、鋳造性が悪い
	12種	ADC12		機械的性質、被削性、鋳造性がよい
	14種	ADC14		耐摩耗性、湯流れ性がよく、耐力が高いが、伸びが劣る
H5401:1958	ホワイトメタル 1種	WJ1	HV 24.0	高速高荷重軸受用
	2種	WJ2	HV 27.0	
	2種B	WJ2B	HV 29.0	
	3種	WJ3	HV 30.5	高速中荷重軸受用
	4種	WJ4	HV 28.7	中速中荷重軸受用
	5種	WJ5	HV 21.0	
	6種	WJ6	HV 21.8	高速小荷重軸受用
	7種	WJ7	HV 28.7	中速中荷重軸受用
	8種	WJ8	HV 25.0	
	9種	WJ9	HV 22.7	中速小荷重軸受用
	10種	WJ10	HV 24.0	

索　引

編著者略歴
吉澤武男（よしざわ・たけお）　東京大学名誉教授，工学博士

著者略歴
堀　幸夫（ほり・ゆきお）　東京大学名誉教授，工学博士
富家知道（とみいえ・ともみち）　東海大学名誉教授，工学博士
蓮見善久（はすみ・よしひさ）　（元）工学院大学助教授
中島尚正（なかじま・なおまさ）　東京大学名誉教授，工学博士
村上　存（むらかみ・たもつ）　東京大学教授，工学博士
草加浩平（くさか・こうへい）　東京大学非常勤講師
濱口哲也（はまぐち・てつや）　株式会社濱口企画代表取締役，博士（工学）
及川和広（おいかわ・かずひろ）　東京大学技術職員

新編 JIS 機械製図　第 6 版

1959 年 4 月 10 日　第 1 版第 1 刷発行
1974 年 3 月 20 日　新編第 1 版第 1 刷発行
1986 年 5 月 1 日　新編第 2 版第 1 刷発行
2001 年 11 月 30 日　新編第 3 版第 1 刷発行
2006 年 3 月 24 日　新編第 4 版第 1 刷発行
2014 年 10 月 29 日　新編第 5 版第 1 刷発行
2023 年 10 月 26 日　新編第 6 版第 1 刷発行（通算 82 刷）

編著者　　吉澤武男
著者　　　堀　幸夫・富家知道・蓮見善久・中島尚正・
　　　　　村上　存・草加浩平・濱口哲也・及川和広

編集担当　加藤義之・村上　岳（森北出版）
編集責任　富井　晃（森北出版）
組版　　　双文社印刷
印刷　　　　同
製本　　　ブックアート

発行者　　森北博巳
発行所　　森北出版株式会社
　　　　　〒102-0071　東京都千代田区富士見 1-4-11
　　　　　03-3265-8342（営業・宣伝マネジメント部）
　　　　　https://www.morikita.co.jp/

©Takeo Yoshizawa, 2023
Printed in Japan
ISBN978-4-627-66116-5

●本書のサポート情報を当社 Web サイトに掲載する場合があります．下記の URL にアクセスし，サポートの案内をご覧ください．
https://www.morikita.co.jp/support/

●本書の内容に関するご質問は下記のメールアドレスまでお願いします．なお，電話でのご質問には応じかねますので，あらかじめご了承ください．
editor@morikita.co.jp

●本書により得られた情報の使用から生じるいかなる損害についても，当社および本書の著者は責任を負わないものとします．